普通高等教育“十一五”国家级规划教材

国家精品课程主讲教材

21世纪大学本科计算机专业系列教材

算法设计与分析

（第4版）

王晓东　编著

清华大学出版社
北京

内容简介

为了适应我国21世纪计算机人才培养的需要，结合我国高等学校教育工作的现状，立足培养学生能跟上国际计算机科学技术的发展水平，更新教学内容和教学方法，提高教学质量，本书以算法设计策略为知识单元，系统地介绍计算机算法的设计方法与分析技巧，以期为计算机科学与技术学科的学生提供广泛而坚实的计算机算法基础知识。

另有配套的《算法设计与分析习题解答（第4版）》，对本书的全部习题做了详尽的解答。

本书内容丰富，观点新颖，理论联系实际，不仅可用作高等学校计算机类专业本科生和研究生学习计算机算法设计与分析的教材，而且也适合广大工程技术人员和自学读者学习参考。

图书在版编目（CIP）数据

算法设计与分析/王晓东编著. —4版. —北京：清华大学出版社，2018（2023.8重印）
（21世纪大学本科计算机专业系列教材）
ISBN 978-7-302-51010-9

Ⅰ. ①算… Ⅱ. ①王… Ⅲ. ①电子计算机—算法设计—高等学校—教材 ②电子计算机—算法分析—高等学校—教材 Ⅳ. ①TP301.6

中国版本图书馆CIP数据核字（2018）第190896号

责任编辑：张瑞庆
封面设计：何凤霞
责任校对：梁 毅
责任印制：杨 艳

出版发行：清华大学出版社
网　　址：http://www.tup.com.cn，http://www.wqbook.com
地　　址：北京清华大学学研大厦A座　　**邮　　编**：100084
社 总 机：010-83470000　　**邮　　购**：010-62786544
投稿与读者服务：010-62776969，c-service@tup.tsinghua.edu.cn
质量反馈：010-62772015，zhiliang@tup.tsinghua.edu.cn
课件下载：http://www.tup.com.cn，010-83470236
印 装 者：小森印刷霸州有限公司
经　　销：全国新华书店
开　　本：185mm×260mm　　**印　　张**：22.5　　**字　　数**：550千字
版　　次：2003年1月第1版　2018年10月第4版　　**印　　次**：2023年8月第15次印刷
定　　价：56.90元

产品编号：079854-02

前　言

FOREWORD

以最低的成本、最快的速度、最好的质量开发出适合各种应用需求的软件，必须遵循软件工程的原则，设计出高效率的程序。一个高效的程序不仅需要编程技巧，更需要合理的数据组织和清晰高效的算法。这正是计算机科学领域里数据结构与算法设计所研究的主要内容。一些著名的计算机科学家在有关计算机科学教育的论述中提出，计算机科学是一种创造性思维活动，其教育必须面向设计。计算机算法设计与分析正是一门面向设计，且处于计算机科学与技术学科核心地位的教育课程。通过对计算机算法系统的学习与研究，理解和掌握算法设计的主要方法，培养对算法的计算复杂性进行正确分析的能力，为独立地设计算法和对给定算法进行复杂性分析奠定坚实的理论基础，对从事计算机系统结构、系统软件和应用软件研究与开发的科技工作者是非常重要和必不可少的。为了适应我国 21 世纪计算机人才培养的需要，结合我国高等学校教育工作的现状，立足培养学生能跟上国际计算机科学技术的发展水平，更新教学内容和教学方法，本书以算法设计策略为知识单元，系统地介绍计算机算法的设计方法与分析技巧，以期为计算机科学与技术学科的学生提供一个广泛而坚实的计算机算法基础知识。

全书共分 11 章。在第 1 章中首先介绍算法的基本概念，接着简要阐述算法的计算复杂性和算法的描述，然后围绕设计算法常用的基本设计策略组织第 2 章至第 10 章的内容。第 2 章介绍递归与分治策略，这是设计有效算法最常用的策略，是必须掌握的方法。第 3 章是动态规划算法，以具体实例详述动态规划算法的设计思想、适用性以及算法的设计要点。第 4 章介绍贪心算法，这也是一种重要的算法设计策略，它与动态规划算法的设计思想有一定的联系，但其效率更高。按贪心算法设计出的许多算法能导致最优解，其中有许多典型问题和典型算法可供学习和使用。第 5 章和第 6 章分别介绍回溯法和分支限界法，这两章所介绍的算法适合处理难解问题，其解题的思想各具特色，值得学习和掌握。第 7 章介绍概率算法，对许多难解问题提供高效的解决途径，是有很高实用价值的算法设计策略。第 8 章介绍 NP 完全性理论和解 NP 难问题的近似算法。首先介绍计算模型、确定性和非确定性图灵机，然后进一步深入介绍 NP 完全性理论，最后介绍解 NP 难问题的近似算法，这是当前计算机算法领域的热门研究课题，具有很高的实用价值。第 9 章介绍有关串和序列的高效算法。第 10 章通过实例介绍算法设计中常用的算法优化策略。最后，在第 11 章介绍算法设计中较新的研究领域——在线算法设计。

在本书各章的论述中，首先介绍一种算法设计策略的基本思想，然后从解决计算机科学与应用中出现的实际问题入手，由简到繁地描述几个经典的精巧算法，同时对每个算法所需要的时间和空间进行分析。这样使读者既能学到一些常用的精巧算法，又能通过对算法设计策略的反复应用，牢固掌握这些算法设计的基本策略，以期收到融会贯通之效。在为各种算法设计策略选择用于展示其设计思想与技巧的具体应用问题时，本书有意重复选择某些经典问题，使读者能深刻地体会到一个问题可以用多种设计策略求解。同时，通过对解同一问题的不同算法的比较，更容易体会到每一个具体算法的设计要点。随着本书内容的逐步展开，读者也将进一步感受到综合应用多种设计策略可以更有效地解决问题。

本书采用面向对象的Java语言作为表述手段，在保持Java优点的同时，尽量使算法的描述简明、清晰。

为了便于读者加深对知识的理解，各章配有难易适当的习题，以适应不同程度读者练习的需要。

在本书的编写过程中，得到教育部高等学校计算机类专业教学指导委员会的关心和支持。福州大学"211工程"计算机与信息工程重点学科实验室和福建工程学院为本书的写作提供了优良的设备与工作环境。清华大学出版社负责本书编辑出版工作的全体人员为本书的出版付出了大量辛勤劳动，他们认真细致、一丝不苟的工作精神保证了本书的出版质量。南京大学宋方敏教授和福州大学傅清祥教授在百忙中认真审阅了全书，提出了许多宝贵的改进意见。在此，谨向每一位曾经关心和支持本书编写工作的各方面人士表示衷心的谢意！

由于作者的知识和写作水平有限，书稿虽几经修改，仍难免存在缺点。热忱欢迎同行专家和读者惠予批评指正，使本书在使用过程中不断改进，日臻完善。

作　者

2018年6月

目录

CONTENTS

第 1 章 算法引论

1.1 算法与程序

对于计算机科学来说，算法(algorithm)的概念至关重要。通俗地讲，算法是指解决问题的方法或过程。严格地讲，算法是满足下述性质的指令序列。

(1) 输入：有零个或多个外部量作为算法的输入。

(2) 输出：算法产生至少一个量作为输出。

(3) 确定性：组成算法的每条指令是清晰的、无歧义的。

(4) 有限性：算法中每条指令的执行次数有限，执行每条指令的时间也有限。

程序(program)与算法不同。程序是算法用某种程序设计语言的具体实现。程序可以不满足算法的性质(4)即有限性。例如操作系统，它是在无限循环中执行的程序，因而不是算法。然而可把操作系统的各种任务看成一些单独的问题，每一个问题由操作系统中的一个子程序通过特定的算法实现，该子程序得到输出结果后便终止。

1.2 表达算法的抽象机制

算法层出不穷，变化万千，其对象数据和结果数据名目繁多，不胜枚举。最基本的有布尔值数据、字符数据、整数和实数等；稍复杂的有向量、矩阵、记录等；更复杂的有集合、树和图，还有声音、图形、图像等数据。

算法的运算种类五花八门，多姿多彩。最基本的有赋值运算、算术运算、逻辑运算和关系运算等；稍复杂的有算术表达式和逻辑表达式等；更复杂的有函数值计算、向量运算、矩阵运算、集合运算，以及表、栈、队列、树和图的运算等；此外，还可能有以上列举的运算的复合和嵌套。

高级程序设计语言在数据、运算和控制三方面的表达中引入许多使之十分接近算法语言的概念和工具，具有抽象表达算法的能力。高级程序设计语言的主要好处如下：

(1) 高级语言更接近算法语言，易学、易掌握，一般工程技术人员只需几周时间的培训就可以胜任程序员的工作。

(2) 高级语言为程序员提供了结构化程序设计的环境和工具，使得设计出来的程序可读性好、可维护性强、可靠性高。

(3) 高级语言不依赖于机器语言，与具体的计算机硬件关系不大，因而所写出来的程序可植性好、重用率高。

(4) 把繁杂琐碎的事务交给编译程序,所以自动化程度高,开发周期短,程序员可以集中时间和精力从事更重要的创造性劳动,提高程序质量。

算法从非形式的自然语言表达形式转换为形式化的高级语言是一个复杂的过程,仍然要做很多繁杂琐碎的事情,因而需要进一步抽象。

对于一个明确的数学问题,设计它的算法,总是先选用该问题的一个数据模型。接着弄清楚该问题数据模型在已知条件下的初始状态和要求的结果状态,以及这两个状态之间的隐含关系。然后探索从数据模型的已知初始状态到达要求的结果状态所需的运算步骤。这些运算步骤就是求解该问题的算法。

按照自顶向下、逐步求精的原则,在探索运算步骤时,首先应该考虑算法顶层的运算步骤,然后再考虑底层的运算步骤。所谓顶层运算步骤是指定义在数据模型级上的运算步骤,或称宏观步骤。它们组成算法的主干部分,这部分算法通常用非形式的自然语言表达。其中,涉及的数据是数据模型中的变量,暂时不关心它的数据结构;涉及的运算以数据模型中的数据变量作为运算对象,或作为运算结果,或二者兼而为之,简称为定义在数据模型上的运算。由于暂时不关心变量的数据结构,这些运算都带有抽象性质,不含运算细节。所谓底层运算步骤,是指顶层抽象运算的具体实现。它们依赖于数据模型的结构,依赖于数据模型结构的具体表示。因此,底层运算步骤包括两部分:一是数据模型的具体表示;二是定义在该数据模型上的运算的具体实现。底层运算可以理解为微观运算。底层运算是顶层运算的细化;底层运算为顶层运算服务。为了将顶层算法与底层算法隔开,使二者在设计时不互相牵制、互相影响,必须对二者的接口进行抽象。让底层只通过接口为顶层服务,顶层也只通过接口调用底层运算。这个接口就是抽象数据类型(abstract data types,ADT)。

抽象数据类型是算法设计的重要概念。严格地说,它是算法的一个数据模型连同定义在该模型上并作为算法构件的一组运算。这个概念明确地把数据模型与该模型上的运算紧密地联系起来。事实正是如此,一方面,数据模型上的运算依赖于数据模型的具体表示,数据模型上的运算以数据模型中的数据变量为运算对象,或作为运算结果,或二者兼而为之;另一方面,有了数据模型的具体表示,有了数据模型上运算的具体实现,运算的效率随之确定。如何选择数据模型的具体表示使该模型上各种运算的效率都尽可能高?很明显,对于不同的运算组,为使该运算组中所有运算的效率都尽可能高,其相应的数据模型的具体表示将不同。在这个意义下,数据模型的具体表示又反过来依赖于数据模型上定义的运算。特别是当不同运算的效率互相制约时,还必须事先将所有的运算相应的使用频度排序,让所选择的数据模型的具体表示优先保证使用频度较高的运算有较高的效率。数据模型与定义在该模型上的运算之间存在的这种密不可分的联系,是抽象数据类型概念产生的背景和依据。

使用抽象数据类型带给算法设计的好处主要有:

(1) 算法顶层设计与底层实现分离,使得在进行顶层设计时不考虑它所用到的数据、运算表示和实现;反过来,在表示数据和实现底层运算时,只要定义清楚抽象数据类型而不必考虑在什么场合引用它。这样做使得算法设计的复杂性降低了,条理性增强了。既有助于迅速开发出程序原型,又使开发过程少出差错,程序可靠性高。

(2) 算法设计与数据结构设计隔开,允许数据结构自由选择,从中比较,优化算法效率。

(3) 数据模型和该模型上的运算统一在抽象数据类型中,反映它们之间内在的互相依赖和互相制约的关系,便于空间和时间耗费的折中,可以灵活地满足用户要求。

(4) 由于顶层设计和底层实现局部化,在设计中出现的差错也是局部的,因而容易查找和纠正差错。在设计中常常要做的增、删、改也都是局部的,因而也都容易进行。因此,用抽象数据类型表述的算法具有很好的可维护性。

(5) 算法自然呈现模块化,抽象数据类型的表示和实现可以封装,便于移植和重用。

(6) 为自顶向下、逐步求精和模块化提供有效途径和工具。

(7) 算法结构清晰,层次分明,便于算法正确性的证明和复杂性的分析。

1.3 描述算法

描述算法可以有多种方式,如自然语言方式、表格方式等。在本书中,采用 Java 语言描述算法。Java 语言的优点是类型丰富,语句精练,具有面向过程和面向对象的双重特点,可以充分利用抽象数据类型这一有力工具表述算法。用 Java 描述算法可使整个算法结构紧凑,可读性强。在本书中,有时为了更好地阐明算法的思路,还采用 Java 与自然语言相结合的方式描述算法,本节简要概述 Java 语言的若干重要特性。

1. Java 程序结构

1) 应用程序和 applet

Java 程序有两种类型:应用程序(stand-alone program)和 applet。Java 应用程序一定有一个主方法 main,而 applet 的主方法名为 init。

Java 应用程序可在命令行中用命令语句

```
java programName
```

来执行,其中 programName 是应用程序名。在执行 Java 应用程序时,系统自动调用应用程序的主方法 main。

Java 的 applet 必须嵌入 HTML 文件,由 Web 浏览器或 applet 阅读器来执行。在执行 applet 时,系统自动调用 applet 的主方法 init。

Java 程序必须先编译后执行。系统在编译时,将 Java 源程序转化为 Java 字节码(bytecode)。Java 源程序文件的扩展名为 java,编译后字节码文件的扩展名为 class。

Java 字节码可以看作在一台虚拟计算机即 Java 虚拟机(JVM)上运行的语言。本地计算机通过 Java 虚拟机解释运行 Java 程序。

2) 包

Java 程序和类可以包(packages)的形式组织管理。Java 自带的包有 java. awt,java. io,java. lang,java. util 等。Java 用户可根据需要将自己的程序组织成适合各种应用的包。

3) import 语句

在 Java 程序中可以用 import 语句加载所需的包。例如,import java. io. *;语句加载 java. io 包。语句 import java. io. PrintStream;则加载 java. io 包中的 PrintStream 类。

2. Java 数据类型

Java 基本数据类型如表 1-1 所示。

除了基本数据类型,Java 还提供一些经过包装的非基本数据类型,如 Byte, Integer, Boolean, String 等。

表 1-1 Java 基本数据类型

类型	默认值	分配空间/位	取值范围
boolean	false	1	true,false
byte	0	8	$-128\sim+127$
char	\u0000	16	\u0000～\uFFFF
double	0.0	64	$\pm4.9\times10^{-324}\sim\pm1.8\times10^{308}$
float	0.0	32	$\pm1.4\times10^{-45}\sim\pm3.4\times10^{38}$
int	0	32	−2 147 483 648～2 147 483 647
long	0	64	$-9.2\times10^{17}\sim+9.2\times10^{17}$
short	0	16	−32 768～32 767

Java 处理基本数据类型和非基本数据类型的方式大不相同。在声明一个具有基本数据类型的变量时,自动建立该数据类型的对象(或称实例)。例如,语句 int *k*;建立一个数据类型为 int 的对象 *k*,其默认值为 0。对非基本数据类型,情况则不一样。语句 String *s*;并不建立具有数据类型 String 的对象,而是建立一个数据类型为 String 的引用对象(内存地址)。该引用对象的名字是 *s*,其初始值为 null。数据类型为 String 的对象可用下面的 new 语句建立。

```
s=new String("Welcome");
String s=new String("Welcome");
```

其中,第一个语句假设 *s* 已经声明过;第二个语句声明变量 *s*,并用 new 语句建立对象。

其他非基本数据类型对象的声明和建立方式与此类似。

3. 方法

在 Java 语言中,执行特定任务的函数或过程统称为方法(methods)。例如,Java 的 Math 类给出的常见的数学计算的方法如表 1-2 所示。

表 1-2 Java 的 Math 类常见的数学计算方法

方 法	功 能	方 法	功 能
abs(x)	x 的绝对值	max(x,y)	x 和 y 中较大者
ceil(x)	不小于 x 的最小整数	min(x,y)	x 和 y 中较小者
cos(x)	x 的余弦	pow(x,y)	x^y
exp(x)	e^x	sin(x)	x 的正弦
floor(x)	不大于 x 的最大整数	sqrt(x)	x 的平方根
log(x)	x 的自然对数	tan(x)	x 的正切

对计算表达式$\frac{a+b+|a-b|}{2}$值的自定义方法 ab 描述如下:

```
public static int ab(int a, int b)
```

```
{
    return (a+b+Math.abs(a-b))/2;
}
```

1）方法的参数

上述方法 ab 中，a 和 b 是形式参数，在调用方法时通过实际参数赋值。Java 中所有方法的参数均为值参数。在调用方法时先将实际参数的值复制到形式参数中，然后再执行调用。因此，在执行调用后，实际参数的值不变。

2）方法重载

方法的参数个数以及各参数的类型定义了该方法的签名。例如，上述方法 ab 的签名为(int,int)。Java 允许方法重载，即允许定义有不同签名的同名方法。上面的方法 ab 可以重载如下：

```
public static double ab(double a, double b)
{
    return (a+b+Math.abs(a-b))/2.0;
}
```

Java 解释器根据方法调用时实际参数的签名选用确定的方法。

4. 异常

Java 的异常(exception)提供了一种处理错误的简洁的方法。当程序发现一个错误时，就引发一个异常，以便在程序最合适的地方捕获异常并进行处理。例如，方法 ab 要求输入参数均为正整数时，可将方法 ab 修改如下：

```
public static int ab(int a, int b)
{
  if (a<=0||b<=0)
    throw new IllegalArgumentException ("All parameters must be>0");
  else return (a+b+Math.abs(a-b))/2;
}
```

在执行运算前，先检测参数 a 和 b，一旦发现非正参数，就由 throw 语句引发一个异常。throw 语句类似于 return 语句，但它描述方法的异常终止。通常用 try 块来定义异常处理，在引发异常之前，执行 try 块体。在 try 块体之后，有一个或多个异常处理。每一个异常处理由一个 catch 语句组成。这个语句指明欲捕获的异常以及出现该异常时要执行的代码块。当 try 引发了一个已定义的异常时，控制就转移到相应的异常处理中。

```
public static void main(String [] args)
{
    try { f();}
    catch (exception1)
    { 异常处理;}
    catch (exception2)
    { 异常处理;}
    ...
    finally
```

```
    {
        finally 块;
    }
}
```

下面是方法 ab 的异常处理的例子。

```
public static void main(String [] args)
{
    try {System.out.println("ab="+ab(-5,-7));}
    catch (IllegalArgumentException e)
    {
        System.out.println("a="+(-5)+"  b="+(-7));
        System.out.println(e);
    }
    catch (Throwable e)
    {
        System.out.println(e);
    }
    finally
    {
        System.out.println("Thanks");
    }
}
```

5. Java的类

Java的类(class)体现了抽象数据类型(ADT)的思想。

Java的类一般由4个部分组成：①类名；②数据成员；③方法；④访问修饰。

访问修饰表明对类成员的访问级别。Java中对类成员的访问有3种不同的级别：①公有(public)；②私有(private)；③保护(protected)级别。在public域中声明的数据成员和方法可以在程序的任何部分访问;在private和protected域中声明的数据成员和方法构成类的私有部分,只能由该类的对象和方法对它们进行访问。此外,在protected域中声明的数据成员和方法还允许该类的子类访问它们。下面是在Java中定义矩形类Rectangle的例子。

```
public class Rectangle
{
    public static final int MAX=2000;

    private int x,y,                              //(x,y)是矩形左下角点的坐标
            h,w;                                  //h是矩形的高,w是矩形的宽

    public Rectangle(int xx,int yy,int hh,int ww)   //构造方法
    {
        if (hh<0||hh>MAX||ww<0||ww>MAX)
            throw new IllegalArgumentException ("Illegal values of h or w");
```

```
        else
        {
          x=xx;
          y=yy;
          h=hh;
          w=ww;
        }
      }

      public Rectangle()                              //构造方法
      {   this(0,0,0,0);}

      public int getHeight(){return h;}               //返回矩形的高

      public int getWidth(){return w;}                //返回矩形的宽

      public static void main(String [] args)
      {
        Rectangle r=new Rectangle();
        Rectangle s=new Rectangle(1,1,20,20);
        System.out.println("r.h="+r.getHeight()+"   r.w=   "+r.getWidth());
        System.out.println("s.h="+s.getHeight()+"   s.w=   "+s.getWidth());
      }
    }
```

1）类的对象

类对象的声明与创建方式类似于变量的声明与创建方式。对一个对象成员进行访问或调用可用“·”运算符来实现。上面的 main 代码段说明了如何声明类 Rectangle 的对象，以及如何调用其方法。

2）构造方法

Java 类的构造方法(constructor)用于初始化对象的数据成员。构造方法名与它所在的类名相同。构造方法必须声明为类的公有方法。构造方法不可有返回值也不得指明返回类型。

3）静态类成员

类成员前的关键字 static 表明该类成员是静态类成员。Java 只维护静态类成员的一个拷贝，而非静态类成员的每个对象都有一个拷贝。当类数据成员只需要 1 份拷贝时，可使用静态类成员来节省空间。Rectangle 类中的数据成员 MAX 是一个静态类成员。它前面的关键字 final 表示其值 2000 不可修改，因此它是一个常数。

Rectangle 类中主方法 main 前的关键字 static 表示该方法是静态方法，它的调用方式与非静态方法的调用方式不同。

非静态方法的调用方式是：<对象名>.<方法名(实际参数)>。

静态方法的调用方式是：方法名(实际参数)。

6. 通用方法

下面的方法 swap 用于交换一维整型数组 a 的位置 i 和位置 j 处的值。

```
public static void swap(int [] a, int i, int j)
{
    int temp=a[i];
    a[i]=a[j];
    a[j]=temp;
}
```

上述方法只适用于整型数组。为了使该方法具有通用性,修改如下:

```
public static void swap(Object [] a, int i, int j)
{
    Object temp=a[i];
    a[i]=a[j];
    a[j]=temp;
}
```

修改后的方法适用于 Object 类型及其所有子类,特别是 Object 的包装类 Integer,Float,Double 等。

1) Computable 界面

下面的方法 sum 用于计算一维整型数组 a 的前 n 个元素之和。

```
public static int sum(int [] a, int n)
{
    int sum=0;
    for (int i=0;i<n;i++)
        sum+=a[i];
    return sum;
}
```

要使该方法具有通用性就不像 swap 那么简单,它需要用到 Computable 界面。

Java 的界面由关键字 interface 表示,它由若干常数(static final 数据成员)和若干方法头(无执行代码)组成。Computable 界面定义如下:

```
public interface Computable
{
    /** @return this+x */
    public Object add(Object x);
    /** @return this - x */
    public Object subtract(Object x);
    /** @return this * x */
    public Object multiply(Object x);
    /** @return this / x */
    public Object divide(Object x);
    /** @return mod(this, x) */
    public Object mod(Object x);
```

```
    /** @return this+=x */
    public Object increment(Object x);
    /** @return this-=x */
    public Object decrement(Object x);
    /** @return 0 */
    public Object zero();
    /** @return 1 */
    public Object identity();
}
```

利用此界面可使方法 sum 通用化如下：

```
public static Computable sum(Computable [] a, int n)
{
    if (a.length==0) return null;
    Computable sum=(Computable) a[0].zero();
    for (int i=0;i<n;i++)
        sum.increment(a[i]);
    return sum;
}
```

2）java.lang.Comparable 界面

Java 的 Comparable 界面中唯一的方法头 compareTo 用于比较两个元素的大小。例如，java.lang.Comparable.x.compareTo(y)返回 $x-y$ 的符号，当 $x<y$ 时返回负数；当 $x=y$ 时返回 0；当 $x>y$ 时返回正数。

3）Operable 界面

有些通用方法同时需要 Computable 界面和 Comparable 界面的支持。为此可定义 Operable 界面如下：

```
public interface Operable extends Computable, Comparable
{}
```

Java 中这种没有常数，也没有方法头的界面称为标记界面。

4）自定义包装类

由于 Java 的包装类（如 Integer 等）已经定义为 final 型，因此无法再定义其子类作进一步扩充。为了需要，可以自定义包装类。例如，自定义包装类 MyInteger 如下：

```
public class MyInteger implements Operable
{
    //整数值
    private int value;

    //构造方法
    public MyInteger(int v)
        {value=v;}

    //Computable 界面方法
```

```
/** @return this+x */
public Object add(Object x)
{
    return new MyInteger (value+((MyInteger) x).value);
}

//Comparable 界面方法
public int compareTo(Object x)
{
    int y=((MyInteger) x).value;
    if (value<y) return -1;
    if (value==y) return 0;
    return 1;
}
```

7. 垃圾收集

Java 的 new 运算用于分配所需要的内存空间。例如,int [] a=new int[500000];语句分配 2 000 000 字节空间给整型数组 a。频繁用 new 分配空间可能会耗尽内存。Java 的垃圾收集器会适时扫描内存,回收不用的空间(垃圾)给 new 重新分配。垃圾收集器在扫描内存时,以内存块是否被程序引用作为垃圾判断条件。例如,在程序中不再用数组 a 时,可用语句 a=null;撤销程序对分配给 a 的内存块的引用,使其成为垃圾,让 Java 的垃圾收集器回收后重新利用。

8. 递归

Java 允许方法调用其自身。这类方法称为递归方法。像数学归纳法一样,递归方法需要进行基础测试。

计算一维整型数组 a 的前 n 个元素之和的方法 sum,可用递归方法表示如下:

```
public static int sum(int [] a, int n)
{
    if (n==0) return 0;
    else return a[n-1]+sum(a,n-1);
}
```

1.4 算法复杂性分析

算法复杂性的高低体现在运行该算法所需要的计算机资源的多少上,所需要的资源越多,该算法的复杂性越高;反之,所需要的资源越少,该算法的复杂性越低。计算机的资源,最重要的是时间和空间(即存储器)资源。因此,算法的复杂性有时间复杂性和空间复杂性之分。不言而喻,对于任意给定的问题,设计出复杂性尽可能低的算法,是在设计算法时追求的重要目标。另一方面,当给定的问题已有多种算法时,选择其中复杂性最低者,是在选用算法时遵循的重要准则。因此,算法的复杂性分析对算法的设计或选用有重要的指导意义和实用价值。更确切地说,算法的复杂性是算法运行所需要的计算机资源的量,需要时间资源的量称为时间复杂性,需要的空间资源的量称为空间复杂性。这个量应该集中反映算法的效率，而从运行该算法的实际计算机中抽象出来。换句话说，这个量应该只依赖于算法要解的问题的规模、算法的输入和算法本身的函数。如果分别用 N，I 和 A 表示算法要解的问题的规模、算法的输入和算法本身，而且用 C 表示复杂性，那么，应该有 $C=F(N,I,A)$。其中，$F(N,I,A)$是 N，I 和 A 的确定的三元函数。如果把时间复杂性和空间复杂性分开，并分别用 T 和 S 来表示，那么应该有：$T=T(N,I,A)$和 $S=S(N,I,A)$。通常，让 A 隐含在复杂性函数名当中，因而将 T 和 S 分别简写为 $T=T(N,I)$和 $S=S(N,I)$。

由于时间复杂性与空间复杂性概念类同，计量方法相似，且空间复杂性分析相对简单，所以本书将主要讨论时间复杂性。现在的问题是如何将复杂性函数具体化，即对于给定的 N，I 和 A，如何导出 $T(N,I)$和 $S(N,I)$的数学表达式，来给出计算 $T(N,I)$和 $S(N,I)$的法则。下面以 $T(N,I)$为例，将复杂性函数具体化。

根据 $T(N,I)$的概念，它应该是算法在一台抽象的计算机上运行所需要的时间。设此抽象的计算机所提供的元运算有 k 种，它们分别记为 $O_1,O_2,\cdots,O_k$。又设每执行一次这些元运算所需要的时间分别为 $t_1,t_2,\cdots,t_k$。对于给定的算法 A，设经统计用到元运算 O_i 的次数为 e_i，$i=1,2,\cdots,k$。很清楚，对于每一个 i，$1\leqslant i\leqslant k$，e_i 是 N 和 I 的函数，即 $e_i=e_i(N,I)$。因此，$T(N,I)=\sum_{i=1}^{k}t_ie_i(N,I)$。其中，$t_i(i=1,2,\cdots,k)$是与 N 和 I 无关的常数。

显然，不可能对规模 N 的每一种合法的输入 I 都去统计 $e_i(N,I)$，$i=1,2,\cdots,k$。因此，$T(N,I)$的表达式还须进一步简化。或者说，只能在规模为 N 的某些或某类有代表性的合法输入中统计相应的 e_i，$i=1,2,\cdots,k$，以及评价时间复杂性。

本书只考虑 3 种情况下的时间复杂性，即最坏情况、最好情况和平均情况下的时间复杂性，并分别记为 $T_{\max}(N)$、$T_{\min}(N)$和 $T_{\text{avg}}(N)$。在数学上有

$$T_{\max}(N)=\max_{I\in D_N}T(N,I)=\max_{I\in D_N}\sum_{i=1}^{k}t_ie_i(N,I)=\sum_{i=1}^{k}t_ie_i(N,I^*)=T(N,I^*)$$

$$T_{\min}(N)=\min_{I\in D_N}T(N,I)=\min_{I\in D_N}\sum_{i=1}^{k}t_ie_i(N,I)=\sum_{i=1}^{k}t_ie_i(N,\tilde{I})=T(N,\tilde{I})$$

$$T_{\text{avg}}(N)=\sum_{I\in D_N}P(I)T(N,I)=\sum_{I\in D_N}P(I)\sum_{i=1}^{k}t_ie_i(N,I)$$

其中，D_N 是规模为 N 的合法输入的集合；I^* 是 D_N 中使 $T(N,I^*)$达到 $T_{\max}(N)$的合法输入；$\tilde{I}$ 是 D_N 中使 $T(N,\tilde{I})$达到 $T_{\min}(N)$的合法输入；而 $P(I)$是在算法的应用中出现输入 I 的概率。

以上 3 种情况下的时间复杂性各从某一个角度反映算法的效率，各有各的局限性，也各有各的用处。实践表明，可操作性最好且最有实际价值的是最坏情况下的时间复杂性。

随着经济的发展、社会的进步、科学研究的深入，要求用计算机解决的问题越来越复杂，规模也越来越大。对求解这类问题的算法进行复杂性分析具有重要意义，因而要特别关注。为此，要引入复杂性渐近性态的概念。设 $T(N)$是前面所定义的关于算法 A 的复杂性函数。一般说来，当 N 单调增加且趋于∞时，$T(N)$也将单调增加趋于∞。对于 $T(N)$，如果存在 $\tilde{T}(N)$，使得当 $N\to\infty$时有$(T(N)-\tilde{T}(N))/T(N)\to 0$，那么，就说 $\tilde{T}(N)$是 $T(N)$当 $N\to\infty$时的渐近性态，或称 $\tilde{T}(N)$为算法 A 当 $N\to\infty$的渐近复杂性而与 $T(N)$相区别。因为在数学上，$\tilde{T}(N)$是 $T(N)$当 $N\to\infty$时的渐近表达式。直观上，$\tilde{T}(N)$是 $T(N)$中略去低阶项所留

下的主项，所以它确实比 $T(N)$ 简单。例如，当 $T(N)=3N^2+4N\log N+7$ 时①，$\widetilde{T}(N)$ 的一个答案是 $3N^2$，因为这时有

$$(T(N)-\widetilde{T}(N))/T(N)=\frac{4N\log N+7}{3N^2+4N\log N+7}\to 0 \qquad \text{当 } N\to\infty \text{ 时}$$

显然，$3N^2$ 比 $3N^2+4N\log N+7$ 简单得多。

由于当 $N\to\infty$ 时 $T(N)$ 渐近于 $\widetilde{T}(N)$，有理由用 $\widetilde{T}(N)$ 来替代 $T(N)$ 作为算法 A 在 $N\to\infty$ 时的复杂性的度量。而且由于 $\widetilde{T}(N)$ 明显地比 $T(N)$ 简单，这种替代明显地是对复杂性分析的一种简化。进一步，考虑到分析算法的复杂性的目的在于比较求解同一问题的两个不同算法的效率。而当要比较的两个算法的渐近复杂性的阶不相同时，只要能确定出各自的阶，就可以判定哪一个算法的效率高。换句话说，这时的渐近复杂性分析只要关心 $\widetilde{T}(N)$ 的阶就够了，不必关心包含在 $\widetilde{T}(N)$ 中的常数因子。所以，常常又对 $\widetilde{T}(N)$ 的分析进一步简化，即假设算法中用到的所有不同的元运算各执行一次所需要的时间都是一个单位时间。

上面给出了简化算法复杂性分析的方法和步骤，即只要考查当问题的规模充分大时，算法复杂性在渐近意义下的阶。与此简化的复杂性分析相配套，需要引入以下渐近意义下的记号：O，Ω，θ 和 o。

以下设 $f(N)$ 和 $g(N)$ 是定义在正数集上的正函数。

如果存在正的常数 C 和自然数 N_0，使得当 $N\geqslant N_0$ 时有 $f(N)\leqslant Cg(N)$，则称函数 $f(N)$ 当 N 充分大时上有界，且 $g(N)$ 是它的一个上界，记为 $f(N)=O(g(N))$。这时还说 $f(N)$ 的阶不高于 $g(N)$ 的阶。

举例如下：

(1) 因为对所有的 $N\geqslant 1$ 时有 $3N\leqslant 4N$，有 $3N=O(N)$。

(2) 因为当 $N\geqslant 1$ 时有 $N+1024\leqslant 1025N$，有 $N+1024=O(N)$。

(3) 因为当 $N\geqslant 10$ 时有 $2N^2+11N-10\leqslant 3N^2$，有 $2N^2+11N-10=O(N^2)$。

(4) 因为对所有 $N\geqslant 1$ 时有 $N^2\leqslant N^3$，有 $N^2=O(N^3)$。

(5) 作为一个反例，$N^3\neq O(N^2)$。因为若不然，则存在正的常数 C 和自然数 N_0，使得当 $N\geqslant N_0$ 时有 $N^3\leqslant CN^2$，即 $N\leqslant C$。显然，当取 $N=\max\{N_0,\lfloor C\rfloor+1\}$ 时这个不等式不成立，所以 $N^3\neq O(N^2)$。

按照符号 O 的定义，容易证明它有如下运算规则：

(1) $O(f)+O(g)=O(\max(f,g))$。

(2) $O(f)+O(g)=O(f+g)$。

(3) $O(f)O(g)=O(fg)$。

(4) 如果 $g(N)=O(f(N))$，则 $O(f)+O(g)=O(f)$。

(5) $O(Cf(N))=O(f(N))$，其中 C 是一个正的常数。

(6) $f=O(f)$。

规则(1)的证明：设 $F(N)=O(f)$。根据符号 O 的定义，存在正常数 C_1 和自然数 N_1，使得对所有的 $N\geqslant N_1$，有 $F(N)\leqslant C_1f(N)$。类似地，设 $G(N)=O(g)$，则存在正的常数 C_2 和自然数 N_2，使得对所有的 $N\geqslant N_2$ 有 $G(N)\leqslant C_2g(N)$。

---

① 本书除特殊说明外，log 表示的是以 2 为底的对数。

令 $C_3=\max\{C_1,C_2\}$，$N_3=\max\{N_1,N_2\}$，$h(N)=\max\{f,g\}$，则对所有的 $N\geqslant N_3$，有

$$F(N)\leqslant C_1f(N)\leqslant C_1h(N)\leqslant C_3h(N)$$

类似地，有

$$G(N)\leqslant C_2f(N)\leqslant C_2h(N)\leqslant C_3h(N)$$

因而

$$\begin{aligned}O(f)+O(g)&=F(N)+G(N)\leqslant C_3h(N)+C_3h(N)\\&=2C_3h(N)=O(h)=O(\max(f,g))\end{aligned}$$

其余规则的证明类似，可作为读者的练习。

应该指出，根据符号 O 的定义，用它评估算法的复杂性，得到的只是当规模充分大时的一个上界。这个上界的阶越低则评估就越精确，结果就越有价值。

关于符号 Ω，文献里有两种不同的定义。本书只采用其中的一种，定义如下：如果存在正的常数 C 和自然数 N_0，使得当 $N\geqslant N_0$ 时，有 $f(N)\geqslant Cg(N)$，则称函数 $f(N)$ 当 N 充分大时下有界；且 $g(N)$ 是它的一个下界，记为 $f(N)=\Omega(g(N))$。这时还说 $f(N)$ 的阶不低于 $g(N)$ 的阶。Ω 的这个定义的优点是与 O 的定义对称，缺点是当 $f(N)$ 对自然数的不同无穷子集有不同的表达式，且有不同的阶时，未能很好地刻画出 $f(N)$ 的下界。例如，当

$$f(N)=\begin{cases}100 & N\text{ 为正偶数}\\6N^2 & N\text{ 为正奇数}\end{cases}$$

时，如果按上述定义，只能得到 $f(N)=\Omega(1)$，这是一个平凡的下界，对算法分析没有什么价值。然而，考虑到上述定义与符号 O 定义的对称性，又考虑到本书介绍的算法都没出现上例中的情况，所以本书还是选用它。

同样要指出，用 Ω 评估算法的复杂性，得到的只是该复杂性的一个下界。这个下界的阶越高，则评估就越精确，结果就越有价值。这里的 Ω 只对问题的一个算法而言。如果它是对一个问题的所有算法或某类算法而言，即对于一个问题和任意给定的充分大的规模 N，下界在该问题的所有算法或某类算法的复杂性中取，那么它将更有意义。这时得到的相应下界，称为问题的下界或某类算法的下界。它常常与符号 O 配合以证明某问题的一个特定算法是该问题的最优算法或该问题的某算法类中的最优算法。

明白了符号 O 和 Ω 后，符号 θ 也随之清楚，因为定义 $f(N)=\theta(g(N))$ 当且仅当 $f(N)=O(g(N))$ 且 $f(N)=\Omega(g(N))$。这时称 $f(N)$ 与 $g(N)$ 同阶。

最后，如果对于任意给定的 $\varepsilon>0$，都存在正整数 N_0，使得当 $N\geqslant N_0$ 时有 $f(N)/g(N)\leqslant\varepsilon$，则称函数 $f(N)$ 当 N 充分大时的阶比 $g(N)$ 低，记为 $f(N)=o(g(N))$。

例如，$4N\log N+7=o(3N^2+4N\log N+7)$。

本书中出现的对数函数 $\log n$ 均以 2 为底。在算法领域通常将 $\log_2 n$ 简记为 $\log n$。

小　　结

本章介绍了算法的基本概念、表达算法的抽象机制以及采用 Java 语言与自然语言相结合的方式描述算法的方法，接着对算法的计算复杂性分析方法做了简要的阐述。本章内容是后续各章叙述设计算法时常用的基本设计策略的基础和准备。

习　题

1-1　说明下面的方法 swap 为什么无法交换实际参数的值。

```
public static void swap(int x, int y)
{
    int temp=x;
    x=y;
    y=temp;
}
```

1-2　说明下面的两个方法头是否有不同的签名，为什么？

(1) public int fff(int i,int j, int k)

(2) public float fff(int i,int j, int k)

1-3　写一个通用方法用于判定给定数组是否已排好序。

1-4　求下列函数的渐近表达式。

(1) $3n^2+10n$

(2) $n^2/10+2^n$

(3) $21+1/n$

(4) $\log n^3$

(5) $10\log 3^n$

1-5　说明 $O(1)$和 $O(2)$的区别。

1-6　按照渐近阶从低到高的顺序排列以下表达式：$4n^2$，$\log n$，3^n，$20n$，2，$n^{2/3}$。又$n!$应该排在哪一位？

1-7　(1) 假设某算法在输入规模为 n 时的计算时间为 $T(n)=3\times 2^n$。在某台计算机上实现并完成该算法的时间为 t 秒。现有另一台计算机，其运行速度为第一台的 64 倍，那么在这台新机器上用同一算法在 t 秒内能解输入规模多大的问题？

(2) 若上述算法的计算时间改进为 $T(n)=n^2$，其余条件不变，则在新机器上用 t 秒时间能解输入规模多大的问题？

(3) 若上述算法的计算时间进一步改进为 $T(n)=8$，其余条件不变，那么在新机器上用 t 秒时间能解输入规模多大的问题？

1-8　硬件厂商 XYZ 公司宣称他们最新研制的微处理器运行速度为其竞争对手 ABC 公司同类产品的 100 倍。对于计算复杂性分别为 n,n^2,n^3 和 $n!$ 的各算法，若用 ABC 公司的计算机在 1 小时内能解输入规模为 n 的问题，那么用 XYZ 公司的计算机在 1 小时内分别能解输入规模为多大的问题？

1-9　对于下列各组函数 $f(n)$ 和 $g(n)$，确定 $f(n)=O(g(n))$ 或 $f(n)=\Omega(g(n))$ 或$f(n)=\theta(g(n))$，并简述理由。

(1) $f(n)=\log n^2$，$g(n)=\log n+5$

(2) $f(n)=\log n^2$，$g(n)=\sqrt{n}$

(3) $f(n)=n$，$g(n)=\log^2 n$

(4) $f(n)=n\log n+n$，$g(n)=\log n$

(5) $f(n)=10$，$g(n)=\log 10$

(6) $f(n)=\log^2 n$，$g(n)=\log n$

(7) $f(n)=2^n$，$g(n)=100n^2$

(8) $f(n)=2^n$，$g(n)=3^n$

1-10 证明：$n!=o(n^n)$。

1-11 证明：如果一个算法在平均情况下的计算时间复杂性为 $\theta(f(n))$，则该算法在最坏情况下所需的计算时间为 $\Omega(f(n))$。

第 2 章 递归与分治策略

任何可以用计算机求解的问题所需的计算时间都与其规模有关。问题的规模越小，解题所需的计算时间往往也越少，从而也较容易处理。例如，对于 n 个元素的排序问题，当 $n=1$ 时，不需任何计算；$n=2$ 时，只要做一次比较即可排好序；$n=3$ 时只要进行两次比较即可……而当 n 较大时，问题就不那么容易处理了。要想直接解决一个较大的问题，有时是相当困难的。分治法的设计思想是，将一个难以直接解决的大问题，分割成一些规模较小的相同问题，以便各个击破，分而治之。如果原问题可分割成 k 个子问题，$1<k\leqslant n$，且这些子问题都可解，并可利用这些子问题的解求出原问题的解，那么这种分治法就是可行的。由分治法产生的子问题往往是原问题的较小模式，这就为使用递归技术提供了方便。在这种情况下，反复应用分治手段，可以使子问题与原问题类型一致而其规模却不断缩小，最终使子问题缩小到很容易求出其解。由此自然导致递归算法。分治与递归像一对孪生兄弟，经常同时应用在算法设计之中，并由此产生许多高效算法。

2.1 递归的概念

直接或间接地调用自身的算法称为递归算法。用函数自身给出定义的函数称为递归函数。在计算机算法设计与分析中，递归技术是十分有用的。使用递归技术往往使函数的定义和算法的描述简洁且易于理解。有些数据结构如二叉树等，由于其本身固有的递归特性，特别适合用递归的形式来描述。另外，还有一些问题，虽然其本身并没有明显的递归结构，但用递归技术来求解使设计出的算法简洁易懂且易于分析。

下面举几个实例。

例 2.1 阶乘函数

阶乘函数可递归地定义为

$$n!=\begin{cases}1 & n=0\\ n(n-1)! & n>0\end{cases}$$

阶乘函数的自变量 n 的定义域是非负整数。递归式的第一式给出了这个函数的初始值，是非递归定义的。每个递归函数都必须有非递归定义的初始值，否则递归函数就无法计算。递归式的第二式是用较小自变量的函数值来表达较大自变量的函数值的方式来定义 n 的阶乘。定义式的左右两边都引用了阶乘记号，是递归定义式，可递归地计算如下：

```
public static int factorial(int n)
{
    if (n==0) return 1;
    return n * factorial(n-1);
}
```

例 2.2 Fibonacci 数列

无穷数列 1,1,2,3,5,8,13,21,34,55,…,称为 Fibonacci 数列。它可以递归地定义为

$$F(n)=\begin{cases}1 & n=0,1\\ F(n-1)+F(n-2) & n>1\end{cases}$$

这是一个递归关系式,它说明当 n 大于 1 时,这个数列的第 n 项的值是它前面两项之和。它用两个较小的自变量的函数值来定义较大自变量的函数值,所以需要两个初始值 $F(0)$和 $F(1)$。

第 n 个 Fibonacci 数可递归地计算如下:

```
public static int fibonacci(int n)
{
    if (n<=1) return 1;
    return fibonacci(n-1)+fibonacci(n-2);
}
```

上述两个例子中的函数也可用如下非递归方式定义

$$n!=1\times2\times3\times\cdots\times(n-1)\times n$$

$$F(n)=\frac{1}{\sqrt{5}}\left(\left(\frac{1+\sqrt{5}}{2}\right)^{n+1}-\left(\frac{1-\sqrt{5}}{2}\right)^{n+1}\right)$$

例 2.3 Ackerman 函数

并非一切递归函数都能用非递归方式定义。为了对递归函数的复杂性有更多的了解,再介绍一个双递归函数——Ackerman 函数。当一个函数以及它的一个变量是由函数自身定义时,称这个函数是双递归函数。Ackerman 函数 $A(n,m)$有两个独立的整变量 $m\geqslant0$ 和 $n\geqslant0$,其定义为

$$\begin{cases}A(1,0)=2 & \\ A(0,m)=1 & m\geqslant0\\ A(n,0)=n+2 & n\geqslant2\\ A(n,m)=A(A(n-1,m),m-1) & n,m\geqslant1\end{cases}$$

$A(n,m)$的自变量 m 的每一个值都定义了一个单变量函数。例如,递归式的第三式表示当 $m=0$ 时定义了函数"加 2"。当 $m=1$ 时,由于 $A(1,1)=A(A(0,1),0)=A(1,0)=2$ 以及$A(n,1)=A(A(n-1,1),0)=A(n-1,1)+2\ (n>1)$,因此 $A(n,1)=2n(n\geqslant1)$,即 $A(n,1)$是函数"乘 2"。

当 $m=2$ 时,$A(n,2)=A(A(n-1,2),1)=2A(n-1,2)$和 $A(1,2)=A(A(0,2),1)=A(1,1)=2$,故 $A(n,2)=2^n$。

类似地可以推出,$A(n,3)=2^{2^{\cdot^{\cdot^{2}}}}$,其中 2 的层数为 n。

$A(n,4)$的增长速度非常快,以至于没有适当的数学式子来表示这一函数。

单变量的Ackerman函数$A(n)$定义为:$A(n)=A(n,n)$。其拟逆函数$\alpha(n)$在算法复杂性分析中常遇到。它定义为:$\alpha(n)=\min\{k|A(k)\geqslant n\}$。即$\alpha(n)$是使$n\leqslant A(k)$成立的最小的$k$值。

例如,由$A(0)=1$,$A(1)=2$,$A(2)=4$和$A(3)=16$推知,$\alpha(1)=0$,$\alpha(2)=1$,$\alpha(3)=\alpha(4)=2$和$\alpha(5)=\cdots=\alpha(16)=3$。可以看出$\alpha(n)$的增长速度非常慢。

$A(4)=2^{2^{\cdot^{\cdot^{2}}}}$,其中2的层数为65 536,这个数非常大,无法用通常的方式来表达它。如果要写出这个数将需要$\log(A(4))$位,即$2^{2^{\cdot^{\cdot^{2}}}}$(65 535层2的方幂)位。所以,对于通常所见到的正整数n,有$\alpha(n)\leqslant 4$。但在理论上$\alpha(n)$没有上界,随着n的增加,它以难以想象的慢速度趋向正无穷大。

例2.4 排列问题

设$R=\{r_1,r_2,\cdots,r_n\}$是要进行排列的n个元素,$R_i=R-\{r_i\}$。集合X中元素的全排列记为perm(X)。(r_i)perm(X)表示在全排列perm(X)的每一个排列前加上前缀r_i得到的排列。R的全排列可归纳定义如下:

当$n=1$时,perm(R)=(r),其中r是集合R中唯一的元素;

当$n>1$时,perm(R)由(r_1)perm(R_1),(r_2)perm(R_2),…,(r_n)perm(R_n)构成。

依此递归定义,可设计产生perm(R)的递归算法如下:

```
public static void perm(Object [] list,int k,int m)
{//产生 list[k:m]的所有排列
  if (k==m)
  {//只剩一个元素
     for (int i=0;i<=m;i++)
         System.out.print(list[i]);
     System.out.println();
  }
  else
  //还有多个元素,递归产生排列
    for (int i=k;i<=m;i++)
    {
        MyMath.swap(list,k,i);
        perm(list,k+1,m);
        MyMath.swap(list,k,i);
    }
}
```

算法perm(list,k,m)递归地产生所有前缀是list[0:$k-1$],且后缀是list[k:m]的全排列的所有排列。调用算法perm(list,0,$n-1$)则产生list[0:$n-1$]的全排列。

在一般情况下,$k<m$。算法将list[k:m]中每一个元素分别与list[k]中元素交换。然后递归地计算list[$k+1$:m]的全排列,并将计算结果作为list[0:k]的后缀。算法中MyMath.swap用于交换两个表元素值。

例2.5 整数划分问题

将正整数n表示成一系列正整数之和,$n=n_1+n_2+\cdots+n_k$,其中$n_1\geqslant n_2\geqslant\cdots\geqslant n_k\geqslant 1$,

$k\geqslant 1$。

正整数 n 的这种表示称为正整数 n 的划分。正整数 n 的不同的划分个数称为正整数 n 的划分数，记作 $p(n)$。

例如，正整数 6 有如下 11 种不同的划分，所以 $p(6)=11$。

6；

5+1；

4+2，4+1+1；

3+3，3+2+1，3+1+1+1；

2+2+2，2+2+1+1，2+1+1+1+1；

1+1+1+1+1+1。

在正整数 n 的所有不同的划分中，将最大加数 n_1 不大于 m 的划分个数记作 $q(n,m)$。可以建立 $q(n,m)$ 的如下递归关系。

(1) $q(n,1)=1, n\geqslant 1$。

当最大加数 n_1 不大于 1 时，任何正整数 n 只有一种划分形式，即 $n=\overbrace{1+1+\cdots+1}^{n}$。

(2) $q(n,m)=q(n,n), m\geqslant n$。

最大加数 n_1 实际上不能大于 n。因此，$q(1,m)=1$。

(3) $q(n,n)=1+q(n,n-1)$。

正整数 n 的划分由 $n_1=n$ 的划分和 $n_1\leqslant n-1$ 的划分组成。

(4) $q(n,m)=q(n,m-1)+q(n-m,m), n>m>1$。

正整数 n 的最大加数 n_1 不大于 m 的划分由 $n_1=m$ 的划分和 $n_1\leqslant m-1$ 的划分组成。

以上的关系实际上给出了计算 $q(n,m)$ 的递归式如下：

$$q(n,m)=\begin{cases}1 & n=1, m=1 \\ q(n,n) & n<m \\ 1+q(n,n-1) & n=m \\ q(n,m-1)+q(n-m,m) & n>m>1\end{cases}$$

据此，可设计计算 $q(n,m)$ 的递归算法如下。其中，正整数 n 的划分数 $p(n)=q(n,n)$。

```
public static int q(int n,int m)
{
    if ((n<1)||(m<1)) return 0;
    if ((n==1)||(m==1)) return 1;
    if (n<m) return q(n,n);
    if (n==m) return q(n,m-1)+1;
    return q(n,m-1)+q(n-m,m);
}
```

例 2.6 Hanoi 塔问题

设 a，b，c 是 3 个塔座。开始时，在塔座 a 上有一叠共 n 个圆盘，这些圆盘自下而上，由大到小地叠在一起。各圆盘从小到大编号为 1，2，…，n，如图 2-1 所示。现要求将塔座 a 上的这一叠圆盘移到塔座 b 上，并仍按同样顺序叠置。在移动圆盘时应该遵守以下移动规则。

规则(1)：每次只能移动1个圆盘。

规则(2)：任何时刻都不允许将较大的圆盘压在较小的圆盘之上。

规则(3)：在满足移动规则(1)和规则(2)的前提下，可将圆盘移至a，b，c中任一塔座上。

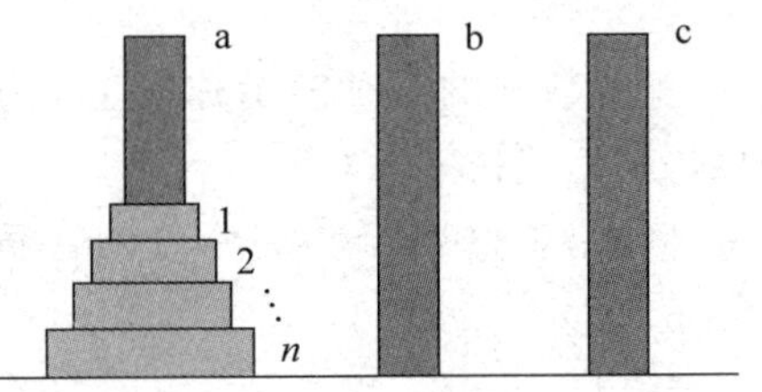

图2-1　Hanoi塔问题的初始状态

这个问题有一个简单的解法。假设塔座a，b，c排成一个三角形，a→b→c→a构成一顺时针循环。在移动圆盘的过程中，若是奇数次移动，则将最小的圆盘移到顺时针方向的下一塔座上；若是偶数次移动，则保持最小的圆盘不动。而在其他两个塔座之间，将较小的圆盘移到另一塔座上去。

上述算法简洁明确，可以证明它是正确的。但只看算法的计算步骤，很难理解它的道理，也很难理解它的设计思想。下面用递归技术来解决同一问题。当$n=1$时，问题比较简单，只要将编号为1的圆盘从塔座a直接移至塔座b上即可。当$n>1$时，需要利用塔座c作为辅助塔座。此时若能设法将$n-1$个较小的圆盘依照移动规则从塔座a移至塔座c，然后，将剩下的最大圆盘从塔座a移至塔座b，最后，再设法将$n-1$个较小的圆盘依照移动规则从塔座c移至塔座b。由此可见，n个圆盘的移动问题可分为两次$n-1$个圆盘的移动问题，这又可以递归地用上述方法来做。由此可以设计出解Hanoi塔问题的递归算法如下：

```
public static void hanoi(int n,int a,int b,int c)
{
    if (n>0)
    {
      hanoi(n-1,a,c,b);
      move(a,b);
      hanoi(n-1,c,b,a);
    }
}
```

其中，hanoi(n，a，b，c)表示将塔座a上自下而上，由大到小叠在一起的n个圆盘依移动规则移至塔座b上并仍按同样顺序叠放。在移动过程中，以塔座c作为辅助塔座。move(a，b)表示将塔座a上的圆盘移至塔座b上。

算法hanoi以递归形式给出，每个圆盘的具体移动方式不清楚，因此，很难用手工移动来模拟这个算法。然而，这个算法易于理解，也容易证明其正确性，而且易于掌握它的设计思想。由此可见，用递归技术来设计算法很方便，而且设计出的算法往往比通常的算法有效。

像hanoi这样的递归算法，在执行时需要多次调用自身。实现这种递归调用的关键是为算法建立递归调用工作栈。通常，在一个算法中调用另一算法时，系统需要在运行被调用算法之前先完成以下3件事：

(1) 将所有实参指针，返回地址等信息传递给被调用算法。

(2) 为被调用算法的局部变量分配存储区。

(3) 将控制转移到被调用算法的入口。

在从被调用算法返回调用算法时，系统也相应地要完成以下3件事：

(1) 保存被调用算法的计算结果。

(2) 释放分配给被调用算法的数据区。

(3) 依照被调用算法保存的返回地址将控制转移到调用算法。

当有多个算法构成嵌套调用时，按照后调用先返回的原则进行。上述算法之间的信息传递和控制转移必须通过栈来实现，即系统将整个程序运行时所需的数据空间安排在一个栈中，每调用一个算法，就为它在栈顶分配一个存储区，每退出一个算法，就释放它在栈顶的存储区。当前正在运行的算法的数据一定在栈顶。

递归算法的实现类似于多个算法的嵌套调用，只是调用算法和被调用算法是同一个算法。因此，和每次调用相关的一个重要概念是递归算法的调用层次。若调用一个递归算法的主算法为第0层算法，则从主算法调用递归算法为进入第1层调用；从第i层递归调用本算法为进入第$i+1$层调用。反之，退出第i层递归调用，则返回至第$i-1$层调用。为了保证递归调用正确执行，系统要建立递归调用工作栈，为各层次的调用分配数据存储区。每一层递归调用所需的信息构成一个工作记录，其中包括所有实参指针、所有局部变量以及返回上一层的地址。每进入一层递归调用，就产生一个新的工作记录压入栈顶；每退出一层递归调用，就从栈顶弹出一个工作记录。

图2-2是实现算法递归调用的栈使用情况示意。其中，TOP是指向栈顶的指针。

主算法栈块
M
主算法调用递归算法A的栈块
算法A的第一层递归调用工作记录
算法A的第二层递归调用工作记录
TOP
M

图2-2　递归调用工作栈示意图

由于递归算法结构清晰，可读性强，而且容易用数学归纳法来证明算法的正确性，因此它为设计算法、调试程序带来很大方便。然而，递归算法的运行效率较低，无论是耗费的计算时间还是占用的存储空间都比非递归算法要多。若在程序中消除算法的递归调用，则其运行时间可大为节省。因此，有时希望在递归算法中消除递归调用，使其转化为非递归算法。通常，消除递归采用一个用户定义的栈来模拟系统的递归调用工作栈，从而达到将递归算法改为非递归算法的目的。仅仅是机械地模拟还不能达到减少计算时间和存储空间的目的。因此，还需要根据具体程序的特点对递归调用工作栈进行简化，尽量减少栈操作，压缩栈存储空间，以达到节省计算时间和存储空间的目的。

2.2　分治法的基本思想

分治法的基本思想是将一个规模为n的问题分解为k个规模较小的子问题，这些子问题互相独立且与原问题相同。递归地解这些子问题，然后将各子问题的解合并得到原问题

的解。它的一般的算法设计模式如下:

```
divide-and-conquer(P)
{
    if (|P|<=n0) adhoc(P);
    divide P into smaller subinstances P1,P2,…,Pk;
    for (i=1,i<=k,i++)
      yi=divide-and-conquer(Pi);
    return merge(y1,…,yk);
}
```

其中,$|P|$表示问题 P 的规模。$n0$ 为一阈值,表示当问题 P 的规模不超过 $n0$ 时,问题已容易解出,不必再继续分解。adhoc(P)是该分治法中的基本子算法,用于直接解小规模的问题 P。当 P 的规模不超过 $n0$ 时,直接用算法 adhoc(P)求解。算法merge($y1,y2,\cdots,yk$)是该分治法中的合并子算法,用于将 P 的子问题 $P1,P2,\cdots,Pk$ 的解 $y1,y2,\cdots,yk$ 合并为 P 的解。

根据分治法的分割原则,应把原问题分为多少个子问题才比较适宜?每个子问题是否规模相同或怎样才为适当?这些问题很难给予肯定的回答。但人们从大量实践中发现,在用分治法设计算法时,最好使子问题的规模大致相同。即将一个问题分成大小相等的 k 个子问题的处理方法是行之有效的。许多问题可以取 $k=2$。这种使子问题规模大致相等的做法是出自一种平衡(balancing)子问题的思想,它几乎总是比子问题规模不等的做法要好。

从分治法的一般设计模式可以看出,用它设计出的算法一般是递归算法。因此,分治法的计算效率通常可以用递归方程来进行分析。一个分治法将规模为 n 的问题分成 k 个规模为 n/m 的子问题去解。为方便起见,设分解阈值 $n_0=1$,且 adhoc 解规模为 1 的问题耗费 1 个单位时间。另外,再设将原问题分解为 k 个子问题以及用 merge 将 k 个子问题的解合并为原问题的解需用 $f(n)$个单位时间。如果用 $T(n)$表示该分治法 divide-and-conquer(P)解规模为$|P|=n$ 的问题所需的计算时间,则有

$$T(n)=\begin{cases} O(1) & n=1 \\ kT(n/m)+f(n) & n>1 \end{cases}$$

下面来讨论如何解这个与分治法有密切关系的递归方程。通常可以用展开递归式的方法来解这类递归方程,反复代入求解得

$$T(n)=n^{\log_m k}+\sum_{j=0}^{\log_m n-1} k^j f(n/m^j)$$

注意,递归方程及其解只给出 n 等于 m 的方幂时 $T(n)$的值,但是如果 $T(n)$足够平滑,由 n 等于 m 的方幂时 $T(n)$的值可以估计 $T(n)$的增长速度。通常,可以假定$T(n)$单调上升。

另一个需要注意的问题是,在分析分治法的计算效率时,通常得到的是如下递归不等式

$$T(n)\leqslant\begin{cases} O(1) & n=n_0 \\ kT(n/m)+f(n) & n>n_0 \end{cases}$$

在讨论最坏情况下的计算时间复杂度时,用等号(=)还是用小于或等于号(≤)是没有本质区别的。

以上讨论的是分治法的基本思想和一般原则。下面通过具体例子说明如何针对具体问

题用分治思想来设计有效算法。

2.3 二分搜索技术

二分搜索算法是运用分治策略的典型例子。

给定已排好序的 n 个元素 $a[0:n-1]$，现要在这 n 个元素中找出一特定元素 x。

首先较易想到的是用顺序搜索方法，逐个比较 $a[0:n-1]$ 中元素，直至找出元素 x 或搜索遍整个数组后确定 x 不在其中。这个方法没有很好地利用 n 个元素已排好序这个条件，因此在最坏情况下，顺序搜索方法需要 $O(n)$ 次比较。

二分搜索方法充分利用了元素间的次序关系，采用分治策略，可在最坏情况下用 $O(\log n)$ 时间完成搜索任务。

二分搜索算法的基本思想是将 n 个元素分成个数大致相同的两半，取 $a[n/2]$ 与 x 进行比较。如果 $x=a[n/2]$，则找到 x，算法终止。如果 $x<a[n/2]$，则只要在数组 a 的左半部继续搜索 x。如果 $x>a[n/2]$，则只要在数组 a 的右半部继续搜索 x。具体算法可描述如下：

```
public static int binarySearch(int [] a, int x, int n)
{
    //在 a[0]<=a[1]<=…<=a[n-1] 中搜索 x
    //找到 x 时返回其在数组中的位置，否则返回-1
    int left=0; int right=n-1;
    while (left<=right)
    {
      int middle=(left+right)/2;
      if (x==a[middle]) return middle;
      if (x>a[middle]) left=middle+1;
      else right=middle-1;
    }
    return-1;          //未找到 x
}
```

容易看出，每执行一次算法的 while 循环，待搜索数组的大小减少一半。因此，在最坏情况下，while 循环被执行了 $O(\log n)$ 次。循环体内运算需要 $O(1)$ 时间，因此，整个算法在最坏情况下的计算时间复杂性为 $O(\log n)$。

二分搜索算法的思想易于理解，但是要写一个正确的二分搜索算法也不是一件简单的事。Knuth 在他的著作 *The Art of Computer Programming*：*Sorting and Searching* 中提到，第一个二分搜索算法早在 1946 年就出现了，但是第一个完全正确的二分搜索算法却直到 1962 年才出现。

2.4 大整数的乘法

通常，在分析算法的计算复杂性时，都将加法和乘法运算当作基本运算来处理，即将执行一次加法或乘法运算所需的计算时间，当作一个仅取决于计算机硬件处理速度的常数。

这个假定仅在参加运算的整数能在计算机硬件对整数的表示范围内直接处理时才是合理的。然而,在某些情况下,要处理很大的整数,它无法在计算机硬件能直接表示的整数范围内进行处理。若用浮点数来表示它,则只能近似地表示它的大小,计算结果中的有效数字也受到限制。若要精确地表示大整数并在计算结果中要求精确地得到所有位数上的数字,就必须用软件的方法来实现大整数的算术运算。

设 X 和 Y 都是 n 位的二进制整数,现在要计算它们的乘积 XY。可以用小学所学的方法来设计计算乘积 XY 的算法,但是这样做计算步骤太多,效率较低。如果将每两个1位数的乘法或加法看作一步运算,那么这种方法要进行 $O(n^2)$ 步运算才能算出乘积 XY。下面用分治法来设计更有效的大整数乘积算法。

将 n 位二进制整数 X 和 Y 都分为2段,每段的长为 $n/2$ 位(为简单起见,假设 n 是2的幂),如图2-3所示。

	$n/2$位	$n/2$位		$n/2$位	$n/2$位
$X=$	A	B	$Y=$	C	D

图2-3 大整数 X 和 Y 的分段

由此,$X=A2^{n/2}+B$,$Y=C2^{n/2}+D$,X 和 Y 的乘积为

$$XY=(A2^{n/2}+B)(C2^{n/2}+D)=AC2^n+(AD+CB)2^{n/2}+BD$$

如果按此式计算 XY,则必须进行4次 $n/2$ 位整数的乘法(AC,AD,BC 和 BD),以及3次不超过 $2n$ 位的整数加法(分别对应于式中的加号),此外还要进行2次移位(分别对应于式中乘 2^n 和乘 $2^{n/2}$)。所有这些加法和移位共用 $O(n)$ 步运算。设 $T(n)$ 是2个 n 位整数相乘所需的运算总数,则有

$$T(n)=\begin{cases}O(1) & n=1\\4T(n/2)+O(n) & n>1\end{cases}$$

由此可得 $T(n)=O(n^2)$。因此,直接用此式来计算 X 和 Y 的乘积并不比小学生的方法更有效。要想改进算法的计算复杂性,必须减少乘法次数。下面把 XY 写成另一种形式

$$XY=AC2^n+((A-B)(D-C)+AC+BD)2^{n/2}+BD$$

此式看起来似乎更复杂些,但它仅需做3次 $n/2$ 位整数的乘法(AC,BD 和 $(A-B)(D-C)$),6次加、减法和2次移位。由此可得

$$T(n)=\begin{cases}O(1) & n=1\\3T(n/2)+O(n) & n>1\end{cases}$$

容易求得其解为 $T(n)=O(n^{\log 3})=O(n^{1.59})$。这是一个较大的改进。

上述二进制大整数乘法同样可应用于十进制大整数的乘法以减少乘法次数,提高算法效率。如果将大整数分成3段或4段做乘法,计算复杂性会发生什么变化呢?是否优于分成2段来做乘法?读者可以通过有关练习得到明确的结论。

2.5 Strassen矩阵乘法

矩阵乘法是线性代数中最常见的问题之一,它在数值计算中有广泛的应用。设 $\boldsymbol{A}$ 和 $\boldsymbol{B}$ 是2个 $n\times n$ 矩阵,它们的乘积 $\boldsymbol{AB}$ 同样是一个 $n\times n$ 矩阵。$\boldsymbol{A}$ 和 $\boldsymbol{B}$ 的乘积矩阵 $\boldsymbol{C}$ 中元素

$C[i][j]$定义为$C[i][j]=\sum_{k=1}^{n}A[i][k]B[k][j]$。

若依此定义来计算 **A** 和 **B** 的乘积矩阵 **C**，则每计算 **C** 的一个元素 $C[i][j]$，需要做 n 次乘法运算和 $n-1$ 次加法运算。因此，算出矩阵 **C** 的 n^2 个元素所需的计算时间为 $O(n^3)$。

20 世纪 60 年代末期，Strassen 采用了类似于在大整数乘法中用过的分治技术，将计算 2 个 n 阶矩阵乘积所需的计算时间改进到 $O(n^{\log 7})=O(n^{2.81})$，其基本思想还是使用分治法。

首先，仍假设 n 是 2 的幂。将矩阵 **A**，**B** 和 **C** 中每一矩阵都分块成 4 个大小相等的子矩阵，每个子矩阵都是$(n/2)\times(n/2)$的方阵。由此可将方程 **C**=**AB** 重写为

$$\begin{bmatrix}C_{11} & C_{12}\\ C_{21} & C_{22}\end{bmatrix}=\begin{bmatrix}A_{11} & A_{12}\\ A_{21} & A_{22}\end{bmatrix}\begin{bmatrix}B_{11} & B_{12}\\ B_{21} & B_{22}\end{bmatrix}$$

由此可得

$$\begin{aligned}C_{11}&=A_{11}B_{11}+A_{12}B_{21}\\ C_{12}&=A_{11}B_{12}+A_{12}B_{22}\\ C_{21}&=A_{21}B_{11}+A_{22}B_{21}\\ C_{22}&=A_{21}B_{12}+A_{22}B_{22}\end{aligned}$$

如果 $n=2$，则 2 个 2 阶方阵的乘积可以直接计算出来，共需 8 次乘法和 4 次加法。当子矩阵的阶大于 2 时，为求 2 个子矩阵的积，可以继续将子矩阵分块，直到子矩阵的阶降为 2。由此产生分治降阶的递归算法。依此算法，计算 2 个 n 阶方阵的乘积转化为计算 8 个 $n/2$ 阶方阵的乘积和 4 个 $n/2$ 阶方阵的加法。2 个$(n/2)\times(n/2)$矩阵的加法显然可以在 $O(n^2)$ 时间内完成。因此，上述分治法的计算时间耗费$T(n)$应满足

$$T(n)=\begin{cases}O(1) & n=2\\ 8T(n/2)+O(n^2) & n>2\end{cases}$$

这个递归方程的解仍然是 $T(n)=O(n^3)$。因此，该方法并不比用原始定义直接计算更有效。究其原因，乃是由于该方法并没有减少矩阵的乘法次数。而矩阵乘法耗费的时间要比矩阵加(减)法耗费的时间多得多。要想改进矩阵乘法的计算时间复杂性，必须减少乘法运算。

按照上述分治法的思想可以看出，要想减少乘法运算次数，关键在于计算 2 个 2 阶方阵的乘积时，能否用少于 8 次乘法运算。Strassen 提出了一种新的算法来计算 2 个 2 阶方阵的乘积。他的算法只用了 7 次乘法运算，但增加了加、减法的运算次数。这 7 次乘法运算是

$$\begin{aligned}M_1&=A_{11}(B_{12}-B_{22})\\ M_2&=(A_{11}+A_{12})B_{22}\\ M_3&=(A_{21}+A_{22})B_{11}\\ M_4&=A_{22}(B_{21}-B_{11})\\ M_5&=(A_{11}+A_{22})(B_{11}+B_{22})\\ M_6&=(A_{12}-A_{22})(B_{21}+B_{22})\\ M_7&=(A_{11}-A_{21})(B_{11}+B_{12})\end{aligned}$$

做了这 7 次乘法运算后，再做若干次加、减法运算就可以得到

$$C_{11}=M_5+M_4-M_2+M_6$$

$$C_{12} = M_1 + M_2$$
$$C_{21} = M_3 + M_4$$
$$C_{22} = M_5 + M_1 - M_3 - M_7$$

以上计算的正确性很容易验证。

Strassen 矩阵乘法中,用了 7 次对于 $n/2$ 阶矩阵乘的递归调用和 18 次 $n/2$ 阶矩阵的加减运算。由此可知,该算法所需的计算时间 $T(n)$ 满足如下的递归方程

$$T(n) = \begin{cases} O(1) & n = 2 \\ 7T(n/2) + O(n^2) & n > 2 \end{cases}$$

解此递归方程得 $T(n)=O(n^{\log 7})\approx O(n^{2.81})$。由此可见,Strassen 矩阵乘法的计算时间复杂性比普通矩阵乘法有较大改进。

有人曾列举了计算 2 个 2×2 阶矩阵乘法的 36 种不同方法,但所有的方法都至少做 7 次乘法。除非能找到一种计算 2 阶方阵乘积的算法,使乘法的计算次数少于 7 次,计算矩阵乘积的计算时间下界才有可能低于 $O(n^{2.81})$。但是,Hopcroft 和 Kerr 在 1971 年已经证明,计算 2 个 2×2 矩阵的乘积,7 次乘法是必要的。因此,要想进一步改进矩阵乘法的时间复杂性,就不能再基于计算 2×2 矩阵的 7 次乘法这样的方法了,或许应当研究 3×3 或 5×5 矩阵的更好算法。在 Strassen 之后又有许多算法改进了矩阵乘法的计算时间复杂性。目前最好的计算时间上界是 $O(n^{2.376})$。而目前所知道的矩阵乘法的最好下界仍是它的平凡下界 $\Omega(n^2)$。因此,到目前为止还无法确切知道矩阵乘法的时间复杂性。关于这一研究课题还有许多工作可做。

2.6 棋盘覆盖

在一个 $2^k\times 2^k$ 个方格组成的棋盘中,恰有一个方格与其他方格不同,称该方格为一特殊方格,且称该棋盘为一特殊棋盘。显然,特殊方格在棋盘上出现的位置有 4^k 种情形。因而对任何 $k\geqslant 0$,有 4^k 种不同的特殊棋盘。图 2-4 中的特殊棋盘是当 $k=2$ 时 16 个特殊棋盘中的一个。

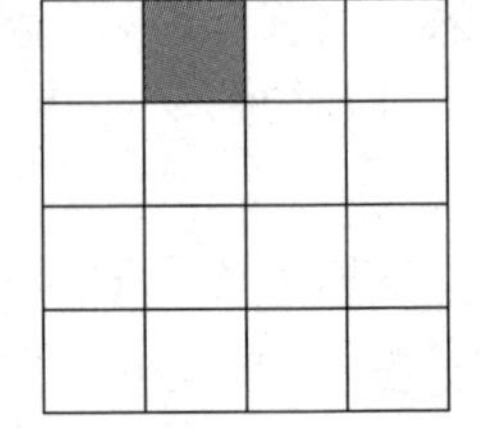

图 2-4　$k=2$ 时的一个特殊棋盘

在棋盘覆盖问题中,要用图 2-5 所示的 4 种不同形态的 L 型骨牌覆盖给定的特殊棋盘上除特殊方格以外的所有方格,且任何 2 个 L 型骨牌不得重叠覆盖。易知,在任何一个 $2^k\times 2^k$ 的棋盘覆盖中,用到的 L 型骨牌个数恰为 $(4^k-1)/3$。

用分治策略,可以设计出解棋盘覆盖问题的简洁算法。

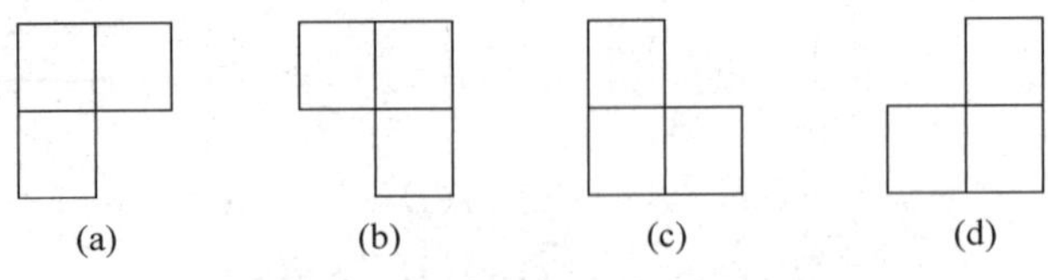

图 2-5　4 种不同形态的 L 型骨牌

当 $k>0$ 时,将 $2^k\times 2^k$ 棋盘分割为 4 个 $2^{k-1}\times 2^{k-1}$ 子棋盘,如图 2-6(a)所示。特殊方格必位于 4 个较小子棋盘之一中,其余 3 个子棋盘中无特殊方格。为了将这 3

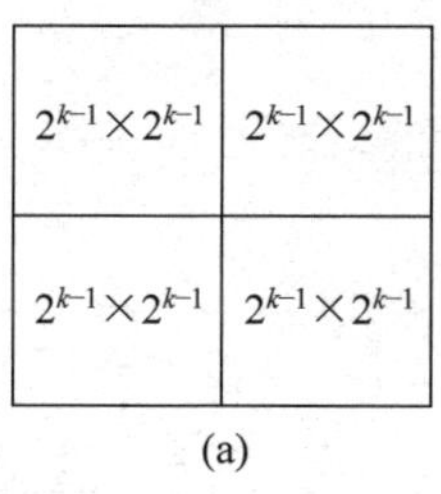

(a)

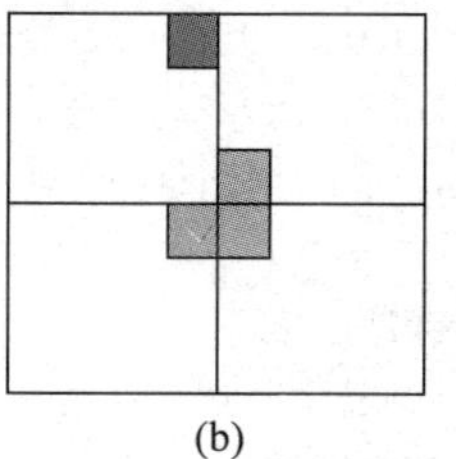
(b)

图 2-6 棋盘分割

个无特殊方格的子棋盘转化为特殊棋盘，可以用一个 L 型骨牌覆盖这 3 个较小棋盘的会合处，如图 2-6(b)所示，这 3 个子棋盘上被 L 型骨牌覆盖的方格就成为该棋盘上的特殊方格，从而将原问题转化为 4 个较小规模的棋盘覆盖问题。递归地使用这种分割，直至棋盘简化为 1×1 棋盘。

实现这种分治策略的算法 chessBoard 可实现如下：

```
public void chessBoard(int tr,int tc,int dr,int dc,int size)
{
    if (size==1) return;
    int t=tile++,           //L 型骨牌号
        s=size/2;           //分割棋盘
    //覆盖左上角子棋盘
    if (dr<tr+s && dc<tc+s)
        //特殊方格在此棋盘中
        chessBoard(tr,tc,dr,dc,s);
    else {//此棋盘中无特殊方格
        //用 t 号 L 型骨牌覆盖右下角
        board[tr+s-1][tc+s-1]=t;
        //覆盖其余方格
        chessBoard(tr,tc,tr+s-1,tc+s-1,s);}

    //覆盖右上角子棋盘
    if (dr<tr+s && dc>=tc+s)
        //特殊方格在此棋盘中
        chessBoard(tr,tc+s,dr,dc,s);
    else {//此棋盘中无特殊方格
        //用 t 号 L 型骨牌覆盖左下角
        board[tr+s-1][tc+s]=t;
        //覆盖其余方格
        chessBoard(tr,tc+s,tr+s-1,tc+s,s);}

    //覆盖左下角子棋盘
    if (dr>=tr+s && dc<tc+s)
        //特殊方格在此棋盘中
        chessBoard(tr+s,tc,dr,dc,s);
    else {//用 t 号 L 型骨牌覆盖右上角
```

```
        board[tr+s][tc+s-1]=t;
        //覆盖其余方格
        chessBoard(tr+s,tc,tr+s,tc+s-1,s);}

    //覆盖右下角子棋盘
    if (dr>=tr+s && dc>=tc+s)
        //特殊方格在此棋盘中
        chessBoard(tr+s,tc+s,dr,dc,s);
    else {//用 t 号 L 型骨牌覆盖左上角
        board[tr+s][tc+s]=t;
        //覆盖其余方格
        chessBoard(tr+s,tc+s,tr+s,tc+s,s);}
}
```

上述算法中,用整型数组 board 表示棋盘。board[0][0]是棋盘的左上角方格。tile 是算法中的一个全局整型变量,用来表示 L 型骨牌的编号,其初始值为 0。算法的输入参数如下:

tr:棋盘左上角方格的行号;

tc:棋盘左上角方格的列号;

dr:特殊方格所在的行号;

dc:特殊方格所在的列号;

size:2^k,棋盘规格为 $2^k\times 2^k$。

设 $T(k)$是算法 chessBoard 覆盖一个 $2^k\times 2^k$ 棋盘所需的时间。从算法的分割策略可知,$T(k)$满足如下递归方程

$$T(k)=\begin{cases}O(1) & k=0\\ 4T(k-1)+O(1) & k>0\end{cases}$$

解此递归方程可得 $T(k)=O(4^k)$。由于覆盖 $2^k\times 2^k$ 棋盘所需的 L 型骨牌个数为$(4^k-1)/3$,故算法 chessBoard 是一个在渐近意义下最优的算法。

2.7 合并排序

合并排序算法是用分治策略实现对 n 个元素进行排序的算法。其基本思想是:将待排序元素分成大小大致相同的 2 个子集合,分别对 2 个子集合进行排序,最终将排好序的子集合合并成为所要求的排好序的集合。合并排序算法可递归地描述如下:

```
public static void mergeSort(Comparable a[],int left,int right)
{
    if (left<right)
    {//至少有 2 个元素
        int i=(left+right)/2;          //取中点
        mergeSort(a,left,i);
        mergeSort(a,i+1,right);
        merge(a,b,left,i,right);        //合并到数组 b
        copy(a,b,left,right);           //复制回数组 a
```

```
        }
    }
```

其中，算法 merge 合并 2 个排好序的数组段到新的数组 b 中，然后由算法 copy 将合并后的数组段再复制回数组 a 中。算法 merge 和 copy 显然可在 $O(n)$时间内完成，因此合并排序算法对 n 个元素进行排序，在最坏情况下所需的计算时间 $T(n)$满足

$$T(n)=\begin{cases}O(1) & n\leqslant 1\\ 2T(n/2)+O(n) & n>1\end{cases}$$

解此递归方程可知 $T(n)=O(n\log n)$。由于排序问题的计算时间下界为$\Omega(n\log n)$，故合并排序算法是渐近最优算法。

对于算法 mergeSort，还可以从多方面对它进行改进。例如，从分治策略的机制入手，容易消除算法中的递归。事实上，算法 mergeSort 的递归过程只是将待排序集合一分为二，直至待排序集合只剩下 1 个元素为止。然后不断合并两个排好序的数组段。按此机制，可以首先将数组 a 中相邻元素两两配对。用合并算法将它们排序，构成 $n/2$ 组长度为 2 的排好序的子数组段，然后再将它们排序成长度为 4 的排好序的子数组段，如此继续下去，直至整个数组排好序。

按此思想，消去递归后的合并排序算法可描述如下：

```
public static void mergeSort(Comparable [] a)
{
    Comparable [] b=new Comparable [a.length];
    int s=1;
    while (s<a.length)
    {
      mergePass(a,b,s);          //合并到数组 b
      s+=s;
      mergePass(b,a,s);          //合并到数组 a
      s+=s;
    }
}
```

其中，算法 mergePass 用于合并排好序的相邻数组段。具体的合并算法由 merge 来实现。

```
public static void mergePass(Comparable [] x,Comparable [] y,int s)
{ //合并大小为 s 的相邻子数组
    int i=0;
    while (i<=x.length-2*s)
    {//合并大小为 s 的相邻 2 段子数组
        merge(x,y,i,i+s-1,i+2*s-1);
        i=i+2*s;
    }
    //剩下的元素个数少于 2s
    if (i+s<x.length)
        merge(x,y,i,i+s-1,x.length-1);
    else
```

```
        //复制到 y
        for (int j=i;j<x.length;j++)
            y[j]=x[j];
    }

    public static void merge(Comparable [] c,Comparable [] d,int l,int m,int r)
    {//合并 c[l:m]和 c[m+1:r]到 d[l:r]
        int i=l,
            j=m+1,
            k=l;
        while ((i<=m) && (j<=r))
            if (c[i].compareTo(c[j])<=0)
                d[k++]=c[i++];
            else d[k++]=c[j++];
        if (i>m)
            for (int q=j;q<=r;q++)
                d[k++]=c[q];
        else
            for (int q=i;q<=m;q++)
                d[k++]=c[q];
    }
```

自然合并排序是上述合并排序算法 mergeSort 的变形。在上述合并排序算法中，第一步合并相邻长度为 1 的子数组段，这是因为长度为 1 的子数组段是已排好序的。事实上，对于初始给定的数组 a，通常存在多个长度大于 1 的已自然排好序的子数组段。例如，若数组 a 中元素为{4,8,3,7,1,5,6,2}，则自然排好序的子数组段有{4,8}，{3,7}，{1,5,6}和{2}。用 1 次对数组 a 的线性扫描就足以找出所有这些排好序的子数组段。然后将相邻的排好序的子数组段两两合并，构成更大的排好序的子数组段。对上面的例子，经一次合并后得到两个合并后的子数组段{3,4,7,8}和{1,2,5,6}。继续合并相邻排好序的子数组段，直至整个数组已排好序。上面这两个数组段再合并后就得到{1,2,3,4,5,6,7,8}。

上述思想就是自然合并排序算法的基本思想。在通常情况下，按此方式进行合并排序所需的合并次数较少。例如，对于所给的 n 元素数组已排好序的极端情况，自然合并排序算法不需要执行合并步，而算法 mergeSort 需要执行 $\lceil \log n \rceil$ 次合并。因此，在这种情况下，自然合并排序算法需要 $O(n)$ 时间，而算法 mergeSort 需要 $O(n\log n)$ 时间。

2.8 快速排序

快速排序算法是基于分治策略的另一个排序算法。其基本思想是，对于输入的子数组 $a[p:r]$，按以下 3 个步骤进行排序。

(1) 分解(divide)：以 $a[p]$ 为基准元素将 $a[p:r]$ 划分成 3 段 $a[p:q-1]$，$a[q]$ 和 $a[q+1:r]$，使得 $a[p:q-1]$ 中任何元素小于等于 $a[q]$，$a[q+1:r]$ 中任何元素大于等于 $a[q]$。下标 q 在划分过程中确定。

(2) 递归求解(conquer)：通过递归调用快速排序算法，分别对 $a[p:q-1]$和 $a[q+1:r]$进行排序。

(3) 合并(merge)：由于对 $a[p:q-1]$和 $a[q+1:r]$的排序是就地进行的，所以在 $a[p:q-1]$和 $a[q+1:r]$都已排好的序后不需要执行任何计算，$a[p:r]$就已排好序。

基于这个思想，可实现快速排序算法如下：

```
private static void qSort(int p,int r)
{
    if (p<r)
    {
        int q=partition(p,r);
        qSort (p,q-1);      //对左半段排序
        qSort (q+1,r);      //对右半段排序
    }
}
```

对含有 n 个元素的数组 $a[0:n-1]$进行快速排序只要调用 qSort(a,0,$n-1$)即可。

上述算法中的 partition，以确定的基准元素 $a[p]$对子数组 $a[p:r]$进行划分，它是快速排序算法的关键。

```
private static int partition (int p,int r)
{
    int i=p,
        j=r+1;
    Comparable x=a[p];
    //将<x 的元素交换到左边区域
    //将>x 的元素交换到右边区域
    while (true)
    {
        while (a[++i].compareTo(x)<0 && i<r);
        while (a[--j].compareTo(x)>0);
        if (i>=j) break;
        MyMath.swap(a,i,j);
    }
    a[p]=a[j];
    a[j]=x;
    return j;
}
```

算法 partition 对 $a[p:r]$进行划分时，以元素 $x=a[p]$作为划分的基准，分别从左、右两端开始，扩展两个区域 $a[p:i]$和 $a[j:r]$，使得 $a[p:i]$中元素小于或等于 x，而$a[j:r]$中元素大于或等于 x。初始时，$i=p$，且 $j=r+1$。

在 while 循环体中，下标 j 逐渐减小，i 逐渐增大，直到 $a[i]\geqslant x\geqslant a[j]$。如果这两个不等式是严格的，则 $a[i]$不会是左边区域的元素，$a[j]$不会是右边区域的元素。此时若 $i<j$，就应该交换 $a[i]$与 $a[j]$的位置，扩展左右两个区域。

while 循环重复至 $i \geqslant j$ 时结束。这时 $a[p:r]$ 已被划分成 $a[p:q-1]$, $a[q]$ 和 $a[q+1:r]$,且满足 $a[p:q-1]$ 中元素不大于 $a[q+1:r]$ 中元素。在算法 partition 结束时返回划分点 $q=j$。

事实上,算法 partition 的主要功能就是将小于 x 的元素放在原数组的左半部分。而将大于 x 的元素放在原数组的右半部分。其中有一些细节需要注意。例如,算法中的下标 i 和 j 不会超出 $a[p:r]$ 的下标界。另外,在快速排序算法中选取 $a[p]$ 作为基准,可以保证算法正常结束。如果选择 $a[r]$ 作为划分的基准,且 $a[r]$ 又是 $a[p:r]$ 中的最大元素,则算法 partition 返回的值为 $q=r$,这就会使算法 qSort 陷入死循环。

对于输入序列 $a[p:r]$,算法 partition 的计算时间显然为 $O(r-p-1)$。

快速排序的运行时间与划分是否对称有关,其最坏情况发生在划分过程产生的两个区域分别包含 $n-1$ 个元素和 1 个元素的时候。由于算法 partition 的计算时间为 $O(n)$,所以如果算法 partition 的每一步都出现这种不对称划分,则其计算时间复杂性 $T(n)$ 满足

$$T(n)=\begin{cases}O(1) & n \leqslant 1 \\ T(n-1)+O(n) & n>1\end{cases}$$

解此递归方程可得 $T(n)=O(n^2)$。

在最好情况下,每次划分所取的基准都恰好为中值,即每次划分都产生两个大小为 $n/2$ 的区域,此时,partition 的计算时间 $T(n)$ 满足

$$T(n)=\begin{cases}O(1) & n \leqslant 1 \\ 2T(n/2)+O(n) & n>1\end{cases}$$

其解为 $T(n)=O(n\log n)$。

可以证明,快速排序算法在平均情况下的时间复杂性也是 $O(n\log n)$,这在基于比较的排序算法类中算是快速的了,快速排序也因此而得名。

快速排序算法的性能取决于划分的对称性。通过修改算法 partition,可以设计出采用随机选择策略的快速排序算法。在快速排序算法的每一步中,当数组还没有被划分时,可以在 $a[p:r]$ 中随机选出一个元素作为划分基准,这样可以使划分基准的选择是随机的,从而可以期望划分是比较对称的。随机化的划分算法可实现如下:

```
private static int randomizedPartition (int p,int r)
{
    int i=random(p,r);
    MyMath.swap(a,i,p);
    return partition (p,r);
}
```

其中,random(p,r)产生 p 和 r 之间的一个随机整数,且产生不同整数的概率相同。

随机化的快速排序算法通过调用上述算法 randomizedPartition 来产生随机的划分。

```
private static void randomizedQuickSort(int p,int r)
{
    if (p<r)
    {
      int q=randomizedPartition(p,r);
```

```
        randomizedQuickSort(p,q-1); //对左半段排序
        randomizedQuickSort(q+1,r); //对右半段排序
    }
}
```

2.9 线性时间选择

本节讨论与排序问题类似的元素选择问题。元素选择问题的一般提法是：给定线性序集中 n 个元素和一个整数 k，$1\leqslant k\leqslant n$，要求找出这 n 个元素中第 k 小的元素，即如果将这 n 个元素依其线性序排列时，排在第 k 个的元素即为要找的元素。当 $k=1$ 时，就是要找最小元素；当 $k=n$ 时，就是要找最大元素；当 $k=(n+1)/2$ 时，称为找中位数。

在某些特殊情况下，很容易设计出解选择问题的线性时间算法。例如，找 n 个元素的最小元素和最大元素显然可以在 $O(n)$ 时间完成。如果 $k\leqslant n/\log n$，通过堆排序算法可以在 $O(n+k\log n)=O(n)$ 时间内找出第 k 小元素。当 $k\geqslant n-n/\log n$ 时也一样。

一般的选择问题，特别是中位数的选择问题似乎比找最小元素要难。但事实上，从渐近阶的意义上看，它们是一样的。一般的选择问题也可以在 $O(n)$ 时间内得到解决。下面要讨论解一般的选择问题的分治算法 randomizedSelect。该算法实际上是模仿快速排序算法设计出来的。其基本思想也是对输入数组进行递归划分。与快速排序算法不同的是，它只对划分出的子数组之一进行递归处理。

算法 randomizedSelect 用到在随机快速排序算法中讨论过的随机划分算法 randomizedPartition。因此，划分是随机地产生。由此导致算法 randomizedSelect 也是随机化算法。要找数组 $a[0:n-1]$ 中第 k 小元素只要调用 randomizedSelect(a,0,n-1,k)即可。具体算法可描述如下：

```
private static Comparable randomizedSelect(int p,int r,int k)
{
    if (p==r) return a[p];
    int i=randomizedpartition(p,r),
        j=i-p+1;
    if (k<=j) return randomizedSelect(p,i,k);
    else return randomizedSelect(i+1,r,k-j);
}
```

在算法 randomizedSelect 中执行 randomizedPartition 后，数组 $a[p:r]$ 被划分成两个子数组 $a[p:i]$ 和 $a[i+1:r]$，使得 $a[p:i]$ 中每个元素都不大于 $a[i+1:r]$ 中每个元素。接着算法计算子数组 $a[p:i]$ 中元素个数 j。如果 $k\leqslant j$，则 $a[p:r]$ 中第 k 小元素落在子数组 $a[p:i]$ 中。如果 $k>j$，则要找的第 k 小元素落在子数组 $a[i+1:r]$ 中。由于此时已知道子数组 $a[p:i]$ 中元素均小于要找的第 k 小元素，因此，要找的 $a[p:r]$ 中第 k 小元素是 $a[i+1:r]$ 中的第 $k-j$ 小元素。

可以看出，在最坏情况下算法 randomizedSelect 需要 $\Omega(n^2)$ 计算时间。例如，在找最小元素时，总是在最大元素处划分。尽管如此，该算法的平均性能很好。

由于随机划分算法 randomizedPartition 使用了随机数产生器 random，它能随机地产生

p 和 r 之间的一个随机整数,因此,randomizedPartition 产生的划分基准是随机的。在这个条件下,可以证明,算法 randomizedSelect 可以在 $O(n)$平均时间内找出 n 个输入元素中的第 k 小元素。

下面来讨论类似于算法 randomizedSelect 但可以在最坏情况下用 $O(n)$时间就完成选择任务的算法 select。如果能在线性时间内找到一个划分基准,使得按这个基准所划分出的两个子数组的长度都至少为原数组长度的 ε 倍($0<\varepsilon<1$ 是某个正常数),那么就可以在最坏情况下用 $O(n)$时间完成选择任务。例如,若 $\varepsilon=9/10$,算法递归调用所产生的子数组的长度至少缩短 1/10。所以,在最坏情况下,算法所需的计算时间 $T(n)$ 满足递归式 $T(n)\leqslant T(9n/10)+O(n)$。由此可得 $T(n)=O(n)$。

按以下步骤可以找到满足要求的划分基准:

(1) 将 n 个输入元素划分成$\lceil n/5 \rceil$个组,每组 5 个元素,只可能有一个组不是 5 个元素。用任意一种排序算法,将每组中的元素排好序,并取出每组的中位数,共$\lceil n/5 \rceil$个。

(2) 递归调用算法 select 来找出这$\lceil n/5 \rceil$个元素的中位数。如果$\lceil n/5 \rceil$是偶数,就找它的两个中位数中较大的一个。以这个元素作为划分基准。

图 2-7 是上述划分策略的示意图,其中,n 个元素用小圆点来表示,空心小圆点为每组元素的中位数。中位数的中位数 x 在图中标出。图中所画箭头是由较大元素指向较小元素。

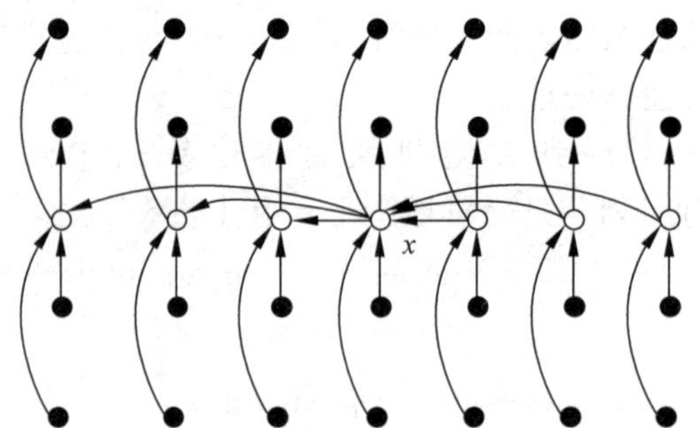

图 2-7 选择划分基准

只要等于基准的元素不太多,利用这个基准划分的两个子数组的大小就不会相差太远。为了简化问题,先设所有元素互不相同。在这种情况下,找出的基准 x 至少比 $3\lfloor (n-5)/10 \rfloor$个元素大,因为在每一组中有两个元素小于本组的中位数,而$\lfloor n/5 \rfloor$个中位数中又有$\lfloor (n-5)/10 \rfloor$个小于基准 x。同理,基准 x 也至少比 $3\lfloor (n-5)/10 \rfloor$个元素小。而当 $n\geqslant 75$ 时,$3\lfloor (n-5)/10 \rfloor\geqslant n/4$。所以按此基准划分所得的两个子数组的长度都至少缩短 1/4。这一点是至关重要的。据此,可以给出算法 select 如下:

```
private static Comparable select(int p,int r,int k)
{
    if (r-p<5)
    {  //用某个简单排序算法对数组 a[p:r]排序;
       bubbleSort(p,r);
       return a[p+k-1];
    }
```

```
    //将 a[p+5 * i]至 a[p+5 * i+4]的第 3 小元素
    //与 a[p+i]交换位置；
    //找中位数的中位数，r－p－4 即上面所说的 n－5

    for (int i=0;i<=(r-p-4)/5;i++)
    {
        int s=p+5 * i,
            t=s+4;
        for (int j=0;j<3;j++) bubble(s,t-j);
        MyMath.swap(a,p+i,s+2);
    }
    Comparable x=select(p,p+(r-p-4)/5,(r-p+6)/10);
    int i=partition(p,r,x),
        j=i-p+1;
    if (k<=j) return select(p,i,k);
    else return select(i+1,r,k-j);
}
```

为了分析算法 select 的计算时间复杂性，设 $n=r-p+1$，即 n 为输入数组的长度。算法的递归调用只有在 $n\geqslant 75$ 时才执行。因此，当 $n<75$ 时算法 select 所用的计算时间不超过一个常数 C_1。找到中位数的中位数 x 后，算法 select 以 x 为划分基准调用 partition 对数组 $a[p:r]$进行划分，这需要 $O(n)$时间。算法 select 的 for 循环体行共执行 $n/5$ 次，每一次需要 $O(1)$时间。因此，执行 for 循环共需 $O(n)$时间。

设对 n 个元素的数组调用算法 select 需要 $T(n)$时间，那么找中位数的中位数 x 至多用了 $T(n/5)$的时间。已经证明了，按照算法所选的基准 x 进行划分所得到的 2 个子数组分别至多有 $3n/4$ 个元素。所以，无论对哪一个子数组调用，select 都至多用了 $T(3n/4)$的时间。

总之，可以得到关于 $T(n)$的递归式

$$T(n)\leqslant\begin{cases}C_1 & n<75\\ C_2n+T(n/5)+T(3n/4) & n\geqslant 75\end{cases}$$

解此递归式可得 $T(n)=O(n)$。

上述算法将每一组的大小定为 5，并选取 75 作为是否作递归调用的分界点。这两点保证了 $T(n)$的递归式中 2 个自变量之和 $n/5+3n/4=19n/20=\alpha n$，$0<\alpha<1$。这是使 $T(n)=O(n)$的关键之处。当然，除了 5 和 75 之外，还有其他选择。

在算法 select 中，假设所有元素互不相等，这是为了保证在以 x 为划分基准调用 partition 对数组 $a[p:r]$进行划分之后，所得到的 2 个子数组的长度都不超过原数组长度的 3/4。当元素可能相等时，应在划分之后加一个语句，将所有与基准 x 相等的元素集中在一起，如果这种元素的个数 $m\geqslant 1$，而且 $j\leqslant k\leqslant j+m-1$ 时，就不必再递归调用，只要返回 $a[i]$即可。否则，最后一行改为调用 select$(i+m+1,r,k-j-m)$。

2.10 最接近点对问题

在计算机应用中，常用诸如点、圆等简单的几何对象表达现实世界中的实体。在涉及这些几何对象的问题中，常需要了解其邻域中其他几何对象的信息。例如，在空中交通控制问

题中，若将飞机作为空间中移动的一个点来处理，则具有最大碰撞危险的两架飞机就是这个空间中最接近的一对点。这类问题是计算几何学中研究的基本问题之一。下面着重考虑平面上的最接近点对问题。

最接近点对问题的提法是：给定平面上 n 个点，找其中的一对点，使得在 n 个点组成的所有点对中该点对间的距离最小。

严格地讲，最接近点对可能多于 1 对，为简单起见，只找其中的 1 对作为问题的解。这个问题很容易理解，似乎也不难解决。只要将每一点与其他 $n-1$ 个点的距离算出，找出达到最小距离的 2 点即可。然而，这样做效率太低，需要 $O(n^2)$的计算时间。可以证明，该问题的计算时间下界为 $\Omega(n\log n)$。这个下界引导去找问题的 $\theta(n\log n)$时间算法。很自然地会想到用分治法来解这个问题。也就是说，将所给的平面上 n 个点的集合 S 分成 2 个子集 S_1 和 S_2，每个子集中约有 $n/2$ 个点。然后在每个子集中递归地求其最接近的点对。这里关键的问题是如何实现分治法中的合并步骤，即由 S_1 和 S_2 的最接近点对，如何求得原集合 S 中的最接近点对。如果组成 S 的最接近点对的 2 个点都在 S_1 中或都在 S_2 中，则问题很容易解决。但是，如果这 2 个点分别在 S_1 和 S_2 中，问题就不那么简单了。

为了使问题易于理解和分析，先来考虑一维的情形。此时，S 中的 n 个点退化为 x 轴上的 n 个实数 $x_1,x_2,\cdots,x_n$。最接近点对即为这 n 个实数中相差最小的 2 个实数。显然可以先将 $x_1,x_2,\cdots,x_n$ 排好序，然后用一次线性扫描就可以找出最接近点对。这种方法的主要计算时间花在排序上，因此耗时 $O(n\log n)$。然而，这种方法无法直接推广到二维的情形。因此，对一维的简单情形，还是尝试用分治法来求解，并希望推广到二维的情形。

假设用 x 轴上某个点 m 将 S 划分为 2 个集合 S_1 和 S_2，使得 $S_1=\{x\in S|x\leqslant m\}$；$S_2=\{x\in S|x>m\}$。因此，对于所有 $p\in S_1$ 和 $q\in S_2$ 有 $p<q$。

递归地在 S_1 和 S_2 上找出其最接近点对$\{p_1,p_2\}$和$\{q_1,q_2\}$，并设

$$d=\min\{|p_1-p_2|,|q_1-q_2|\}$$

由此易知，S 中的最接近点对或者是$\{p_1,p_2\}$，或者是$\{q_1,q_2\}$，或者是某个$\{p_3,q_3\}$，其中，$p_3\in S_1$ 且 $q_3\in S_2$，如图 2-8 所示。

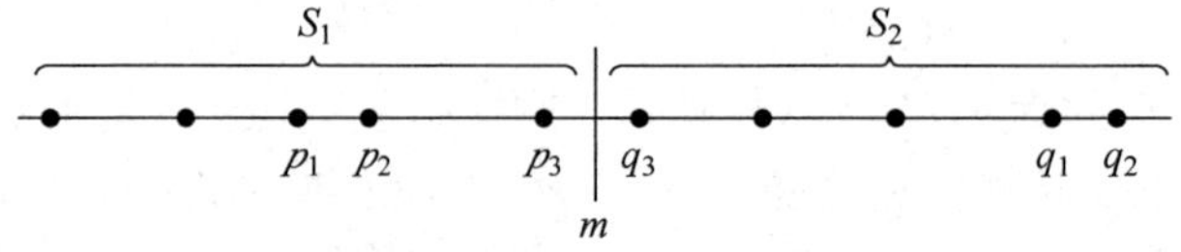

图 2-8　一维情形的分治法

注意到，如果 S 的最接近点对是$\{p_3,q_3\}$，即$|p_3-q_3|<d$，则 p_3 和 q_3 两者与 m 的距离不超过 d，即$|p_3-m|<d$，$|q_3-m|<d$。也就是说，$p_3\in(m-d,m]$，$q_3\in(m,m+d]$。由于每个长度为 d 的半闭区间至多包含 S_1 中的一个点，并且 m 是 S_1 和 S_2 的分割点，因此$(m-d,m]$中至多包含一个 S 中的点。同理，$(m,m+d]$中也至多包含一个 S 中的点。由图 2-8 可以看出，如果$(m-d,m]$中有 S 中点，则此点就是 S_1 中最大点。同理，如果$(m,m+d]$中有 S 中的点，则此点就是 S_2 中最小点。因此，用线性时间就能找到区间$(m-d,m]$和$(m,m+d]$中所有点，即 p_3 和 q_3。从而用线性时间就可以将 S_1 的解和 S_2 的解合并成为 S 的解。也就是说，按这种分治策略，合并步可在 $O(n)$时间内完成。这样是否就可以得到一个

有效的算法了呢？还有一个问题需要认真考虑，即分割点 m 的选取以及 S_1 和 S_2 的划分。选取分割点 m 的一个基本要求是由此导出集合 S 的一个线性分割，即 $S=S_1\cup S_2, S_1\neq\varnothing, S_2\neq\varnothing$，且 $S_1\subset\{x|x\leqslant m\}, S_2\subset\{x|x>m\}$。容易看出，如果选取 $m=(\max(S)+\min(S))/2$，可以满足线性分割的要求。选取分割点后，再用 $O(n)$时间即可将 S 划分成 $S_1=\{x\in S|x\leqslant m\}$和$S_2=\{x\in S|x>m\}$。然而，这样选取分割点 m，有可能造成划分出的子集 S_1 和 S_2 的不平衡。例如，在最坏情况下，$|S_1|=1, |S_2|=n-1$，由此产生的分治法在最坏情况下所需的计算时间 $T(n)$应满足递归方程

$$T(n)=T(n-1)+O(n)$$

上述方程的解是 $T(n)=O(n^2)$。这种效率降低的现象可以通过分治法中“平衡子问题”的方法加以解决。也就是说，可以通过适当选择分割点 m，使 S_1 和 S_2 中有个数大致相等的点。自然地，会想到用 S 中各点坐标的中位数来作分割点。用选取中位数的线性时间算法可以在 $O(n)$时间内确定一个平衡的分割点 m。

至此，可以设计出求一维点集 S 的最接近点对的算法 cpair1 如下：

```
public static double cpair1(S)
{
    n=|S|;
    if (n<2) return ∞;
    m=S 中各点坐标的中位数;
    构造 S1 和 S2;
    //S1={x∈S|x<=m},S2={x∈S|x>m}
    d1=cpair1(S1);
    d2=cpair1(S2);
    p=max(S1);
    q=min(S2);
    d=min(d1,d2,q-p);
    return d;
}
```

由以上的分析可知，该算法的分割步骤和合并步骤总共耗时 $O(n)$。因此，算法耗费的计算时间 $T(n)$满足递归方程

$$T(n)=\begin{cases}O(1) & n<4\\ 2T(n/2)+O(n) & n\geqslant 4\end{cases}$$

解此递归方程可得 $T(n)=O(n\log n)$。

这个算法看上去比用排序加扫描的算法复杂，然而它可以推广到二维的情形。

下面考虑二维的情形。此时 S 中的点为平面上的点，它们都有两个坐标值 x 和 y。为了将平面上点集 S 线性分割为大小大致相等的两个子集 S_1 和 S_2，选取一垂直线 $l{:}x=m$ 来作为分割直线。其中，m 为 S 中各点 x 坐标的中位数。由此将 S 分割为 $S_1=\{p\in S|x(p)\leqslant m\}$和 $S_2=\{p\in S|x(p)>m\}$。从而使 S_1 和 S_2 分别位于直线 l 的左侧和右侧，且 $S=S_1\cup S_2$。由于 m 是 S 中各点 x 坐标值的中位数，因此，S_1 和 S_2 中的点数大致相等。

递归地在 S_1 和 S_2 上解最接近点对问题，分别得到 S_1 和 S_2 中的最小距离 d_1 和 d_2。现设 $d=\min\{d_1,d_2\}$。若 S 的最接近点对(p,q)之间的距离小于 d，则 p 和 q 必分属于 S_1 和

S_2。不妨设 $p\in S_1, q\in S_2$。p 和 q 距直线 l 的距离均小于 d。因此,若用 P_1 和 P_2 分别表示直线 l 的左边和右边的宽为 d 的两个垂直长条,则 $p\in P_1$ 且$q\in P_2$,如图 2-9 所示。

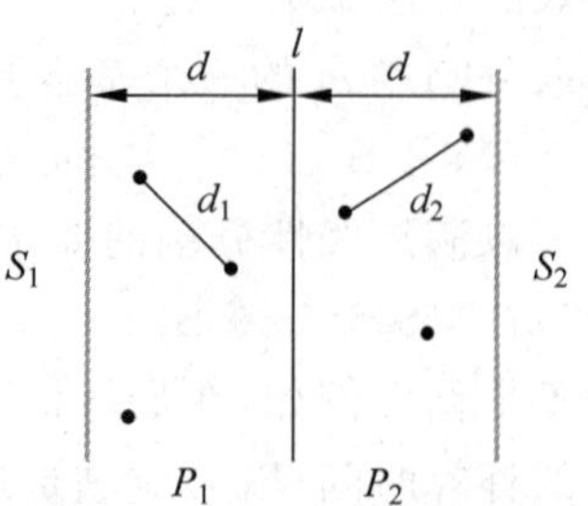

图 2-9 距直线 l 的距离小于 d 的所有点

在一维的情形,距分割点距离为 d 的两个区间$(m-d,m)$和$(m,m+d)$中最多各有 S 中一个点。因而这两个点成为唯一的未检查过的最接近点对候选者。二维的情形则复杂些,此时,P_1 中所有点与 P_2 中所有点构成的点对均为最接近点对的候选者。在最坏情况下有 $n^2/4$ 对这样的候选者。但是 P_1 和 P_2 中的点具有以下的稀疏性质,因此不必检查所有这 $n^2/4$ 个候选者。考虑 P_1 中任意一点 p,它若与 P_2 中的点 q 构成最接近点对的候选者,则必有 distance$(p,q)<d$。满足这个条件的 P_2 中的点有多少个呢? 容易看出这种点一定落在一个 $d\times 2d$ 的矩形 R 中,如图 2-10 所示。

由 d 的意义可知,P_2 中任何两个 S 中的点的距离都不小于 d。由此可以推出矩形 R 中最多只有 6 个 S 中的点。事实上,可以将矩形 R 的长为 $2d$ 的边 3 等分,将它的长为 d 的边 2 等分,由此导出 6 个$(d/2)\times(2d/3)$的矩形,如图 2-11(a)所示。

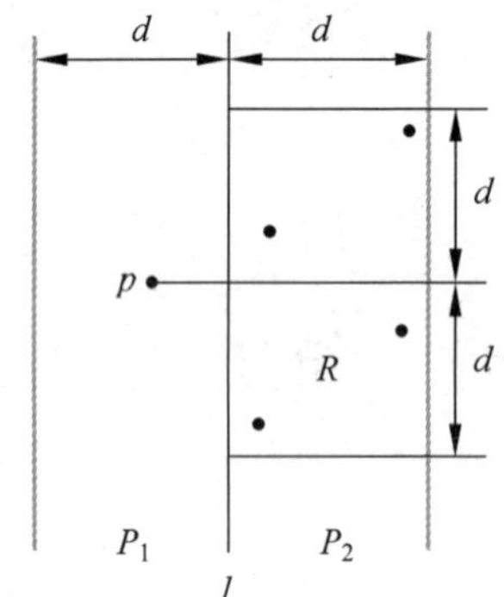

图 2-10 包含点 q 的 $d\times 2d$ 矩形 R

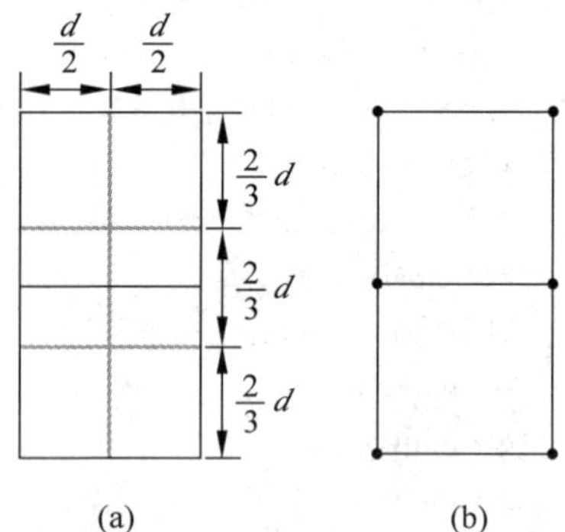

图 2-11 矩形 R 中点的稀疏性

若矩形 R 中有多于 6 个 S 中的点,则由鸽舍原理易知,至少有一个$(d/2)\times(2d/3)$的小矩形中有两个以上 S 中的点。设 u,v 是位于同一小矩形中的两个点,则

$$(x(u)-x(v))^2+(y(u)-y(v))^2\leqslant(d/2)^2+(2d/3)^2=\frac{25}{36}d^2$$

因此,distance$(u,v)\leqslant 5d/6<d$,这与 d 的意义相矛盾。也就是说,矩形 R 中最多只有 6 个 S 中的点。图 2-11(b)是矩形 R 中恰有 6 个 S 中点的极端情形。由于这种稀疏性质,对于 P_1 中任一点 p,P_2 中最多只有 6 个点与它构成最接近点对的候选者。因此,在分治法的合并步骤中,最多只需要检查 $6\times n/2=3n$ 个候选者,而不是 $n^2/4$ 个候选者。这是否就意味着可以在 $O(n)$时间内完成分治法的合并步骤呢? 现在还不能得出这个结论。因为只知道对于 P_1 中每个 S_1 中的点最多只需要检查 S_2 中 6 个点,但是并不确切地知道要检查哪 6 个点。为了解决这个问题,可以将 p 和 P_2 中所有 S_2 的点投影到垂直线 l 上。由于能与 p 点一起构成最接近点对候选者的 S_2 中点一定在矩形 R 中,所以它们在直线 l 上的投影点距 p 在 l 上投影点的距离小于 d。由上面的分析可知,这种投影点最多只有 6 个。因此,若将

P_1 和 P_2 中所有 S 中点按其 y 坐标排好序，则对 P_1 中所有点，对排好序的点列进行一次扫描，就可以找出所有最接近点对的候选者。对 P_1 中每一点最多只要检查 P_2 中排好序的相继 6 个点。

至此，可以给出用分治法求平面点集最接近点对的算法 cpair2 如下：

```
public static double cpair2(S)
{
      n=|S|;
      if (n<2) return ∞;
   1. m=S 中各点 x 间坐标的中位数;
      构造 S1 和 S2;
      //S1={p∈S|x(p)<=m},S2={p∈S|x(p)>m}
   2. d1=cpair2(S1);
      d2=cpair2(S2);
   3. dm=min(d1,d2);
   4. 设 P1 是 S1 中距垂直分割线 l 的距离在 dm 之内的所有
      点组成的集合;
      P2 是 S2 中距分割线 l 的距离在 dm 之内所有点组成的
      集合;
      将 P1 和 P2 中点依其 y 坐标值排序;
      并设 X 和 Y 是相应的已排好序的点列;
   5. 通过扫描 X 以及对于 X 中每个点检查 Y 中与其距离在
      dm 之内的所有点(最多 6 个)可以完成合并;
      当 X 中的扫描指针逐次向上移动时,Y 中的扫描指针可
      在宽为 2dm 的区间内移动;
      设 dl 是按这种扫描方式找到的点对间的最小距离;
   6. d=min(dm,dl);
      return d;
}
```

下面分析算法 cpair2 的计算复杂性。设对于 n 个点的平面点集 S，算法耗时 $T(n)$。算法的第 1 步和第 5 步用了 $O(n)$ 时间。第 3 步和第 6 步用了常数时间。第 2 步用了 $2T(n/2)$ 时间。若在每次执行第 4 步时进行排序，则在最坏情况下第 4 步要用 $O(n\log n)$ 时间。这不符合要求，因此要做技术处理。采用设计算法时常用的预排序技术，即在使用分治法之前，预先将 S 中 n 个点依其 y 坐标值排好序，设排好序的点列为 P^*。在执行分治法的第 4 步时，只要对 P^* 做一次线性扫描，即可抽取出所需要的排好序的点列 X 和 Y。然后，在第 5 步中再对 X 做一次线性扫描，即可求得 d_l。因此，第 4 步和第 5 步的两遍扫描合在一起只要用 $O(n)$ 时间。由此可知，经过预排序处理后的算法 cpair2 所需的计算时间 $T(n)$ 满足递归方程

$$T(n) = \begin{cases} O(1) & n < 4 \\ 2T(n/2) + O(n) & n \geqslant 4 \end{cases}$$

由此易知，$T(n)=O(n\log n)$。预排序所需的计算时间显然为 $O(n\log n)$。因此，整个算法所需的计算时间为 $O(n\log n)$。在渐近的意义下，此算法已是最优的了。

在具体实现算法 cpair2 时，用类 Point 表示平面上的点。

```
public static class Point
{
    double x,y;      //点坐标

    //构造方法
    public Point(double xx,double yy)
    {
        x=xx;
        y=yy;
    }
}
```

分别用类 Point1 和 Point2 表示依 x 坐标和依 y 坐标排序的点。

```
public static class Point1 extends Point  implements Comparable
{
    int id;          //点编号

    //构造方法
    public Point1(double xx,double yy,int theID)
    {
        super(xx,yy);
        id=theID;
    }

    public int compareTo(Object x)
    {
        double xx=((Point1) x).x;
        if (this.x<xx) return-1;
        if (this.x==xx) return 0;
        return 1;
    }

    public boolean equals(Object x)
        {return this.x==((Point1) x).x;}
}
public static class Point2 extends Point  implements Comparable
{
    int p;          //同一点在数组 X 中的坐标

    //构造方法
    public Point2(double xx,double yy,int pp)
    {
        super(xx,yy);
        p=pp;
```

```
    }

    public int compareTo(Object x)
    {
        double xy=((Point2) x).y;
        if (this.y<xy) return-1;
        if (this.y==xy) return 0;
        return 1;
    }

    public boolean equals(Object x)
        {return this.y==((Point2) x).y;}
}
```

类 Pair 用于表示输出的平面点对。

```
public static class Pair
{
    Point1 a;           //平面点 a
    Point1 b;           //平面点 b
    double dist;        //平面点 a 和 b 间的距离

    //构造方法
    public Pair(Point1 aa,Point1 bb,double dd)
    {
      a=aa;
      b=bb;
      dist=dd;
    }
}
```

平面上任意两点 u 和 v 之间的距离可计算如下：

```
public static double dist(Point u,Point v)
{
    double dx=u.x-v.x;
    double dy=u.y-v.y;
    return Math.sqrt(dx * dx+dy * dy);
}
```

在算法 cpair2 中，用数组 x 存储输入的点集。在算法的预处理阶段，将数组 x 中的点依 x 坐标和依 y 坐标排序，排好序的点集分别存储在数组 x 和数组 y 中。经过预排序后，在算法的分割阶段，将子数组 $x[l:r]$均匀地划分成两个不相交的子集的任务就可以在 $O(1)$ 时间内完成。事实上，只要取 $m=(l+r)/2$，则 $x[l:m]$和 $x[m+1:r]$就是满足要求的分割。依 y 坐标排好序的数组 y 用于在算法的合并步中快速检查 d 矩形条内最接近点对的候选者。

```
public static Pair cpair2(Point1 [] x)
{
    if (x. length<2) return null;

    //依 x 坐标排序
    MergeSort. mergeSort(x);

    Point2 [] y=new Point2 [x. length];
    for (int i=0;i<x. length;i++)
        //将数组 x 中的点复制到数组 y 中
        y[i]=new Point2(x[i]. x,x[i]. y,i);
    MergeSort. mergeSort(y);  //依 y 坐标排序

    Point2 [] z=new Point2 [x. length];

    //计算最近点对
    return closestPair(x,y,z,0,x. length-1);
}
```

算法 cpair2 中,具体计算最接近点对的工作由算法 closestPair 完成。

```
private static Pair closestPair(Point1 [] x,Point2 [] y,Point2 [] z,int l,int r)
{
    if (r-l==1)  //2 点的情形
        return new Pair(x[l],x[r],dist(x[l],x[r]));
    if (r-l==2)
    {//3 点的情形
        double d1=dist(x[l],x[l+1]);
        double d2=dist(x[l+1],x[r]);
        double d3=dist(x[l],x[r]);
        if (d1<=d2 && d1<=d3)
            return new Pair(x[l],x[l+1],d1);
        if (d2<=d3)
            return new Pair(x[l+1],x[r],d2);
        else
            return new Pair(x[l],x[r],d3);
    }
    //多于 3 点的情形,用分治法
    int m=(l+r)/2;
    int f=l,
        g=m+1;
    for (int i=l;i<=r;i++)
        if (y[i]. p>m) z[g++]=y[i];
        else z[f++]=y[i];

    //递归求解
```

```
    Pair best=closestPair(x,z,y,l,m);
    Pair right=closestPair(x,z,y,m+1,r);
    if (right.dist<best.dist)best=right;
    MergeSort.merge(z,y,l,m,r);          //重构数组 y

    //d 矩形条内的点置于 Z 中
    int k=l;
    for (int i=l;i<=r;i++)
        if (Math.abs(x[m].x-y[i].x)<best.dist)
            z[k++]=y[i];
    //搜索 z[l:k-1]
    for (int i=l;i<k;i++)
    {
        for (int j=i+1;j<k && z[j].y-z[i].y<best.dist;j++)
        {
            double dp=dist(z[i],z[j]);
            if (dp<best.dist)
              best=new Pair(x[z[i].p],x[z[j].p],dp);
        }
    }
    return best;
}
```

2.11 循环赛日程表

分治法不仅可以用来设计算法，而且在其他方面也有广泛的应用。例如，可以用分治思想来设计电路、构造数学证明等。下面举一个例子加以说明。

设有 $n=2^k$ 个运动员要进行网球循环赛。现要设计一个满足以下要求的比赛日程表：

(1) 每个选手必须与其他 $n-1$ 个选手各赛一次。

(2) 每个选手一天只能赛一次。

(3) 循环赛一共进行 $n-1$ 天。

按此要求可将比赛日程表设计成有 n 行和 $n-1$ 列的表。在表中第 i 行和第 j 列处填入第 i 个选手在第 j 天所遇到的选手。

按分治策略，可以将所有的选手分为两半，n 个选手的比赛日程表就可以通过为$n/2$个选手设计的比赛日程表来决定。递归地用这种一分为二的策略对选手进行分割，直到只剩下 2 个选手时，比赛日程表的制定就变得很简单。这时只要让这 2 个选手进行比赛就可以了。

图 2-12 所列出的正方形表是 8 个选手的比赛日程表。其中，左上角与左下角的 2 小块分别为选手 1 至选手 4 以及选手 5 至选手 8 前 3 天的比赛日程。据此，将左上角小块中的所有数字按其相对位置抄到右下角，将左下角小块中的所有数字按其相对位置抄到右上角，这样就分别安排好了选手 1 至选手 4 以及选手 5 至选手 8 在后 4 天的比赛日程。依此思想容易将这个比赛日程表推广到具有任意多个选手的情形。

1	2	3	4	5	6	7	8
2	1	4	3	6	5	8	7
3	4	1	2	7	8	5	6
4	3	2	1	8	7	6	5
5	6	7	8	1	2	3	4
6	5	8	7	2	1	4	3
7	8	5	6	3	4	1	2
8	7	6	5	4	3	2	1

图 2-12　8个选手的比赛日程表

在一般情况下,算法可描述如下:

```
public static void table(int k,int [][] a)
{
    int n=1;
    for (int i=1;i<=k;i++)n*=2;
    for (int i=1;i<=n;i++)a[1][i]=i;
    int m=1;
    for (int s=1;s<=k;s++)
    {
        n/=2;
        for (int t=1;t<=n;t++)
          for (int i=m+1;i<=2*m;i++)
            for (int j=m+1;j<=2*m;j++)
            {
              a[i][j+(t-1)*m*2]=a[i-m][j+(t-1)*m*2-m];
              a[i][j+(t-1)*m*2-m]=a[i-m][j+(t-1)*m*2];
            }
        m*=2;
    }
}
```

小　　结

本章介绍递归与分治策略,这是设计有效算法最常用的策略,也是必须掌握的方法。递归算法结构清晰,可读性强,而且容易用数学归纳法证明算法的正确性,因此它为设计算法、调试程序带来很大方便。二分搜索技术、大整数乘法、Strassen矩阵乘法、棋盘覆盖、合并排序、快速排序、线性时间选择、最接近点对问题、循环赛日程表等问题是成功地应用递归与分治策略的范例。本章通过这些典型范例展示了递归与分治策略的深刻内涵与应用技巧。

习　　题

2-1　证明Hanoi塔问题的递归算法与非递归算法实际上是一回事。

2-2　下面的7个算法与本章中的二分搜索算法binarySearch略有不同。请判断这7个算法的正确性。如果算法不正确,请说明产生错误的原因;如果算法正确,请给出算法的正确性证明。

```
public static int binarySearch1(int [] a,int x,int n)
{
    int left=0;int right=n-1;
    while (left<=right)
    {
      int middle=(left+right)/2;
      if (x==a[middle]) return middle;
      if (x>a[middle]) left=middle;
      else right=middle;
    }
    return-1;
}

public static int binarySearch2(int [] a,int x,int n)
{
    int left=0;int right=n-1;
    while (left<right-1)
    {
      int middle=(left+right)/2;
      if (x<a[middle]) right=middle;
      else   left=middle;
    }
    if (x==a[left]) return left;
    else return-1;
}

public static int binarySearch3(int [] a,int x,int n)
{
    int left=0;int right=n-1;
    while (left+1!=right)
    {
      int middle=(left+right)/2;
      if (x>=a[middle])left=middle;
      else right=middle;
    }
    if (x==a[left]) return left;
    else return-1;
}

public static int binarySearch4(int [] a,int x,int n)
{
    if (n>0&&x>=a[0])
    {
      int left=0;int right=n-1;
```

```
            while (left<right)
            {
               int middle=(left+right)/2;
               if (x<a[middle]) right=middle-1;
               else left=middle;
            }
            if (x==a[left]) return left;
         }
         return-1;
      }

      public static int binarySearch5(int [] a,int x,int n)
      {
         if (n>0&&x>=a[0]){
            int left=0;int right=n-1;
            while (left<right)
            {
                  int middle=(left+right+1)/2;
                  if (x<a[middle]) right=middle-1;
                  else left=middle;
            }
            if (x==a[left]) return left;
         }
         return-1;
      }

      public static int binarySearch6(int [] a,int x,int n)
      {
         if (n>0&&x>=a[0])
         {
            int left=0;int right=n-1;
            while (left<right)
            {
               int middle=(left+right+1)/2;
               if (x<a[middle]) right=middle-1;
               else left=middle+1;
            }
            if (x==a[left]) return left;
         }
         return-1;
      }

      public static int binarySearch7(int [] a,int x,int n)
      {
         if (n>0&&x>=a[0])
```

```
  {
    int left=0;int right=n-1;
    while (left<right)
    {
      int middle=(left+right+1)/2;
      if (x<a[middle]) right=middle;
      else left=middle;
    }
    if (x==a[left]) return left;
  }
  return-1;
}
```

2-3 设 $a[0:n-1]$是已排好序的数组。请改写二分搜索算法，使得当搜索元素 x 不在数组中时，返回小于 x 的最大元素位置 i 和大于 x 的最小元素位置 j。当搜索元素在数组中时，i 和 j 相同，均为 x 在数组中的位置。

2-4 给定两个整数 u 和 v，它们分别有 m 和 n 位数字，且 $m\leqslant n$。用通常的乘法求 uv 的值需要的 $O(mn)$时间。可以将 u 和 v 均看作是有 n 位数字的大整数，用本章介绍的分治法，在 $O(n^{\log 3})$时间内计算 uv 的值。当 m 比 n 小得多时，用这种方法就显得效率不够高，试设计一个算法，在上述情况下用 $O(nm^{\log(3/2)})$时间求出 uv 的值。

2-5 在用分治法求两个 n 位大整数 u 和 v 的乘积时，将 u 和 v 都分割成长度为 $n/3$ 位的 3 段。证明可以用 5 次 $n/3$ 位整数的乘法求得 uv 的值。按此思想设计一个求两个大整数乘积的分治算法，并分析算法的计算复杂性。(提示：n 位的大整数除以一个常数 k 可以在 $\theta(n)$时间内完成。符号 θ 所隐含的常数可能依赖于 k。)

2-6 对任何非零偶数 n，总可以找到奇数 m 和正整数 k，使得 $n=m2^k$。为了求出两个 n 阶矩阵的乘积，可以把一个 n 阶矩阵分成 $m\times m$ 个子矩阵，每个子矩阵有 $2^k\times 2^k$ 个元素。当需要求 $2^k\times 2^k$ 的子矩阵的积时，使用 Strassen 算法。设计一个传统方法与 Strassen 算法相结合的矩阵相乘算法，对任何偶数 n，都可以求出两个 n 阶矩阵的乘积。并分析算法的计算时间复杂性。

2-7 设 $P(x)=a_0+a_1x+\cdots+a_dx^d$ 是一个 d 次多项式。假设已有一算法能在$O(i)$时间内计算一个 i 次多项式与一个 1 次多项式的乘积，以及一个算法能在$O(i\log i)$时间内计算两个 i 次多项式的乘积。对于任意给定的 d 个整数 $n_1,n_2,\cdots,n_d$，用分治法设计一个有效算法，计算出满足 $P(n_1)=P(n_2)=\cdots=P(n_d)=0$ 且最高次项系数为 1 的 d 次多项式 $P(x)$，并分析算法的效率。

2-8 设 n 个不同的整数排好序后存于 $T[0:n-1]$中。若存在下标 i，$0\leqslant i<n$，使得 $T[i]=i$，设计一个有效算法找到这个下标。要求算法在最坏情况下的计算时间为 $O(\log n)$。

2-9 设 $T[0:n-1]$是 n 个元素的数组。对任一元素 x，设 $S(x)=\{i\mid T[i]=x\}$。当 $|S(x)|>n/2$ 时，称 x 为 T 的主元素。设计一个线性时间算法，确定 $T[0:n-1]$是否有一个主元素。

2-10 若在习题 2-9 中，数组 T 中元素不存在序关系，只能测试任意两个元素是否相等，试设计一个有效算法确定 T 是否有一主元素。算法的计算复杂性应为 $O(n\log n)$。更进一步,能找到一个线性时间算法吗?

2-11 设 $a[0:n-1]$ 是有 n 个元素的数组,$k(0\leqslant k\leqslant n-1)$ 是非负整数。试设计一个算法将子数组 $a[0:k]$ 与 $a[k+1:n-1]$ 换位。要求算法在最坏情况下耗时 $O(n)$,且只用到 $O(1)$ 的辅助空间。

2-12 设子数组 $a[0:k]$ 和 $a[k+1:n-1]$ 已排好序$(0\leqslant k\leqslant n-1)$。试设计一个合并这两个子数组为排好序的数组 $a[0:n-1]$ 的算法。要求算法在最坏情况下所用的计算时间为 $O(n)$,且只用到 $O(1)$ 的辅助空间。

2-13 如果在合并排序算法的分割步中,将数组 $a[0:n-1]$ 划分为 $\lfloor\sqrt{n}\rfloor$ 个子数组,每个子数组中有 $O(\sqrt{n})$ 个元素。然后递归地对分割后的子数组进行排序,最后将所得到的 $\lfloor\sqrt{n}\rfloor$ 个排好序的子数组合并成所要求的排好序的数组 $a[0:n-1]$。设计一个实现上述策略的合并排序算法,并分析算法的计算复杂性。

2-14 对所给元素存储于数组中和存储于链表中两种情形,写出自然合并排序算法。

2-15 给定数组 $a[0:n-1]$,试设计一个算法,在最坏情况下用 $\lceil 3n/2-2\rceil$ 次比较找出 $a[0:n-1]$ 中元素的最大值和最小值。

2-16 给定数组 $a[0:n-1]$,试设计一个算法,在最坏情况下用 $n+\lceil\log n\rceil-2$ 次比较找出 $a[0:n-1]$ 中元素的最大值和次大值。

2-17 设 $S_1,S_2,\cdots,S_k$ 是整数集合,其中,每个集合 $S_i(1\leqslant i\leqslant k)$ 中整数取值范围是 $1\sim n$,且 $\sum_{i=1}^{k}|S_i|=n$,试设计一个算法在 $O(n)$ 时间内将 $S_1,S_2,\cdots,S_k$ 分别排序。

2-18 试证明,在最坏情况下,求 n 个元素组成的集合 S 中的第 k 小元素至少需要 $n+\min(k,n-k+1)-2$ 次比较。

2-19 如何修改算法 qSort 才能使其将输入元素按非增序排序?

2-20 对随机化算法,为什么只分析其平均情况下的性能,而不分析其最坏情况下的性能?

2-21 在执行算法 randomizedQuicksort 时,在最坏情况下,调用算法 random 多少次?在最好情况下又怎样?

2-22 试设计一个 $O(n)$ 时间算法,使之能产生数组 $a[0:n-1]$ 元素的随机排列。

2-23 试用 while 循环消去算法 qSort 中的尾递归,并比较消去尾递归前后算法的效率。

2-24 试用栈来模拟递归,消去算法 qSort 中的递归。并证明所需的栈空间为 $O(\log n)$。

2-25 在算法 select 中,输入元素被划分为 5 个一组,如果将它们划分为 7 个一组,该算法仍然是线性时间算法吗?划分成 3 个一组又怎样?

2-26 试说明如何修改快速排序算法,使它在最坏情况下的计算时间为 $O(n\log n)$。

2-27 给定由 n 个互不相同的数组成的集合 S 以及正整数 $k\leqslant n$,试设计一个 $O(n)$ 时间算法找出 S 中最接近 S 的中位数的 k 个数。

2-28 设 $X[0:n-1]$ 和 $Y[0:n-1]$ 为两个数组,每个数组中含有 n 个已排好序的数。试设计一个 $O(\log n)$ 时间的算法,找出 X 和 Y 的 $2n$ 个数的中位数。

2-29 考查如图 2-13 所示的有两个输入端和两个输出端的两个位置开关。当开关处于位置 1 时,输入 1 和 2 分别产生输出 1 和 2;当开关处于位置 2 时,输入 1 和 2 分别产生输出2和1。使用这种开关设计一个有 n 个输入端和 n 个输出端的开关网络，实现将输入的 n 个数值以它们的 $n!$ 种不同排列的任何一种排列输出（通过开关位置的适当选择）。要求网络中使用的开关个数为 $O(n\log n)$。

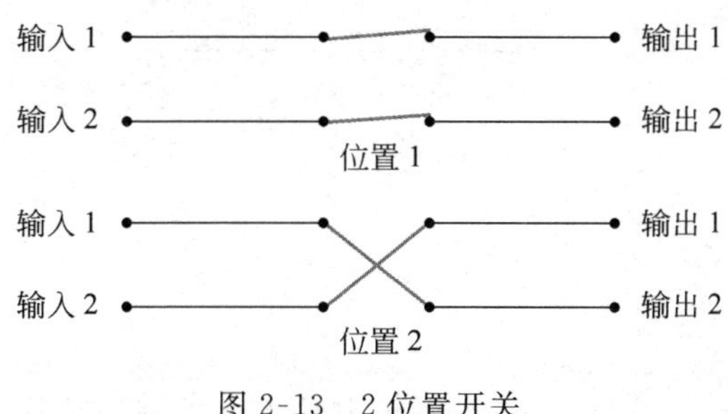

图 2-13　2位置开关

2-30　对于 n 个带有正权 $w_1,w_2,\cdots,w_n$，且 $\sum_{i=1}^{k} w_i = 1$ 的互不相同的元素 $x_1,x_2,\cdots,x_n$，其带权中位数 x_k 满足：

$$\begin{cases} \sum_{x_i<x_k} w_i \leqslant \frac{1}{2} \\ \sum_{x_i>x_k} w_i \leqslant \frac{1}{2} \end{cases}$$

(1) 试证明 $x_1,x_2,\cdots,x_n$ 的不带权中位数是带权 $w_i=1/n, i=1,2,\cdots,n$ 的带权中位数。

(2) 说明如何通过排序，在最坏情况下用 $O(n\log n)$ 时间求出 n 个元素的带权中位数。

(3) 说明如何利用一个线性时间选择算法（如 Select），在最坏情况下用 $O(n)$ 时间求出 n 个元素的带权中位数。

(4) 邮局位置问题定义为：已知 n 个点 $p_1,p_2,\cdots,p_n$ 以及与它们相联系的权 $w_1,w_2,\cdots,w_n$，要求确定一点 p（p 不一定是 n 个输入点之一），使和式 $\sum_{i=1}^{n} w_i d(p,p_i)$ 达到最小，其中 $d(a,b)$ 表示 a 与 b 之间的距离。

试论证带权中位数是一维邮局问题的最优解。此时 $d(a,b)=|a-b|$。

(5) 在二维的情形如何找邮局问题的最优解？

2-31　Gray 码是一个长度为 2^n 的序列。序列中无相同元素，每个元素都是长度为 n 位的串，相邻元素恰好只有1位不同。用分治策略设计一个算法对任意的 n 构造相应的 Gray 码。

2-32　设有 n 个运动员要进行网球循环赛。设计一个满足以下要求的比赛日程表：

(1) 每个选手必须与其他 $n-1$ 个选手各赛一次。

(2) 每个选手一天只能赛一次。

(3) 当 n 是偶数时，循环赛进行 $n-1$ 天；当 n 是奇数时，循环赛进行 n 天。

第3章 动态规划

动态规划算法与分治法类似，其基本思想也是将待求解问题分解成若干个子问题，先求解子问题，然后从这些子问题的解得到原问题的解。与分治法不同的是，适合于用动态规划法求解的问题，经分解得到的子问题往往不是互相独立的。若用分治法解这类问题，则分解得到的子问题数目太多，以至于最后解决原问题需要耗费指数时间。然而，不同子问题的数目常常只有多项式量级。在用分治法求解时，有些子问题被重复计算了许多次。如果能够保存已解决的子问题的答案，而在需要时再找出已求得的答案，就可以避免大量重复计算，从而得到多项式时间算法。为了达到这个目的，可以用一个表来记录所有已解决的子问题的答案。不管该子问题以后是否被用到，只要它被计算过，就将其结果填入表中。这就是动态规划法的基本思想。具体的动态规划算法是多种多样的，但它们具有相同的填表格式。

动态规划算法适用于解最优化问题。通常可以按以下步骤设计动态规划算法：

(1) 找出最优解的性质，并刻画其结构特征。

(2) 递归地定义最优值。

(3) 以自底向上的方式计算出最优值。

(4) 根据计算最优值时得到的信息，构造最优解。

步骤(1)～(3)是动态规划算法的基本步骤。在只需要求出最优值的情形，步骤(4)可以省去。若需要求问题的最优解，则必须执行步骤(4)。此时，在步骤(3)中计算最优值时，通常需记录更多的信息，以便在步骤(4)中，根据所记录的信息，快速构造出最优解。

下面以具体例子说明如何运用动态规划算法的设计思想，并分析可用动态规划算法求解的问题应该具备的一般特征。

3.1 矩阵连乘问题

给定 n 个矩阵$\{\boldsymbol{A}_1,\boldsymbol{A}_2,\cdots,\boldsymbol{A}_n\}$，其中，$\boldsymbol{A}_i$ 与 $\boldsymbol{A}_{i+1}$ 是可乘的，$i=1,2,\cdots,n-1$。考查这n 个矩阵的连乘积 $\boldsymbol{A}_1\boldsymbol{A}_2\cdots\boldsymbol{A}_n$。由于矩阵乘法满足结合律，故计算矩阵的连乘积可以有许多不同的计算次序。这种计算次序可以用加括号的方式来确定。若一个矩阵连乘积的计算次序完全确定，也就是说该连乘积已完全加括号，则可以依此次序反复调用 2 个矩阵相乘的标准算法计算出矩阵连乘积。完全加括号的矩阵连乘积可递归地定义为：

(1) 单个矩阵是完全加括号的。

(2) 矩阵连乘积 $\boldsymbol{A}$ 是完全加括号的，则 $\boldsymbol{A}$ 可表示为 2 个完全加括号的矩阵连乘积 $\boldsymbol{B}$ 和

$\boldsymbol{C}$ 的乘积并加括号，即 $\boldsymbol{A}=(\boldsymbol{BC})$。

例如，矩阵连乘积 $\boldsymbol{A}_1\boldsymbol{A}_2\boldsymbol{A}_3\boldsymbol{A}_4$ 可以有以下 5 种不同的完全加括号方式：

$$(\boldsymbol{A}_1(\boldsymbol{A}_2(\boldsymbol{A}_3\boldsymbol{A}_4)))$$
$$(\boldsymbol{A}_1((\boldsymbol{A}_2\boldsymbol{A}_3)\boldsymbol{A}_4))$$
$$((\boldsymbol{A}_1\boldsymbol{A}_2)(\boldsymbol{A}_3\boldsymbol{A}_4))$$
$$((\boldsymbol{A}_1(\boldsymbol{A}_2\boldsymbol{A}_3))\boldsymbol{A}_4)$$
$$(((\boldsymbol{A}_1\boldsymbol{A}_2)\boldsymbol{A}_3)\boldsymbol{A}_4)$$

每一种完全加括号方式对应于一个矩阵连乘积的计算次序，而矩阵连乘积的计算次序与其计算量有密切关系。

首先考虑计算 2 个矩阵乘积所需的计算量。

计算 2 矩阵乘积的标准算法如下，其中，ra，ca 和 rb，cb 分别表示矩阵 $\boldsymbol{A}$ 和 $\boldsymbol{B}$ 的行数和列数。

```
public static void matrixMultiply(int [][]a, int [][]b, int [][]c, int ra, int ca, int rb, int cb)
{
        if (ca! =rb)
          throw new IllegalArgumentException ("矩阵不可乘");
        for (int i=0; i<ra; i++)
         for (int j=0; j<cb; j++)
         {
            int sum=a[i][0] * b[0][j];
            for (int k=1; k<ca; k++)
              sum+=a[i][k] * b[k][j];
            c[i][j]=sum;
         }
}
```

矩阵 $\boldsymbol{A}$ 和 $\boldsymbol{B}$ 可乘的条件是矩阵 $\boldsymbol{A}$ 的列数等于矩阵 $\boldsymbol{B}$ 的行数。若 $\boldsymbol{A}$ 是一个 $p\times q$ 矩阵，$\boldsymbol{B}$ 是一个 $q\times r$ 矩阵，则其乘积 $\boldsymbol{C}=\boldsymbol{AB}$ 是一个 $p\times r$ 矩阵。在上述计算 $\boldsymbol{C}$ 的标准算法中，主要计算量在 3 重循环，总共需要 pqr 次数乘。

为了说明在计算矩阵连乘积时，加括号方式对整个计算量的影响，考查计算 3 个矩阵 $\{\boldsymbol{A}_1,\boldsymbol{A}_2,\boldsymbol{A}_3\}$ 连乘积的例子。设这 3 个矩阵的维数分别为 10×100，100×5 和 5×50。若按第一种加括号方式 $((\boldsymbol{A}_1\boldsymbol{A}_2)\boldsymbol{A}_3)$ 计算，3 个矩阵连乘积需要的数乘次数为 $10\times100\times5+10\times5\times50=7500$。若按第二种加括号方式 $(\boldsymbol{A}_1(\boldsymbol{A}_2\boldsymbol{A}_3))$ 计算，3 个矩阵连乘积总共需要 $10\times5\times50+10\times100\times50=75\,000$ 次数乘。第二种加括号方式的计算量是第一种加括号方式计算量的 10 倍。由此可见，在计算矩阵连乘积时，加括号方式，则计算次序对计算量有很大影响。于是，自然提出矩阵连乘积的最优计算次序问题，即对于给定的相继 n 个矩阵 $\{\boldsymbol{A}_1,\boldsymbol{A}_2,\cdots,\boldsymbol{A}_n\}$（其中矩阵 $\boldsymbol{A}_i$ 的维数为 $p_{i-1}\times p_i$，$i=1,2,\cdots,n$），如何确定计算矩阵连乘积 $\boldsymbol{A}_1\boldsymbol{A}_2\cdots\boldsymbol{A}_n$ 的计算次序（完全加括号方式），使得依此次序计算矩阵连乘积需要的数乘次数最少。

穷举搜索法是最容易想到的方法。也就是列举出所有可能的计算次序，并计算出每一种计算次序相应需要的数乘次数，从中找出一种数乘次数最少的计算次序。这样做计算量太大。事实上，对于 n 个矩阵的连乘积，设其不同的计算次序为 $P(n)$。由于可以先在第 k

个和第 $k+1$ 个矩阵之间将原矩阵序列分为2个矩阵子序列，$k=1,2,\cdots,n-1$；然后分别对这2个矩阵子序列完全加括号；最后对所得的结果加括号，得到原矩阵序列的一种完全加括号方式。由此，可以得到关于 $P(n)$ 的递推式如下：

$$P(n)=\begin{cases}1 & n=1\\ \sum_{k=1}^{n-1}P(k)P(n-k) & n>1\end{cases}$$

解此递归方程可得，$P(n)$ 实际上是 Catalan 数，即 $P(n)=C(n-1)$，其中，

$$C(n)=\frac{1}{n+1}\binom{2n}{n}=\Omega(4^n/n^{3/2})$$

也就是说，$P(n)$ 是随 n 的增长呈指数增长的。因此，穷举搜索法不是一个有效算法。

下面考虑用动态规划法解矩阵连乘积的最优计算次序问题。如前所述，按以下几个步骤进行。

1. 分析最优解的结构

设计求解具体问题的动态规划算法的第一步是刻画该问题的最优解结构特征。对于矩阵连乘积的最优计算次序问题也不例外。首先，为方便起见，将矩阵连乘积 $\boldsymbol{A}_i\boldsymbol{A}_{i+1}\cdots\boldsymbol{A}_j$ 简记为 $\boldsymbol{A}[i:j]$。考查计算 $\boldsymbol{A}[1:n]$ 的最优计算次序。设这个计算次序在矩阵 $\boldsymbol{A}_k$ 和 $\boldsymbol{A}_{k+1}$ 之间将矩阵链断开，$1\leqslant k<n$，则其相应的完全加括号方式为 $((\boldsymbol{A}_1\cdots\boldsymbol{A}_k)(\boldsymbol{A}_{k+1}\cdots\boldsymbol{A}_n))$。即依此次序，先计算 $\boldsymbol{A}[1:k]$ 和 $\boldsymbol{A}[k+1:n]$，然后将计算结果相乘得到 $\boldsymbol{A}[1:n]$。依此计算次序，总计算量为 $\boldsymbol{A}[1:k]$ 的计算量加上 $\boldsymbol{A}[k+1:n]$ 的计算量，再加上 $\boldsymbol{A}[1:k]$ 和 $\boldsymbol{A}[k+1:n]$ 相乘的计算量。

这个问题的一个关键特征是：计算 $\boldsymbol{A}[1:n]$ 的最优次序所包含的计算矩阵子链 $\boldsymbol{A}[1:k]$ 和 $\boldsymbol{A}[k+1:n]$ 的次序也是最优的。事实上，若有一个计算 $\boldsymbol{A}[1:k]$ 的次序需要的计算量更少，则用此次序替换原来计算 $\boldsymbol{A}[1:k]$ 的次序，得到的计算 $\boldsymbol{A}[1:n]$ 的计算量将比按最优次序计算所需计算量更少，这是一个矛盾。同理可知，计算 $\boldsymbol{A}[1:n]$ 的最优次序所包含的计算矩阵子链 $\boldsymbol{A}[k+1:n]$ 的次序也是最优的。

因此，矩阵连乘积计算次序问题的最优解包含着其子问题的最优解。这种性质称为最优子结构性质。问题的最优子结构性质是该问题可用动态规划算法求解的显著特征。

2. 建立递归关系

设计动态规划算法的第二步是递归地定义最优值。对于矩阵连乘积的最优计算次序问题，设计算 $\boldsymbol{A}[i:j]$，$1\leqslant i\leqslant j\leqslant n$，所需的最少数乘次数为 $m[i][j]$，则原问题的最优值为 $m[1][n]$。

当 $i=j$ 时，$\boldsymbol{A}[i:j]=\boldsymbol{A}_i$ 为单一矩阵，无需计算，因此，$m[i][i]=0$，$i=1,2,\cdots,n$。

当 $i<j$ 时，可利用最优子结构性质计算 $m[i][j]$。事实上，若计算 $\boldsymbol{A}[i:j]$ 的最优次序在 $\boldsymbol{A}_k$ 和 $\boldsymbol{A}_{k+1}$ 之间断开，$i\leqslant k<j$，则 $m[i][j]=m[i][k]+m[k+1][j]+p_{i-1}\times p_k\times p_j$。由于在计算时并不知道断开点 k 的位置，所以 k 还未定。不过 k 的位置只有 $j-i$ 种可能，即 $k\in\{i,i+1,\cdots,j-1\}$。因此，k 是这 $j-i$ 个位置中使计算量达到最小的那个位置。从而 $m[i][j]$ 可以递归地定义为

$$m[i][j]=\begin{cases}0 & i=j\\ \min\limits_{i\leqslant k<j}\{m[i][k]+m[k+1][j]+p_{i-1}p_kp_j\} & i<j\end{cases}$$

$m[i][j]$给出了最优值，即计算$\mathbf{A}[i:j]$所需的最少数乘次数。同时还确定了计算$\mathbf{A}[i:j]$的最优次序中的断开位置k，也就是说，对于这个k有

$$m[i][j]=m[i][k]+m[k+1][j]+p_{i-1}\times p_k\times p_j$$

若将对应于$m[i][j]$的断开位置k记为$s[i][j]$，在计算出最优值$m[i][j]$后，可递归地由$s[i][j]$构造出相应的最优解。

3. 计算最优值

根据计算$m[i][j]$的递归式，容易写一个递归算法计算$m[1][n]$。稍后将看到，简单地递归计算将耗费指数计算时间。注意到在递归计算过程中，不同的子问题个数只有$\theta(n^2)$个。事实上，对于$1\leqslant i\leqslant j\leqslant n$不同的有序对$(i,j)$对应于不同的子问题。因此，不同子问题的个数最多只有$\binom{n}{2}+n=\theta(n^2)$个。由此可见，在递归计算时，许多子问题被重复计算多次。这也是该问题可用动态规划算法求解的又一显著特征。

用动态规划算法解此问题，可依据其递归式以自底向上的方式进行计算。在计算过程中，保存已解决的子问题答案。每个子问题只计算一次，而在后面需要时只要简单查一下，从而避免大量的重复计算，最终得到多项式时间的算法。下面所给出的动态规划算法matrixChain中，输入参数$\{p_0,p_1,\cdots,p_n\}$存储于数组p中。算法除了输出最优值数组m外还输出记录最优断开位置的数组s。

```
public static void matrixChain(int []p, int [][]m, int [][]s)
{
      int n=p.length-1;
      for (int i=1; i<=n; i++) m[i][i]=0;
      for (int r=2; r<=n; r++)
        for (int i=1; i<=n-r+1; i++)
        {
          int j=i+r-1;
          m[i][j]=m[i+1][j]+p[i-1] * p[i] * p[j];
          s[i][j]=i;
          for (int k=i+1; k<j; k++)
          {
                int t=m[i][k]+m[k+1][j]+p[i-1] * p[k] * p[j];
                if (t<m[i][j]){
                  m[i][j]=t;
                  s[i][j]=k;}
          }
        }
}
```

算法matrixChain，首先计算出$m[i][i]=0,i=1,2,\cdots,n$。然后，根据递归式，按矩阵链长递增的方式依次计算$m[i][i+1],i=1,2,\cdots,n-1$，(矩阵链长度为2)；$m[i][i+2],i=1,2,\cdots,n-2$，(矩阵链长度为3)；……。在计算$m[i][j]$时，只用到已计算出的$m[i][k]$和$m[k+1][j]$。

例如，设要计算矩阵连乘积$\mathbf{A}_1\mathbf{A}_2\mathbf{A}_3\mathbf{A}_4\mathbf{A}_5\mathbf{A}_6$，其中各矩阵的维数分别为

$\mathbf{A}_1$	$\mathbf{A}_2$	$\mathbf{A}_3$	$\mathbf{A}_4$	$\mathbf{A}_5$	$\mathbf{A}_6$
30×35	35×15	15×5	5×10	10×20	20×25

动态规划算法 matrixChain 计算 $m[i][j]$ 的先后次序如图 3-1(a)所示,计算结果 $m[i][j]$ 和 $s[i][j]$(其中 $1\leqslant i\leqslant j\leqslant n$)分别如图 3-1(b)和(c)所示。

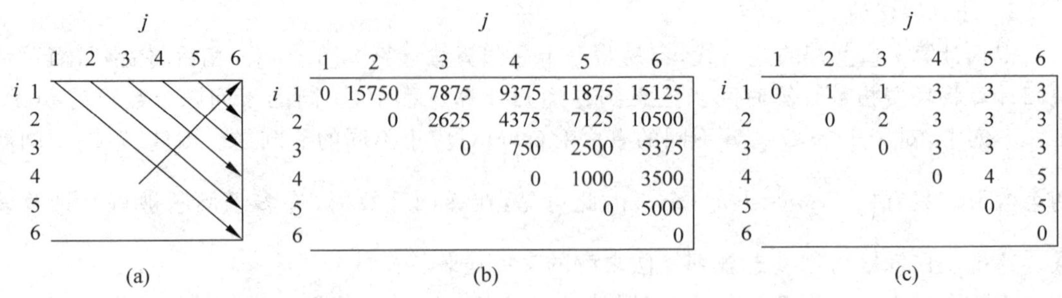

(b)

i \ j	1	2	3	4	5	6
1	0	15750	7875	9375	11875	15125
2		0	2625	4375	7125	10500
3			0	750	2500	5375
4				0	1000	3500
5					0	5000
6						0

(c)

i \ j	1	2	3	4	5	6
1	0	1	1	3	3	3
2		0	2	3	3	3
3			0	3	3	3
4				0	4	5
5					0	5
6						0

图 3-1 计算 $m[i][j]$ 的次序

例如,在计算 $m[2][5]$ 时,依递归式有

$$m[2][5]=\min\begin{cases}m[2][2]+m[3][5]+p_1p_2p_5=0+2500+35\times15\times20=13000\\m[2][3]+m[4][5]+p_1p_3p_5=2625+1000+35\times5\times20=7125\\m[2][4]+m[5][5]+p_1p_4p_5=4375+0+35\times10\times20=11375\end{cases}$$
$$=7125$$

且 $k=3$,因此,$s[2][5]=3$。

算法 matrixChain 的主要计算量取决于算法中对 r,i 和 k 的 3 重循环。循环体内的计算量为 $O(1)$,而 3 重循环的总次数为 $O(n^3)$。因此,该算法的计算时间上界为 $O(n^3)$。算法所占用的空间显然为 $O(n^2)$。由此可见,动态规划算法比穷举搜索法有效得多。

4. 构造最优解

动态规划算法的第四步是构造问题的最优解。算法 matrixChain 只是计算出了最优值,并未给出最优解。也就是说,通过算法 matrixChain 的计算,只知道最少数乘次数,还不知道具体应按什么次序做矩阵乘法才能达到最少的数乘次数。

事实上,算法 matrixChain 已记录了构造最优解所需要的全部信息。$s[i][j]$ 中的数 k 表明计算矩阵链 $\mathbf{A}[i:j]$ 的最佳方式应在矩阵 $\mathbf{A}_k$ 和 $\mathbf{A}_{k+1}$ 之间断开,即最优的加括号方式应为 $(\mathbf{A}[i:k])(\mathbf{A}[k+1:j])$。因此,从 $s[1][n]$ 记录的信息可知计算 $\mathbf{A}[1:n]$ 的最优加括号方式为 $(\mathbf{A}[1:s[1][n]])(\mathbf{A}[s[1][n]+1:n])$。而 $\mathbf{A}[1:s[1][n]]$ 的最优加括号方式为 $(\mathbf{A}[1:s[1][s[1][n]]])(\mathbf{A}[s[1][s[1][n]]+1:s[1][s[1][n]]])$。同理可以确定 $\mathbf{A}[s[1][n]+1:n]$ 的最优加括号方式在 $s[s[1][n]+1][n]$ 处断开,……,照此递推下去,最终可以确定 $\mathbf{A}[1:n]$ 的最优完全加括号方式,即构造出问题的一个最优解。

下面的算法 traceback 按算法 matrixChain 计算出的断点矩阵 s 指示的加括号方式输出计算 $\mathbf{A}[i:j]$ 的最优计算次序。

```
public static void traceback(int [][]s, int i, int j)
{
    if (i==j) return;
```

```
        traceback(s, i, s[i][j]);
        traceback(s, s[i][j]+1, j);
        System.out.println("Multiply A"+i+","+s[i][j]+
                "and A"+(s[i][j]+1)+","+j);
    }
```

要输出$\boldsymbol{A}[1:n]$的最优计算次序只要调用上面的 traceback(1,n,s)即可。对于上面所举的例子,通过调用算法 traceback(1,6,s),可输出最优计算次序$((\boldsymbol{A}_1(\boldsymbol{A}_2\boldsymbol{A}_3))((\boldsymbol{A}_4\boldsymbol{A}_5)\boldsymbol{A}_6))$。

3.2 动态规划算法的基本要素

从计算矩阵连乘积最优计算次序的动态规划算法可以看出,该算法的有效性依赖于问题本身所具有的两个重要性质:最优子结构性质和子问题重叠性质。从一般的意义上讲,问题所具有的这两个重要性质是该问题可用动态规划算法求解的基本要素。这对于在设计求解具体问题的算法时,是否选择动态规划算法具有指导意义。下面着重研究动态规划算法的这两个基本要素以及动态规划法的变形——备忘录方法。

1. 最优子结构

设计动态规划算法的第一步通常是刻画最优解的结构。当问题的最优解包含了其子问题的最优解时,称该问题具有最优子结构性质。问题的最优子结构性质提供了该问题可用动态规划算法求解的重要线索。

在矩阵连乘积最优计算次序问题中,注意到,若$\boldsymbol{A}_1\boldsymbol{A}_2\cdots\boldsymbol{A}_n$的最优完全加括号方式在$\boldsymbol{A}_k$和$\boldsymbol{A}_{k+1}$之间将矩阵链断开,则由此确定的子链$\boldsymbol{A}_1\boldsymbol{A}_2\cdots\boldsymbol{A}_k$和$\boldsymbol{A}_{k+1}\boldsymbol{A}_{k+2}\cdots\boldsymbol{A}_n$的完全加括号方式也是最优的。也就是说该问题具有最优子结构性质。在分析该问题的最优子结构性质时,所用的方法具有普遍性。首先假设由问题的最优解导出的子问题的解不是最优的,然后再设法说明在这个假设下可构造出比原问题最优解更好的解,从而导致矛盾。

在动态规划算法中,利用问题的最优子结构性质,以自底向上的方式递归地从子问题的最优解逐步构造出整个问题的最优解。算法考查的子问题空间的规模较小。例如,在矩阵连乘积最优计算次序问题中,子问题空间由矩阵链的所有不同子链组成。所有不同子链的个数为$\theta(n^2)$,因而子问题空间的规模为$\theta(n^2)$。

2. 重叠子问题

可用动态规划算法求解的问题应该具备的另一个基本要素是子问题的重叠性质。也就是说,在用递归算法自顶向下求解问题时,每次产生的子问题并不总是新问题,有些子问题被反复计算多次。动态规划算法正是利用了这种子问题的重叠性质,对每一个子问题只解一次,而后将其解保存在一个表格中,当再次需要解此子问题时,只是简单地用常数时间查看一下结果。通常,不同的子问题个数随问题的大小呈多项式增长。因此,用动态规划算法通常只需要多项式时间,从而获得较高的解题效率。

为了说明这一点,考虑计算矩阵连乘积最优计算次序时,利用递归式直接计算$\boldsymbol{A}[i:j]$的递归算法 recurmatrixChain。

```
public static int recurMatrixChain(int i, int j)
{
```

```
    if (i==j) return 0;
    int u=recurMatrixChain(i+1,j)+p[i-1] * p[i] * p[j];
    s[i][j]=i;
    for (int k=i+1; k<j; k++)
    {
      int t=recurMatrixChain(i,k)+recurMatrixChain(k+1,j)+p[i-1] * p[k] * p[j];
      if (t<u)
      {
        u=t;
        s[i][j]=k;
      }
    }
    return u;
}
```

用算法 recurmatrixChain(1,4)计算 **A**[1:4]的递归树如图 3-2 所示。从该图可以看出，许多子问题被重复计算。

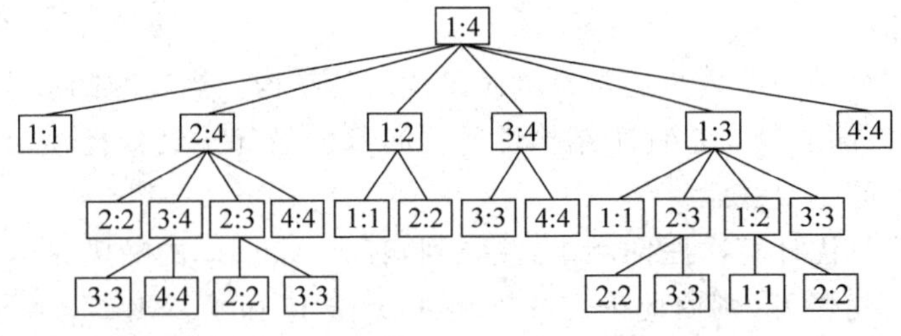

图 3-2　计算 **A**[1:4]的递归树

事实上，可以证明该算法的计算时间 $T(n)$有指数下界。设算法中判断语句和赋值语句花费常数时间，则由算法的递归部分可得关于 $T(n)$的递归不等式如下：

$$T(n) \geqslant \begin{cases} O(1) & n = 1 \\ 1 + \sum_{k=1}^{n-1}(T(k) + T(n-k) + 1) & n > 1 \end{cases}$$

因此，当 $n>1$ 时，有

$$T(n) \geqslant 1 + (n-1) + \sum_{k=1}^{n-1} T(k) + \sum_{k=1}^{n-1} T(n-k) = n + 2\sum_{k=1}^{n-1} T(k)$$

据此，可用数学归纳法证明 $T(n) \geqslant 2^{n-1} = \Omega(2^n)$。

因此，直接递归算法 recurmatrixChain 的计算时间随 n 指数增长。相比之下，解同一问题的动态规划算法 matrixChain 只需计算时间 $O(n^3)$。其有效性就在于它充分利用了问题的子问题重叠性质。不同的子问题个数为 $\theta(n^2)$，而动态规划算法对于每个不同的子问题只计算一次，从而节省了大量不必要的计算。由此也可看出，当解某一问题的直接递归算法所产生的递归树中，相同的子问题反复出现，并且不同子问题的个数又相对较少时，用动态规划算法是有效的。

3. 备忘录方法

备忘录方法是动态规划算法的变形。与动态规划算法一样，备忘录方法用表格保存已解决的子问题的答案，在下次需要解此子问题时，只要简单地查看该子问题的解答，而不必重新计算。与动态规划算法不同的是，备忘录方法的递归方式是自顶向下的，而动态规划算法则是自底向上递归的。因此，备忘录方法的控制结构与直接递归方法的控制结构相同，区别在于备忘录方法为每个解过的子问题建立了备忘录以备需要时查看，避免了相同子问题的重复求解。

备忘录方法为每个子问题建立一个记录项，初始化时，该记录项存入一个特殊值，表示该子问题尚未求解。在求解过程中，对每个待求子问题，首先查看其相应的记录项。若记录项中存储的是初始化时存入的特殊值，则表示该子问题是第一次遇到，此时计算出该子问题的解，并保存在其相应的记录项中，以备以后查看。若记录项中存储的已不是初始化时存入的特殊值，则表示该子问题已被计算过，其相应的记录项中存储的是该子问题的解答。此时，只要从记录项中取出该子问题的解答即可，而不必重新计算。

下面的算法 memoizedmatrixChain 是解矩阵连乘积最优计算次序问题的备忘录方法。

```
public static int memoizedmatrixChain(int n)
{
    for (int i=1; i<=n; i++)
      for (int j=i; j<=n; j++)
        m[i][j]=0;
    return lookupChain(1,n);
}

private static int lookupChain(int i, int j)
{
    if (m[i][j]>0) return m[i][j];
    if (i==j) return 0;
    int u=lookupChain(i+1,j)+p[i-1] * p[i] * p[j];
    s[i][j]=i;
    for (int k=i+1; k<j; k++)
    {
      int t=lookupChain(i,k)+lookupChain(k+1,j)+p[i-1] * p[k] * p[j];
      if (t<u){
        u=t;
        s[i][j]=k;}
    }
    m[i][j]=u;
    return u;
}
```

与动态规划算法 matrixChain 一样，备忘录算法 memoizedmatrixChain 用数组 m 记录子问题的最优值。m 初始化为 0，表示相应的子问题还未被计算。在调用 lookupChain 时，若 $m[i][j]>0$，则表示其中存储的是所要求子问题的计算结果，直接返回此结果即可。否则与直接递归算法一样，自顶向下地递归计算，并将计算结果存入 $m[i][j]$后返回。因此，算法 lookupChain 总能返回正确的值，但仅在它第一次被调用时计算，以后的调用就直接返回计算结果。

与动态规划算法一样，备忘录算法 memoizedmatrixChain 耗时 $O(n^3)$。事实上，共有 $O(n^2)$ 个备忘记录项 $m[i][j]$，$i=1,2,\cdots,n$，$j=i,\cdots,n$。这些记录项的初始化耗费 $O(n^2)$ 时间。每个记录项只填入一次。每次填入时，不包括填入其他记录项的时间，共耗费 $O(n)$ 时间。因此，算法 lookupChain 填入 $O(n^2)$ 个记录项总共耗费 $O(n^3)$ 计算时间。由此可见，通过使用备忘录技术，直接递归算法的计算时间从 $\Omega(2^n)$ 降至 $O(n^3)$。

综上所述，矩阵连乘积的最优计算次序问题可用自顶向下的备忘录算法或自底向上的动态规划算法在 $O(n^3)$ 计算时间内求解。这两个算法都利用了子问题重叠性质。总共有 $\theta(n^2)$ 个不同的子问题。对每个子问题，两种方法都只解一次，并记录答案。再次遇到该子问题时，不重新求解而简单地取用已得到的答案。因此，节省了计算量，提高了算法的效率。

一般地讲，当一个问题的所有子问题都至少要解一次时，用动态规划算法比用备忘录方法好。此时，动态规划算法没有任何多余的计算。同时，对于许多问题，常可利用其规则的表格存取方式，减少动态规划算法的计算时间和空间需求。当子问题空间中的部分子问题可不必求解时，用备忘录方法则较有利，因为从其控制结构可以看出，该方法只解那些确实需要求解的子问题。

3.3 最长公共子序列

一个给定序列的子序列是在该序列中删去若干元素后得到的序列。确切地说，若给定序列 $X=\{x_1,x_2,\cdots,x_m\}$，则另一序列 $Z=\{z_1,z_2,\cdots,z_k\}$，X 的子序列是指存在一个严格递增下标序列 $\{i_1,i_2,\cdots,i_k\}$ 使得对于所有 $j=1,2,\cdots,k$ 有 $z_j=x_{ij}$。例如，序列 $Z=\{B,C,D,B\}$ 是序列 $X=\{A,B,C,B,D,A,B\}$ 的子序列，相应的递增下标序列为 $\{2,3,5,7\}$。

给定两个序列 X 和 Y，当另一序列 Z 既是 X 的子序列又是 Y 的子序列时，称 Z 是序列 X 和 Y 的公共子序列。

例如，若 $X=\{A,B,C,B,D,A,B\}$，$Y=\{B,D,C,A,B,A\}$，序列 $\{B,C,A\}$ 是 X 和 Y 的一个公共子序列，但它不是 X 和 Y 的最长公共子序列。序列 $\{B,C,B,A\}$ 也是 X 和 Y 的一个公共子序列，它的长度为 4，而且它是 X 和 Y 的最长公共子序列，因为 X 和 Y 没有长度大于 4 的公共子序列。

最长公共子序列问题：给定两个序列 $X=\{x_1,x_2,\cdots,x_m\}$ 和 $Y=\{y_1,y_2,\cdots,y_n\}$，找出 X 和 Y 的最长公共子序列。

动态规划算法可有效地解此问题。下面按照动态规划算法设计的各个步骤设计解此问题的有效算法。

1. 最长公共子序列的结构

穷举搜索法是最容易想到的算法。对 X 的所有子序列，检查它是否也是 Y 的子序列，从而确定它是否为 X 和 Y 的公共子序列。并且在检查过程中记录最长的公共子序列。X 的所有子序列都检查过后即可求出 X 和 Y 的最长公共子序列。X 的每个子序列相应于下标集 $\{1,2,\cdots,m\}$ 的一个子集。因此，共有 2^m 个不同子序列，从而穷举搜索法需要指数时间。

事实上，最长公共子序列问题具有最优子结构性质。

设序列 $X=\{x_1,x_2,\cdots,x_m\}$ 和 $Y=\{y_1,y_2,\cdots,y_n\}$ 的最长公共子序列为 $Z=\{z_1,z_2,\cdots,$

$z_k\}$，则

(1) 若 $x_m=y_n$，则 $z_k=x_m=y_n$，且 Z_{k-1} 是 X_{m-1} 和 Y_{n-1} 的最长公共子序列。

(2) 若 $x_m \neq y_n$ 且 $z_k \neq x_m$，则 Z 是 X_{m-1} 和 Y 的最长公共子序列。

(3) 若 $x_m \neq y_n$ 且 $z_k \neq y_n$，则 Z 是 X 和 Y_{n-1} 的最长公共子序列。

其中，$X_{m-1}=\{x_1,x_2,\cdots,x_{m-1}\}$；$Y_{n-1}=\{y_1,y_2,\cdots,y_{n-1}\}$；$Z_{k-1}=\{z_1,z_2,\cdots,z_{k-1}\}$。

证明：(1) 用反证法。若 $z_k \neq x_m$，则$\{z_1,z_2,\cdots,z_k,x_m\}$是 X 和 Y 的长度为 $k+1$ 的公共子序列。这与 Z 是 X 和 Y 的最长公共子序列矛盾。因此，必有 $z_k=x_m=y_n$。由此可知 Z_{k-1} 是 X_{m-1} 和 Y_{n-1} 的长度为 $k-1$ 的公共子序列。若 X_{m-1} 和 Y_{n-1} 有长度大于 $k-1$ 的公共子序列 W，则将 x_m 加在其尾部产生 X 和 Y 的长度大于 k 的公共子序列。此为矛盾。故 Z_{k-1} 是 X_{m-1} 和 Y_{n-1} 的最长公共子序列。

(2) 由于 $z_k \neq x_m$，Z 是 X_{m-1} 和 Y 的公共子序列。若 X_{m-1} 和 Y 有长度大于 k 的公共子序列 W，则 W 也是 X 和 Y 的长度大于 k 的公共子序列。这与 Z 是 X 和 Y 的最长公共子序列矛盾。由此即知，Z 是 X_{m-1} 和 Y 的最长公共子序列。

(3) 证明与(2)类似。

由此可见，两个序列的最长公共子序列包含了这两个序列的前缀的最长公共子序列。因此，最长公共子序列问题具有最优子结构性质。

2. 子问题的递归结构

由最长公共子序列问题的最优子结构性质可知，要找出 $X=\{x_1,x_2,\cdots,x_m\}$ 和 $Y=\{y_1,y_2,\cdots,y_n\}$的最长公共子序列，可按以下方式递归计算：当 $x_m=y_n$ 时，找出 X_{m-1} 和 Y_{n-1} 的最长公共子序列，然后在其尾部加上 $x_m(=y_n)$即可得 X 和 Y 的最长公共子序列。当 $x_m \neq y_n$ 时，必须解两个子问题，即找出 X_{m-1} 和 Y 的一个最长公共子序列及 X 和 Y_{n-1} 的一个最长公共子序列。这两个公共子序列中较长者即为 X 和 Y 的最长公共子序列。

由此递归结构容易看到最长公共子序列问题具有子问题重叠性质。例如，在计算 X 和 Y 的最长公共子序列时，可能要计算 X 和 Y_{n-1} 及 X_{m-1} 和 Y 的最长公共子序列。而这两个子问题都包含一个公共子问题，即计算 X_{m-1} 和 Y_{n-1} 的最长公共子序列。

首先建立子问题最优值的递归关系。用 $c[i][j]$记录序列 X_i 和 Y_j 的最长公共子序列的长度。其中，$X_i=\{x_1,x_2,\cdots,x_i\}$；$Y_j=\{y_1,y_2,\cdots,y_j\}$。当 $i=0$ 或 $j=0$ 时，空序列是 X_i 和 Y_j 的最长公共子序列，故此时 $c[i][j]=0$。在其他情况下，由最优子结构性质可建立递归关系如下：

$$c[i][j]=\begin{cases}0 & i=0,\ j=0\\ c[i-1][j-1]+1 & i,j>0;\ x_i=y_j\\ \max\{c[i][j-1],c[i-1][j]\} & i,j>0;\ x_i\neq y_j\end{cases}$$

3. 计算最优值

直接利用递归式容易写出计算 $c[i][j]$的递归算法，但其计算时间是随输入长度指数增长的。由于在所考虑的子问题空间中，总共有 $\theta(mn)$个不同的子问题，因此，用动态规划算法自底向上地计算最优值能提高算法的效率。

计算最长公共子序列长度的动态规划算法 lcsLength 以序列 $X=\{x_1,x_2,\cdots,x_m\}$和$Y=\{y_1,y_2,\cdots,y_n\}$作为输入。输出两个数组 c 和 b。其中，$c[i][j]$存储 X_i 和 Y_j 的最长公共子序列的长度，$b[i][j]$记录 $c[i][j]$的值是由哪一个子问题的解得到的，这在构造最长公共子序列时要用到。问题的最优值，即 X 和 Y 的最长公共子序列的长度记录于 $c[m][n]$中。

```
public static int lcsLength(char []x, char []y, int [][]b)
{
    int m=x.length-1;
    int n=y.length-1;
    int [][]c=new int [m+1][n+1];
    for (int i=1; i<=m; i++) c[i][0]=0;
    for (int i=1; i<=n; i++) c[0][i]=0;
    for (int i=1; i<=m; i++)
      for (int j=1; j<=n; j++)
      {
        if (x[i]==y[j])
        {
          c[i][j]=c[i-1][j-1]+1;
          b[i][j]=1;
        }
        else if (c[i-1][j]>=c[i][j-1])
        {
          c[i][j]=c[i-1][j];
          b[i][j]=2;
        }
          else
          {
            c[i][j]=c[i][j-1];
            b[i][j]=3;
          }
      }
    return c[m][n];
}
```

由于每个数组单元的计算耗费 $O(1)$时间，算法 lcsLength 耗时 $O(mn)$。

4. 构造最长公共子序列

由算法 lcsLength 计算得到的数组 b 可用于快速构造序列 $X=\{x_1,x_2,\cdots,x_m\}$和 $Y=\{y_1,y_2,\cdots,y_n\}$的最长公共子序列。首先从 $b[m][n]$开始，依其值在数组 b 中搜索。当 $b[i][j]=1$ 时，表示 X_i 和 Y_j 的最长公共子序列是由 X_{i-1}和 Y_{j-1}的最长公共子序列在尾部加上 x_i 所得到的子序列；当 $b[i][j]=2$ 时，表示 X_i 和 Y_j 的最长公共子序列与 X_{i-1}和 Y_j的最长公共子序列相同；当 $b[i][j]=3$ 时，表示 X_i 和 Y_j 的最长公共子序列与 X_i 和 Y_{j-1}的最长公共子序列相同。

下面的算法 lcs 实现根据 b 的内容打印出 X_i 和 Y_j 的最长公共子序列。通过算法调用 lcs(m,n,x,b)便可打印出序列 X 和 Y 的最长公共子序列。

```
public static void lcs(int i,int j,char []x,int [][]b)
{
    if (i==0 || j==0) return;
```

```
    if (b[i][j]==1)
    {
      lcs(i-1,j-1,x,b);
      System.out.print(x[i]);
    }
    else if (b[i][j]==2) lcs(i-1,j,x,b);
      else lcs(i,j-1,x,b);
}
```

在算法 lcs 中，每一次递归调用使 i 或 j 减 1，因此算法的计算时间为 $O(m+n)$。

5. 算法的改进

对于具体问题，按照一般的算法设计策略设计出的算法，往往在算法的时间和空间需求上还有较大的改进余地。通常可以利用具体问题的一些特殊性对算法做进一步改进。例如，在算法 lcsLength 和 lcs 中，可进一步将数组 b 省去。事实上，数组元素$c[i][j]$的值仅由$c[i-1][j-1]$，$c[i-1][j]$和 $c[i][j-1]$这 3 个数组元素的值所确定。对于给定的数组元素 $c[i][j]$，可以不借助于数组 b 而仅借助于 c 本身，在 $O(1)$时间内确定 $c[i][j]$的值是由$c[i-1][j-1]$，$c[i-1][j]$和 $c[i][j-1]$中哪一个值所确定的。因此，可以写一个类似于 lcs 的算法，不用数组 b 而在$O(m+n)$时间内构造最长公共子序列。从而可节省 $\theta(mn)$的空间。由于数组 c 仍需要 $\theta(mn)$的空间，因此，在渐近的意义上，算法仍需要 $\theta(mn)$的空间，所做的改进，只是对空间复杂性的常数因子的改进。

另外，如果只需要计算最长公共子序列的长度，则算法的空间需求可大大减少。事实上，在计算 $c[i][j]$时，只用到数组 c 的第 i 行和第 $i-1$ 行。因此，用两行的数组空间就可以计算出最长公共子序列的长度。进一步的分析还可以将空间需求减至 $O(\min\{m,n\})$。

3.4 凸多边形最优三角剖分

用动态规划算法能有效地解凸多边形的最优三角剖分问题。尽管这是一个几何问题，但在本质上它与矩阵连乘积的最优计算次序问题极为相似。

多边形是平面上一条分段线性闭曲线。也就是说，多边形是由一系列首尾相接的直线段所组成的。组成多边形的各直线段称为该多边形的边。连接多边形相继两条边的点称为多边形的顶点。若多边形的边除了连接顶点外没有别的交点，则称该多边形为一简单多边形。一个简单多边形将平面分为 3 个部分：被包围在多边形内的所有点构成了多边形的内部；多边形本身构成多边形的边界；而平面上其余包围着多边形的点构成了多边形的外部。当一个简单多边形及其内部构成闭凸集时，称该简单多边形为一凸多边形。也就是说，凸多边形边界上或内部的任意两点所连成的直线段上所有点均在凸多边形的内部或边界上。

通常，用多边形顶点的逆时针序列表示凸多边形，即 $P=\{v_0,v_1,\cdots,v_{n-1}\}$表示具有 n 条边 $v_0v_1,v_1v_2,\cdots,v_{n-1}v_n$ 的凸多边形。其中，约定 $v_0=v_n$。

若 v_i 与 v_j 是多边形上不相邻的两个顶点，则线段 v_iv_j 称为多边形的一条弦。弦 v_iv_j 将多边形分割成两个多边形$\{v_i,v_{i+1},\cdots,v_j\}$和$\{v_j,v_{j+1},\cdots,v_i\}$。

多边形的三角剖分是将多边形分割成互不相交的三角形的弦的集合 T。图 3-3(a)和(b)是一个凸七边形的两个不同的三角剖分。

在凸多边形 P 的三角剖分 T 中,各弦互不相交,且集合 T 已达到最大,即 P 的任一不在 T 中的弦必与 T 中某一弦相交。在有 n 个顶点的凸多边形的三角剖分中,恰有 $n-3$ 条弦和 $n-2$ 个三角形。

凸多边形最优三角剖分的问题:给定凸多边形 $P=\{v_0,v_1,\cdots,v_{n-1}\}$,以及定义在由多边形的边和弦组成的三角形上的权函数 w。要求确定该凸多边形的三角剖分,使得该三角剖分所对应的权,即该三角剖分中诸三角形上权之和为最小。

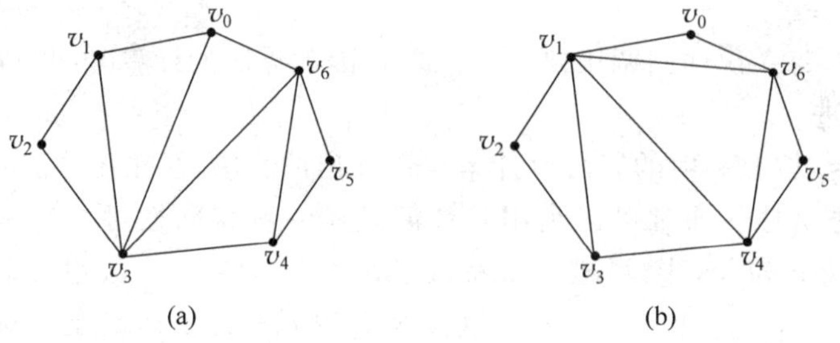

图 3-3 一个凸七边形的两个不同的三角剖分

可以定义三角形上各种各样的权函数 w。例如:

$$w(v_iv_jv_k)=|v_iv_j|+|v_jv_k|+|v_kv_i|$$

其中,$|v_iv_j|$是点 v_i 到 v_j 的欧氏距离。相应于此权函数的最优三角剖分即为最小弦长三角剖分。

本节所述算法可适用于任意权函数。

1. 三角剖分的结构及其相关问题

凸多边形的三角剖分与表达式的完全加括号方式之间具有十分紧密的联系。正如所看到的,矩阵连乘积的最优计算次序问题等价于矩阵链的最优完全加括号方式。这些问题之间的相关性可从它们所对应的完全二叉树的同构性看出。

一个表达式的完全加括号方式相应于一棵完全二叉树,称为表达式的语法树。例如,完全加括号的矩阵连乘积$((\boldsymbol{A}_1(\boldsymbol{A}_2\boldsymbol{A}_3))(\boldsymbol{A}_4(\boldsymbol{A}_5\boldsymbol{A}_6)))$相应的语法树如图 3-4 (a)所示。

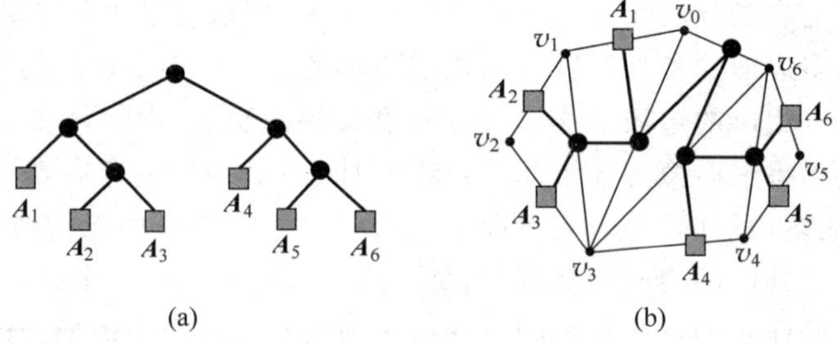

图 3-4 表达式语法树与三角剖分的对应

语法树中每一个叶结点表示表达式中一个原子。在语法树中,若一结点有一个表示表达式 E_l 的左子树,以及一个表示表达式 E_r 的右子树,则以该结点为根的子树表示表达式(E_lE_r)。因此,有 n 个原子的完全加括号表达式对应于唯一的一棵有 n 个叶结点的语法树,反之亦然。

凸多边形$\{v_0, v_1, \cdots, v_{n-1}\}$的三角剖分也可以用语法树表示。例如,图 3-4 (a)中凸多边形的三角剖分可用图 3-4 (b)所示的语法树表示。该语法树的根结点为边 v_0v_6。三角剖分中的弦组成其余的内结点。多边形中除 v_0v_6 边外的各边都是语法树的一个叶结点。树根 v_0v_6 是三角形 $v_0v_3v_6$ 的一条边。该三角形将原多边形分为三个部分:三角形 $v_0v_3v_6$,凸多边形$\{v_0, v_1, \cdots, v_3\}$和凸多边形$\{v_3, v_4, \cdots, v_6\}$。三角形 $v_0v_3v_6$ 的另外两条边,即弦 v_0v_3 和 v_3v_6 为根的两个儿子。以它们为根的子树表示凸多边形$\{v_0, v_1, \cdots, v_3\}$和$\{v_3, v_4, \cdots, v_6\}$的三角剖分。

在一般情况下,凸 n 边形的三角剖分对应于一棵有 $n-1$ 个叶结点的语法树。反之,也可根据一棵有 $n-1$ 个叶结点的语法树产生相应的凸 n 边形的三角剖分。也就是说,凸 n 边形的三角剖分与有 $n-1$ 个叶结点的语法树之间存在一一对应关系。由于n个矩阵的完全加括号乘积与 n 个叶结点的语法树之间存在一一对应关系,因此,n 个矩阵的完全加括号乘积也与凸$(n+1)$边形中的三角剖分之间存在一一对应关系。图 3-4(a) 和(b)表示出这种对应关系。矩阵连乘积 $\boldsymbol{A}_1\boldsymbol{A}_2\cdots\boldsymbol{A}_n$ 中的每个矩阵 $\boldsymbol{A}_i$ 对应于凸$(n+1)$边形中的一条边 $v_{i-1}v_i$。三角剖分中的一条弦 v_iv_j,$i<j$,对应于矩阵连乘积 $A[i+1:j]$。

事实上,矩阵连乘积的最优计算次序问题是凸多边形最优三角剖分问题的特殊情形。对于给定的矩阵链 $\boldsymbol{A}_1\boldsymbol{A}_2\cdots\boldsymbol{A}_n$,定义与之相应的凸$(n+1)$边形 $P=\{v_0, v_1, \cdots, v_n\}$,使得矩阵 $\boldsymbol{A}_i$ 与凸多边形的边 $v_{i-1}v_i$ 一一对应。若矩阵 $\boldsymbol{A}_i$ 的维数为 $p_{i-1}\times p_i$,$i=1,2,\cdots,n$,则定义三角形 $v_iv_jv_k$ 上的权函数值为:$w(v_iv_jv_k)=p_ip_jp_k$。依此权函数的定义,凸多边形 P 的最优三角剖分所对应的语法树给出矩阵链 $\boldsymbol{A}_1\boldsymbol{A}_2\cdots\boldsymbol{A}_n$ 的最优完全加括号方式。

2. 最优子结构性质

凸多边形的最优三角剖分问题有最优子结构性质。

事实上,若凸$(n+1)$边形 $P=\{v_0, v_1, \cdots, v_n\}$的最优三角剖分 T 包含三角形 $v_0v_kv_n$,$1\leqslant k\leqslant n-1$,则 T 的权为三个部分权的和:三角形 $v_0v_kv_n$ 的权,子多边形$\{v_0, v_1, \cdots, v_k\}$和$\{v_k, v_{k+1}, \cdots, v_n\}$的权之和。可以断言,由 T 所确定的这两个子多边形的三角剖分也是最优的。因为若有$\{v_0, v_1, \cdots, v_k\}$或$\{v_k, v_{k+1}, \cdots, v_n\}$的更小权的三角剖分将导致 T 不是最优三角剖分的矛盾。

3. 最优三角剖分的递归结构

首先,定义 $t[i][j]$,$1\leqslant i<j\leqslant n$ 为凸子多边形$\{v_{i-1}, v_i, \cdots, v_j\}$的最优三角剖分所对应的权函数值,即其最优值。为方便起见,设退化的多边形$\{v_{i-1}, v_i\}$具有权值 0。据此定义,要计算的凸$(n+1)$边形 P 的最优权值为 $t[1][n]$。

$t[i][j]$的值可以利用最优子结构性质递归地计算。由于退化的 2 顶点多边形的权值为 0,所以 $t[i][i]=0$,$i=1,2,\cdots,n$。当 $j-i\geqslant 1$ 时,凸子多边形$\{v_{i-1}, v_i, \cdots, v_j\}$至少有 3 个顶点。由最优子结构性质,$t[i][j]$的值应为 $t[i][k]$的值加上 $t[k+1][j]$的值,再加上三角形 $v_{i-1}v_kv_j$ 的权值,其中,$i\leqslant k\leqslant j-1$。由于在计算时还不知道 k 的确切位置,而 k 的所有可能位置只有 $j-i$ 个,因此,可以在这 $j-i$ 个位置中选出使 $t[i][j]$值达到最小的位置。由此,$t[i][j]$可递归地定义为

$$t[i][j]=\begin{cases}0 & i=j\\ \min\limits_{i\leqslant k<j}\{t[i][k]+t[k+1][j]+w(v_{i-1}v_kv_j)\} & i<j\end{cases}$$

4. 计算最优值

与矩阵连乘积问题中计算 $m[i][j]$的递归式进行比较,容易看出,除了权函数的定义外,$t[i][j]$与 $m[i][j]$的递归式完全一样。因此,只要对计算 $m[i][j]$的算法 matrixChain 进行很小的修改就完全适用于计算 $t[i][j]$。

下面描述的计算凸$(n+1)$边形 $P=\{v_0,v_1,\cdots,v_n\}$的最优三角剖分的动态规划算法 minWeightTriangulation 以凸多边形 $P=\{v_0,v_1,\cdots,v_n\}$和定义在三角形上的权函数 w 作为输入。

```
public static void minWeightTriangulation(int n, int [][] t, int [][] s)
{
    for (int i=1; i<=n; i++) t[i][i]=0;
    for (int r=2; r<=n; r++)
      for (int i=1; i<=n-r+1; i++)
      {
        int j=i+r-1;
        t[i][j]=t[i+1][j]+w(i-1,i,j);
        s[i][j]=i;
        for (int k=i+1; k<i+r-1; k++)
        {
          int u=t[i][k]+t[k+1][j]+w(i-1,k,j);
          if (u<t[i][j])
          {
            t[i][j]=u;
            s[i][j]=k;
          }
        }
      }
}
```

与算法 matrixChain 一样,算法 minWeightTriangulation 占用 $O(n^2)$空间,耗时$O(n^3)$。

5. 构造最优三角剖分

算法 minWeightTriangulation 在计算每一个凸子多边形$\{v_{i-1},v_i,\cdots,v_j\}$的最优值时,用数组 s 记录了最优三角剖分中所有三角形信息。$s[i][j]$记录了与 v_{i-1} 和 v_j 一起构成三角形的第 3 个顶点的位置。据此,用 $O(n)$时间就可构造出最优三角剖分中的所有三角形。

3.5 多边形游戏

多边形游戏是一个单人玩的游戏,开始时有一个由 n 个顶点构成的多边形。每个顶点被赋予一个整数值,每条边被赋予一个运算符+或*。所有边依次用整数从 1 到 n 编号。

游戏第 1 步,将一条边删除。

随后的 $n-1$ 步按以下方式操作:

(1) 选择一条边 E 以及由 E 连接着的两个顶点 V_1 和 V_2。

(2) 用一个新的顶点取代边 E 以及由 E 连接着的两个顶点 V_1 和 V_2。将由顶点 V_1 和 V_2 的整数值通过边 E 上的运算得到的结果赋予新顶点。

最后,所有边都被删除,游戏结束。游戏的得分就是所剩顶点上的整数值。

问题:对于给定的多边形,计算最高得分。

该问题与上一节中讨论过的凸多边形最优三角剖分问题类似,但二者的最优子结构性质不同。多边形游戏问题的最优子结构性质更具有一般性。

1. 最优子结构性质

设所给的多边形的顶点和边的顺时针序列为

$$\text{op}[1],\ v[1],\ \text{op}[2],\ v[2],\ \cdots,\ \text{op}[n],\ v[n]$$

其中,op[i]表示第 i 条边所对应的运算符,$v[i]$表示第 i 个顶点上的数值,$i=1\sim n$。

在所给多边形中,从顶点 $i(1\leqslant i\leqslant n)$开始,长度为 j(链中有 j 个顶点)的顺时针链 $p(i,j)$可表示为

$$v[i],\ \text{op}[i+1],\ \cdots,\ v[i+j-1]$$

如果这条链的最后一次合并运算在 op[$i+s$]处发生($1\leqslant s\leqslant j-1$),则可在op[$i+s$]处将链分割为两个子链 $p(i,s)$和 $p(i+s,j-s)$。

设 m_1 是对子链 $p(i,s)$的任意一种合并方式得到的值,而 a 和 b 分别是在所有可能的合并中得到的最小值和最大值。m_2 是 $p(i+s,j-s)$的任意一种合并方式得到的值,而 c 和 d 分别是在所有可能的合并中得到的最小值和最大值。依此定义有

$$a\leqslant m_1\leqslant b,\quad c\leqslant m_2\leqslant d$$

由于子链 $p(i,s)$和 $p(i+s,j-s)$的合并方式决定了 $p(i,j)$在 op[$i+s$]处断开后的合并方式,在 op[$i+s$]处合并后其值为

$$m=(m_1)\text{op}[i+s](m_2)$$

(1) 当 op[$i+s$]='+'时,显然有

$$a+c\leqslant m\leqslant b+d$$

换句话说,由链 $p(i,j)$合并的最优性可推出子链 $p(i,s)$和 $p(i+s,j-s)$的最优性,且最大值对应于子链的最大值,最小值对应于子链的最小值。

(2) 当 op[$i+s$]='*'时,情况有所不同。由于 $v[i]$可取负整数,子链的最大值相乘未必能得到主链的最大值。但是注意到最大值一定在边界点达到,即

$$\min\{ac,ad,bc,bd\}\leqslant m\leqslant \max\{ac,ad,bc,bd\}$$

换句话说,主链的最大值和最小值可由子链的最大值和最小值得到。例如,当 $m=ac$ 时,最大主链由它的两条最小子链组成;同理当 $m=bd$ 时,最大主链由它的两条最大子链组成。无论哪种情形发生,由主链的最优性均可推出子链的最优性。

综上可知多边形游戏问题满足最优子结构性质。

2. 递归求解

由前面的分析可知,为了求链合并的最大值,必须同时求子链合并的最大值和最小值。因此,在整个计算过程中,应同时计算最大值和最小值。

设 $m[i,j,0]$是链 $p(i,j)$合并的最小值,而 $m[i,j,1]$是最大值。若最优合并在op[$i+s$]处将 $p(i,j)$分为两个长度小于 j 的子链 $p(i,i+s)$和 $p(i+s,j-s)$,且从顶点 i 开始的长度小于 j 的子链的最大值和最小值均已计算出。为叙述方便,记

$$a=m[i,i+s,0]$$
$$b=m[i,i+s,1]$$
$$c=m[i+s,j-s,0]$$

$$d = m[i+s, j-s, 1]$$

(1) 当 op$[i+s]$='+'时，

$$m[i,j,0] = a + c$$
$$m[i,j,1] = b + d$$

(2) 当 op$[i+s]$='*'时，

$$m[i,j,0] = \min\{ac, ad, bc, bd\}$$
$$m[i,j,1] = \max\{ac, ad, bc, bd\}$$

综合(1)和(2)，将 $p(i,j)$ 在 op$[i+s]$处断开的最大值记为 maxf(i,j,s)，最小值记为 minf(i,j,s)，则

$$\text{minf}(i,j,s) = \begin{cases} a + c & \text{op}[i+s] = '+' \\ \min\{ac, ad, bc, bd\} & \text{op}[i+s] = '*' \end{cases}$$

$$\text{maxf}(i,j,s) = \begin{cases} b + d & \text{op}[i+s] = '+' \\ \max\{ac, ad, bc, bd\} & \text{op}[i+s] = '*' \end{cases}$$

由于最优断开位置 s 有 $1 \leqslant s \leqslant j-1$ 的 $j-1$ 种情况，由此可知

$$m[i,j,0] = \min_{1 \leqslant s < j}\{\text{minf}(i,j,s)\} \qquad 1 \leqslant i, j \leqslant n$$
$$m[i,j,1] = \max_{1 \leqslant s < j}\{\text{maxf}(i,j,s)\} \qquad 1 \leqslant i, j \leqslant n$$

初始边界值显然为

$$m[i,1,0] = v[i] \qquad 1 \leqslant i \leqslant n$$
$$m[i,1,1] = v[i] \qquad 1 \leqslant i \leqslant n$$

由于多边形是封闭的，在上面的计算中，当 $i+s>n$ 时，顶点 $i+s$ 实际编号为 $(i+s) \bmod n$。按上述递推式计算出的 $m[i,n,1]$即为游戏首次删去第 i 条边后得到的最大得分。

3. 算法描述

基于以上讨论可设计解多边形游戏问题的动态规划算法如下：

```
private static void minMax(int i, int s, int j)
{
    int []e=new int [5];
    int a=m[i][s][0],
        b=m[i][s][1],
        r=(i+s-1)%n+1,
        c=m[r][j-s][0],
        d=m[r][j-s][1];
    if (op[r]=='t')
    {
      minf=a+c;
      maxf=b+d;
    }
    else
    {
      e[1]=a*c;
      e[2]=a*d;
```

```
        e[3]=b*c;
        e[4]=b*d;
        minf=e[1];
        maxf=e[1];
        for (int k=2;k<5;k++){
            if (minf>e[k]) minf=e[k];
            if (maxf<e[k]) maxf=e[k];
        }
    }
}

public static int polyMax()
{
    for (int j=2;j<=n;j++)
        for (int i=1;i<=n;i++)
            for (int s=1;s<j;s++){
                minMax(i,s,j);
                if (m[i][j][0]>minf) m[i][j][0]=minf;
                if (m[i][j][1]<maxf) m[i][j][1]=maxf;
            }
    int temp=m[1][n][1];
    for (int i=2;i<=n;i++)
        if (temp<m[i][n][1]) temp=m[i][n][1];
    return temp;
}
```

4. 计算复杂性分析

与凸多边形最优三角剖分问题类似,上述算法需要 $O(n^3)$ 计算时间。

3.6 图像压缩

在计算机中常用像素点灰度值序列 $\{p_1, p_2, \cdots, p_n\}$ 表示图像。其中,整数 $p_i(1\leqslant i\leqslant n)$ 表示像素点 i 的灰度值。通常灰度值的范围是 0~255。因此,需要用 8 位表示一个像素。

图像的变位压缩存储格式将所给的像素点序列 $\{p_1, p_2, \cdots, p_n\}$ 分割成 m 个连续段 $S_1, S_2, \cdots, S_m$。第 i 个像素段 S_i 中($1\leqslant i\leqslant m$),有 $l[i]$ 个像素,且该段中每个像素都只用 $b[i]$ 位表示。设 $t[i]=\sum_{k=1}^{i-1} l[k], 1\leqslant i\leqslant m$,则第 i 个像素段 S_i 为

$$S_i=\{p_{t[i]+1}, \cdots, p_{t[i]+l[i]}\} \qquad 1\leqslant i\leqslant m$$

设 $h_i=\left\lceil \log\left(\max_{t[i]+1\leqslant k\leqslant t[i]+l[i]} p_k+1\right)\right\rceil$,则 $h_i\leqslant b[i]\leqslant 8$。因此需要用 3 位表示 $b[i]$,$1\leqslant i\leqslant m$。如果限制 $1\leqslant l[i]\leqslant 255$,则需要用 8 位表示 $l[i]$,$1\leqslant i\leqslant m$。因此,第 i 个像素段所需的存储空间为 $l[i]*b[i]+11$ 位。按此格式存储像素序列 $\{p_1, p_2, \cdots, p_n\}$,需要 $\sum_{i=1}^{m} l[i]*b[i]+11m$ 位的存储空间。

图像压缩问题要求确定像素序列$\{p_1, p_2, \cdots, p_n\}$的最优分段，使得依此分段所需的存储空间最少。其中，$0 \leqslant p_i \leqslant 256$，$1 \leqslant i \leqslant n$。每个分段的长度不超过256位。

1. 最优子结构性质

设$l[i], b[i], 1 \leqslant i \leqslant m$是$\{p_1, p_2, \cdots, p_n\}$的最优分段。显而易见，$l[1], b[1]$是$\{p_1, \cdots, p_{l[1]}\}$的最优分段，且$l[i], b[i], 2 \leqslant i \leqslant m$是$\{p_{l[1]+1}, \cdots, p_n\}$的最优分段。即图像压缩问题满足最优子结构性质。

2. 递归计算最优值

设$s[i], 1 \leqslant i \leqslant n$是像素序列$\{p_1, \cdots, p_i\}$的最优分段所需的存储位数。由最优子结构性质易知

$$s[i] = \min_{1 \leqslant k \leqslant \min\{i, 256\}} \{s[i-k] + k * \text{bmax}(i-k+1, i)\} + 11$$

其中，$\text{bmax}(i, j) = \left\lceil \log\left(\max_{i \leqslant k \leqslant j}\{p_k\} + 1\right) \right\rceil$。

据此可设计解图像压缩问题的动态规划算法如下：

```
static final int lmax=256;
static final int header=11;
static int m;

public static void compress(int p[], int s[], int l[], int b[])
{
    int n=p.length-1;
    s[0]=0;
    for (int i=1; i<=n; i++)
    {
      b[i]=length(p[i]);
      int bmax=b[i];
      s[i]=s[i-1]+bmax;
      l[i]=1;
      for (int j=2; j<=i && j<=lmax; j++)
      {
        if (bmax<b[i-j+1]) bmax=b[i-j+1];
        if (s[i]>s[i-j]+j * bmax){
            s[i]=s[i-j]+j * bmax;
            l[i]=j;
        }
      }
      s[i]+=header;
    }
}

private static int length(int i)
{
    int k=1;
    i=i/2;
    while (i>0)
```

```
    {
      k++;
      i=i/2;
    }
    return k;
}
```

3. 构造最优解

算法 compress 中用 $l[i]$和 $b[i]$记录了最优分段所需的信息。最优分段的最后一段的段长度和像素位数分别存储于 $l[n]$和 $b[n]$中。其前一段的段长度和像素位数存储于 $l[n-l[n]]$和 $b[n-l[n]]$中。依次类推，由算法计算出的 l 和 b 可在 $O(n)$时间内构造出相应的最优解。具体算法可实现如下：

```
private static void traceback(int n, int s[], int l[])
{
        if (n==0) return;
        traceback(n-l[n],s,l);
        s[m++]=n-l[n];
}

public static void output(int s[], int l[],int b[])
{
      int n=s.length-1;
      System.out.println("The optimal value is"+s[n]);
      m=0;
      traceback(n,s,l);
      s[m]=n;
      System.out.println("Decomposed into"+m+"segments");
      for (int j=1;j<=m;j++)
      {
        l[j]=l[s[j]];
        b[j]=b[s[j]];
      }
      for (int j=1;j<=m;j++)
        System.out.println(l[j]+","+b[j]);
}
```

4. 计算复杂性

算法 compress 显然只需 $O(n)$空间。由于算法 compress 中对 j 的循环次数不超过 256，故对每一个确定的 i，可在 $O(1)$时间内完成 $\min\limits_{1\leqslant j\leqslant\min\{i,256\}}\{s[i-j]+j*\text{bmax}(i-j+1,i)\}$ 的计算。因此，整个算法所需的计算时间为 $O(n)$。

3.7 电路布线

在一块电路板的上、下两端分别有 n 个接线柱。根据电路设计，要求用导线$(i,\pi(i))$将上端接线柱 i 与下端接线柱 $\pi(i)$相连，如图 3-5 所示。其中，$\pi(i)$，$1\leqslant i\leqslant n$，是$\{1,2,\cdots,n\}$

的一个排列。导线$(i,\pi(i))$称为该电路板上的第 i 条连线。对于任何$1\leqslant i<j\leqslant n$,第 i 条连线和第 j 条连线相交的充分且必要的条件是$\pi(i)>\pi(j)$。

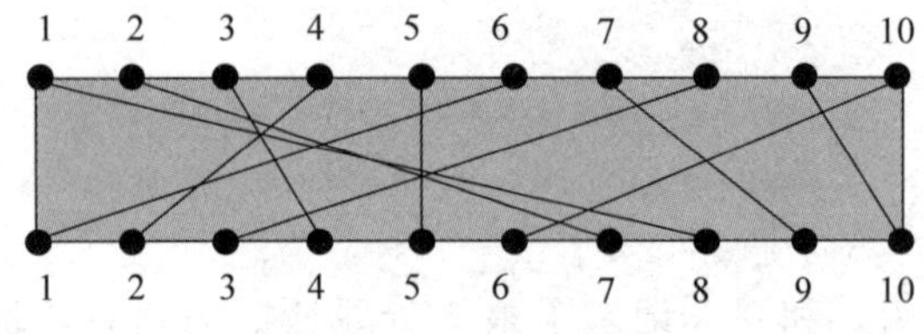

图 3-5 电路布线实例

在制作电路板时,要求将这 n 条连线分布到若干个绝缘层上,在同一层上的连线不相交。电路布线问题要确定将哪些连线安排在第一层上,使得该层上有尽可能多的连线。换句话说,该问题要求确定导线集 $\text{Nets}=\{(i,\pi(i)),1\leqslant i\leqslant n\}$的最大不相交子集。

1. 最优子结构性质

记 $N(i,j)=\{t|(t,\pi(t))\in\text{Nets},t\leqslant i,\pi(t)\leqslant j\}$。$N(i,j)$的最大不相交子集为 $\text{MNS}(i,j)$。$\text{Size}(i,j)=|\text{MNS}(i,j)|$。

(1) 当 $i=1$ 时,

$$\text{MNS}(1,j)=N(1,j)=\begin{cases}\varnothing & j<\pi(1)\\ \{(1,\pi(1))\} & j\geqslant\pi(1)\end{cases}$$

(2) 当 $i>1$ 时,

① $j<\pi(i)$。此时,$(i,\pi(i))\notin N(i,j)$。故在这种情况下,$N(i,j)=N(i-1,j)$,从而$\text{Size}(i,j)=\text{Size}(i-1,j)$。

② $j\geqslant\pi(i)$。此时,若$(i,\pi(i))\in\text{MNS}(i,j)$,则对任意$(t,\pi(t))\in\text{MNS}(i,j)$有 $t<i$ 且$\pi(t)<\pi(i)$;否则,$(t,\pi(t))$与$(i,\pi(i))$相交。在这种情况下 $\text{MNS}(i,j)-\{(i,\pi(i))\}$是$N(i-1,\pi(i)-1)$的最大不相交子集。否则,子集

$$\text{MNS}(i-1,\pi(i)-1)\cup\{(i,\pi(i))\}\subseteq N(i,j)$$

是比 $\text{MNS}(i,j)$更大的 $N(i,j)$的不相交子集。这与 $\text{MNS}(i,j)$的定义相矛盾。

若$(i,\pi(i))\notin\text{MNS}(i,j)$,则对任意$(t,\pi(t))\in\text{MNS}(i,j)$,有 $t<i$。从而$\text{MNS}(i,j)\subseteq N(i-1,j)$。因此,$\text{Size}(i,j)\leqslant\text{Size}(i-1,j)$。

另一方面,$\text{MNS}(i-1,j)\subseteq N(i,j)$,故又有 $\text{Size}(i,j)\geqslant\text{Size}(i-1,j)$,从而$\text{Size}(i,j)=\text{Size}(i-1,j)$。

综上可知,电路布线问题满足最优子结构性质。

2. 递归计算最优值

电路布线问题的最优值为 $\text{Size}(n,n)$。由该问题的最优子结构性质可知:

(1) 当 $i=1$ 时,

$$\text{Size}(1,j)=\begin{cases}0 & j<\pi(1)\\ 1 & j\geqslant\pi(1)\end{cases}$$

(2) 当 $i>1$ 时,

$$\text{Size}(i,j)=\begin{cases}\text{Size}(i-1,j) & j<\pi(i)\\ \max\{\text{Size}(i-1,j),\text{Size}(i-1,\pi(i)-1)+1\} & j\geqslant\pi(i)\end{cases}$$

据此可设计解电路布线问题的动态规划算法 mnset 如下。其中,用二维数组单元 size[i][j]表示函数 Size(i,j)的值。

```
public static void mnset(int []c, int [][]size)
{
    int n=c.length-1;
    for (int j=0; j<c[1]; j++)
      size[1][j]=0;
    for (int j=c[1]; j<=n; j++)
      size[1][j]=1;
    for (int i=2; i<n; i++)
    {
      for (int j=0; j<c[i]; j++)
        size[i][j]=size[i-1][j];
      for (int j=c[i]; j<=n; j++)
        size[i][j]=Math.max(size[i-1][j], size[i-1][c[i]-1]+1);
    }
    size[n][n]=Math.max(size[n-1][n], size[n-1][c[n]-1]+1);
}
```

3. 构造最优解

根据算法 mnset 计算出的 size[i][j]值,容易由算法 traceback 构造出最优解 MNS (n,n)。

```
public static int traceback(int []c, int [][]size, int []net)
{
    int n=c.length-1;
    int j=n;
    int m=0;
    for (int i=n; i > 1; i--)
      if (size[i][j]! =size[i-1][j])
      {
      net[m++]=i;
      j=c[i]-1;}
      if (j >=c[1])
        net[m++]=1;
    return m;
}
```

其中,用数组 net[0:m-1]存储 MNS(n,n)中的 m 条连线。

4. 计算复杂性

算法 mnset 显然需要 $O(n^2)$计算时间和 $O(n^2)$空间。算法 traceback 需要 $O(n)$计算时间。

3.8 流水作业调度

n 个作业$\{1,2,\cdots,n\}$要在由两台机器 M_1 和 M_2 组成的流水线上完成加工。每个作业加工的顺序都是先在 M_1 上加工，然后在 M_2 上加工。M_1 和 M_2 加工作业 i 所需的时间分别为 a_i 和 b_i，$1\leqslant i\leqslant n$。流水作业调度问题要求确定这 n 个作业的最优加工顺序，使得从第一个作业在机器 M_1 上开始加工，到最后一个作业在机器 M_2 上加工完成所需的时间最少。

直观上，一个最优调度应使机器 M_1 没有空闲时间，且机器 M_2 的空闲时间最少。在一般情况下，机器 M_2 上会有机器空闲和作业积压两种情况。

设全部作业的集合为 $N=\{1,2,\cdots,n\}$。$S\subseteq N$ 是 N 的作业子集。在一般情况下，机器 M_1 开始加工 S 中作业时，机器 M_2 还在加工其他作业，要等时间 t 后才可利用。将这种情况下完成 S 中作业所需的最短时间记为 $T(S,t)$。流水作业调度问题的最优值为 $T(N,0)$。

1. 最优子结构性质

流水作业调度问题具有最优子结构性质。

设 π 是所给 n 个流水作业的一个最优调度，它所需的加工时间为 $a_{\pi(1)}+T'$。其中，T' 是在机器 M_2 的等待时间为 $b_{\pi(1)}$ 时，安排作业 $\pi(2),\cdots,\pi(n)$ 所需的时间。

记 $S=N-\{\pi(1)\}$，则有 $T'=T(S,b_{\pi(1)})$。

事实上，由 T 的定义知 $T'\geqslant T(S,b_{\pi(1)})$。若 $T'>T(S,b_{\pi(1)})$，设 π' 是作业集 S 在机器 M_2 的等待时间为 $b_{\pi(1)}$ 情况下的一个最优调度。则 $\pi(1),\pi'(2),\cdots,\pi'(n)$ 是 N 的一个调度，且该调度所需的时间为 $a_{\pi(1)}+T(S,b_{\pi(1)})<a_{\pi(1)}+T'$。这与 π 是 N 的最优调度矛盾。故 $T'\leqslant T(S,b_{\pi(1)})$。从而 $T'=T(S,b_{\pi(1)})$。这就证明了流水作业调度问题具有最优子结构的性质。

2. 递归计算最优值

由流水作业调度问题的最优子结构性质可知

$$T(N,0)=\min_{1\leqslant i\leqslant n}\{a_i+T(N-\{i\},b_i)\}$$

推到一般情形下便有

$$T(S,t)=\min_{i\in S}\{a_i+T(S-\{i\},\ b_i+\max\{t-a_i,0\})\}$$

其中，$\max\{t-a_i,0\}$这一项是由于在机器 M_2 上，作业 i 须在 $\max\{t,a_i\}$时间之后才能开工。因此，在机器 M_1 上完成作业 i 之后，在机器上还需

$$b_i+\max\{t,a_i\}-a_i=b_i+\max\{t-a_i,0\}$$

时间才能完成对作业 i 的加工。

按照上述递归式，可设计出解流水作业调度问题的动态规划算法。但是，对递归式的深入分析表明，算法可进一步得到简化。

3. 流水作业调度的 Johnson 法则

设 π 是作业集 S 在机器 M_2 的等待时间为 t 时的任一最优调度。若在这个调度中，安排在最前面的两个作业分别是 i 和 j，即 $\pi(1)=i,\pi(2)=j$。则由动态规划递归式可得

$$T(S,t)=a_i+T(S-\{i\},b_i+\max\{t-a_i,0\})=a_i+a_j+T(S-\{i,j\},t_{ij})$$

其中，

$$
\begin{aligned}
t_{ij} &= b_j + \max\{b_i + \max\{t - a_i, 0\} - a_j, 0\} \\
&= b_j + b_i - a_j + \max\{\max\{t - a_i, 0\}, a_j - b_i\} \\
&= b_j + b_i - a_j + \max\{t - a_i, a_j - b_i, 0\} \\
&= b_j + b_i - a_j - a_i + \max\{t, a_i + a_j - b_i, a_i\}
\end{aligned}
$$

如果作业 i 和 j 满足 $\min\{b_i, a_j\} \geqslant \min\{b_j, a_i\}$，则称作业 i 和 j 满足 Johnson 不等式。

如果作业 i 和 j 不满足 Johnson 不等式，则交换作业 i 和作业 j 的加工顺序后，作业 i 和 j 满足 Johnson 不等式。

在作业集 S 当机器 M_2 的等待时间为 t 时的调度 π 中，交换作业 i 和作业 j 的加工顺序，得到作业集 S 的另一调度 π'，它所需的加工时间为

$$T'(S,t) = a_i + a_j + T(S - \{i,j\}, t_{ji})$$

其中，

$$t_{ji} = b_j + b_i - a_j - a_i + \max\{t, a_i + a_j - b_j, a_j\}$$

当作业 i 和 j 满足 Johnson 不等式 $\min\{b_i, a_j\} \geqslant \min\{b_j, a_i\}$ 时，有

$$\max\{-b_i, -a_j\} \leqslant \max\{-b_j, -a_i\}$$

从而

$$a_i + a_j + \max\{-b_i, -a_j\} \leqslant a_i + a_j + \max\{-b_j, -a_i\}$$

由此可得

$$\max\{a_i + a_j - b_i, a_i\} \leqslant \max\{a_i + a_j - b_j, a_j\}$$

因此对任意 t，有

$$\max\{t, a_i + a_j - b_i, a_i\} \leqslant \max\{t, a_i + a_j - b_j, a_j\}$$

从而，$t_{ij} \leqslant t_{ji}$。由此可见，$T(S,t) \leqslant T'(S,t)$。

换句话说，当作业 i 和作业 j 不满足 Johnson 不等式时，交换它们的加工顺序后，作业 i 和 j 满足 Johnson 不等式，且不增加加工时间。由此可知，对于流水作业调度问题，必存在最优调度 π，使得作业 $\pi(i)$ 和 $\pi(i+1)$ 满足 Johnson 不等式

$$\min\{b_{\pi(i)}, a_{\pi(i+1)}\} \geqslant \min\{b_{\pi(i+1)}, a_{\pi(i)}\} \qquad 1 \leqslant i \leqslant n-1$$

这样的调度 π 称为满足 Johnson 法则的调度。

进一步还可以证明，调度 π 满足 Johnson 法则当且仅当对任意 $i<j$，有

$$\min\{b_{\pi(i)}, a_{\pi(j)}\} \geqslant \min\{b_{\pi(j)}, a_{\pi(i)}\}$$

由此可知，任意两个满足 Johnson 法则的调度具有相同的加工时间。从而所有满足 Johnson 法则的调度均为最优调度。至此，将流水作业调度问题转化为求满足 Johnson 法则的调度问题。

4. 算法描述

从上面的分析可知，流水作业调度问题一定存在满足 Johnson 法则的最优调度，且容易由下面的算法确定。

流水作业调度问题的 Johnson 算法如下：

(1) 令 $N_1 = \{i \mid a_i < b_i\}$，$N_2 = \{i \mid a_i \geqslant b_i\}$。

(2) 将 N_1 中作业依 a_i 的非减序排序；将 N_2 中作业依 b_i 的非增序排序。

(3) N_1 中作业接 N_2 中作业构成满足 Johnson 法则的最优调度。

算法可具体实现如下：

```
public static int flowShop(int []a, int []b, int []c)
{
    int n=a.length;
    Element []d=new Element [n];

    for (int i=0; i<n; i++)
    {
      int key=a[i]>b[i]?  b[i]:a[i];
      boolean job=a[i]<=b[i];
      d[i]=new Element(key,i,job);
    }

    MergeSort.mergeSort(d);
    int j=0, k=n-1;
    for (int i=0; i<n; i++)
    {
      if (d[i].job) c[j++]=d[i].index;
      else c[k--]=d[i].index;
    }
    j=a[c[0]];
    k=j+b[c[0]];
    for (int i=1; i<n; i++)
    {
      j+=a[c[i]];
      k=j<k? k+b[c[i]]:j+b[c[i]];
    }
    return k;
}
```

其中,元素类型 Element 说明为

```
public static class Element implements Comparable
{
    int key;
    int index;
    boolean job;

    private Element(int kk, int ii, boolean jj)
    {
        key=kk;
        index=ii;
        job=jj;
    }

    public int compareTo(Object x)
    {
```

```
        int xkey=((Element) x).key;
        if (key<xkey) return-1;
        if (key==xkey) return 0;
        return 1;
    }
}
```

5. 计算复杂性分析

算法 flowShop 的主要计算时间花在对作业集的排序。因此，在最坏情况下算法 flowShop 所需的计算时间为 $O(n\log n)$，所需的空间显然为 $O(n)$。

3.9 0-1 背包问题

0-1 背包问题：给定 n 种物品和一背包。物品 i 的重量是 w_i，其价值为 v_i，背包的容量为 C。问：应该如何选择装入背包的物品，使得装入背包中物品的总价值最大？

在选择装入背包的物品时，对每种物品 i 只有两种选择，即装入背包或不装入背包。不能将物品 i 装入背包多次，也不能只装入部分的物品 i。因此，该问题称为 0-1 背包问题。

此问题的形式化描述是，给定 $C>0, w_i>0, v_i>0, 1\leqslant i\leqslant n$，要求找出 n 元 0-1 向量 $(x_1, x_2, \cdots, x_n), x_i\in\{0,1\}, 1\leqslant i\leqslant n$，使得 $\sum_{i=1}^{n} w_i x_i \leqslant C$，而且 $\sum_{i=1}^{n} v_i x_i$ 达到最大。因此，0-1背包问题是一个特殊的整数规划问题。

$$\max \sum_{i=1}^{n} v_i x_i$$

$$\begin{cases} \sum_{i=1}^{n} w_i x_i \leqslant C \\ x_i \in \{0,1\},\ 1 \leqslant i \leqslant n \end{cases}$$

1. 最优子结构性质

0-1 背包问题具有最优子结构性质。设 $(y_1, y_2, \cdots, y_n)$ 是所给 0-1 背包问题的一个最优解，则 $(y_2, \cdots, y_n)$ 是下面相应子问题的一个最优解。

$$\max \sum_{i=2}^{n} v_i x_i$$

$$\begin{cases} \sum_{i=2}^{n} w_i x_i \leqslant C - w_1 y_1 \\ x_i \in \{0,1\},\ 2 \leqslant i \leqslant n \end{cases}$$

因若不然，设 $(z_2, \cdots, z_n)$ 是上述子问题的一个最优解，而 $(y_2, \cdots, y_n)$ 不是它的最优解。由此可知，$\sum_{i=2}^{n} v_i z_i > \sum_{i=2}^{n} v_i y_i$，且 $w_1 y_1 + \sum_{i=2}^{n} w_i z_i \leqslant C$。因此，

$$v_1 y_1 + \sum_{i=2}^{n} v_i z_i > \sum_{i=1}^{n} v_i y_i$$

$$w_1y_1+\sum_{i=2}^{n}w_iz_i\leqslant C$$

这说明$(z_1,z_2,\cdots,z_n)$是所给 0-1 背包问题的更优解，从而$(y_1,y_2,\cdots,y_n)$不是所给0-1 背包问题的最优解。此为矛盾。

2. 递归关系

设所给 0-1 背包问题的子问题

$$\max\sum_{k=i}^{n}v_kx_k$$

$$\begin{cases}\sum_{k=i}^{n}w_kx_k\leqslant j\\ x_k\in\{0,1\},\ i\leqslant k\leqslant n\end{cases}$$

的最优值为 $m(i,j)$，即 $m(i,j)$是背包容量为 j，可选择物品为 $i,i+1,\cdots,n$ 时 0-1 背包问题的最优值。由 0-1 背包问题的最优子结构性质，可以建立如下计算 $m(i,j)$的递归式

$$m(i,j)=\begin{cases}\max\{m(i+1,j),m(i+1,j-w_i)+v_i\} & j\geqslant w_i\\ m(i+1,j) & 0\leqslant j<w_i\end{cases}$$

$$m(n,j)=\begin{cases}v_n & j>w_n\\ 0 & 0\leqslant j<w_n\end{cases}$$

3. 算法描述

基于以上讨论，当 $w_i(1\leqslant i\leqslant n)$为正整数时，用二维数组 m[][]存储 $m(i,j)$的相应值，可设计解 0-1 背包问题的动态规划算法 knapsack 如下：

```
public static void knapsack(int []v, int []w, int c, int [][]m)
{
    int n=v.length-1;
    int jMax=Math.min(w[n]-1,c);
    for (int j=0; j<=jMax; j++)
        m[n][j]=0;
    for (int j=w[n]; j<=c; j++)
        m[n][j]=v[n];

    for (int i=n-1; i > 1; i--)
    {
        jMax=Math.min(w[i]-1,c);
        for (int j=0; j<=jMax; j++)
            m[i][j]=m[i+1][j];
        for (int j=w[i]; j<=c; j++)
            m[i][j]=Math.max(m[i+1][j], m[i+1][j-w[i]]+v[i]);
    }
    m[1][c]=m[2][c];
    if (c >=w[1])
        m[1][c]=Math.max(m[1][c], m[2][c-w[1]]+v[1]);
}
```

```
public static void traceback(int [][]m, int []w, int c, int []x)
{
    int n=w.length-1;
    for (int i=1; i<n; i++)
        if (m[i][c]==m[i+1][c])x[i]=0;
        else {x[i]=1;
            c-=w[i];}
    x[n]=(m[n][c]>0)? 1 : 0;
}
```

按上述算法 knapsack 计算后，$m[1][c]$给出所要求的 0-1 背包问题的最优值。相应的最优解可由算法 traceback 计算如下：

如果 $m[1][c]=m[2][c]$，则 $x_1=0$；否则 $x_1=1$。当 $x_1=0$ 时，由 $m[2][c]$继续构造最优解；当 $x_1=1$ 时，由 $m[2][c-w_1]$继续构造最优解。以此类推，可构造出相应的最优解$(x_1,x_2,\cdots,x_n)$。

4. 计算复杂性分析

从计算 $m(i,j)$的递归式容易看出，上述算法 knapsack 需要 $O(nc)$计算时间，而算法 traceback 需要 $O(n)$计算时间。

上述算法 knapsack 有两个较明显的缺点。其一，算法要求所给物品的重量 $w_i(1\leqslant i\leqslant n)$是整数；其次，当背包容量 c 很大时，算法需要的计算时间较多。例如，当$c>2^n$时，算法 knapsack 需要 $\Omega(n2^n)$计算时间。

事实上，注意到计算 $m(i,j)$的递归式在变量 j 是连续变量，即背包容量为实数时仍成立，可以采用以下方法克服算法 knapsack 的上述两个缺点。

首先考查 0-1 背包问题的一个具体实例如下：

$$n=5,\ c=10,\ w=\{2,2,6,5,4\},\ v=\{6,3,5,4,6\}$$

由计算 $m(i,j)$的递归式，当 $i=5$ 时，

$$m(5,j)=\begin{cases}6 & j\geqslant 4\\0 & 0\leqslant j<4\end{cases}$$

该函数是关于变量 j 的阶梯状函数。由 $m(i,j)$的递归式容易证明，在一般情况下，对每一个确定的 $i(1\leqslant i\leqslant n)$，函数 $m(i,j)$是关于变量 j 的阶梯状单调不减函数。跳跃点是这一类函数的描述特征。如函数 $m(5,j)$可由其两个跳跃点$(0,0)$和$(4,6)$唯一确定。在一般情况下，函数 $m(i,j)$由其全部跳跃点唯一确定，如图 3-6 所示。

在变量 j 是连续变量的情况下，可以对每一个确定的 $i(1\leqslant i\leqslant n)$，用一个表 $p[i]$存储函数 $m(i,j)$的全部跳跃点。对每一个确定的实数 j，可以通过查找表 $p[i]$确定函数 $m(i,j)$的值。$p[i]$中全部跳跃点$(j,m(i,j))$依 j 的升序排列。由于函数 $m(i,j)$是关于变量 j 的阶梯状单调不减函数，故 $p[i]$中全部跳跃点的 $m(i,j)$值也是递增排列的。

表 $p[i]$可依计算 $m(i,j)$的递归式递归地由表 $p[i+1]$计算，初始时 $p[n+1]=\{(0,0)\}$。事实上，函数 $m(i,j)$是由函数 $m(i+1,j)$与函数 $m(i+1,j-w_i)+v_i$ 做 max 运算得到的。因此，函数 $m(i,j)$的全部跳跃点包含于函数 $m(i+1,j)$的跳跃点集$p[i+1]$与函数 $m(i+1,j-w_i)+v_i$ 的跳跃点集 $q[i+1]$的并集中。易知，$(s,t)\in q[i+1]$ 当且仅当 $w_i\leqslant s\leqslant c$

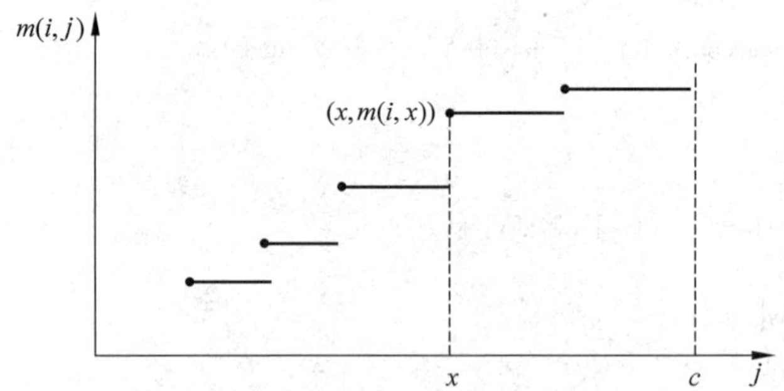

图 3-6 阶梯状单调不减函数 $m(i,j)$ 及其跳跃点

且 $(s-w_i,t-v_i)\in p[i+1]$。因此,容易由 $p[i+1]$ 确定跳跃点集 $q[i+1]$ 如下:

$$q[i+1]=p[i+1]\oplus(w_i,v_i)=\{(j+w_i,m(i,j)+v_i)\mid(j,m(i,j))\in p[i+1]\}$$

另一方面,设 (a,b) 和 (c,d) 是 $p[i+1]\cup q[i+1]$ 中的两个跳跃点,则当 $c\geqslant a$ 且 $d<b$ 时,(c,d) 受控于 (a,b),从而 (c,d) 不是 $p[i]$ 中的跳跃点。除受控跳跃点外,$p[i+1]\cup q[i+1]$ 中的其他跳跃点均为 $p[i]$ 中的跳跃点。由此可见,在递归地由表 $p[i+1]$ 计算表 $p[i]$ 时,可先由 $p[i+1]$ 计算出 $q[i+1]$,然后合并表 $p[i+1]$ 和表 $q[i+1]$,并清除其中的受控跳跃点得到表 $p[i]$。

对于上面的例子,初始时 $p[6]=\{(0,0)\}$,$(w_5,v_5)=(4,6)$。因此,$q[6]=p[6]\oplus(w_5,v_5)=\{(4,6)\}$。由函数 $m(5,j)$ 可知,$p[5]=\{(0,0),(4,6)\}$。又由 $(w_4,v_4)=(5,4)$ 知,$q[5]=p[5]\oplus(w_4,v_4)=\{(5,4),(9,10)\}$。从跳跃点集 $p[5]$ 与 $q[5]$ 的并集 $p[5]\cup q[5]=\{(0,0),(4,6),(5,4),(9,10)\}$ 中看到跳跃点 $(5,4)$ 受控于跳跃点 $(4,6)$。将受控跳跃点 $(5,4)$ 清除后,得到 $p[4]=\{(0,0),(4,6),(9,10)\}$,从而得到函数 $m(4,j)$。

依此方式递归地计算出

$$q[4]=p[4]\oplus(6,5)=\{(6,5),(10,11)\}$$
$$p[3]=\{(0,0),(4,6),(9,10),(10,11)\}$$
$$q[3]=p[3]\oplus(2,3)=\{(2,3),(6,9)\}$$
$$p[2]=\{(0,0),(2,3),(4,6),(6,9),(9,10),(10,11)\}$$
$$q[2]=p[2]\oplus(2,6)=\{(2,6),(4,9),(6,12),(8,15)\}$$
$$p[1]=\{(0,0),(2,6),(4,9),(6,12),(8,15)\}$$

$p[1]$ 的最后的那个跳跃点 $(8,15)$ 给出所求的最优值为 $m(1,c)=15$。

综上所述,可设计解 0-1 背包问题的改进的动态规划算法如下:

```
public static double knapsack(double []w, double []v, double c, double [][]p,int []head)
{
    int n=v.length-1;
    head[n+1]=0;
    p[0][0]=0;
    p[0][1]=0;
    int left=0,
        right=0,
        next=1;
```

```
    head[n]=1;
    for (int i=n;i>=1;i--){
      int k=left;
      for (int j=left;j<=right;j++)
      {
        if (p[j][0]+w[i]>c)break;
        double y=p[j][0]+w[i],
               m=p[j][1]+v[i];
        while (k<=right && p[k][0]<y)
        {
          p[next][0]=p[k][0];
          p[next++][1]=p[k++][1];
        }
        if (k<=right && p[k][0]==y)
        {
          if (m<p[k][1])m=p[k][1];
          k++;
        }
        if (m>p[next-1][1])
        {
          p[next][0]=y;
          p[next++][1]=m;
        }
        while (k<=right && p[k][1]<=p[next-1][1])k++;
        }
      while (k<=right)
      {
        p[next][0]=p[k][0];
        p[next++][1]=p[k++][1];
      }
      left=right+1;
      right=next-1;
      head[i-1]=next;
    }
    return p[next-1][1];
}

public static void traceback(double []w,double []v,double [][]p,int []head,int []x)
{
    int n=w.length-1;
    double j=p[head[0]-1][0],
           m=p[head[0]-1][1];
    for (int i=1; i<=n; i++)
    {
      x[i]=0;
```

```
            for (int k=head[i+1];k<=head[i]-1;k++)
            {
              if (p[k][0]+w[i]==j && p[k][1]+v[i]==m)
              {
                  x[i]=1;
                  j=p[k][0];
                  m=p[k][1];
                  break;
              }
            }
        }
    }
```

上述算法的主要计算量在于计算跳跃点集 $p[i](1\leqslant i\leqslant n)$。由于 $q[i+1]=p[i+1]\oplus(w_i,v_i)$,故计算 $q[i+1]$需要 $O(|p[i+1]|)$计算时间。合并 $p[i+1]$和$q[i+1]$并清除受控跳跃点也需要 $O(|p[i+1]|)$计算时间。从跳跃点集 $p[i]$的定义可以看出,$p[i]$中的跳跃点相应于 $x_i,\cdots,x_n$ 的 0/1 赋值。因此,$p[i]$中跳跃点个数不超过 2^{n-i+1}。由此可见,算法计算跳跃点集 $p[i](1\leqslant i\leqslant n)$所花费的计算时间为

$$O\left(\sum_{i=2}^{n}|p[i+1]|\right)=O\left(\sum_{i=2}^{n}2^{n-i}\right)=O(2^n)$$

从而,改进后算法的计算时间复杂性为$O(2^n)$。当所给物品的重量 w_i 是整数时,$|p[i]|\leqslant c+1$,其中,$1\leqslant i\leqslant n$。在这种情况下,改进后算法的计算时间复杂性为$O(\min\{nc,2^n\})$。

3.10 最优二叉搜索树

设 $S=\{x_1,x_2,\cdots,x_n\}$是有序集,且 $x_1<x_2<\cdots<x_n$,表示有序集 S 的二叉搜索树利用二叉树的结点存储有序集中的元素。它具有下述性质:存储于每个结点中的元素 x 大于其左子树中任一结点所存储的元素,小于其右子树中任一结点所存储的元素。二叉搜索树的叶结点是形如(x_i,x_{i+1})的开区间。在表示 S 的二叉搜索树中搜索元素 x,返回的结果有以下两种情形:

(1) 在二叉搜索树的内结点中找到 $x=x_i$。

(2) 在二叉搜索树的叶结点中确定 $x\in(x_i,x_{i+1})$。

设在第(1)种情形中找到元素 $x=x_i$ 的概率为 b_i;在第(2)种情形中确定 $x\in(x_i,x_{i+1})$的概率为 a_i。其中,约定 $x_0=-\infty,x_{n+1}=+\infty$。显然有

$$a_i\geqslant 0\qquad 0\leqslant i\leqslant n$$
$$b_j\geqslant 0\qquad 1\leqslant j\leqslant n$$
$$\sum_{i=0}^{n}a_i+\sum_{j=1}^{n}b_j=1$$

则$(a_0,b_1,a_1,\cdots,b_n,a_n)$称为集合 S 的存取概率分布。

在表示 S 的二叉搜索树 T 中,设存储元素 x_i 的结点深度为 c_i;叶结点(x_j,x_{j+1})的结点深度为 d_j,则 $p=\sum_{i=1}^{n}b_i(1+c_i)+\sum_{j=0}^{n}a_jd_j$ 表示在二叉搜索树 T 中进行一次搜索所需要的平

均比较次数。p 又称为二叉搜索树 T 的平均路长。在一般情形下，不同的二叉搜索树的平均路长是不相同的。

最优二叉搜索树问题是对于有序集 S 及其存取概率分布($a_0,b_1,a_1,\cdots,b_n,a_n$)，在所有表示有序集 S 的二叉搜索树中找出一棵具有最小平均路长的二叉搜索树。

1. 最优子结构性质

二叉搜索树 T 的一棵含有结点 $x_i,\cdots,x_j$ 和叶结点(x_{i-1},x_i)，…，(x_j,x_{j+1})的子树可以看作是有序集$\{x_i,\cdots,x_j\}$关于全集合($x_{i-1},\cdots,x_{j+1}$)的一棵二叉搜索树，其存取概率为下面的条件概率

$$\bar{b}_k = b_k/w_{ij} \qquad i \leqslant k \leqslant j$$
$$\bar{a}_h = a_h/w_{ij} \qquad i-1 \leqslant h \leqslant j$$

其中，$w_{ij}=a_{i-1}+b_i+\cdots+b_j+a_j$，$1\leqslant i\leqslant j\leqslant n$。

设 T_{ij} 是有序集$\{x_i,\cdots,x_j\}$关于存取概率($\bar{a}_{i-1},\bar{b}_i,\cdots,\bar{b}_j,\bar{a}_j$)的一棵最优二叉搜索树，其平均路长为 p_{ij}。T_{ij} 的根结点存储元素 x_m。其左右子树 T_l 和 T_r 的平均路长分别为 p_l 和 p_r。由于 T_l 和 T_r 中结点深度是它们在 T_{ij} 中的结点深度减 1，故有

$$w_{i,j}p_{i,j} = w_{i,j} + w_{i,m-1}p_l + w_{m+1,j}p_r$$

由于 T_l 是关于集合$\{x_i,\cdots,x_{m-1}\}$的一棵二叉搜索树，故 $p_l \geqslant p_{i,m-1}$。若 $p_l > p_{i,m-1}$，则用 $T_{i,m-1}$ 替换 T_l 可得到平均路长比 T_{ij} 更小的二叉搜索树。这与 T_{ij} 是最优二叉搜索树矛盾。故 T_l 是一棵最优二叉搜索树。同理可证，T_r 也是一棵最优二叉搜索树。因此，最优二叉搜索树问题具有最优子结构性质。

2. 递归计算最优值

最优二叉搜索树 T_{ij} 的平均路长为 p_{ij}，则所求的最优值为 $p_{1,n}$。由最优二叉搜索树问题的最优子结构性质可建立计算 p_{ij} 的递归式如下：

$$w_{i,j}p_{i,j} = w_{i,j} + \min_{i\leqslant k\leqslant j}\{w_{i,k-1}p_{i,k-1} + w_{k+1,j}p_{k+1,j}\} \qquad i \leqslant j$$

初始时，$p_{i,i-1}=0$，$1\leqslant i\leqslant n$。

记 $w_{i,j}p_{i,j}$ 为 $m(i,j)$，则 $m(1,n)=w_{1,n}p_{1,n}=p_{1,n}$ 为所求的最优值。

计算 $m(i,j)$的递归式为

$$m(i,j) = w_{i,j} + \min_{i\leqslant k\leqslant j}\{m(i,k-1)+m(k+1,j)\} \qquad i\leqslant j$$
$$m(i,i-1) = 0 \qquad 1\leqslant i\leqslant n$$

据此，可设计出解最优二叉搜索树问题的动态规划算法 optimalBinarySearchTree 如下：

```
public static void optimalBinarySearchTree(float []a, float []b, float [][]m, int [][]s,
                                           float [][]w)
{
   int n=a.length-1;
   for (int i=0; i<=n; i++)
   {
      w[i+1][i]=a[i];
      m[i+1][i]=0;
   }
```

```
    for (int r=0; r<n; r++)
      for (int i=1; i<=n-r; i++)
      {
        int j=i+r;
        w[i][j]=w[i][j-1]+a[j]+b[j];
        m[i][j]=m[i+1][j];
        s[i][j]=i;
        for (int k=i+1; k<=j; k++){
          float t=m[i][k-1]+m[k+1][j];
          if (t<m[i][j]){
            m[i][j]=t;
            s[i][j]=k;}
        }
      m[i][j]+=w[i][j];
    }
}
```

3. 构造最优解

算法 optimalBinarySearchTree 中用 $s[i][j]$保存最优子树 $T(i,j)$的根结点中元素。当 $s[1][n]=k$ 时，x_k 为所求二叉搜索树根结点元素。其左子树为 $T(1,k-1)$。因此，$i=s[1][k-1]$表示 $T(1,k-1)$的根结点元素为 x_i。依此类推，容易由 s 记录的信息在 $O(n)$时间内构造出所求的最优二叉搜索树。

4. 计算复杂性

算法中用到 3 个二维数组 m，s 和 w，故所需的空间为 $O(n^2)$。算法的主要计算量在于计算 $\min\limits_{i\leqslant k\leqslant j}\{m(i,k-1)+m(k+1,j)\}$。对于固定的 r，它需要计算时间 $O(j-i+1)=O(r+1)$。因此，算法所耗费的总时间为 $\sum\limits_{r=0}^{n-1}\sum\limits_{i=1}^{n-r}O(r+1)=O(n^3)$。

事实上，在上述算法中，可以证明

$$\min_{i\leqslant k\leqslant j}\{m(i,k-1)+m(k+1,j)\}=\min_{s[i][j-1]\leqslant k\leqslant s[i+1][j]}\{m(i,k-1)+m(k+1,j)\}$$

由此可对算法做进一步改进如下：

```
public static void obst(float []a, float []b, float [][]m, int [][]s, float [][]w)
{
    int n=a.length-1;
    for (int i=0; i<=n; i++)
    {
      w[i+1][i]=a[i];
      m[i+1][i]=0;
      s[i+1][i]=0;
    }
    for (int r=0; r<n; r++)
      for (int i=1; i<=n-r; i++)
      {
        int j=i+r,
```

```
            i1=s[i][j-1]>i? s[i][j-1]:i;
            j1=s[i+1][j]>i? s[i+1][j]:j;
        w[i][j]=w[i][j-1]+a[j]+b[j];
        m[i][j]=m[i][i1-1]+m[i1+1][j];
        s[i][j]=i1;

        for (int k=i1+1; k<=j1; k++)
        {
          float t=m[i][k-1]+m[k+1][j];
          if (t<=m[i][j])
          {
                m[i][j]=t;
                s[i][j]=k;
          }
        }
        m[i][j]+=w[i][j];
    }
}
```

改进后算法 obst 所需的计算时间为 $O(n^2)$，所需的空间为 $O(n^2)$。

第 10 章将在一般的意义下证明上述改进后算法 obst 的正确性。

小　结

本章以矩阵连乘问题、最长公共子序列、凸多边形最优三角剖分、多边形游戏、图像压缩、电路布线、流水作业调度、背包问题、最优二叉搜索树等具体实例，详细阐述了动态规划算法的设计思想、适用性，动态规划算法的基本要素以及算法的设计要点。动态规划算法与分治法类似，其基本思想也是将待求解问题分解成若干个子问题，先求解子问题，然后从这些子问题的解得到原问题的解。与分治法不同的是，动态规划法用一个表来记录所有已解决的子问题的答案。不管该子问题以后是否被用到，只要它被计算过，就将其结果填入表中。在需要时从表中找出已求得的答案，避免大量重复计算，从而得到多项式时间算法。动态规划算法的具体应用是多种多样的，但它们具有相同的填表格式。

动态规划算法适用于解最优化问题。通常按以下几个步骤设计动态规划算法：①找出最优解的性质，并刻画其结构特征；②递归地定义最优值；③以自底向上的方式计算出最优值；④根据计算最优值时得到的信息构造最优解。

习　题

3-1　设计一个 $O(n^2)$时间的算法，找出由 n 个数组成的序列的最长单调递增子序列。

3-2　将习题 3-1 中算法的计算时间减至 $O(n\log n)$。（提示：一个长度为 i 的候选子序列的最后一个元素至少与一个长度为 $i-1$ 的候选子序列的最后一个元素一样大。通过指向输入序列中元素的指针来维持候选子序列）。

3-3 给定由 n 个英文单词组成的一段文章，每个单词的长度(字符个数)依序为 $l_1, l_2, \cdots, l_n$。要在一台打印机上将这段文章“漂亮地”打印出来。打印机每行最多可打印 M 个字符。这里所说的“漂亮”的定义如下：在打印机所打印的每一行中，行首和行尾可不留空格；行中每两个单词之间留一个空格；如果在一行中打印从单词 i 到单词 j 的字符，则按打印规则，应在一行中恰好 打印 $\sum_{k=i}^{j} l_k + j - i$ 个字符(包括字间空格字符)，且不允许将单词打破；多余的空格数为 $M - j + i - \sum_{k=i}^{j} l_k$；除文章的最后一行外，希望每行多余的空格数尽可能少。因此，以各行(最后一行除外)的多余空格数的立方和达到最小作为“漂亮”的标准。试用动态规划算法设计一个“漂亮打印”方案，并分析算法的计算复杂性。

3-4 考虑下面的整数线性规划问题：

$$\max \sum_{i=1}^{n} c_i x_i$$

$$\sum_{i=1}^{n} a_i x_i \leqslant b$$

$$x_i \text{ 为非负整数}, 1 \leqslant i \leqslant n$$

试设计一个解此问题的动态规划算法，并分析算法的计算复杂性。

3-5 给定 n 种物品和一背包。物品 i 的重量是 w_i，体积是 b_i，其价值为 v_i，背包的容量为 C，容积为 D。问：应该如何选择装入背包中的物品，使得装入背包中物品的总价值最大？在选择装入背包的物品时，对每种物品 i 只有两种选择，即装入背包或不装入背包。不能将物品 i 装入背包多次，也不能只装入部分的物品 i。试设计一个解此问题的动态规划算法，并分析算法的计算复杂性。

3-6 Ackerman 函数 $A(m,n)$ 可递归地定义如下：

$$A(m,n) = \begin{cases} n+1 & m = 0 \\ A(m-1,1) & m > 0, n = 0 \\ A(m-1, A(m, n-1)) & m > 0, n > 0 \end{cases}$$

试设计一个计算 $A(m,n)$ 的动态规划算法，该算法只占用 $O(m)$ 空间。(提示：用两个数组 val[0:m] 和 ind[0:m]，使得对任何 i 有 val[i]=$A(i, \text{ind}[i])$)。

第 4 章 贪心算法

当一个问题具有最优子结构性质时，可用动态规划法求解。但有时会有更简单，更有效的算法。考查找硬币的例子。假设有 4 种硬币，它们的面值分别为二角五分、一角、五分和一分。现在要找给某顾客六角三分钱。这时，很自然会拿出 2 个二角五分的硬币，1 个一角的硬币和 3 个一分的硬币交给顾客。这种找硬币方法与其他的找法相比，所拿出的硬币个数是最少的。事实上，这里用到下面的找硬币算法：首先选出 1 个面值不超过六角三分的最大硬币，即二角五分，然后从六角三分中减去二角五分，剩下三角八分。再选出 1 个面值不超过三角八分的最大硬币，即又一个二角五分，如此一直做下去。这个找硬币的方法实际上就是贪心算法。顾名思义，贪心算法总是做出在当前看来最好的选择，也就是说贪心算法并不从整体最优考虑，它所做出的选择只是在某种意义上的局部最优选择。当然，希望贪心算法得到的最终结果也是整体最优的。上面所说的找硬币算法得到的结果是整体最优解。找硬币问题本身具有最优子结构性质，它可以用动态规划算法求解。但用贪心算法更简单、更直接，且解题效率更高。贪心算法利用了问题本身的一些特性。例如，上述找硬币的算法利用了硬币面值的特殊性。如果硬币的面值改为一分、五分和一角一分，而要找给顾客的是一角五分钱。还用贪心算法，将找给顾客 1 个一角一分的硬币和 4 个一分的硬币。然而 3 个五分的硬币显然是最好的找法。虽然贪心算法不能对所有问题都得到整体最优解，但是对许多问题它能产生整体最优解。例如，图的单源最短路径问题，最小生成树问题等。在一些情况下，即使贪心算法不能得到整体最优解，其最终结果却是最优解的很好近似。

4.1 活动安排问题

活动安排问题是可以用贪心算法有效求解的很好的例子。该问题要求高效地安排一系列争用某一公共资源的活动。贪心算法提供了一个简单、有效的方法，使得尽可能多的活动能兼容地使用公共资源。

设有 n 个活动的集合 $E=\{1,2,\cdots,n\}$，其中，每个活动都要求使用同一资源，如演讲会场等，而在同一时间内只有一个活动能使用这一资源。每个活动 i 都有一个要求使用该资源的起始时间 s_i 和一个结束时间 f_i，且 $s_i<f_i$。如果选择了活动 i，则它在半开时间区间 $[s_i, f_i)$ 内占用资源。若区间 $[s_i, f_i)$ 与区间 $[s_j, f_j)$ 不相交，则称活动 i 与活动 j 是相容的。也就是说，当 $s_i \geq f_j$ 或 $s_j \geq f_i$ 时，活动 i 与活动 j 相容。活动安排问题就是要在所给的

活动集合中选出最大的相容活动子集合。

在下面所给出的解活动安排问题的贪心算法 greedySelector 中,各活动的起始时间和结束时间存储于数组 s 和 f 中且按结束时间的非减序 $f_1 \leqslant f_2 \leqslant \cdots \leqslant f_n$ 排列。如果所给出的活动未按此序排列,可以用 $O(n\log n)$ 的时间重排。

```
public static int greedySelector(int [] s, int [] f, boolean []a)
{
    int n=s.length-1;
    a[1]=true;
    int j=1;
    int count=1;
    for (int i=2;i<=n;i++)
    {
      if (s[i]>=f[j])
      {
        a[i]=true;
        j=i;
        count++;
      }
      else a[i]=false;
    }
    return count;
}
```

算法 greedySelector 用集合 A 存储所选择的活动。活动 i 在集合 A 中,当且仅当 $A[i]$ 的值为 true。变量 j 用以记录最近一次加入 A 的活动。由于输入的活动按其结束时间的非减序排列,f_j 总是当前集合 A 中所有活动的最大结束时间,即

$$f_j = \max_{k \in A}\{f_k\}$$

贪心算法 greedySelector 一开始选择活动 1,并将 j 初始化为 1。然后依次检查活动 i 是否与当前已选择的所有活动相容。若相容则将活动 i 加入已选择活动的集合 A 中;否则,不选择活动 i,而继续检查下一活动与集合 A 中活动的相容性。由于 f_j 总是当前集合 A 中所有活动的最大结束时间,故活动 i 与当前集合 A 中所有活动相容的充分且必要的条件是其开始时间 s_i 不早于最近加入集合 A 的活动 j 的结束时间 f_j,即 $s_i \geqslant f_j$。若活动 i 与之相容,则 i 成为最近加入集合 A 中的活动,并取代活动 j 的位置。由于输入的活动以其完成时间的非减序排列,所以算法 greedySelector 每次总是选择具有最早完成时间的相容活动加入集合 A 中。直观上,按这种方法选择相容活动为未安排活动留下尽可能多的时间。也就是说,该算法的贪心选择的意义是使剩余的可安排时间段极大化,以便安排尽可能多的相容活动。

算法 greedySelector 的效率极高。当输入的活动已按结束时间的非减序排列,算法只需 $\theta(n)$ 的时间安排 n 个活动,使最多的活动能相容地使用公共资源。

例如,设待安排的 11 个活动的开始时间和结束时间按结束时间的非减序排列如下:

i	1	2	3	4	5	6	7	8	9	10	11
$s[i]$	1	3	0	5	3	5	6	8	8	2	12
$f[i]$	4	5	6	7	8	9	10	11	12	13	14

算法 greedySelector 的计算过程如图 4-1 所示。

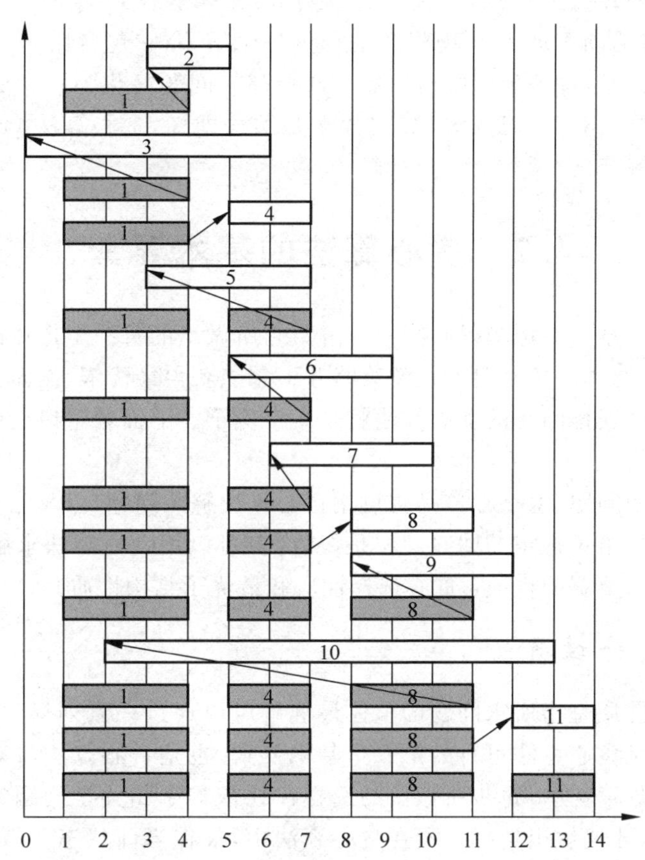

图 4-1　算法 greedySelector 的计算过程

图 4-1 中每行相应于算法的一次迭代。阴影长条表示的活动是已选入集合 A 的活动，而空白长条表示的活动是当前正在检查相容性的活动。若被检查的活动 i 的开始时间 s_i 小于最近选择的活动 j 的结束时间 f_j，则不选择活动 i；否则选择活动 i 加入集合 A 中。

贪心算法并不总能求得问题的整体最优解。但对于活动安排问题，贪心算法 greedySelector 却总能求得的整体最优解，即它最终所确定的相容活动集合 A 的规模最大。这个结论可以用数学归纳法证明。

事实上，设 $E=\{1,2,\cdots,n\}$ 为所给的活动集合。由于 E 中活动按结束时间的非减序排列，故活动 1 具有最早的完成时间。首先证明活动安排问题有一个最优解以贪心选择开始，即该最优解中包含活动 1。设 $A\subseteq E$ 是所给的活动安排问题的一个最优解，且 A 中活动也按结束时间非减序排列，A 中的第一个活动是活动 k。若 $k=1$，则 A 就是以贪心选择开始的最优解；若 $k>1$，则设 $B=A-\{k\}\cup\{1\}$。由于 $f_1\leqslant f_k$，且 A 中活动是相容的，故 B 中的活动也是相容的。又由于 B 中活动个数与 A 中活动个数相同,且 A 是最优的,故 B 也是最优的。也就是说 B 是以贪心选择活动 1 开始的最优活动安排。由此可见,总存在以贪心选择开始的最优活动安排方案。

进一步,在做出了贪心选择,即选择了活动 1 后,原问题简化为对 E 中所有与活动 1 相容的活动进行活动安排的子问题。也就是说,若 A 是原问题的最优解,则 $A'=A-\{1\}$ 是活动安排问题 $E'=\{i\in E: s_i\geqslant f_1\}$ 的最优解。事实上,如果能找到 E' 的一个解 B',它包含比 A' 更多的活动,则将活动 1 加入 B' 中将产生 E 的一个解 B,它包含比 A 更多的活动。这与 A 的最优性矛盾。因此,每一步所做出的贪心选择都将问题简化为一个更小的与原问题具有相同形式的子问题。对贪心选择次数用数学归纳法即知,贪心算法 greedySelector 最终产生原问题的最优解。

4.2 贪心算法的基本要素

贪心算法通过一系列的选择得到问题的解。它所做出的每一个选择都是当前状态下局部最好选择,即贪心选择。这种启发式的策略并不总能获得最优解,然而在许多情况下确能达到预期目的。活动安排问题的贪心算法就是一个例子。下面着重讨论可以用贪心算法求解的问题的一般特征。

对于一个具体的问题,怎么知道是否可用贪心算法解此问题,以及能否得到问题的最优解呢?这个问题很难给予肯定的回答。但是,从许多可以用贪心算法求解的问题中看到这类问题一般具有两个重要的性质:贪心选择性质和最优子结构性质。

4.2.1 贪心选择性质

所谓贪心选择性质是指所求问题的整体最优解可以通过一系列局部最优的选择,即贪心选择来达到。这是贪心算法可行的第一个基本要素,也是贪心算法与动态规划算法的主要区别。在动态规划算法中,每步所做出的选择往往依赖于相关子问题的解。因而只有在解出相关子问题后,才能做出选择。而在贪心算法中,仅在当前状态下做出最好选择,即局部最优选择。然后再去解做出这个选择后产生的相应的子问题。贪心算法所做出的贪心选择可以依赖于以往所做过的选择,但绝不依赖于将来所做的选择,也不依赖于子问题的解。正是由于这种差别,动态规划算法通常以自底向上的方式解各子问题,而贪心算法则通常以自顶向下的方式进行,以迭代的方式做出相继的贪心选择,每做出一次贪心选择就将所求问题简化为规模更小的子问题。

对于一个具体问题,要确定它是否具有贪心选择性质,必须证明每一步所做出的贪心选择最终导致问题的整体最优解。通常可以用类似于证明活动安排问题的贪心选择性质时所采用的方法来证明。首先考查问题的一个整体最优解,并证明可修改这个最优解,使其以贪心选择开始。做出贪心选择后,原问题简化为规模更小的类似子问题。然后,用数学归纳法证明,通过每一步做贪心选择,最终可得到问题的整体最优解。其中,证明贪心选择后的问题简化为规模更小的类似子问题的关键在于利用该问题的最优子结构性质。

4.2.2 最优子结构性质

当一个问题的最优解包含其子问题的最优解时，称此问题具有最优子结构性质。问题的最优子结构性质是该问题可用动态规划算法或贪心算法求解的关键特征。在活动安排问题中，其最优子结构性质表现为：若 A 是关于 E 的活动安排问题的包含活动 1 的一个最优解，则相容活动集合 $A'=A-\{1\}$ 是关于 $E'=\{i\in E: s_i\geqslant f_1\}$ 的活动安排问题的一个最优解。

4.2.3 贪心算法与动态规划算法的差异

贪心算法和动态规划算法都要求问题具有最优子结构性质，这是两类算法的一个共同点。但是，对于具有最优子结构的问题应该选用贪心算法还是动态规划算法求解？是否能用动态规划算法求解的问题也能用贪心算法求解？下面研究两个经典的组合优化问题，并以此说明贪心算法与动态规划算法的主要差别。

1. 0-1 背包问题与背包问题

0-1 背包问题：给定 n 种物品和一个背包。物品 i 的重量是 w_i，其价值为 v_i，背包的容量为 C。应如何选择装入背包的物品，使得装入背包中物品的总价值最大？

在选择装入背包的物品时，对每种物品 i 只有两种选择，即装入背包或不装入背包。不能将物品 i 装入背包多次，也不能只装入部分的物品 i。

此问题的形式化描述是，给定 $C>0, w_i>0, v_i>0, 1\leqslant i\leqslant n$，要求找出一个 n 元 0-1 向量 $(x_1, x_2, \cdots, x_n), x_i\in\{0,1\}, 1\leqslant i\leqslant n$，使得 $\sum_{i=1}^{n} w_i x_i \leqslant C$，而且 $\sum_{i=1}^{n} v_i x_i$ 达到最大。

背包问题：与 0-1 背包问题类似，所不同的是在选择物品 i 装入背包时，可以选择物品 i 的一部分，而不一定要全部装入背包，$1\leqslant i\leqslant n$。

此问题的形式化描述是，给定 $C>0, w_i>0, v_i>0, 1\leqslant i\leqslant n$，要求找出一个 n 元向量 $(x_1, x_2, \cdots, x_n), 0\leqslant x_i\leqslant 1, 1\leqslant i\leqslant n$，使得 $\sum_{i=1}^{n} w_i x_i \leqslant C$，而且 $\sum_{i=1}^{n} v_i x_i$ 达到最大。

2. 贪心算法与动态规划算法的主要差别

0-1 背包问题与背包问题这两类问题都具有最优子结构性质。对于 0-1 背包问题，设 A 是能够装入容量为 C 的背包的具有最大价值的物品集合，则 $A_j=A-\{j\}$ 是 $n-1$ 个物品 $1,2,\cdots,j-1,j+1,\cdots,n$ 可装入容量为 $C-w_j$ 的背包的具有最大价值的物品集合。对于背包问题，类似地，若它的一个最优解包含物品 j，则从该最优解中拿出所含的物品 j 的那部分重量 w，剩余的将是 $n-1$ 个原重物品 $1,2,\cdots,j-1,j+1,\cdots,n$ 以及重为 w_j-w 的物品 j 中可装入容量为 $C-w$ 的背包且具有最大价值的物品。

虽然这两个问题极为相似，但背包问题可以用贪心算法求解，而 0-1 背包问题却不能用贪心算法求解。用贪心算法解背包问题的基本步骤是，首先计算每种物品单位重量的价值 v_i/w_i，然后依贪心选择策略，将尽可能多的单位重量价值最大的物品装入背包。若将这种物品全部装入背包后，背包内的物品总重量未超过 C，则选择单位重量价值次高的物品并尽可能多地装入背包。依此策略一直地做下去，直到背包装满为止。具体算法可描述如下：

```
public static float knapsack(float c,float [] w, float [] v,float [] x)
{
```

```
        int n=v.length;
        Element [] d=new Element [n];
        for (int i=0; i<n; i++)
          d[i]=new Element(w[i],v[i],i);
        MergeSort.mergeSort(d);
        int i;
        float opt=0;
        for (i=0;i<n;i++) x[i]=0;
        for (i=0;i<n;i++)
        {
          if (d[i].w>c) break;
          x[d[i].i]=1;
          opt+=d[i].v;
          c-=d[i].w;
        }
        if (i<n)
        {
          x[d[i].i]=c/d[i].w;
          opt+=x[d[i].i]*d[i].v;
        }
        return opt;
    }
```

算法 knapsack 的主要计算时间在于将各种物品依其单位重量的价值从大到小排序。因此,算法的计算时间上界为 $O(n\log n)$。当然,为了证明算法的正确性,还必须证明背包问题具有贪心选择性质。

这种贪心选择策略对 0-1 背包问题就不适用了。看图 4-2 中的例子,其中有 3 种物品,背包的容量为 50 公斤。物品 1 重 10 公斤,价值 60 元;物品 2 重 20 公斤,价值 100 元;物品 3 重 30 公斤,价值 120 元。因此,物品 1 每公斤价值 6 元,物品 2 每公斤价值 5 元,物品 3 每公斤价值 4 元。若依贪心选择策略,应首选物品 1 装入背包,然而从图 4-2(b)的各种情况可以看出,最优的选择方案是选择物品 2 和物品 3 装入背包。首选物品 1 的 2 种方案都不是最优的。对于背包问题,贪心选择最终可得到最优解,其选择方案如图 4-2(c)所示。

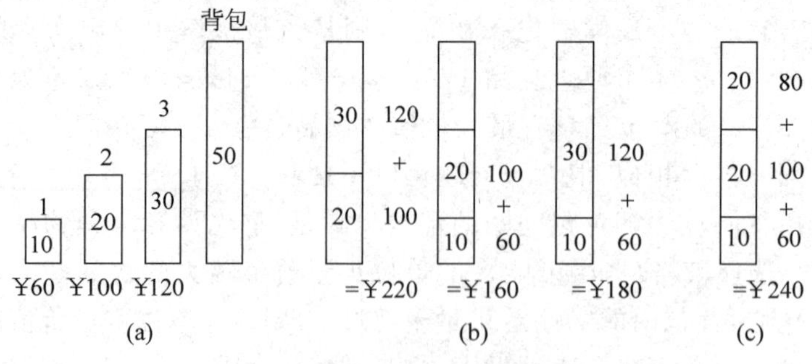

图 4-2 0-1 背包问题的例子

对于 0-1 背包问题,贪心选择之所以不能得到最优解,是因为在这种情况下它无法保证最终能将背包装满,部分闲置的背包空间使每公斤背包空间的价值降低了。事实上,在考虑0-1背包问题时,应比较选择该物品和不选择该物品所导致的最终方案,然后再做出最好选择。由此就导出许多互相重叠的子问题。这正是该问题可用动态规划算法求解的另一重要特征。实际上也是如此,动态规划算法的确可以有效地解0-1背包问题。

4.3 最优装载

有一批集装箱要装上一艘载重量为 c 的轮船。其中集装箱 i 的重量为 w_i。最优装载问题要求确定在装载体积不受限制的情况下,将尽可能多的集装箱装上轮船。

该问题可形式化描述为

$$\max \sum_{i=1}^{n} x_i$$

$$\sum_{i=1}^{n} w_i x_i \leqslant c$$

$$x_i \in \{0,1\}, \quad 1 \leqslant i \leqslant n$$

其中,变量 $x_i=0$ 表示不装入集装箱 i, $x_i=1$ 表示装入集装箱 i。

1. 算法描述

最优装载问题可用贪心算法求解。采用重量最轻者先装的贪心选择策略,可产生最优装载问题的最优解。具体算法描述如下:

```
public static float loading(float c, float [] w, int [] x)
{
    int n=w.length;
    Element [] d=new Element [n];
    for (int i=0; i<n; i++)
      d[i]=new Element(w[i],i);
    MergeSort.mergeSort(d);
    float opt=0;
    for (int i=0; i<n; i++) x[i]=0;
    for (int i=0; i<n && d[i].w <=c; i++)
    {
        x[d[i].i]=1;
        opt+=d[i].w;
        c-=d[i].w;
    }
    return opt;
}
```

其中,Element 类说明如下:

```
public static class Element implements Comparable
{
    float w;
    int   i;
```

```
        public Element(float ww, int ii)
        {
            w=ww;
            i=ii;
        }

        public int compareTo(Object x)
        {
            float xw=((Element) x).w;
            if (w<xw) return-1;
            if (w==xw) return 0;
            return 1;
        }
    }
```

2. 贪心选择性质

设集装箱已依其重量从小到大排序,$(x_1,x_2,\cdots,x_n)$是最优装载问题的一个最优解。又设 $k=\min\limits_{1\leqslant i\leqslant n}\{i|x_i=1\}$。易知,如果给定的最优装载问题有解,则 $1\leqslant k\leqslant n$。

(1) 当 $k=1$ 时,$(x_1,x_2,\cdots,x_n)$是一个满足贪心选择性质的最优解。

(2) 当 $k>1$ 时,取 $y_1=1,y_k=0,y_i=x_i,1<i\leqslant n,i\neq k$,则

$$\sum_{i=1}^{n}w_iy_i = w_1 - w_k + \sum_{i=1}^{n}w_ix_i \leqslant \sum_{i=1}^{n}w_ix_i \leqslant c$$

因此,$(y_1,y_2,\cdots,y_n)$是所给最优装载问题的可行解。

另一方面,由 $\sum\limits_{i=1}^{n}y_i = \sum\limits_{i=1}^{n}x_i$ 知,$(y_1,y_2,\cdots,y_n)$ 是满足贪心选择性质的最优解。

所以,最优装载问题具有贪心选择性质。

3. 最优子结构性质

设$(x_1,x_2,\cdots,x_n)$是最优装载问题的满足贪心选择性质的最优解,则容易知道,$x_1=1$,且$(x_2,\cdots,x_n)$是轮船载重量为 $c-w_1$,待装船集装箱为$\{2,3,\cdots,n\}$时相应最优装载问题的最优解。也就是说,最优装载问题具有最优子结构性质。

由最优装载问题的贪心选择性质和最优子结构性质,容易证明算法 loading 的正确性。

算法 loading 的主要计算量在于将集装箱依其重量从小到大排序,故算法所需的计算时间为 $O(n\log n)$。

4.4 哈夫曼编码

哈夫曼编码是广泛地用于数据文件压缩的十分有效的编码方法。其压缩率通常在20%～90%之间。哈夫曼编码算法用字符在文件中出现的频率表来建立一个用0,1串表示各字符的最优表示方式。假设有一个数据文件包含 100 000 个字符,要用压缩的方式存储它。该文件中各字符出现的频率如表 4-1 所示。文件中共有 6 个不同字符出现。字符 a 出现 45 000 次,字符 b 出现 13 000 次等。

表 4-1 字符出现的频率表

字 符	a	b	c	d	e	f
频率(千次)	45	13	12	16	9	5
定长码	000	001	010	011	100	101
变长码	0	101	100	111	1101	1100

有多种方法表示文件中的信息。考查用0,1码串表示字符的方法,即每个字符用唯一的0,1串表示。若使用定长码,则表示6个不同的字符需要3位:a=000,b=001,…,f=101。用这种方法对整个文件进行编码需要300 000位。能否做得更好些呢?使用变长码要比使用定长码好得多。给出现频率高的字符较短的编码,出现频率较低的字符以较长的编码,可以大大缩短总码长。表4-1给出了一种变长码编码方案。其中,字符a用1位串0表示,而字符f用4位串1100表示。用这种编码方案,整个文件的总码长为:(45×1+13×3+12×3+16×3+9×4+5×4)×1000=224 000位。它比用定长码方案好,总码长减少约25%。事实上,这是该文件的最优编码方案。

4.4.1 前缀码

对每一个字符规定一个0,1串作为其代码,并要求任一字符的代码都不是其他字符代码的前缀,这种编码称为前缀码,编码的前缀性质可以使译码方法非常简单。由于任一字符的代码都不是其他字符代码的前缀,从编码文件中不断取出代表某一字符的前缀,转换为原字符,即可逐个译出文件中的所有字符。例如,表4-1中的变长码就是一种前缀码。对于给定的0,1串001011101可唯一地分解为0,0,101,1101,因而其译码为aabe。

译码过程需要方便地取出编码的前缀,因此,需要表示前缀码的合适的数据结构。为此目的,可以用二叉树作为前缀码的数据结构。在表示前缀码的二叉树中,树叶代表给定的字符,并将每个字符的前缀码看作是从树根到代表该字符的树叶的一条道路。代码中每一位的0或1分别作为指示某结点到左儿子或右儿子的"路标"。

容易看出,表示最优前缀码的二叉树总是一棵完全二叉树,即树中任一结点都有两个儿子结点。从图4-3可以看出定长编码方案不是最优的,其编码二叉树不是一棵完全二叉树。在一般情况下,若C是编码字符集,表示其最优前缀码的二叉树中恰有$|C|$个叶子。每个叶子对应于字符集中一个字符。该二叉树恰有$|C|-1$个内部结点。

给定编码字符集C及其频率分布f,即C中任一字符c以频率$f(c)$在数据文件中出现。C的一个前缀码编码方案对应于一棵二叉树T。字符c在树T中的深度记为$d_T(c)$,$d_T(c)$也是字符c的前缀码长。

这种编码方案的平均码长定义为$B(T)=\sum_{c\in C}f(c)d_T(c)$。

使平均码长达到最小的前缀码编码方案称为C的最优前缀码。

4.4.2 构造哈夫曼编码

哈夫曼提出构造最优前缀码的贪心算法,由此产生的编码方案称为哈夫曼编码。哈夫曼算法以自底向上的方式构造表示最优前缀码的二叉树T。算法以$|C|$个叶结点开始,执

行$|C|-1$次的“合并”运算后产生最终所要求的树T。下面所给出的算法huffmanTree中，编码字符集中每一字符c的频率是$f(c)$。以f为键值的优先队列Q用在贪心选择时有效地确定算法当前要合并的两棵具有最小频率的树。一旦两棵具有最小频率的树合并后，产生一棵新的树，其频率为合并的两棵树的频率之和，并将新树插入优先队列Q。

算法中用到的类Huffman定义如下：

```
private static class Huffman implements Comparable
{
    Bintree tree;
    float weight;    //权值

    private Huffman(Bintree tt, float ww)
    {
        tree=tt;
        weight=ww;
    }

public int compareTo(Object x)
{
        float xw=((Huffman) x).weight;
        if (weight<xw) return-1;
        if (weight==xw) return 0;
        return 1;
}
```

算法huffmanTree描述如下：

```
public static Bintree huffmanTree(float [] f)
{
    //生成单结点树
    int n=f.length;
    Huffman [] w=new Huffman [n+1];
    Bintree zero=new Bintree();
    for (int i=0; i<n; i++)
    {
        Bintree x=new Bintree();
        x.makeTree(new MyInteger(i), zero, zero);
        w[i+1]=new Huffman(x, f[i]);
    }

    //建优先队列
    MinHeap H=new MinHeap();
    H.initialize(w, n);

    //反复合并最小频率树
    for (int i=1; i<n; i++)
```

```
        {
            Huffman x=(Huffman) H.removeMin();
            Huffman y=(Huffman) H.removeMin();
            Bintree z=new Bintree();
            z.makeTree(null, x.tree, y.tree);
            Huffman t=new Huffman(z, x.weight+y.weight);
            H.put(t);
        }
        return ((Huffman) H.removeMin()).tree;
    }
```

算法 huffmanTree 首先用字符集 C 中每一字符 c 的频率 $f(c)$初始化优先队列 Q。然后不断地从优先队列 Q 中取出具有最小频率的两棵树 x 和 y,将它们合并为一棵新树 z。z 的频率是 x 和 y 的频率之和。新树 z 以 x 为其左儿子,y 为其右儿子(也可以 y 为其左儿子,x 为其右儿子。不同的次序将产生不同的编码方案,但平均码长是相同的)。经过 $n-1$ 次的合并后,优先队列中只剩下一棵树,即所要求的树 T。

算法 huffmanTree 用最小堆实现优先队列 Q。初始化优先队列需要 $O(n)$计算时间,由于最小堆的 removeMin 和 put 运算均需 $O(\log n)$时间,$n-1$ 次的合并总共需要$O(n\log n)$计算时间。因此,关于 n 个字符的哈夫曼算法的计算时间为 $O(n\log n)$。

4.4.3 哈夫曼算法的正确性

要证明哈夫曼算法的正确性,只需证明最优前缀码问题具有贪心选择性质和最优子结构性质。

1. 贪心选择性质

设 C 是编码字符集,C 中字符 c 的频率为 $f(c)$。又设 x 和 y 是 C 中具有最小频率的两个字符,存在 C 的最优前缀码使 x 和 y 具有相同码长且仅最后一位编码不同。

证明:设二叉树 T 表示 C 的任意一个最优前缀码。下面证明可以对 T 做适当修改后得到一棵新的二叉树 T'',使得在新树中 x 和 y 是最深叶子且为兄弟。同时新树T''表示的前缀码也是 C 的最优前缀码。如果能做到这一点,则 x 和 y 在 T''表示的最优前缀码中就具有相同的码长且仅最后一位编码不同。

设 b 和 c 是二叉树 T 的最深叶子且为兄弟。不失一般性可设 $f(b)\leqslant f(c)$,$f(x)\leqslant f(y)$。由于 x 和 y 是 C 中具有最小频率的两个字符,故 $f(x)\leqslant f(b)$,$f(y)\leqslant f(c)$。

首先在树 T 中交换叶子 b 和 x 的位置得到树 T',然后在树 T'中再交换叶子 c 和 y 的位置,得到树 T'',如图 4-3 所示。

由此可知,树 T 和 T'表示的前缀码的平均码长之差为

$$
\begin{aligned}
B(T)-B(T') &= \sum_{c\in C} f(c)d_T(c) - \sum_{c\in C} f(c)d_{T'}(c) \\
&= f(x)d_T(x) + f(b)d_T(b) - f(x)d_{T'}(x) - f(b)d_{T'}(b) \\
&= f(x)d_T(x) + f(b)d_T(b) - f(x)d_T(b) - f(b)d_T(x) \\
&= (f(b)-f(x))(d_T(b)-d_T(x)) \\
&\geqslant 0
\end{aligned}
$$

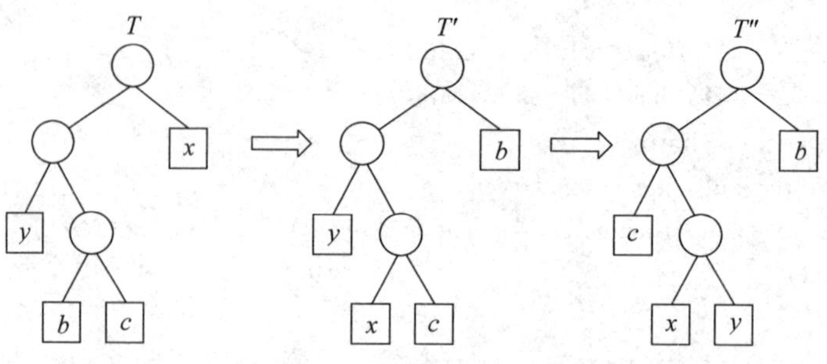

图 4-3　编码树 T 的变换

最后一个不等式是因为 $f(b)-f(x)$ 和 $d_T(b)-d_T(x)$ 均为非负。

类似地，可以证明在 T' 中交换 y 与 c 的位置也不增加平均码长，即 $B(T')-B(T'')$ 也是非负的。由此可知 $B(T'')\leqslant B(T')\leqslant B(T)$。另一方面，由于 T 所表示的前缀码是最优的，故 $B(T)\leqslant B(T'')$。因此，$B(T)=B(T'')$，即 T'' 表示的前缀码也是最优前缀码，且 x 和 y 具有最长的码长，同时仅最后一位编码不同。

2. 最优子结构性质

设 T 是表示字符集 C 的一个最优前缀码的完全二叉树。C 中字符 c 的出现频率为 $f(c)$。设 x 和 y 是树 T 中的两个叶子且为兄弟，z 是它们的父亲。若将 z 看作是具有频率 $f(z)=f(x)+f(y)$ 的字符，则树 $T'=T-\{x,y\}$ 表示字符集 $C'=C-\{x,y\}\cup\{z\}$ 的一个最优前缀码。

证明：首先证明 T 的平均码长 $B(T)$ 可用 T' 的平均码长 $B(T')$ 表示。

事实上，对任意 $c\in C-\{x,y\}$ 有 $d_T(c)=d_{T'}(c)$，故 $f(c)d_T(c)=f(c)d_{T'}(c)$。

另一方面，$d_T(x)=d_T(y)=d_{T'}(z)+1$，故

$$
\begin{aligned}
f(x)d_T(x)+f(y)d_T(y) &= (f(x)+f(y))(d_{T'}(z)+1) \\
&= f(x)+f(y)+f(z)d_{T'}(z)
\end{aligned}
$$

由此即知，$B(T)=B(T')+f(x)+f(y)$。

若 T' 所表示的字符集 C' 的前缀码不是最优的，则有 T'' 表示的 C' 的前缀码使得 $B(T'')<B(T')$。由于 z 被看作是 C' 中的一个字符，故 z 在 T'' 中是一树叶。若将 x 和 y 加入树 T'' 中作为 z 的儿子，则得到表示字符集 C 的前缀码的二叉树 T'''，且有

$$
\begin{aligned}
B(T''') &= B(T'')+f(x)+f(y) \\
&< B(T')+f(x)+f(y) \\
&= B(T)
\end{aligned}
$$

这与 T 的最优性矛盾。故 T' 所表示的 C' 的前缀码是最优的。

由贪心选择性质和最优子结构性质立即可推出：哈夫曼算法是正确的，即 huffmanTree 产生 C 的一棵最优前缀编码树。

4.5 单源最短路径

给定带权有向图 $G=(V,E)$，其中每条边的权是非负实数。另外，还给定 V 中的一个顶点，称为源。现在要计算从源到所有其他各顶点的最短路长度。这里路的长度是指路上各

边权之和。这个问题通常称为单源最短路径问题。

4.5.1 算法基本思想

Dijkstra 算法是解单源最短路径问题的贪心算法。其基本思想是，设置顶点集合 S 并不断地做贪心选择来扩充这个集合。一个顶点属于集合 S 当且仅当从源到该顶点的最短路径长度已知。初始时，S 中仅含有源。设 u 是 G 的某一个顶点，把从源到 u 且中间只经过 S 中顶点的路称为从源到 u 的特殊路径，并用数组 dist 记录当前每个顶点所对应的最短特殊路径长度。Dijkstra 算法每次从 $V-S$ 中取出具有最短特殊路长度的顶点 u，将 u 添加到 S 中，同时对数组 dist 进行必要的修改。一旦 S 包含了所有 V 中顶点，dist 就记录了从源到所有其他顶点之间的最短路径长度。

Dijkstra 算法可描述如下。其中，输入的带权有向图是 $G=(V,E)$，$V=\{1,2,\cdots,n\}$。顶点 v 是源。a 是一个二维数组，$a[i][j]$表示边(i,j)的权。当$(i,j)\notin E$ 时，$a[i][j]$是一个大数。dist$[i]$表示当前从源到顶点 i 的最短特殊路径长度。

```
public static void dijkstra(int v, float [][] a, float [] dist, int [] prev)
{//单源最短路径问题的 Dijkstra 算法
 int n=dist.length-1;
 if (v<1 || v> n) return;
 boolean [] s=new boolean [n+1];
 //初始化
 for (int i=1; i <=n; i++)
 {
    dist[i]=a[v][i];
    s[i]=false;
    if (dist[i]==Float.MAX_VALUE) prev[i]=0;
    else prev[i]=v;
 }
 dist[v]=0; s[v]=true;
 for (int i=1; i<n; i++)
 {
    float temp=Float.MAX_VALUE;
    int u=v;
    for (int j=1;j<=n;j++)
      if ((! s[j]) && (dist[j]<temp))
      {
        u=j;
        temp=dist[j];
      }
    s[u]=true;
    for (int j=1; j <=n; j++)
      if ((! s[j]) && (a[u][j]<Float.MAX_VALUE))
      {
        float newdist=dist[u]+a[u][j];
        if (newdist<dist[j])
        {
```

```
                //dist[j] 减少
                dist[j]=newdist;
                prev[j]=u;
            }
        }
    }
}
```

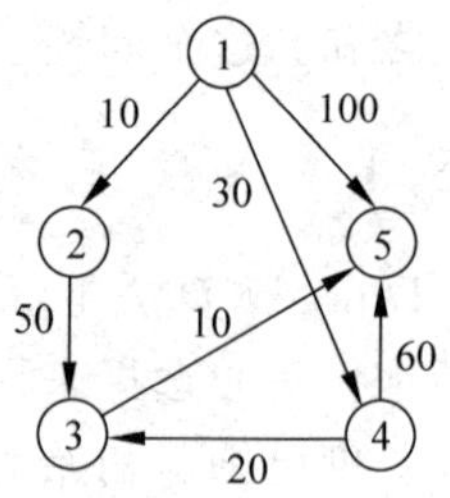

图 4-4 一个带权有向图

例如，对图 4-4 中的有向图，应用 Dijkstra 算法计算从源顶点 1 到其他顶点间最短路径的过程列在表 4-2 中。

表 4-2 Dijkstra 算法的迭代过程

迭代	S	u	dist[2]	dist[3]	dist[4]	dist[5]
初始	{1}	—	10	∞	30	100
1	{1,2}	2	10	60	30	100
2	{1,2,4}	4	10	50	30	90
3	{1,2,4,3}	3	10	50	30	60
4	{1,2,4,3,5}	5	10	50	30	60

上述 Dijkstra 算法只计算出从源顶点到其他顶点间的最短路径长度。如果还要求相应的最短路径，可以用算法中数组 prev 记录的信息找出相应的最短路径。算法中数组 prev[i]记录的是从源到顶点 i 的最短路径上 i 的前一个顶点。初始时，对所有 $i\neq1$，置 prev[i]=v。在 Dijkstra 算法中更新最短路径长度时，只要 dist[u]+c[u][i]<dist[i]时，就置 prev[i]=u。当 Dijkstra 算法终止时，就可以根据数组 prev 找到从源到 i 的最短路径上每个顶点的前一个顶点，从而找到从源到 i 的最短路径。

例如，对于图 4-4 中的有向图，经 Dijkstra 算法计算后可得数组 prev 具有值 prev[2]=1，prev[3]=4，prev[4]=1，prev[5]=3。如果要找出顶点 1 到顶点 5 的最短路径，可以从数组 prev 得到顶点 5 的前一个顶点是 3，3 的前一个顶点是 4，4 的前一个顶点是 1。于是从顶点 1 到顶点 5 的最路径是 1，4，3，5。

4.5.2 算法的正确性和计算复杂性

下面讨论 Dijkstra 算法的正确性和计算复杂性。

1. 贪心选择性质

Dijkstra 算法是应用贪心算法设计策略的又一个典型例子。它所做出的贪心选择是从 $V-S$ 中选择具有最短特殊路径的顶点 u，从而确定从源到 u 的最短路径长度 dist[u]。这种贪心选择为什么能导致最优解呢？换句话说，为什么从源到 u 没有更短的其他路径呢？事实上，如果存在一条从源到 u 且长度比 dist[u]更短的路。设这条路初次走出 S 之外到达的顶点为 $x\in V-S$，然后徘徊于 S 内外若干次，最后离开 S 到达 u，如图 4-5 所示。

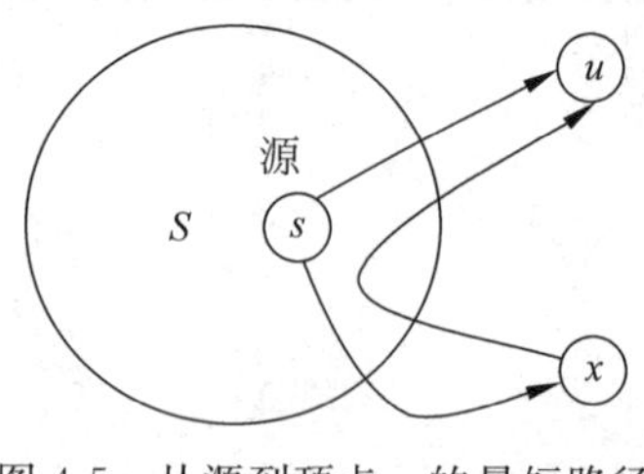

图 4-5 从源到顶点 u 的最短路径

在这条路径上，分别记 $d(v,x)$，$d(x,u)$ 和 $d(v,u)$ 为顶点 v 到顶点 x，顶点 x 到顶点 u 和顶点 v 到顶点 u 的路长，那么

$$\text{dist}[x] \leqslant d(v,x)$$
$$d(v,x) + d(x,u) = d(v,u) < \text{dist}[u]$$

利用边权的非负性，可知 $d(x,u) \geqslant 0$，从而推得 $\text{dist}[x] < \text{dist}[u]$。此为矛盾。这就证明了 dist[$u$]是从源到顶点 u 的最短路径长度。

2. 最优子结构性质

要完成 Dijkstra 算法正确性的证明，还必须证明最优子结构性质，即算法中确定的 dist[u]确实是当前从源到顶点 u 的最短特殊路径长度。为此，只要考查算法在添加 u 到 S 中后，dist[u]的值所起的变化。将添加 u 之前的 S 称为老的 S。当添加了 u 之后，可能出现一条到顶点 i 的新的特殊路。如果这条新特殊路是先经过旧的 S 到达顶点 u，然后从 u 经一条边直接到达顶点 i，则这种路的最短的长度是 dist[u]+a[u][i]。这时，如果 dist[u]+a[u][i]<dist[i]，则算法中用 dist[u]+a[u][i]作为 dist[i]的新值。如果这条新特殊路径经过旧的 S 到达 u 后，不是从 u 经一条边直接到达 i，而是像图 4-6 那样，回到旧的 S 中某个顶点 x，最后才到达顶点 i，那么由于 x 在老的 S 中，因此 x 比 u 先加入 S，故图 4-6 中从源到 x 的路的长度比从源到 u，再从 u 到 x 的路的长度小。于是当前 dist[i]的值小于图 4-6 中从源经 x 到 i 的路的长度，也小于图中从源经 u 和 x，最后到达 i 的路的长度。因此，在算法中不必考虑这种路。由此即知，不论算法中 dist[u]的值是否有变化，它总是关于当前顶点集 S 的到顶点 u 的最短特殊路径长度。

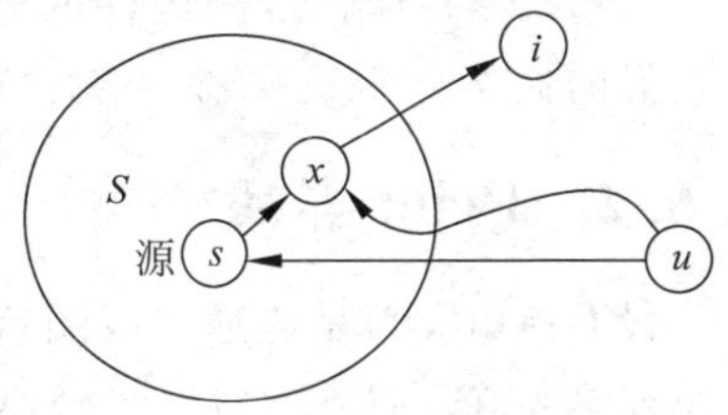

图 4-6　非最短的特殊路径

3. 计算复杂性

对于具有 n 个顶点和 e 条边的带权有向图，如果用带权邻接矩阵表示这个图，那么 Dijkstra算法的主循环体需要 $O(n)$ 时间。这个循环需要执行 $n-1$ 次，所以完成循环需要 $O(n^2)$时间。算法的其余部分所需要时间不超过 $O(n^2)$。

4.6　最小生成树

设 $G=(V,E)$是无向连通带权图，即一个网络。E 中每条边(v,w)的权为$c[v][w]$。如果 G 的子图 G'是一棵包含 G 的所有顶点的树，则称 G'为 G 的生成树。生成树上各边权的总和称为该生成树的耗费。在 G 的所有生成树中，耗费最小的生成树称为 G 的最小生成树。

网络的最小生成树在实际中有广泛应用。例如，在设计通信网络时，用图的顶点表示城市，用边(v,w)的权 $c[v][w]$表示建立城市 v 和城市 w 之间的通信线路所需的费用，则最小生成树就给出了建立通信网络的最经济的方案。

4.6.1　最小生成树性质

用贪心算法设计策略可以设计出构造最小生成树的有效算法。本节介绍的构造最小生

成树的Prim算法和Kruskal算法都可以看作是应用贪心算法设计策略的例子。尽管这两个算法所做出的贪心选择的方式不同,但它们都利用了下面的最小生成树性质:

设$G=(V,E)$是连通带权图,U是V的真子集。如果$(u,v)\in E$,且$u\in U$,$v\in V-U$,且在所有这样的边中,(u,v)的权$c[u][v]$最小,那么一定存在G的一棵最小生成树,它以(u,v)为其中一条边。这个性质有时也称为MST性质。

MST性质可证明如下:

假设G的任何一棵最小生成树都不含边(u,v)。将边(u,v)添加到G的一棵最小生成树T上,将产生含有边(u,v)的圈,并且在这个圈上有一条不同于(u,v)的边(u',v'),使得$u'\in U$,$v'\in V-U$,如图4-7所示。

将边(u',v')删去,得到G的另一棵生成树T'。由于$c[u][v]\leqslant c[u'][v']$,所以$T'$的耗费$\leqslant T$的耗费。于是$T'$是一棵含有边$(u,v)$的最小生成树,这与假设矛盾。

4.6.2 Prim算法

设$G=(V,E)$是连通带权图,$V=\{1,2,\cdots,n\}$。构造G的最小生成树的Prim算法的基本思想是:首先置$S=\{1\}$,然后,只要S是V的真子集,就进行如下的贪心选择:选取满足条件$i\in S$,$j\in V-S$,且$c[i][j]$最小的边,将顶点j添加到S中。这个过程一直进行到$S=V$时为止。在这个过程中选取到的所有边恰好构成G的一棵最小生成树。

```
public static void prim(int n, float [][] c)
{
    T=∅;
    S={1};
    while (S!=V)
    {
      (i,j)=i∈S 且 j∈V-S 的最小权边;
      T=T∪{(i,j)};
      S=S∪{j};
    }
}
```

算法结束时,T中包含G的$n-1$条边。利用最小生成树性质和数学归纳法容易证明,上述算法中的边集合T始终包含G的某棵最小生成树中的边。因此,在算法结束时,T中的所有边构成G的一棵最小生成树。

例如,对于图4-8中的带权图,按Prim算法选取边的过程如图4-9所示。

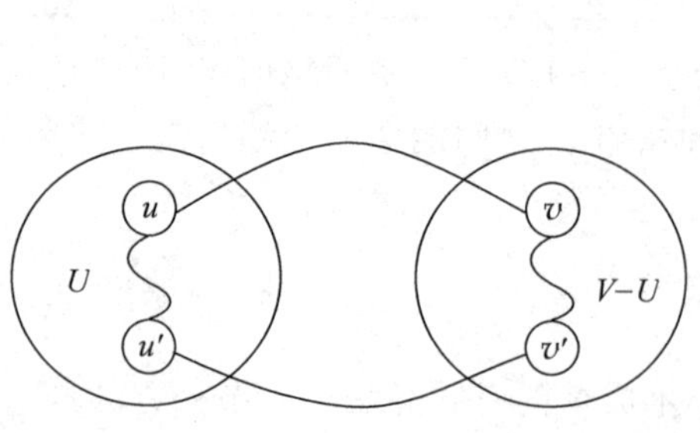

图4-7 含边(u,v)的圈

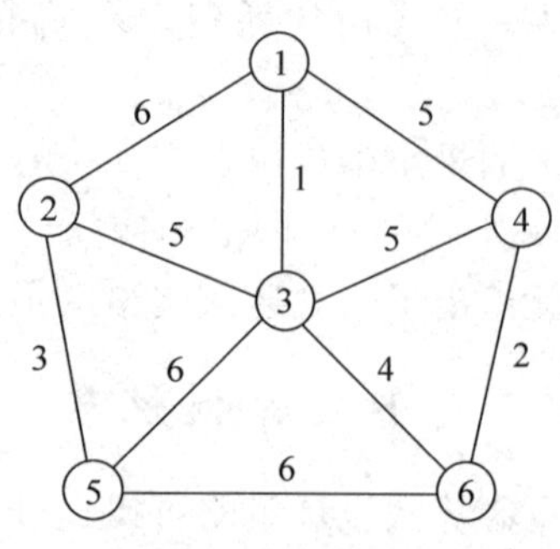

图4-8 连通带权图

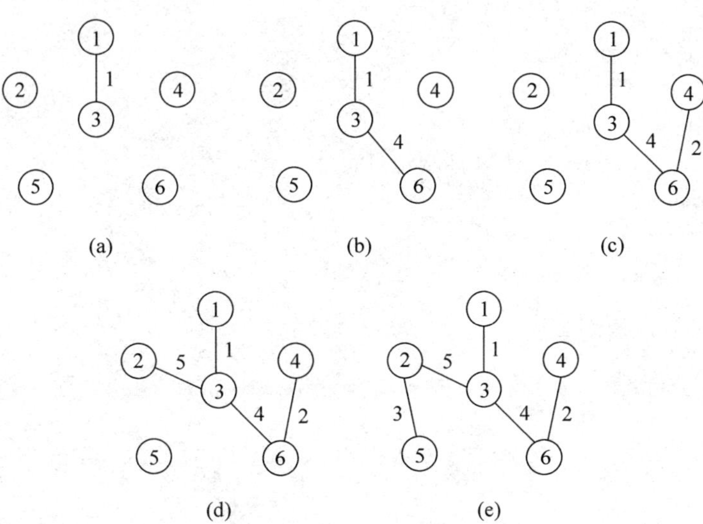

图 4-9　Prim 算法选边过程

在上述 Prim 算法中，还应当考虑如何有效地找出满足条件 $i \in S, j \in V-S$，且权 $c[i][j]$ 最小的边 (i,j)。实现这个目的的较简单的办法是设置两个数组 closest 和 lowcost。对于每一个 $j \in V-S$，closest[j]是 j 在 S 中的邻接顶点，它与 j 在 S 中的其他邻接顶点 k 相比较有 $c[j][\text{closest}[j]] \leqslant c[j][k]$。lowcost[$j$]的值就是 $c[j][\text{closest}[j]]$。

在 Prim 算法执行过程中，先找出 $V-S$ 中使 lowcost 值最小的顶点 j，然后根据数组 closest 选取边(j,closest[j])，最后将 j 添加到 S 中，并对 closest 和 lowcost 进行必要的修改。

用这个办法实现的 Prim 算法可描述如下。其中，c 是一个二维数组，$c[i][j]$ 表示边 (i,j) 的权。

```
public static void prim(int n, float [][] c)
{ //prim 算法
  float [] lowcost=new float [n+1];
  int [] closest=new int [n+1];
  boolean [] s=new boolean [n+1];

  s[1]=true;
  for (int i=2; i <=n; i++)
  {
      lowcost[i]=c[1][i];
      closest[i]=1;
      s[i]=false;
  }
  for (int i=1; i<n; i++)
  {
      float min=Float.MAX_VALUE;
      int j=1;
      for (int k=2; k <=n; k++)
         if ((lowcost[k]<min)&&(! s[k]))
```

```
                {
                    min=lowcost[k];
                    j=k;
                }
            System.out.println(j+",  "+closest[j]);
            s[j]=true;
            for (int k=2; k <=n; k++)
                if ((c[j][k]<lowcost[k])&&(! s[k]))
                {
                    lowcost[k]=c[j][k];
                    closest[k]=j;
                }
        }
    }
```

可知，上述算法 prim 所需的计算时间为 $O(n^2)$。

4.6.3 Kruskal 算法

构造最小生成树的另一个常用算法是 Kruskal 算法。当图的边数为 e 时，Kruskal 算法所需的时间是 $O(e\log e)$。当 $e=\Omega(n^2)$ 时，Kruskal 算法比 Prim 算法差；但当 $e=o(n^2)$ 时，Kruskal 算法却比 Prim 算法好得多。

给定无向连通带权图 $G=(V,E)$，$V=\{1,2,\cdots,n\}$。Kruskal 算法构造 G 的最小生成树的基本思想是，首先将 G 的 n 个顶点看成 n 个孤立的连通分支。将所有的边按权从小到大排序。然后从第一条边开始，依边权递增的顺序查看每一条边，并按下述方法连接两个不同的连通分支：当查看到第 k 条边 (v,w) 时，如果端点 v 和 w 分别是当前两个不同的连通分支 $T1$ 和 $T2$ 中的顶点时，就用边 (v,w) 将 $T1$ 和 $T2$ 连接成一个连通分支，然后继续查看第 $k+1$ 条边；如果端点 v 和 w 在当前的同一个连通分支中，就直接再查看第 $k+1$ 条边。这个过程一直进行到只剩下一个连通分支时为止。此时，这个连通分支就是 G 的一棵最小生成树。

例如，对图 4-8 中的连通带权图，按 Kruskal 算法顺序得到的最小生成树上的边如图 4-10 所示。

关于集合的一些基本运算可用于实现 Kruskal 算法。Kruskal 算法中按权的递增顺序查看的边的序列可以看作一个优先队列，它的优先级为边权。顺序查看等价于对优先队列执行 removeMin 运算。可以用堆实现这个优先队列。

另外，在 Kruskal 算法中，还要对一个由连通分支组成的集合不断进行修改。将这个由连通分支组成的集合记为 U，则需要用到以下集合的基本运算。

(1) union(a,b)：将 U 中两个连通分支 a 和 b 连接起来，所得的结果称为 A 或 B。

(2) find(v)：返回 U 中包含顶点 v 的连通分支的名字。这个运算用来确定某条边的两个端点所属的连通分支。

这些基本运算实际上是抽象数据类型并查集 UnionFind 所支持的基本运算。

利用优先队列和并查集这两个抽象数据类型可实现 Kruskal 算法如下：

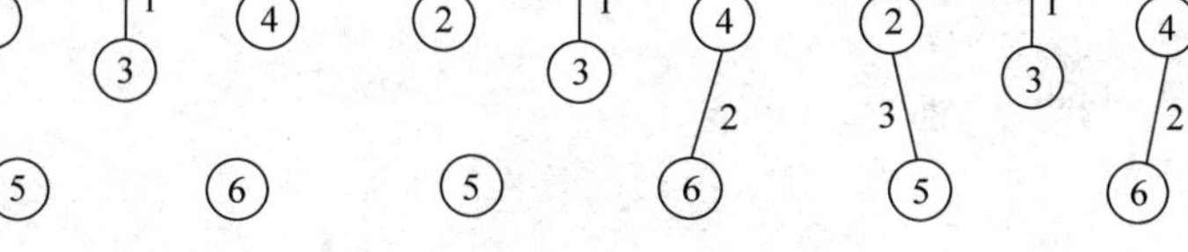

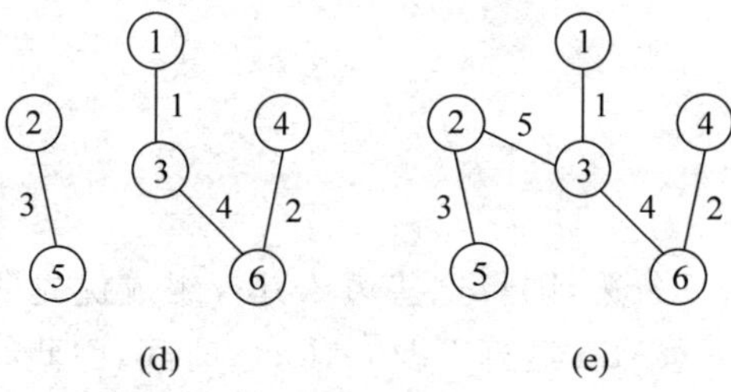

图 4-10　Kruskal 算法选边过程

```
static class EdgeNode implements Comparable
{
    float weight;
    int u, v;

    EdgeNode(int uu,int vv,float ww)
    {
      u=uu;
      v=vv;
      weight=ww;
    }

    public int compareTo(Object x)
    {
      double xw=((EdgeNode) x).weight;
      if (weight<xw) return-1;
      if (weight==xw) return 0;
      return 1;
    }
}

public static boolean kruskal (int n,int e,EdgeNode [] E, EdgeNode [] t)
{
    MinHeap H=new MinHeap(1);
    H.initialize(E, e);
    FastUnionFind U=new FastUnionFind(n);
    int k=0;
    while (e>0 && k<n-1)
    {
```

```
            EdgeNode x=(EdgeNode) H.removeMin();
            e--;
            int a=U.find(x.u);
            int b=U.find(x.v);
            if (a !=b)
            {
            t[k++]=x;
            U.union(a,b);
            }
        }
        return (k==n-1);
    }
```

设输入的连通带权图有 e 条边，则将这些边依其权组成优先队列需要 $O(e)$ 时间。在上述算法的 while 循环中，removeMin 运算需要 $O(\log e)$ 时间，因此，关于优先队列所做运算的时间为 $O(e\log e)$，实现 UnionFind 所需的时间为 $O(e\log e)$ 或 $O(e\log^* e)$，所以，Kruskal 算法所需的计算时间为 $O(e\log e)$。

4.7　多机调度问题

设有 n 个独立的作业$\{1,2,\cdots,n\}$，由 m 台相同的机器进行加工处理。作业 i 所需的处理时间为 t_i。现约定，每个作业均可在任何一台机器上加工处理，但未完工前不允许中断处理。作业不能拆分成更小的子作业。

多机调度问题要求给出一种作业调度方案，使所给的 n 个作业在尽可能短的时间内由 m 台机器加工处理完成。

这个问题是 NP 完全问题，到目前为止还没有有效的解法。对于这一类问题，用贪心选择策略有时可以设计出较好的近似算法。

采用最长处理时间作业优先的贪心选择策略可以设计出解多机调度问题的较好的近似算法。

按此策略，当 $n\leqslant m$ 时，只要将机器 i 的$[0,t_i]$时间区间分配给作业 i 即可。

当 $n>m$ 时，首先将 n 个作业依其所需的处理时间从大到小排序。然后依此顺序将作业分配给空闲的处理机。

实现该策略的贪心算法 greedy 可描述如下：

```
static class JobNode implements Comparable
{
  int id,
      time;

  JobNode(int i,int tt)
  {
      id=i;
      time=tt;
  }
```

```
    public int compareTo(Object x)
    {
        int xt=((JobNode) x).time;
        if (time<xt) return-1;
        if (time==xt) return 0;
        return 1;
    }
}

static class MachineNode implements Comparable
{
    int id,
    avail;

    MachineNode(int i,int a)
    {
        id=i;
        avail=a;
    }

    public int compareTo(Object x)
    {
        int xa=((MachineNode) x).avail;
        if (avail<xa) return-1;
        if (avail==xa) return 0;
        return 1;
    }
}

public static int greedy (int [] a, int m)
{
    int n=a.length-1;
    int sum=0;
      if (n <=m)
      {
        for (int i=0;i<n;i++) sum+=a[i];
          System.out.println("为每个作业分配一台机器.");
        return sum;
      }
      JobNode [] d=new JobNode [n];
    for (int i=0; i<n; i++)
      d[i]=new JobNode(i+1,a[i+1]);
    MergeSort.mergeSort(d);
    MinHeap H=new MinHeap(m);
    for (int i=1; i <=m; i++)
```

```
    {
        MachineNode x=new MachineNode(i,0);
        H.put(x);
    }
    for (int i=n; i>=1; i--)
    {
        MachineNode x=(MachineNode) H.removeMin();
        System.out.println("将机器"+x.id+"从"+x.avail+"到"
            +(x.avail+d[i-1].time)+"的时间段分配给作业"+d[i-1].id);
        x.avail+=d[i-1].time;
        sum=x.avail;
        H.put(x);
    }
    return sum;
}
```

当 $n \leqslant m$ 时，算法 greedy 需要 $O(1)$时间。

当 $n>m$ 时，排序耗时 $O(n\log n)$。初始化堆需要 $O(m)$时间。关于堆的 removeMin 和 put 运算共耗时 $O(n\log m)$，因此，算法 greedy 所需的计算时间为$O(n\log n+n\log m)=O(n\log n)$。

例如，设 7 个独立作业{1,2,3,4,5,6,7}由 3 台机器 M_1，M_2 和 M_3 加工处理。各作业所需的处理时间分别为{2，14，4，16，6，5，3}。按算法 greedy 产生的作业调度如图 4-11 所示，所需要的加工时间为 17。

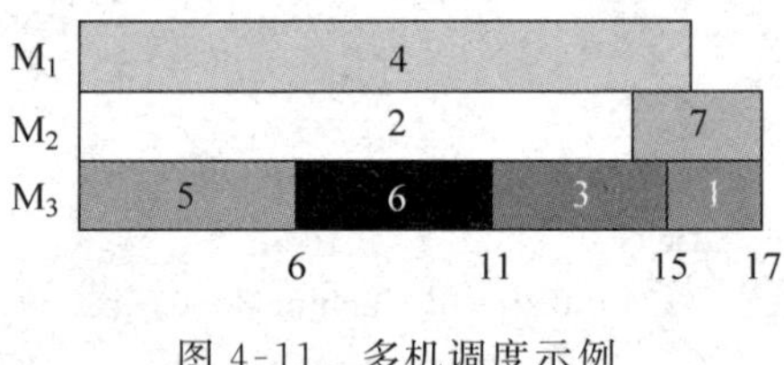

图 4-11　多机调度示例

4.8　贪心算法的理论基础

借助于拟阵工具，可以建立关于贪心算法的一般性理论。这个理论对于确定何时使用贪心算法可以得到问题的整体最优解十分有用。

4.8.1　拟阵

拟阵 M 定义为满足下面 3 个条件的有序对(S,I)：

(1) S 是非空有限集。

(2) I 是 S 的一类具有遗传性质的独立子集族，即若 $B\in I$，则 B 是 S 的独立子集，且 B 的任意子集也都是 S 的独立子集。空集$\varnothing$必为 I 的成员。

(3) I 满足交换性质，即若 $A\in I$，$B\in I$ 且$|A|<|B|$，则存在某一元素 $x\in B-A$，使得 $A\cup\{x\}\in I$。

例如，设 S 是一给定矩阵中行向量的集合，I 是 S 的线性独立子集族，则由线性空间理论容易证明(S,I)是一拟阵。

拟阵的另一个例子是无向图 $G=(V,E)$的图拟阵 $M_G=(S_G,I_G)$。其中，S_G 定义为图 G 的边集 E，I_G 定义为 S_G 的无循环边集族，即 $A\in I_G$ 当且仅当它构成图 G 的森林。

依此定义，$M_G=(S_G,I_G)$是拟阵。事实上，S_G是有限集。由于从S_G的无循环边集中去掉若干边不会产生循环，即森林的任一子集还是森林，因此，I_G具有遗传性质。进一步，还可证明I_G满足交换性质。设A和B是图G的两个森林且$|B|>|A|$，即A和B都是无循环边集，且B中的边数比A多。由于图G中有k条边的森林恰由$|V|-k$棵树组成。从G中$|V|$个顶点组成的森林开始，每增加一条边就减少一棵树。因此，森林B中的树比森林A中的树少。由此可推出，森林B中存在一棵树T，它的顶点在森林A的不同的两棵树中。又由于树T是连通的，故T中必有一边(u,v)使得顶点u和v在森林A的不同的两棵树中。将此边(u,v)加入森林A不会产生循环。因此，I_G满足交换性质。由此可知M_G是拟阵。

给定拟阵$M=(S,I)$，对于I中的独立子集$A\in I$，若S有一元素$x\notin A$，使得将x加入A后仍保持独立性，即$A\cup\{x\}\in I$，则称x为A的可扩展元素。

例如，在图拟阵M_G中，若A是独立边集，则边e是A的可扩展元素是指边e不在A中，且将边e加入A不会产生循环。

当拟阵M中的独立子集A没有可扩展元素时，称A为极大独立子集。换句话说，当A不被M中别的独立子集包含时，A就是极大独立子集。下面的关于极大独立子集的性质是很有用的。

定理 4.1 拟阵M中所有极大独立子集大小相同。

证明：用反证法。设A和B是M的极大独立子集，且$|B|>|A|$。由拟阵的交换性质可推出，存在某一元素$x\in B-A$使得$A\cup\{x\}\in I$。这与A是极大独立子集相矛盾。同理，$|A|<|B|$也将导致矛盾，故$|A|=|B|$。

在关于无向图G的图拟阵M_G中，M_G的极大独立子集是连接图G中所有顶点且有$|V|-1$条边的自由树。这种树就是图G的生成树。

若对拟阵$M=(S,I)$中的S指定权函数W，使得对于任意$x\in S$，有$W(x)>0$，则称拟阵M为带权拟阵。依此权函数，S的任一子集A的权定义为$W(A)=\sum_{x\in A}W(x)$。

例如，在图拟阵M_G中，定义$W(e)$为边e的长度，则$W(A)$是边集A中所有边的长度之和。

4.8.2 带权拟阵的贪心算法

许多可以用贪心算法求解的问题可以表示为求带权拟阵的最大权独立子集问题。给定带权拟阵$M=(S,I)$，确定S的独立子集$A\in I$使得$W(A)$达到最大。这种使$W(A)$最大的独立子集A称为拟阵M的最优子集。由于S中任一元素x的权$W(x)$是正的，因此最优子集也一定是极大独立子集。

例如，在最小生成树问题中，要找出无向图$G=(V,E)$的一棵生成树，使该树各边长之和达到最小。其中，各边的边长由边长函数W给出。这个问题可以表示为确定带权拟阵M_G的最优子集问题。其中，M_G是图G的图拟阵，且权函数W'定义为$W'(e)=W_0-W(e)$。W_0是比G中最大边长还大的一个正数。M_G中每一极大独立子集A相应于图G中一棵生成树，且$W'(A)=(|V|-1)W_0-W(A)$。因此，使权$W'(A)$最大的独立子集A必使$W(A)$达到最小。即带权W'的M_G的最优子集与图G的最小生成树之间存在一一对应关系。由

此可知,求带权拟阵的最优子集 A 的算法可用于解最小生成树问题。

下面给出求带权拟阵最优子集的贪心算法。该算法以具有正权函数 W 的带权拟阵 $M=(S,I)$ 作为输入,经计算后输出 M 的最优子集 A。

```
Set greedy (M,W)
{
    A=∅;
    将 S 中元素依权值 W(大者优先)组成优先队列;
    while (S!=∅)
    {
      S.removeMax(x);
      if (A∪{x}∈I) A=A∪{x};
    }
    return A
}
```

算法 greedy 以贪心选择的方式,按权值从大到小的次序依次考虑其中元素 x。当 x 是 A 的可扩展元素时,就将 x 加入独立集 A 中,否则舍弃 x。由拟阵的定义,空集是独立的,而且在算法中仅当 $A\cup\{x\}$ 是独立集时才将 x 加入 A,故由归纳法即知 A 总是独立的。因此,算法 greedy 返回的子集 A 是独立子集。稍后将看到 A 是具有最大权的独立子集。因此,A 是最优子集。

算法 greedy 的计算时间可分为两部分。

设 $n=|S|$。将 S 中元素依权值(大者优先)组成优先队列。n 次 removeMax 运算需要 $O(n\log n)$ 计算时间。若检测 $A\cup\{x\}$ 是否独立需要 $O(f(n))$ 计算时间,则将 S 中所有元素检测一遍需要的计算时间为 $O(nf(n))$。因此,算法 greedy 的计算时间复杂性为 $O(n\log n+nf(n))$。

下面证明算法 greedy 的正确性,即它返回的独立子集 A 是 M 的最优子集。

引理 4.2 拟阵的贪心选择性质。

设 $M=(S,I)$ 是具有权函数 W 的带权拟阵,且 S 中元素依权值从大到小排列。又设 $x\in S$ 是 S 中第一个使得 $\{x\}$ 是独立子集的元素,则存在 S 的最优子集 A 使得 $x\in A$。

证明:若不存在 $x\notin S$ 使得 $\{x\}$ 是独立子集,则引理是平凡的。设 B 是一个非空的最优子集。由于 $B\in I$,且 I 具有遗传性,故 B 中所有单个元素 y 组成的子集 $\{y\}$ 均为独立子集。又由于 x 是 S 中的第一个单元素独立子集,故对任意的 $y\in B$ 均有:$W(x)\geqslant W(y)$。

若 $x\in B$,则只要取 $A=B$,定理得证;若 $x\notin B$,构造包含元素 x 的最优子集 A 如下。一开始,设 $A=\{x\}$,此时,A 是独立子集。若 $|B|=|A|=1$,则定理得证;否则,必有 $|B|>|A|$。反复利用拟阵 M 的交换性质,从 B 中选择一个新元素加入 A 中并保持 A 的独立性,直至 $|B|=|A|$。此时,必有一元素 $y\in B$ 且 $y\notin A$,使得 $A=B-\{y\}\cup\{x\}$。由此可知

$$W(A)=W(B)-W(y)+W(x)\geqslant W(B)$$

另一方面,由于 B 是最优子集,故有 $W(B)\geqslant W(A)$。因此,$W(A)=W(B)$,即 A 也是最优子集,且 $x\in A$。

算法 greedy 在以贪心选择构造最优子集 A 时,首次选入集合 A 中的元素 x 是单元素独立集中具有最大权的元素。此时可能已经舍弃了 S 中部分元素。可以证明这些被舍弃

的元素不可能用于构造最优子集。

引理 4.3 设 $M=(S,I)$ 是拟阵。若 S 中元素 x 不是空集 $\varnothing$ 的可扩展元素，则 x 也不可能是 S 中任一独立子集 A 的可扩展元素。

证明：用反证法。设 $x\in S$ 不是空集的可扩展元素，但它是 S 的独立子集 A 的可扩展元素，即 $A\cup\{x\}\in I$。由 I 的遗传性又可推出 $\{x\}$ 是独立的。这与 x 不是空集的可扩展元素相矛盾。

由引理 4.3 可知，算法 greedy 在初始化独立子集 A 时所舍弃的元素可以永远舍弃。

引理 4.4 拟阵的最优子结构性质。

设 x 是求带权拟阵 $M=(S,I)$ 的最优子集的贪心算法 greedy 所选择的 S 中的第一个元素。那么，原问题可简化为求带权拟阵 $M'=(S',I')$ 的最优子集问题，其中，

$$S' = \{y \mid y \in S \text{ 且} \{x,y\} \in I\}$$

$$I' = \{B \mid B \subseteq S - \{x\} \text{ 且 } B \cup \{x\} \in I\}$$

M' 的权函数是 M 的权函数在 S' 上的限制(称 M' 为 M 关于元素 x 的收缩)。

证明：若 A 是 M 的包含元素 x 的最大权独立子集，则 $A'=A-\{x\}$ 是 M' 的独立子集。反之，M' 的任一独立子集 A' 产生 M 的独立子集 $A=A'\cup\{x\}$。在这两种情形下均有：$W(A)=W(A')+W(x)$。因此 M 的包含元素 x 的最优子集包含 M' 的最优子集，反之亦然。

定理 4.5 带权拟阵贪心算法的正确性。

设 $M=(S,I)$ 是具有权函数 W 的带权拟阵，算法 greedy 返回 M 的最优子集。

证明：由引理 4.2 知，若算法 greedy 第一次选择加入 A 的元素是 x，则必存在包含元素 x 的最优子集。因此，算法 greedy 的第一次选择是正确的。由引理 4.3 知，选择 x 时算法 greedy 所舍弃的元素不可能是最优子集中的元素。因此，这些元素可以永远舍弃。最后，由引理 4.4 知，算法 greedy 选择了元素 x 后，原问题简化为求拟阵 M' 的最优子集问题。由于对于 M' 中任一独立子集 $B\in I'$ 均有 $B\cup\{x\}$ 在 M 中独立。因此，算法 greedy 选择了元素 x 后，其后继步骤可以看作是对拟阵 $M'=(S',I')$ 进行计算。由归纳法即知，其后继步骤求出 M' 的一个最优子集，从而算法 greedy 最终求得 M 的最优子集。

4.8.3 任务时间表问题

一个单位时间任务是恰好需要一个单位时间完成的任务。给定一个单位时间任务的有限集 S。关于 S 的一个时间表用于描述 S 中单位时间任务的执行次序。时间表中第 1 个任务从时间 0 开始执行直至时间 1 结束，第 2 个任务从时间 1 开始执行至时间 2 结束，……，第 n 个任务从时间 $n-1$ 开始执行直至时间 n 结束。

具有截止时间和误时惩罚的单位时间任务时间表问题可描述如下：

(1) n 个单位时间任务的集合 $S=\{1,2,\cdots,n\}$。

(2) 任务 i 的截止时间 d_i，$1\leqslant i\leqslant n$，$1\leqslant d_i\leqslant n$，即要求任务 i 在时间 d_i 之前结束。

(3) 任务 i 的误时惩罚 w_i，$1\leqslant i\leqslant n$，即任务 i 未在时间 d_i 之前结束将招致 w_i 的惩罚；若按时完成，则无惩罚。

任务时间表问题要求确定 S 的一个时间表(最优时间表)使得总误时惩罚达到最小。

这个问题看上去很复杂，然而借助于拟阵，可以用带权拟阵的贪心算法有效求解。

对于一个给定的 S 的时间表，在截止时间之前完成的任务称为及时任务，在截止时间之后完成的任务称为误时任务。S 的任一时间表可以调整成及时优先的形式，即其中所有及时任务先于误时任务，而不影响原时间表中各任务的及时或误时性质。事实上，若时间表中及时任务 x 跟在误时任务 y 之后，则交换 x 和 y 在时间表中的位置不会影响二者的及时或误时性质。通过若干次的这种交换即可将原时间表调整成为及时优先的形式。

类似地，还可将 S 的任一时间表调整成为规范形式，其中及时任务先于误时任务，且及时任务依其截止时间的非减序排列。首先可将时间表调整为及时优先形式，然后再进一步调整及时任务的次序。在时间表中，若有两个及时任务 i 和 j 分别在时间 k 和时间 $k+1$ 完成且 $d_j<d_i$，则交换 i 与 j 在时间表中的位置。由于在交换前任务 j 是及时的，故 $k+1\leqslant d_j<d_i$。因此，在交换位置后 $k+1<d_i$，即任务 i 仍是及时任务。任务 j 在时间表中位置前移，故交换位置后任务 j 也是及时的。由此可知，这种交换不影响任务 i 和任务 j 的及时性质。经过若干次交换即可将时间表调整成为规范形式。

通过以上的分析可以看出，任务时间表问题等价于确定最优时间表中及时任务子集 A 的问题。一旦确定了及时任务子集 A，将 A 中各任务依其截止时间的非减序列出，然后再以任意次序列出误时任务，即 $S-A$ 中各任务，由此产生 S 的一个规范的最优时间表。

设 $A\subseteq S$ 是一个任务子集，若有一个时间表使得 A 中所有任务都是及时的，则称 A 为 S 的一个独立任务子集。显然，S 的任一时间表中及时任务构成的集合均为 S 的独立任务子集。记 I 为 S 的所有独立任务子集所构成的集合。

对时间 $t=1,2,\cdots,n$，设 $N_t(A)$ 是任务子集 A 中所有截止时间是 t 或更早的任务数。考查任务子集 A 的独立性。

引理 4.6 对于 S 的任一任务子集 A，下面的各个命题是等价的。

(1) 任务子集 A 是独立子集。

(2) 对于 $t=1,2,\cdots,n$, $N_t(A)\leqslant t$。

(3) 若 A 中任务依其截止时间非减序排列，则 A 中所有任务都是及时的。

证明：(1)⇒(2)：若任务集 A 是独立的，且存在某个 t 使得 $N_t(A)>t$，则 A 中有多于 t 个任务要在时间 t 之前完成，显然这是办不到的。故 A 中必有误时任务。这与 A 是独立任务子集矛盾。因此，对所有 $t=1,2,\cdots,n$ 有 $N_t(A)\leqslant t$。

(2)⇒(3)：若 A 中任务依其截止时间的非减序排列，则(2)中不等式意味着排序后 A 中第 i 个任务的截止时间在时间 i 之后。故排序后 A 中所有任务都是及时的。

(3) ⇒(1)：显而易见，很容易证明。

引理 4.6 中的性质(2)可用于有效地判断一个给定的任务子集的独立性。

任务时间表问题要求使总误时惩罚达到最小，这等价于使任务时间表中的及时任务的惩罚值之和达到最大。下面的定理表明可用带权拟阵的贪心算法解任务时间表问题。

定理 4.7 设 S 是带有截止时间的单位时间任务集，I 是 S 的所有独立任务子集构成的集合，则有序对(S,I)是拟阵。

证明：独立任务集的子集显然也是独立子集，故 I 满足遗传性质。下面证明(S,I)满足交换性质。

设 A 和 B 为两个独立任务子集且 $|B|>|A|$。设 $k=\max\limits_{1\leqslant t\leqslant n}\{t\mid N_t(B)\leqslant N_t(A)\}$。由于

$N_n(B)=|B|$，$N_n(A)=|A|$，而$|B|>|A|$，即 $N_n(B)>N_n(A)$。因此必有 $k<n$，且对于满足 $k+1\leqslant j\leqslant n$ 的 j 有 $N_j(B)>N_j(A)$。取 $x\in B-A$ 且 x 的截止时间为 $k+1$，令 $A'=A\cup\{x\}$，可以证明 A' 是独立的。事实上，由于 A 是独立的，故对 $1\leqslant t\leqslant k$ 有 $N_t(A')=N_t(A)\leqslant t$。又由于 B 是独立的，故对 $k<t\leqslant n$ 有$N_t(A')=N_t(A)+1\leqslant N_t(B)\leqslant t$。由引理 4.6 即知 A'是独立的。综上所述，(S,I)是拟阵。

由定理 4.5 可知，用带权拟阵的贪心算法可以求得最大权(惩罚)独立任务子集 A，以 A 作为最优时间表中的及时任务子集，容易构造最优时间表。

任务时间表问题的贪心算法的计算时间复杂性是 $O(n\log n+nf(n))$。其中，$f(n)$是用于检测任务子集 A 的独立性所需的时间。用引理 4.6 中性质(2)容易设计一个$O(n)$时间算法来检测任务子集的独立性。因此，整个算法的计算时间为 $O(n^2)$。具体算法 greedyJob 可描述如下。其中 $d[i]$，$1\leqslant i\leqslant n$，是 n 个单位时间任务的截止时间，且 n 个单位时间任务已依其误时惩罚的非增序排列。job[i]是最优解中的第 i 个任务。

```
public static int greedyJob (int [] d, int [] w, int []job)
{
  int n=d.length-1;
  d[0]=0;job[0]=0;
  int k=1;
  job[1]=1;
  for (int i=2;i<=n;i++)
  {
    int r=k;
    while ((d[job[r]]>d[i])&&(d[job[r]]!=r)) r--;
    if ((d[job[r]]<=d[i])&&(d[i]>r))
    {
      for (int m=k;m>r;m--)
        job[m+1]=job[m];
      job[r+1]=i;
      k++;
    }
  }
  for (int i=1;i<=k;i++)
    w[job[i]]=0;
  int sum=0;
  for (int i=1;i<=n;i++)
    if (w[i]>0)
    {
      job[++k]=i;
      sum+=w[i];
    }
  return sum;
}
```

例如，给定单位时间任务集 S 及各任务的截止时间和误时惩罚如下：

i	1	2	3	4	5	6	7
$d[i]$	4	2	4	3	1	4	6
$w[i]$	70	60	50	40	30	20	10

算法 greedyJob 先选择任务 1,2,3,4,然后舍弃任务 5,6,最后再选择任务 7。算法得到的最优时间表为{2,4,1,3,7,5,6}。其总误时惩罚为 $W[5]+W[6]=50$,达到最小。

用抽象数据类型并查集 UnionFind 可对上述算法做进一步改进。为了给后继任务留下尽可能大的选择空间,在选择了任务 i 时,将[0,1],[1,2],…,[d_i-1,d_i]中最右端的空闲时间区间分配给任务 i。任何一个最优时间表最多只能安排 $b=\min\{n,\max\limits_{1\leqslant i\leqslant n}\{d_i\}\}$个及时任务。为方便起见,直接用 i 表示时间区间[$i-1,i$],以 0 表示左端空闲区间[$-1,0$]。设 n_i 表示小于或等于的最右端空闲区间,则 $n_i\leqslant i$。将时间区间划分为一些等价类,时间区间 i 和 j 属于同一等价类当且仅当 $n_i=n_j$,该等价类就以 n_i 命名。初始时有 $0,1,\cdots,b$ 共 $b+1$ 个等价类。在安排截止时间为 d 的任务时,先用 find 找到含有时间区间 $\min\{n,d\}$的等价类 k,k 就表示可以安排当前任务的最右端的那个空闲时间区间。安排后,用 union 将等价类 k 与含有时间区间 $k-1$ 的等价类合并。

改进后的算法 fasterJob 描述如下:

```
public static int fasterJob(int [] d, int [] w, int [] job)
{
  int n=d.length-1;
  int [] f=new int [n+1];
  for (int i=0;i<=n;i++) f[i]=i;
  FastUnionFind U=new FastUnionFind(n);
  int k=0, t=0;
  for (int i=1;i<=n;i++)
  {
    int m=(n<d[i])? U.find(n):U.find(d[i]);
    if (f[m]>0)
    {
      k=k+1;
      job[k]=i;
      if (f[m]>1)
      {
        t=U.find(f[m]-1);
        U.union(t,m);
      }
      else t=0;
      f[m]=f[t];
    }
  }
  for (int i=1;i<=k;i++)
    w[job[i]]=0;
  int sum=0;
```

```
    for (int i=1;i<=n;i++)
      if (w[i]>0)
      {
        job[++k]=i;
        sum+=w[i];
      }
    return sum;
  }
```

算法 fasterJob 用到的 find 和 union 运算的次数都不超过 n 次。因此,如果不计预处理的时间,算法 fasterJob 所需的计算时间为 $O(n\log^* n)$。

小　结

本章介绍的贪心算法也是一种重要的算法设计策略,它与动态规划算法的设计思想有一定的联系,但其效率更高。按照贪心算法设计出来的许多算法能导致最优解。其中有许多典型问题和典型算法可供学习和使用。本章以具体实例,如活动安排问题、最优装载问题、哈夫曼编码等,详细阐述了贪心算法的设计思想、适用性以及贪心算法的基本要素和算法的设计要点。最后讨论了借助于拟阵工具,建立关于贪心算法的一般理论。这个理论对确定何时使用贪心算法可以得到问题的整体最优解十分有用。

习　题

4-1 在活动安排问题中,还可以有其他的贪心选择方案,但并不能保证产生最优解。给出一个例子,说明若选择具有最短时段的相容活动作为贪心选择,得不到最优解;若选择覆盖未选择活动最少的相容活动作为贪心选择,也得不到最优解。

4-2 证明背包问题具有贪心选择性质。

4-3 若在 0-1 背包问题中,各物品依重量递增排列时,其价值恰好依递减序排列。对这个特殊的 0-1 背包问题,设计一个有效算法找出最优解,并说明算法的正确性。

4-4 假定要把长为 $l_1,l_2,\cdots,l_n$ 的 n 个程序放在磁带 T_1 和 T_2 上,并且希望按照使最大检索时间取最小值的方式存放,即如果存放在 T_1 和 T_2 上的程序集合分别是 A 和 B,则希望所选择的 A 和 B 使得 $\max\left\{\sum_{i\in A}l_i,\sum_{i\in B}l_i\right\}$ 取最小值。贪心算法:开始将 A 和 B 都初始化为空,然后一次考虑一个程序,如果 $\sum_{i\in A}l_i=\min\left\{\sum_{i\in A}l_i,\sum_{i\in B}l_i\right\}$,则将当前正在考虑的那个程序分配给 A;否则,分配给 B。证明无论是按 $l_1\leqslant l_2\leqslant\cdots\leqslant l_n$ 或是按 $l_1\geqslant l_2\geqslant\cdots\geqslant l_n$ 的次序来考虑程序,这种方法都不能产生最优解。应当采用什么策略?写出一个完整的算法并证明其正确性。

4-5 将最优装载问题的贪心算法推广到 2 艘船的情形,贪心算法仍能产生最优解吗?

4-6 字符 a～h 出现的频率恰好是前 8 个 Fibonacci 数,它们的哈夫曼编码是什么?将结果推广到 n 个字符的频率恰好是前 n 个 Fibonacci 数的情形。

4-7 设 $C=\{0,1,\cdots,n-1\}$ 是 n 个字符的集合。证明关于 C 的任何最优前缀码可以表示长

度为 $2n-1+n\lceil \log n \rceil$ 位的编码序列(提示：用 $2n-1$ 位描述树结构)。

4-8 说明如何用引理4.6的性质(2),在 $O(|A|)$ 时间里确定给定的任务集 A 是否独立。

4-9 给定 $n\times n$ 实值矩阵 T,证明 (S,I) 是拟阵。其中,S 是 T 的列向量的集合,$A\in I$ 当且仅当 A 中的列是线性独立的。

4-10 说明如何变换带权拟阵的权函数,使最小权最大独立子集问题变换为等价的标准带权拟阵问题,并证明变换的正确性。

4-11 假设具有 n 个顶点的连通带权图中所有边的权值均为从1到 n 之间的整数,能对Kruskal算法做何改进？时间复杂性能改进到何程度？若对某常量 N,所有边的权值均为从1到 N 之间的整数,在这种情况下又如何？在上述两种情况下,对Prim算法能做何改进？

4-12 试设计一个构造图 G 生成树的算法,使得构造出的生成树的边的最大权值达到最小。

4-13 试举例说明如果允许带权有向图中某些边的权为负实数,则Dijkstra算法不能正确求得从源到所有其他顶点的最短路径长度。

4-14 设 G 是具有 n 个顶点和 e 条边的带权有向图,各边的权值为 $0\sim N-1$ 之间的整数,N 为一非负整数。修改Dijkstra算法使其能在 $O(Nn+e)$ 时间内计算出从源到所有其他顶点之间的最短路径长度。

第 5 章 回溯法

回溯法有“通用解题法”之称。用它可以系统地搜索问题的所有解。回溯法是一个既带有系统性又带有跳跃性的搜索算法。它在问题的解空间树中，按深度优先策略，从根结点出发搜索解空间树。算法搜索至解空间树的任一结点时，先判断该结点是否包含问题的解。如果肯定不包含，则跳过对以该结点为根的子树的搜索，逐层向其祖先结点回溯；否则，进入该子树，继续按深度优先策略搜索。回溯法求问题的所有解时，要回溯到根，且根结点的所有子树都被搜索遍才结束。回溯法求问题的一个解时，只要搜索到问题的一个解就可结束。这种以深度优先方式系统搜索问题解的算法称为回溯法，它适用于求解组合数较大的问题。

5.1 回溯法的算法框架

5.1.1 问题的解空间

用回溯法解问题时，应明确定义问题的解空间。问题的解空间至少应包含问题的一个(最优)解。例如，对于有 n 种可选择物品的 0-1 背包问题，其解空间由长度为 n 的 0-1 向量组成。该解空间包含对变量的所有 0-1 赋值。当 $n=3$ 时，其解空间是：

{(0,0,0),(0,1,0),(0,0,1),(1,0,0),(0,1,1),(1,0,1),(1,1,0),(1,1,1)}

定义了问题的解空间后，还应将解空间很好地组织起来，使得能用回溯法方便地搜索整个解空间。通常将解空间组织成树或图的形式。

例如，对于 $n=3$ 时的 0-1 背包问题，可用完全二叉树表示其解空间，如图 5-1 所示。

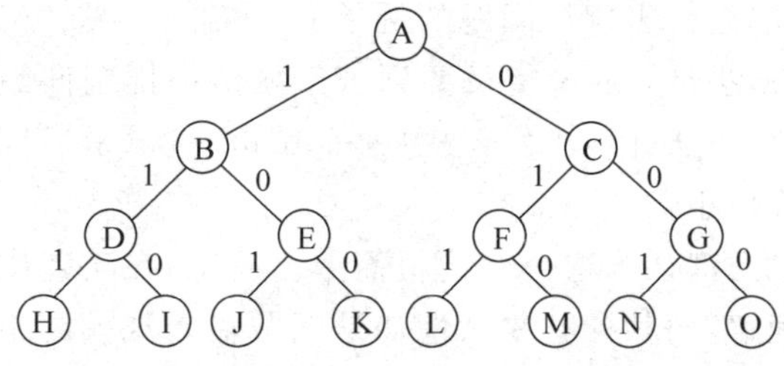

图 5-1　0-1 背包问题的解空间树

解空间树的第 i 层到第 $i+1$ 层边上的标号给出了变量的值。从树根到叶的任一路径表示解空间中的一个元素。例如，从根结点到结点 H 的路径相应于解空间中元素(1,1,1)。

5.1.2 回溯法的基本思想

确定了解空间的组织结构后，回溯法从开始结点(根结点)出发，以深度优先方式搜索整个解空间。这个开始结点成为活结点，同时也成为当前的扩展结点。在当前扩展结点处，搜索向纵深方向移至一个新结点。这个新结点成为新的活结点，并成为当前扩展结点。如果在当前扩展结点处不能再向纵深方向移动，则当前扩展结点就成为死结点。此时，应往回移动(回溯)至最近的活结点处，并使这个活结点成为当前扩展结点。回溯法以这种工作方式递归地在解空间中搜索，直至找到所要求的解或解空间中已无活结点时为止。

例如，对于 $n=3$ 时的 0-1 背包问题，考虑下面的具体实例：$w=[16,15,15]$，$p=[45,25,25]$，$c=30$。从图 5-1 的根结点开始搜索解空间。开始时，根结点是唯一的活结点，也是当前扩展结点。在这个扩展结点处，可以沿纵深方向移至结点 B 或结点 C。假设选择先移至结点 B。此时，结点 A 和结点 B 是活结点，结点 B 成为当前扩展结点。由于选取了 w_1，故在结点 B 处剩余背包容量是 $r=14$，获取的价值为 45。从结点 B 处，可以移至结点 D 或 E。由于移至结点 D 至少需要 $w_2=15$ 的背包容量，而现在仅有的背包容量是 $r=14$，故移至结点 D 导致不可行解。搜索至结点 E 不需要背包容量，因而是可行的。从而选择移至结点 E。此时，E 成为新的扩展结点，结点 A，B 和 E 是活结点。在结点 E 处，$r=14$，获取的价值为 45。从结点 E 处，可以向纵深移至结点 J 或 K。移至结点 J 导致不可行解，而移向结点 K 是可行的，于是移向结点 K，它成为新的扩展结点。由于结点 K 是叶结点，故得到一个可行解。这个解相应的价值为 45。x_i 的取值由根结点到叶结点 K 的路径唯一确定，即 $x=(1,0,0)$。由于在结点 K 处已不能再向纵深扩展，所以结点 K 成为死结点。返回到结点 E 处。此时在结点 E 处也没有可扩展的结点，它也成为死结点。

接下来又返回到结点 B 处。结点 B 同样也成为死结点，从而结点 A 再次成为当前扩展结点。结点 A 还可继续扩展，从而到达结点 C。此时，$r=30$，获取的价值为 0。从结点 C 可移向结点 F 或 G。假设移至结点 F，它成为新的扩展结点。结点 A，C 和 F 是活结点。在结点 F 处，$r=15$，获取的价值为 25。从结点 F，向纵深移至结点 L 处，此时，$r=0$，获取的价值为 50。由于 L 是叶结点，而且是迄今为止找到的获取价值最高的可行解，因此记录这个可行解。结点 L 不可扩展，又返回到结点 F 处。按此方式继续搜索，可搜索遍整个解空间。搜索结束后找到的最好解是相应 0-1 背包问题的最优解。

再看一个用回溯法解旅行售货员问题的例子。

旅行售货员问题的提法是：某售货员要到若干城市去推销商品，已知各城市之间的路程(或旅费)。他要选定一条从驻地出发，经过每个城市一次，最后回到驻地的路线，使总的路程(或总旅费)最短(或最小)。

问题刚提出时，不少人都认为这个问题很简单。后来，在实践中才逐步认识到，这个问题只是叙述简单，易于理解，而其计算复杂性却是问题输入规模的指数函数，属于相当难解的问题之一。事实上，它是 NP 完全问题。这个问题可以用图论语言形式描述。

设 $G=(V,E)$ 是一个带权图。图中各边的费用(权)为正数。图的一条周游路线是包括 V 中的每个顶点在内的一条回路。周游路线的费用是这条路线上所有边的费用之和。旅行售货员问题要在图 G 中找出费用最小的周游路线。

图 5-2 是一个 4 顶点无向带权图。顶点序列 1,2,4,3,1;1,3,2,4,1 和 1,4,3,2,1 是该图中 3 条不同的周游路线。

旅行售货员问题的解空间可以组织成一棵树,从树的根结点到任一叶结点的路径定义了图 G 的一条周游路线。图 5-3 是当 $n=4$ 时解空间的示例。其中,从根结点 A 到叶结点 L 的路径上边的标号组成一条周游路线 1,2,3,4,1。从根结点到叶结点 O 的路径表示周游路线 1,3,4,2,1。图 G 的每一条周游路线都恰好对应于解空间树中一条从根结点到叶结点的路径。因此,解空间树中叶结点个数为 $(n-1)!$。

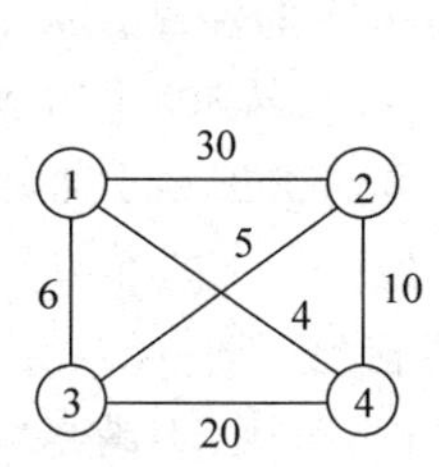

图 5-2　4 顶点带权图

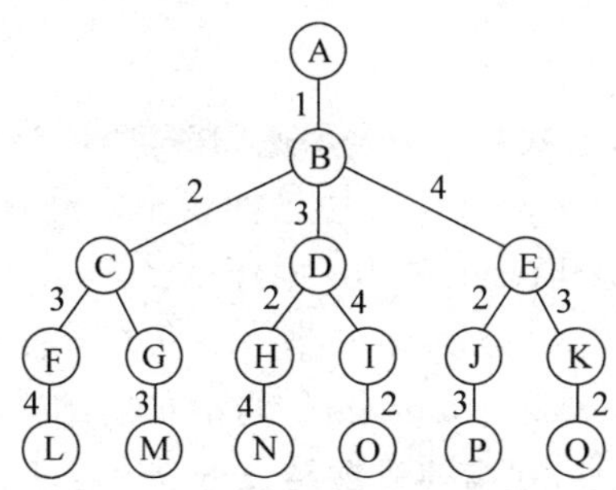

图 5-3　旅行售货员问题的解空间树

对于图 5-2 中的图 G,回溯法找最小费用周游路线时,从解空间树的根结点 A 出发,搜索至 B,C,F,L。在叶结点 L 处记录找到的周游路线 1,2,3,4,1,该周游路线的费用为 59。从叶结点 L 返回至最近活结点 F 处。由于 F 处已没有可扩展结点,算法又返回到结点 C 处。结点 C 成为新扩展结点,由新扩展结点,算法再移至结点 G 后又移至结点 M,得到周游路线 1,2,4,3,1,其费用为 66。这个费用不比已有周游路线 1,2,3,4,1 的费用更小,因此,舍弃该结点。算法又依次返回至结点 G,C,B。从结点 B,算法继续搜索至结点 D,H,N。在叶结点 N 处,相应的周游路线 1,3,2,4,1 的费用为 25,它是当前找到的最好的一条周游路线。从结点 N 算法返回至结点 H,D,然后从结点 D 开始继续向纵深搜索至结点 O。依此方式算法继续搜索遍整个解空间,最终得到最小费用周游路线 1,3,2,4,1。

回溯法搜索解空间树时,通常采用两种策略避免无效搜索,提高回溯法的搜索效率。其一是用约束函数在扩展结点处剪去不满足约束的子树;其二是用限界函数剪去得不到最优解的子树。这两类函数统称为剪枝函数。

例如,解 0-1 背包问题回溯法用剪枝函数剪去导致不可行解的子树。在解旅行售货员问题的回溯法中,如果从根结点到当前扩展结点处的部分周游路线费用已超过当前找到的最好的周游路线费用,则可以断定以该结点为根的子树中不含最优解,因此,可以将该子树剪去。

综上所述,用回溯法解题通常包含以下 3 个步骤:

(1) 针对所给问题,定义问题的解空间。

(2) 确定易于搜索的解空间结构。

(3) 以深度优先方式搜索解空间,并在搜索过程中用剪枝函数避免无效搜索。

5.1.3　递归回溯

回溯法对解空间进行深度优先搜索,因此,在一般情况下可用递归方法实现回溯法。

```
void backtrack (int t)
{
  if (t>n) output(x);
  else
    for (int i=f(n,t);i<=g(n,t);i++)
    {
      x[t]=h(i);
      if (constraint(t)&&bound(t)) backtrack(t+1);
    }
}
```

其中,形式参数 t 表示递归深度,即当前扩展结点在解空间树中的深度。n 用来控制递归深度。当 $t>n$ 时,算法已搜索至叶结点。此时,由 output(x) 记录或输出得到的可行解 x。算法 backtrack 的 for 循环中 $f(n,t)$ 和 $g(n,t)$分别表示在当前扩展结点处未搜索过的子树的起始编号和终止编号。$h(i)$表示在当前扩展结点处 $x[t]$的第 i 个可选值。constraint(t)和 bound(t)是当前扩展结点处的约束函数和限界函数。constraint(t)返回的值为 true 时,在当前扩展结点处 $x[1:t]$取值满足问题的约束条件;否则,不满足问题的约束条件,可剪去相应的子树。bound(t)返回的值为 true 时,在当前扩展结点处 $x[1:t]$取值未使目标函数越界,还需由 backtrack($t+1$)对其相应的子树进一步搜索。否则,当前扩展结点处 $x[1:t]$的取值使目标函数越界,可剪去相应的子树。执行了算法的 for 循环后,已搜索遍当前扩展结点的所有未搜索过的子树。backtrack(t)执行完毕,返回 $t-1$ 层继续执行,对还没有测试过的 $x[t-1]$的值继续搜索。当 $t=1$ 时,若已测试完 $x[1]$的所有可选值,外层调用就全部结束。显然,这一搜索过程按深度优先方式进行。调用一次 backtrack(1)即可完成整个回溯搜索过程。

5.1.4 迭代回溯

采用树的非递归深度优先遍历算法,可将回溯法表示为一个非递归迭代过程。

```
void iterativeBacktrack ()
{
  int t=1;
  while (t>0)
  {
    if (f(n,t)<=g(n,t))
      for (int i=f(n,t);i<=g(n,t);i++)
      {
        x[t]=h(i);
        if (constraint(t)&&bound(t))
        {
          if (solution(t)) output(x);
          else t++;
        }
      }
    else t--;
```

```
    }
}
```

上述迭代回溯算法中，solution(t)判断在当前扩展结点处是否已得到问题的可行解。它返回的值为 true 时，在当前扩展结点处$x[1:t]$是问题的可行解。此时，由 output(x) 记录或输出得到的可行解。它返回的值为 false 时，在当前扩展结点处$x[1:t]$只是问题的部分解，还需向纵深方向继续搜索。算法中 $f(n,t)$和 $g(n,t)$分别表示在当前扩展结点处未搜索过的子树的起始编号和终止编号。$h(i)$表示在当前扩展结点处 $x[t]$的第 i 个可选值。constraint(t)和 bound(t)是当前扩展结点处的约束函数和限界函数。constraint(t)返回的值为 true 时，在当前扩展结点处 $x[1:t]$取值满足问题的约束条件；否则，不满足问题的约束条件，可剪去相应的子树。bound(t)返回的值为 true 时，在当前扩展结点处 $x[1:t]$取值未使目标函数越界，还需对其相应的子树进一步搜索。否则，当前扩展结点处 $x[1:t]$取值使目标函数越界，可剪去相应的子树。算法的 while 循环结束后，完成整个回溯搜索过程。

用回溯法解题的一个显著特征是在搜索过程中动态产生问题的解空间。在任何时刻，算法只保存从根结点到当前扩展结点的路径。如果解空间树中从根结点到叶结点的最长路径的长度为 $h(n)$，则回溯法所需的计算空间通常为 $O(h(n))$。而显式地存储整个解空间则需要 $O(2^{h(n)})$或 $O(h(n)!)$内存空间。

5.1.5 子集树与排列树

图 5-1 和图 5-3 中的两棵解空间树是用回溯法解题时常遇到的两类典型的解空间树。

当所给的问题是从 n 个元素的集合 S 中找出 S 满足某种性质的子集时，相应的解空间树称为子集树。例如，n 个物品的 0-1 背包问题所相应的解空间树是一棵子集树，这类子集树通常有 2^n 个叶结点，其结点总个数为 $2^{n+1}-1$。遍历子集树的算法需 $\Omega(2^n)$计算时间。

当所给问题是确定 n 个元素满足某种性质的排列时，相应的解空间树称为排列树。排列树通常有 $n!$ 个叶结点。因此，遍历排列树需要 $\Omega(n!)$计算时间。图 5-3 中旅行售货员问题的解空间树是一棵排列树。

用回溯法搜索子集树的一般算法可描述如下：

```
void backtrack (int t)
{
  if (t>n) output(x);
    else
      for (int i=0;i<=1;i++)
      {
        x[t]=i;
        if (constraint(t)&&bound(t)) backtrack(t+1);
      }
}
```

用回溯法搜索排列树的算法框架可描述如下：

```
void backtrack (int t)
{
```

```
    if (t>n) output(x);
      else
        for (int i=t;i<=n;i++)
        {
          swap(x[t], x[i]);
          if (constraint(t)&&bound(t)) backtrack(t+1);
          swap(x[t], x[i]);
        }
}
```

在调用 backtrack(1) 执行回溯搜索之前，先将变量数组 x 初始化为单位排列 $(1,2,\cdots,n)$。

5.2 装载问题

第 4 章讨论了最优装载问题的贪心算法。本节讨论最优装载问题的一个变形。

1. 问题描述

有一批共 n 个集装箱要装上两艘载重量分别为 c_1 和 c_2 的轮船，其中，集装箱 i 的重量为 w_i，且 $\sum_{i=1}^{n} w_i \leqslant c_1 + c_2$。

装载问题要求确定是否有一个合理的装载方案可将这 n 个集装箱装上这两艘轮船。如果有，找出一种装载方案。

例如，当 $n=3, c_1=c_2=50$，且 $w=[10,40,40]$，可将集装箱 1 和集装箱 2 装上第一艘轮船，而将集装箱 3 装上第二艘轮船；如果 $w=[20,40,40]$，则无法将这 3 个集装箱都装上轮船。

当 $\sum_{i=1}^{n} w_i = c_1 + c_2$ 时，装载问题等价于子集和问题。当 $c_1=c_2$ 且 $\sum_{i=1}^{n} w_i = 2c_1$ 时，装载问题等价于划分问题。

即使限制 $w_i, i=1,\cdots,n$ 为整数，c_1 和 c_2 也是整数。子集和问题与划分问题都是 NP 难的。由此可知，装载问题也是 NP 难的。

容易证明，如果一个给定装载问题有解，则采用下面的策略可得到最优装载方案：

(1) 首先将第一艘轮船尽可能装满。

(2) 将剩余的集装箱装上第二艘轮船。

将第一艘轮船尽可能装满等价于选取全体集装箱的一个子集，使该子集中集装箱重量之和最接近 c_1。由此可知，装载问题等价于以下特殊的 0-1 背包问题。

$$\max \sum_{i=1}^{n} w_i x_i$$

$$\sum_{i=1}^{n} w_i x_i \leqslant c_1$$

$$x_i \in \{0,1\}, \quad 1 \leqslant i \leqslant n$$

当然可以用第 3 章中讨论过的动态规划算法解这个特殊的 0-1 背包问题。所需的计算

时间是 $O(\min\{c_1,2^n\})$。下面讨论用回溯法设计解装载问题的 $O(2^n)$ 计算时间算法。在某些情况下该算法优于动态规划算法。

2. 算法设计

用回溯法解装载问题时，用子集树表示其解空间显然是最合适的。可行性约束函数可剪去不满足约束条件 $\sum_{i=1}^{n} w_i x_i \leqslant c_1$ 的子树。在子集树的第 $j+1$ 层结点 Z 处，用 cw 记当前的装载重量，即 $cw = \sum_{i=1}^{j} w_i x_i$，当 $cw > c_1$ 时，以结点 Z 为根的子树中所有结点都不满足约束条件，因而该子树中的解均为不可行解，故可将该子树剪去。

下面的解装载问题的回溯法中，方法 maxLoading 返回不超过 c 的最大子集和，但未给出达到这个最大子集和的相应子集。稍后加以完善。

算法 maxLoading 调用递归方法 backtrack(1)实现回溯搜索。backtrack(i)搜索子集树中第 i 层子树。类 Loading 的数据成员记录子集树中结点信息，以减少传给 backtrack 的参数。cw 记录当前结点相应的装载重量，bestw 记录当前最大装载重量。

在算法 backtrack 中，当 $i>n$ 时，算法搜索至叶结点，其相应的装载重量为 cw。如果 cw>bestw，则表示当前解优于当前最优解，此时应更新 bestw。

当 $i \leqslant n$ 时，当前扩展结点 Z 是子集树的内部结点。该结点有 $x[i]=1$ 和 $x[i]=0$ 两个儿子结点。其左儿子结点表示 $x[i]=1$ 的情形，仅当 $cw+w[i] \leqslant c$ 时进入左子树，对左子树递归搜索。其右儿子结点表示 $x[i]=0$ 的情形。由于可行结点的右儿子结点总是可行的，故进入右子树时不需检查可行性。

算法 backtrack 动态地生成问题的解空间树。在每个结点处算法花费 $O(1)$时间。子集树中结点个数为 $O(2^n)$，故 backtrack 所需的计算时间为 $O(2^n)$。另外 backtrack 还需要额外的 $O(n)$递归栈空间。

具体算法描述如下：

```
public class Loading
{
  //类数据成员
  static int n;                //集装箱数
  static int [] w;             //集装箱重量数组
  static int c;                //第一艘轮船的载重量
  static int cw;               //当前载重量
  static int bestw;            //当前最优载重量

  public static int maxLoading (int [] ww, int cc)
  {
    //初始化类数据成员
    n=ww.length-1;
    w=ww;
    c=cc;
    cw=0;
    bestw=0;
```

```
    //计算最优载重量
    backtrack(1);
    return bestw;
  }

  //回溯算法
  private static void backtrack (int i)
  {//搜索第 i 层结点
    if (i>n)
    {//到达叶结点
      if (cw>bestw) bestw=cw;
      return;
    }
    //搜索子树
    if (cw+w[i]<=c)
    {//搜索左子树,即 x[i]= 1
      cw+=w[i];
      backtrack(i+1);
      cw-=w[i];
    }
    backtrack(i+1);   //搜索右子树
  }
}
```

3. 上界函数

对于前面描述的算法 backtrack,还可引入一个上界函数,用于剪去不含最优解的子树,从而改进算法在平均情况下的效率。设 Z 是解空间树第 i 层上的当前扩展结点。cw 是当前载重量;bestw 是当前最优载重量;r 是剩余集装箱的重量,即 $r=\sum_{j=i+1}^{n} w_j$。定义上界函数为 cw$+r$。在以 Z 为根的子树中任一叶结点所相应的载重量均不超过 cw$+r$。因此,当 cw$+r\leqslant$bestw 时,可将 Z 的右子树剪去。

在下面的改进算法中,引入类 Loading 的变量 r,用于计算上界函数。引入上界函数后,在达到叶结点时就不必再检查该叶结点是否优于当前最优解,因为上界函数使算法搜索到的每个叶结点都是当前找到的最优解。虽然改进后的算法的计算时间复杂性仍为 $O(2^n)$,但在平均情况下改进后算法检查的结点数较少。

改进后的算法描述如下:

```
public class Loading
{
  //类数据成员
  static int n;             //集装箱数
  static int [] w;          //集装箱重量数组
  static int c;             //第一艘轮船的载重量
  static int cw;            //当前载重量
  static int bestw;         //当前最优载重量
```

```
static int r;                //剩余集装箱重量

public static int maxLoading (int [] ww, int cc)
{
   //初始化类数据成员
   n=ww.length-1;
   w=ww;
   c=cc;
   cw=0;
   bestw=0;
   r=0;
   //初始化 r
   for (int i=1; i<=n; i++)
      r+=w[i];

   //计算最优载重量
   backtrack(1);
   return bestw;
}

//回溯算法
private static void backtrack (int i)
{//搜索第 i 层结点
   if (i>n)
   {//到达叶结点
      if (cw>bestw) bestw=cw;
      return;
   }
   //搜索子树
   r-=w[i];
   if (cw+w[i]<=c)
   {//搜索左子树
      cw+=w[i];
      backtrack(i+1);
      cw-=w[i];
   }
   if (cw+r>bestw)   //搜索右子树
      backtrack(i+1);
   r+=w[i];
}
}
```

4. 构造最优解

为了构造最优解，必须在算法中记录与当前最优值相应的当前最优解。为此，在类 Loading 中增加两个私有数据成员 x 和 bestx，x 用于记录从根至当前结点的路径，bestx 记录当前最优解。算法搜索到达叶结点处,就修正 bestx 的值。

进一步改进后的算法描述如下:

```
public class Loading
{
  //类数据成员
  static int n;                    //集装箱数
  static int [] w;                 //集装箱重量数组
  static int c;                    //第一艘轮船的载重量
  static int cw;                   //当前载重量
  static int bestw;                //当前最优载重量
  static int r;                    //剩余集装箱重量
  static int [] x;                 //当前解
  static int [] bestx;             //当前最优解

  public static int maxLoading (int [] ww, int cc, int [] xx)
  {
    //初始化类数据成员
    n=ww.length-1;
    w=ww;
    c=cc;
    cw=0;
    bestw=0;
    x=new int[n+1];
    bestx=xx;

    //初始化 r
    for (int i=1; i<= n; i++)
      r+=w[i];

    //计算最优载重量
    backtrack(1);
    return bestw;
  }

  //回溯算法
  private static void backtrack (int i)
  {//搜索第 i 层结点
    if (i>n)
    {//到达叶结点
      if (cw>bestw)
      {
        for (int j=1; j<=n; j++)
          bestx[j]=x[j];
        bestw=cw;
      }
```

```
        return;
    }

    //搜索子树
    r-=w[i];
    if (cw+w[i]<=c)
    {//搜索左子树
        x[i]=1;
        cw+=w[i];
        backtrack(i+1);
        cw-=w[i];
    }
    if (cw+r>bestw)
    {
        x[i]=0;  //搜索右子树
        backtrack(i+1);
    }
    r+=w[i];
}
```

由于 bestx 可能被更新 $O(2^n)$次，改进后算法的计算时间复杂性为 $O(n2^n)$。

下面的两种策略可使改进后算法的计算时间复杂性减至 $O(2^n)$。

(1) 先运行只计算最优值的算法，计算出最优装载量 W。由于该算法不记录最优解，故所需的计算时间为 $O(2^n)$。然后运行改进后的算法 backtrack，并在算法中将 bestw 置为 W。在首次到达的叶结点处（即首次遇到 $i>n$ 时）终止算法。由此返回的 bestx 即为最优解。

(2) 另一种策略是在算法中动态地更新 bestx。在第 i 层的当前结点处，当前最优解由 $x[j]$，$1\leqslant j<i$ 和 bestx$[j]$，$i\leqslant j<n$ 组成。每当算法回溯一层，将 $x[i]$存入bestx$[i]$。这样在每个结点处更新 bestx 只需 $O(1)$时间，从而整个算法中更新 bestx 所需的时间为 $O(2^n)$。

5. 迭代回溯

数组 x 记录了解空间树中从根到当前扩展结点的路径，这些信息已包含了回溯法在回溯时所需信息。因此利用数组 x 所含信息，可将上述回溯法表示成非递归形式，由此可进一步省去 $O(n)$递归栈空间。解装载问题的非递归迭代回溯法 maxLoading 描述如下：

```
public static int maxLoading (int [] w, int c, int [] bestx)
{  //迭代回溯法
   //返回最优载重量及其相应解
   //初始化根结点
   int i=1;  //当前层
   int n=w.length-1;
   int [] x=new int[n+1];      //x[1:i-1] 为当前路径
   int bestw=0;                //当前最优载重量
   int cw=0;                   //当前载重量
   int r=0;                    //剩余集装箱重量
```

```
    for (int j=1; j<=n; j++)
        r+=w[j];
    //搜索子树
    while (true)
    {
        while (i<=n && cw+w[i]<=c)
        {//进入左子树
          r-=w[i];
          cw+=w[i];
          x[i]=1;
          i++;
        }
        if (i>n)
        {//到达叶结点
          for (int j=1; j<=n; j++)
            bestx[j]= x[j];
          bestw=cw;
        }
        else
        {//进入右子树
          r-=w[i];
          x[i]=0;
          i++;
        }
        while (cw + r <= bestw)
        {//剪枝回溯
          i--;
          while (i>0 && x[i]== 0)
          {//从右子树返回
            r+=w[i];
            i--;
          }
          if (i==0) return bestw;
          //进入右子树
          x[i]= 0;
          cw-=w[i];
          i++;
        }
    }
}
```

算法 maxLoading 所需的计算时间仍为 $O(2^n)$。

5.3 批处理作业调度

1. 问题描述

给定 n 个作业的集合 $J=\{J_1,J_2,\cdots,J_n\}$。每一个作业 J_i 都有两项任务分别在两台机器上完成。每个作业必须先由机器 1 处理，然后由机器 2 处理。作业 J_i 需要机器 j 的处理时间为 t_{ji}，其中 $i=1,2,\cdots,n$, $j=1,2$。对于一个确定的作业调度，设 F_{ji} 是作业 i 在机器 j 上完成处理的时间。所有作业在机器 2 上完成处理的时间和 $f=\sum_{i=1}^{n}F_{2i}$ 称为该作业调度的完成时间和。

批处理作业调度问题要求对于给定的 n 个作业，制定最佳作业调度方案，使其完成时间和达到最小。

批处理作业调度问题的一个常见例子是在计算机系统中完成一批 n 个作业，每个作业都先完成计算，然后将计算结果打印输出。计算任务由计算机的中央处理器完成，打印输出任务由打印机完成。在这种情形下，计算机的中央处理器是机器 1，打印机是机器 2。

对于批处理作业调度问题，可以证明，存在最佳作业调度使得在机器 1 和机器 2 上作业以相同次序完成。

例如，考虑如下 $n=3$ 的实例：

t_{ji}	机器 1	机器 2
作业 1	2	1
作业 2	3	1
作业 3	2	3

这 3 个作业的 6 种可能的调度方案是 1,2,3；1,3,2；2,1,3；2,3,1；3,1,2；3,2,1；它们所对应的完成时间和分别是 19,18,20,21,19,19。显而易见，最佳调度方案是 1,3,2，其完成时间和为 18。

2. 算法设计

批处理作业调度问题要从 n 个作业的所有排列中找出有最小完成时间和的作业调度，所以批处理作业调度问题的解空间是一棵排列树。按照回溯法搜索排列树的算法框架，设开始时 $x=[1,2,\cdots,n]$是所给的 n 个作业，则相应的排列树由 $x[1:n]$的所有排列构成。

类 FlowShop 的数据成员记录解空间中结点信息，以减少传给 backtrack 的参数。二维数组 m 是输入的作业处理时间。bestf 记录当前最小完成时间和，bestx 是相应的当前最佳作业调度。

在递归方法 backtrack 中，当 $i>n$ 时，算法搜索至叶结点，得到一个新的作业调度方案。此时算法适时更新当前最优值和相应的当前最佳作业调度。

当 $i<n$ 时，当前扩展结点位于排列树的第 $i-1$ 层。此时算法选择下一个要安排的作业，以深度优先的方式递归地对相应子树进行搜索。对于不满足上界约束的结点，则剪去相应的子树。

批处理作业调度问题的回溯算法描述如下：

```
public class FlowShop
{
    static int n,           //作业数
               f1,          //机器 1 完成处理时间
               f,           //完成时间和
               bestf;       //当前最优值
```

```
    static int [][] m;              //各作业所需的处理时间
    static int [] x;                //当前作业调度
    static int [] bestx;            //当前最优作业调度
    static int [] f2;               //机器2完成处理时间

  private static void backtrack(int i)
  {
    if (i>n)
    {
      for (int j=1; j<=n; j++)
        bestx[j]=x[j];
      bestf=f;
    }
    else
      for (int j=i; j<=n; j++)
      {
        f1+=m[x[j]][1];
        f2[i]=((f2[i-1]>f1)? f2[i-1]:f1)+m[x[j]][2];
        f+=f2[i];
        if (f<bestf)
        {
          MyMath.swap(x,i,j);
          backtrack(i+1);
          MyMath.swap(x,i,j);
        }
        f1-=m[x[j]][1];
        f-=f2[i];
      }
  }
```

3. 算法效率

由于算法 backtrack 在每一个结点处耗费 $O(1)$ 计算时间，故在最坏情况下，整个算法的计算时间复杂性为 $O(n!)$。

5.4 符号三角形问题

1. 问题描述

图 5-4 是由 14 个“+”号和 14 个“-”号组成的符号三角形。两个同号下面都是“+”号，两个异号下面都是“-”号。

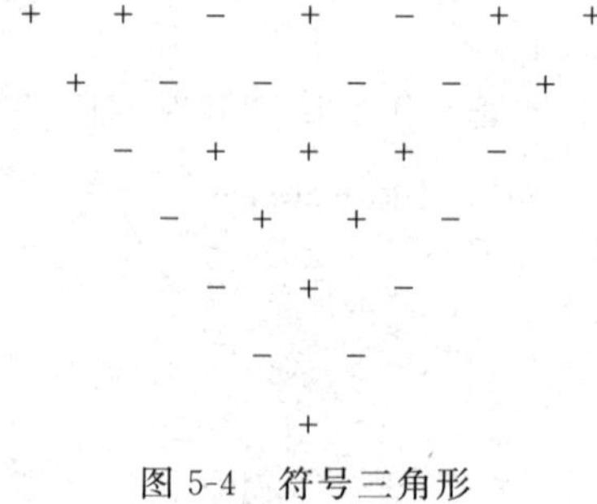

图 5-4　符号三角形

在一般情况下，符号三角形的第一行有 n 个符号。符号三角形问题要求对于给定的 n，计算有多少个不同的符号三角形，使其所含的“+”和“-”的个数相同。

2. 算法设计

对于符号三角形问题，用 n 元组 $x[1:n]$表示符号三角形的第一行的 n 个符号。当 $x[i]=1$ 时，表示符号三角形的第一行的第 i 个符号为“+”；当 $x[i]=0$ 时，表示符号三角形的第一行的第 i 个符号为“－”；$1\leqslant i\leqslant n$。由于 $x[i]$是 2 值的，所以在用回溯法解符号三角形问题时，可以用一棵完全二叉树来表示其解空间。在符号三角形的第一行的前 i 个符号 $x[1:i]$确定后，就确定了一个由 $i\times(i+1)/2$ 个符号组成的符号三角形。下一步确定 $x[i+1]$的值后，只要在前面已确定的符号三角形的右边加一条边，就可以扩展为$x[1:i+1]$所相应的符号三角形。最终由 $x[1:n]$所确定的符号三角形中包含的“+”个数与“－”个数同为 $n\times(n+1)/4$。因此在回溯搜索过程中可用当前符号三角形所包含的“+”个数与“－”个数均不超过 $n\times(n+1)/4$ 作为可行性约束，用于剪去不满足约束的子树。对于给定的 n，当 $n\times(n+1)/2$ 为奇数时，显然不存在所包含的“+”个数与“－”个数相同的符号三角形。这种情况可以通过简单的判断加以处理。

下面的解符号三角形问题的回溯法中，递归方法 backtrack(1)实现对整个解空间的回溯搜索。backtrack(i)搜索解空间中第 i 层子树。类 Triangle 的数据成员记录解空间中结点信息，以减少传给 backtrack 的参数。sum 记录当前已找到的“+”个数与“－”个数相同的符号三角形数。

在算法 backtrack 中，当 $i>n$ 时，算法搜索至叶结点，得到一个新的“+”个数与“－”个数相同的符号三角形，当前已找到符号三角形数 sum 增 1。

当 $i\leqslant n$ 时，当前扩展结点 Z 是解空间中的内部结点。该结点有 $x[i]=1$ 和 $x[i]=0$ 共两个儿子结点。对当前扩展结点 Z 的每一个儿子结点，计算其相应的符号三角形中“+”个数 count 与“－”个数，并以深度优先的方式递归地对可行子树搜索，或剪去不可行子树。

解符号三角形问题的回溯算法描述如下：

```
public class Triangles
{
    static int n,              //第一行的符号个数
        half,                  // n*(n+1)/4
        count;                 //当前"+"个数
    static int [][] p;         //符号三角形矩阵
    static long sum;           //已找到的符号三角形数
  public static long compute (int nn)
  {
    n=nn;
    count=0;
    sum=0;
    half=n*(n+1)/2;
    if (half%2==1) return 0;
    half=half/2;
    p=new int [n+1] [n+1];
    for (int i=0; i<=n; i++)
      for (int j=0; j<=n; j++) p[i][j]=0;
    backtrack(1);
```

```
    return sum;
  }
  private static void backtrack (int t)
  {
    if ((count>half)||(t*(t-1)/2-count>half)) return;
    if (t>n) sum++;
    else
      for (int i=0;i<2;i++)
      {
        p[1][t]=i;
        count+=i;
        for (int j=2;j<=t;j++)
        {
          p[j][t-j+1]=p[j-1][t-j+1]^p[j-1][t-j+2];
          count+=p[j][t-j+1];
        }
        backtrack(t+1);
        for (int j=2;j<=t;j++)
          count-=p[j][t-j+1];
        count-=i;
      }
  }
}
```

3. 算法效率

计算可行性约束需要 $O(n)$ 时间，在最坏情况下有 $O(2^n)$ 个结点需要计算可行性约束，故解符号三角形问题的回溯算法 backtrack 所需的计算时间为 $O(n2^n)$。

5.5 *n* 后 问 题

1. 问题描述

在 $n\times n$ 格的棋盘上放置彼此不受攻击的 n 个皇后。按照国际象棋的规则，皇后可以攻击与之处在同一行或同一列或同一斜线上的棋子。n 后问题等价于在 $n\times n$ 格的棋盘上放置 n 个皇后，任何 2 个皇后不放在同一行或同一列或同一斜线上。

2. 算法设计

用 n 元组 $x[1:n]$ 表示 n 后问题的解。其中 $x[i]$ 表示皇后 i 放在棋盘的第 i 行的第 $x[i]$ 列。由于不允许将 2 个皇后放在同一列，所以解向量中的 $x[i]$ 互不相同。2 个皇后不能放在同一斜线上是问题的隐约束。对于一般的 n 后问题，这一隐约束条件可以化成显约束的形式。将 $n\times n$ 格棋盘看作二维方阵，其行号从上到下，列号从左到右依次编号为 1，2，…，n。从棋盘左上角到右下角的主对角线及其平行线（即斜率为 -1 的各斜线）上，2 个下标值的差（行号$-$列号）值相等。同理，斜率为 $+1$ 的每一条斜线上，2 个下标值的和（行号$+$列号）值相等。因此，若 2 个皇后放置的位置分别是 (i,j) 和 (k,l)，且 $i-j=k-l$ 或 $i+j=k+l$，则说明这 2 个皇后处于同一斜线上。以上 2 个方程分别等价于 $i-k=j-l$ 和

$i-k=l-j$。由此可知，只要$|i-k|=|j-l|$成立，就表明 2 个皇后位于同一条斜线上。问题的隐约束化成了显约束。

用回溯法解 n 后问题时，用完全 n 叉树表示解空间。可行性约束 place 剪去不满足行、列和斜线约束的子树。

下面的解 n 后问题的回溯法中，递归方法 backtrack(1)实现对整个解空间的回溯搜索。backtrack(i)搜索解空间中第 i 层子树。类 Queen 的数据成员记录解空间中结点信息，以减少传给 backtrack 的参数。sum 记录当前已找到的可行方案数。

在算法 backtrack 中，当 $i>n$ 时，算法搜索至叶结点，得到一个新的 n 皇后互不攻击放置方案，当前已找到的可行方案数 sum 增 1。

当 $i\leqslant n$ 时，当前扩展结点 Z 是解空间中的内部结点。该结点有 $x[i]=1,2,\cdots,n$，共 n 个儿子结点。对当前扩展结点 Z 的每一个儿子结点，由 place 检查其可行性，并以深度优先的方式递归地对可行子树搜索，或剪去不可行子树。

解 n 后问题的回溯算法描述如下：

```
public class NQueen1
{
   static int n;              //皇后个数
   static int [] x;           //当前解
   static long sum;           //当前已找到的可行方案数

   public static long nQueen (int nn)
   {
      n=nn;
      sum=0;
      x=new int [n+1];
      for (int i=0; i<=n; i++) x[i]=0;
      backtrack(1);
      return sum;
   }

   private static boolean place (int k)
   {
      for (int j=1;j<k;j++)
      if ((Math.abs(k-j)==Math.abs(x[j]-x[k]))||(x[j]==x[k])) return false;
      return true;
   }

   private static void backtrack (int t)
   {
      if (t>n) sum++;
         else
            for (int i=1;i<=n;i++)
            {
               x[t]=i;
```

```
            if (place(t)) backtrack(t+1);
        }
    }
}
```

3. 迭代回溯

数组 x 记录了解空间树中从根到当前扩展结点的路径，这些信息已包含了回溯法在回溯时所需要的信息。利用数组 x 所含信息，可将上述回溯法表示成非递归形式，进一步省去 $O(n)$递归栈空间。

解 n 后问题的非递归迭代回溯法 backtrack 描述如下：

```
public class NQueen2
{
  static int n;               //皇后个数
  static int [] x;            //当前解
  static long sum;            //当前已找到的可行方案数

  public static long nQueen (int nn)
  {
    n=nn;
    sum=0;
    x=new int [n+1];
    for (int i=0; i<=n; i++) x[i]=0;
    backtrack();
    return sum;
  }

  private static boolean place (int k)
  {
    for (int j=1;j<k;j++)
    if ((Math.abs(k-j)==Math.abs(x[j]-x[k]))||(x[j]==x[k])) return false;
    return true;
  }

  private static void backtrack()
  {
    x[1]=0;
    int k=1;
    while (k>0)
    {
      x[k]+=1;
      while ((x[k]<=n)&& ! (place(k))) x[k]+=1;
      if (x[k]<=n)
        if (k==n) sum++;
        else
        {
```

```
            k++;
            x[k]=0;
        }
        else k--;
    }
  }
}
```

5.6 0-1 背包问题

1. 算法描述

0-1 背包问题是子集选取问题。一般情况下,0-1 背包问题是 NP 难的。0-1 背包问题的解空间可用子集树表示。解 0-1 背包问题的回溯法与装载问题的回溯法十分类似。在搜索解空间树时,只要其左儿子结点是一个可行结点,搜索就进入其左子树。当右子树有可能包含最优解时才进入右子树搜索;否则将右子树剪去。设 r 是当前剩余物品价值总和;cp 是当前价值;bestp 是当前最优价值。当 cp$+r\leqslant$bestp 时,可剪去右子树。计算右子树中解的上界的更好方法是将剩余物品依其单位重量价值排序,然后依次装入物品,直至装不下时,再装入该物品的一部分而装满背包。由此得到的价值是右子树中解的上界。

例如,对于 0-1 背包问题的一个实例,$n=4$,$c=7$,$p=[9,10,7,4]$,$w=[3,5,2,1]$。这 4 个物品的单位重量价值分别为[3,2,3.5,4]。以物品单位重量价值的递减顺序装入物品。先装入物品 4,然后装入物品 3 和 1。装入这 3 个物品后,剩余的背包容量为 1,只能装入 0.2 的物品 2。由此得到一个解为 $x=[1,0.2,1,1]$,其相应的价值为 22。尽管这不是一个可行解,但可以证明其价值是最优值的上界。因此,对于这个实例,最优值不超过 22。

为了便于计算上界,可先将物品依其单位重量价值从大到小排序,此后只要顺序考查各物品即可。在实现时,由 bound 计算当前结点处的上界。类 Knapsack 的数据成员记录解空间树中的结点信息,以减少参数传递以及递归调用所需的栈空间。在解空间树的当前扩展结点处,仅当要进入右子树时才计算上界 bound,以判断是否可将右子树剪去。进入左子树时不需计算上界,因为其上界与其父结点的上界相同。

解 0-1 背包问题的回溯算法描述如下:

```
public class Knapsack
{
  private static class Element implements Comparable
  {
    int id; //物品编号
    double d;

    private Element(int idd, double dd)
    {
      id=idd;
      d=dd;
    }
```

```
    public int compareTo(Object x)
    {
      double xd=((Element) x).d;
      if (d<xd) return-1;
      if (d==xd) return 0;
      return 1;
    }

    public boolean equals(Object x)
      {return d==((Element) x).d;}
  }

  static double c;              //背包容量
  static int n;                 //物品数
  static double [] w;           //物品重量数组
  static double [] p;           //物品价值数组
  static double cw;             //当前重量
  static double cp;             //当前价值
  static double bestp;          //当前最优价值

  public static double knapsack(double [] pp, double [] ww, double cc)
  {
    c=cc;
    n=pp.length-1;
    cw=0.0;
    cp=0.0;
    bestp=0.0;

    //q为单位重量价值数组
    Element [] q=new Element [n];

    //初始化q[0:n-1]
    for (int i=1; i<=n; i++)
      q[i -1]=new Element(i, pp[i]/ww[i]);

    //将各物品依单位重量价值从大到小排序
    MergeSort.mergeSort(q);

    p=new double [n+1];
    w=new double [n+1];
    for (int i=1; i<= n; i++)
    {
      p[i]=pp[q[n-i].id];
      w[i]=ww[q[n-i].id];
```

```
    }

    backtrack(1);              //回溯搜索
    return bestp;
  }

  private static void backtrack(int i)
  {
    if (i>n)
    {//到达叶结点
      bestp=cp;
      return;
    }

    //搜索子树
    if (cw+w[i]<=c)
    {//进入左子树
      cw+=w[i];
      cp+=p[i];
      backtrack(i+1);
      cw-=w[i];
      cp-=p[i];
    }
    if (bound(i+1)>bestp)
      backtrack(i+1);       //进入右子树
  }

  private static double bound(int i)
  {//计算上界
    double cleft=c-cw;   //剩余容量
    double bound = cp;
    //以物品单位重量价值递减顺序装入物品
    while (i<=n && w[i]<=cleft)
    {
      cleft-=w[i];
      bound+=p[i];
      i++;
    }

    //装满背包
    if (i<=n)
      bound+=p[i]*cleft/w[i];
    return bound;
  }
}
```

2. 算法效率

计算上界需要 $O(n)$ 时间,在最坏情况下有 $O(2^n)$ 个右儿子结点需要计算上界,故解 0-1 背包问题的回溯算法 backtrack 所需的计算时间为 $O(n2^n)$。

5.7 最大团问题

1. 问题描述

给定无向图 $G=(V,E)$。如果 $U\subseteq V$,且对任意 $u,v\in U$ 有 $(u,v)\in E$,则称 U 是 G 的完全子图。G 的完全子图 U 是 G 的团,当且仅当 U 不包含在 G 的更大的完全子图中。G 的最大团是指 G 中所含顶点数最多的团。

图 5-5(a)的无向图 G 中,子集{1,2}是 G 的大小为 2 的完全子图。这个完全子图不是团,因为它被 G 的更大的完全子图{1,2,5}包含。{1,2,5}是 G 的最大团。{1,4,5}和{2,3,5}也是 G 的最大团。

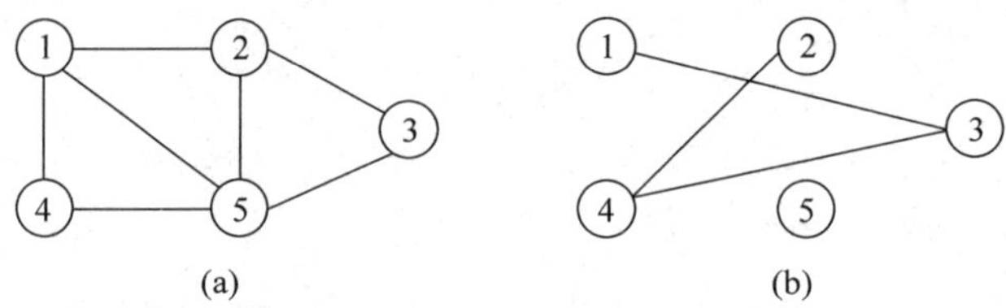

图 5-5　无向图 G 及其补图 $\bar{G}$

如果 $U\subseteq V$ 且对任意 $u,v\in U$ 有 $(u,v)\notin E$,则称 U 是 G 的空子图。G 的空子图 U 是 G 的独立集当且仅当 U 不包含在 G 的更大的空子图中。G 的最大独立集是 G 中所含顶点数最多的独立集。

对于任一无向图 $G=(V,E)$ 其补图 $\bar{G}=(V1,E1)$ 定义为:$V1=V$,且 $(u,v)\in E1$ 当且仅当 $(u,v)\notin E$。

图 5-5(a)和图 5-5(b)中的两个无向图互为补图。{2,4}是 G 的空子图,同时也是 G 的最大独立集。虽然{1,2}是 $\bar{G}$ 的空子图,但它不是 $\bar{G}$ 的独立集,因为它包含在 $\bar{G}$ 的空子图{1,2,5}中。{1,2,5}是 $\bar{G}$ 的最大独立集。

注意,如果 U 是 G 的完全子图,则它是 $\bar{G}$ 的空子图,反之亦然。因此,G 的团与 $\bar{G}$ 的独立集之间存在一一对应关系。特别地,U 是 G 的最大团当且仅当 U 是 $\bar{G}$ 的最大独立集。

2. 算法设计

无向图 G 的最大团和最大独立集问题都可以用回溯法在 $O(n2^n)$ 时间内解决。图 G 的最大团和最大独立集问题都可以看作是图 G 顶点集 V 的子集选取问题。因此,可以用子集树表示问题的解空间。解最大团问题的回溯法与解装载问题的回溯法十分类似。设当前扩展结点 Z 位于解空间树的第 i 层。在进入左子树前,必须确认从顶点 i 到已选入的顶点集中每一个顶点都有边相连。在进入右子树前,必须确认还有足够多的可选择顶点使得算法有可能在右子树中找到更大的团。

在具体实现时,用邻接矩阵表示图 G。整型数组 v 返回所找到的最大团。$v[i]=1$ 当且仅当顶点 i 属于找到的最大团。

解最大团问题的回溯算法可描述如下：

```
public class MaxClique
{
   static int [] x;                 //当前解
   static int n;                    //图 G 的顶点数
   static int cn;                   //当前顶点数
   static int bestn;                //当前最大顶点数
   static int [] bestx;             //当前最优解
   static boolean [][] a;           //图 G 的邻接矩阵

   public static int maxClique(int [] v)
   {
      //初始化
      x=new int [n+1];
      cn=0;
      bestn=0;
      bestx=v;
      //回溯搜索
      backtrack(1);
      return bestn;
   }

   private static void backtrack(int i)
   {
      if (i>n)
      {//到达叶结点
         for (int j=1; j<=n; j++)
            bestx[j]=x[j];
         bestn=cn;
         return;
      }
      //检查顶点 i 与当前团的连接
      boolean ok=true;
      for (int j=1; j<i; j++)
         if (x[j]== 1 && ! a[i][j])
         {//i 与 j 不相连
            ok=false;
            break;
         }
      if (ok)
      {//进入左子树
         x[i]=1;
         cn++;
         backtrack(i+1);
         cn--;
```

```
        }
        if (cn+n-i>bestn)
        {//进入右子树
            x[i]=0;
            backtrack(i+1);
        }
    }
}
```

3. 算法效率

最大团问题的回溯算法 backtrack 所需的计算时间显然为 $O(n2^n)$。

5.8 图的 m 着色问题

1. 问题描述

给定无向连通图 G 和 m 种不同的颜色。用这些颜色为图 G 的各顶点着色,每个顶点着一种颜色。是否有一种着色法使 G 中每条边的两个顶点着不同颜色。这个问题是图的 m 可着色判定问题。若一个图最少需要 m 种颜色才能使图中每条边连接的两个顶点着不同颜色,则称这个数 m 为该图的色数。求一个图的色数 m 的问题称为图的 m 可着色优化问题。

如果一个图的所有顶点和边都能用某种方式画在平面上且没有任何两条边相交,则称这个图是可平面图。著名的平面图的 4 色猜想是图的 m 可着色性判定问题的特殊情形。4 色猜想:在一个平面或球面上的任何地图能够只用 4 种颜色着色,使相邻国家在地图上着不同颜色。这里假设每个国家在地图上是单连通域,还假设两个国家相邻是指这两个国家有一段长度不为 0 的公共边界,而不仅有一个公共点。这样的地图很容易用平面图表示。地图上每一个区域相应于平面图中一个顶点。两个区域在地图上相邻,它们在平面图中相应的两个顶点之间有一条边相连。图 5-6 是一个有 5 个区域的地图及其相应的平面图,这个地图需要 4 种颜色着色。

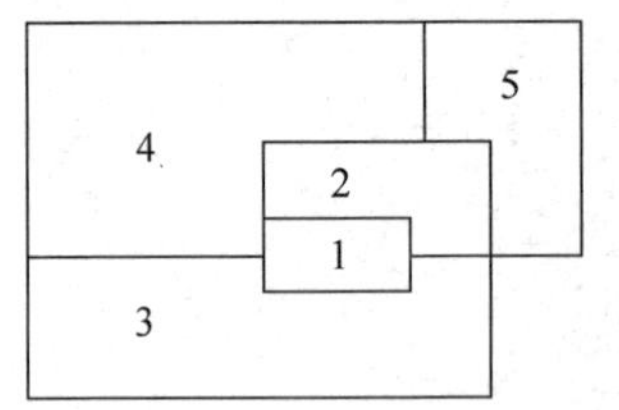

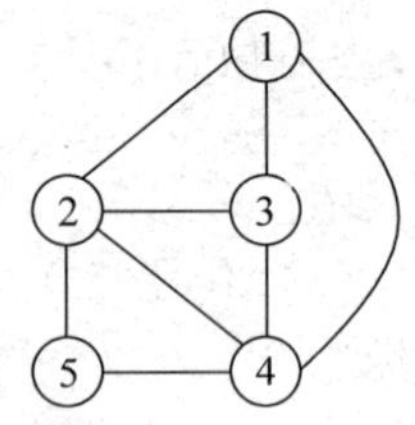

图 5-6 地图及其相应的平面图

2. 算法设计

本节讨论一般连通图的可着色性问题,而不仅限于平面图。给定图 $G=(V,E)$ 和 m 种颜色,如果这个图不是 m 可着色,给出否定回答;如果这个图是 m 可着色的,找出所有不同的着色法。

下面根据回溯法的递归描述框架 backtrack 设计图 m 着色算法。用图的邻接矩阵 $\boldsymbol{a}$ 表示无向连通图 $G=(V,E)$。若 (i,j) 属于图 $G=(V,E)$ 的边集 E,则 $a[i][j]=1$;否则 $a[i][j]=$

0。整数1,2,…,m用来表示m种不同颜色。顶点i所着颜色用$x[i]$表示。数组$x[1:n]$是问题的解向量。问题的解空间可表示为一棵高度为$n+1$的完全m叉树。解空间树的第i($1\leqslant i\leqslant n$)层中每一结点都有m个儿子,每个儿子相应于$x[i]$的m个可能的着色之一。第$n+1$层结点均为叶结点。图5-7是$n=3$和$m=3$时问题的解空间树。

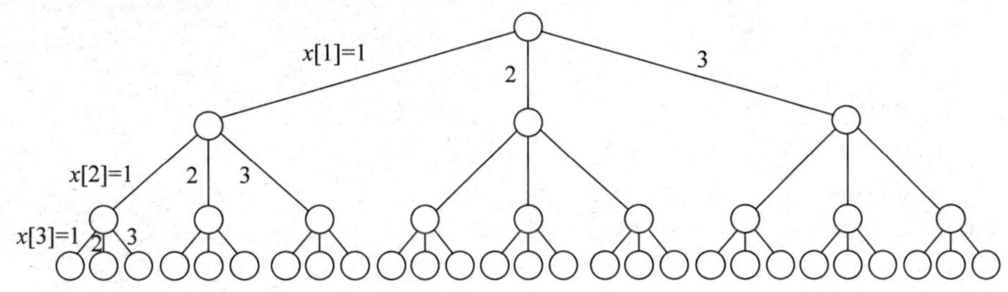

图5-7　$n=3$和$m=3$时的解空间树

在下面的解图m可着色问题的回溯法中,backtrack(i)搜索解空间中第i层子树。类Coloring的数据成员记录解空间中结点信息,以减少传给backtrack的参数。sum记录当前找到的m可着色方案数。

在算法backtrack中,当$i>n$时,算法搜索至叶结点,得到新的m着色方案,当前找到的m可着色方案数sum增1。

当$i\leqslant n$时,当前扩展结点Z是解空间中的内部结点。该结点有$x[i]=1,2,\cdots,m$共m个儿子结点。对当前扩展结点Z的每一个儿子结点,由方法ok检查其可行性,并以深度优先的方式递归地对可行子树搜索,或剪去不可行子树。

图m可着色问题的回溯算法描述如下:

```
public class Coloring
{
  static int n,                    //图的顶点数
             m;                    //可用颜色数
  static boolean [][] a;           //图的邻接矩阵
  static int [] x;                 //当前解
  static long sum;                 //当前已找到的可m着色方案数
  public static long mColoring(int mm)
  {
    m=mm;
    sum=0;
    backtrack(1);
    return sum;
  }

  private static void backtrack(int t)
  {
    if (t>n)
    {
      sum++;
```

```
        for (int i=1; i<=n; i++)
          System.out.print(x[i] + " ");
        System.out.println();
      }
      else
        for (int i=1;i<=m;i++)
        {
          x[t]=i;
          if (ok(t)) backtrack(t+1);
             x[t]=0;
        }
    }
    private static boolean ok(int k)
    {//检查颜色可用性
      for (int j=1;j<=n;j++)
        if (a[k][j] && (x[j]==x[k])) return false;
      return true;
    }
  }
```

3. 算法效率

图 m 可着色问题的回溯算法的计算时间上界可以通过计算解空间树中内结点个数来估计。图 m 可着色问题的解空间树中内结点个数是 $\sum_{i=0}^{n-1} m^i$ 。对于每一个内结点,在最坏情况下,用方法 ok 检查当前扩展结点的每一个儿子所相应的颜色可用性需耗时 $O(mn)$。因此,回溯法总的时间耗费是

$$\sum_{i=0}^{n-1} m^i(mn) = nm(m^n - 1)/(m - 1) = O(nm^n)$$

5.9 旅行售货员问题

1. 算法描述

旅行售货员问题的解空间是一棵排列树。对于排列树的回溯搜索与生成 $1,2,\cdots,n$ 的所有排列的递归算法 perm 类似。开始时 $x=[1,2,\cdots,n]$,相应的排列树由 $x[1:n]$的所有排列构成。

在递归算法 backtrack 中,当 $i=n$ 时,当前扩展结点是排列树的叶结点的父结点。此时算法检测图 G 是否存在一条从顶点 $x[n-1]$到顶点 $x[n]$的边和一条从顶点$x[n]$到顶点 1 的边。如果这两条边都存在,则找到一条旅行售货员回路。此时,算法还需判断这条回路的费用是否优于当前已找到的最优回路的费用 bestc。如果是,则必须更新当前最优值 bestc 和当前最优解 bestx。

当 $i<n$ 时,当前扩展结点位于排列树的第 $i-1$ 层。图 G 中存在从顶点 $x[i-1]$到顶点 $x[i]$的边时,$x[1:i]$构成图 G 的一条路径,且当 $x[1:i]$的费用小于当前最优值时算法进入

排列树的第 i 层;否则,将剪去相应的子树。算法中用变量 cc 记录当前路径 $x[1:i]$ 的费用。

解旅行售货员问题的回溯算法可描述如下:

```
public class Bttsp
{
  static int n;                 //图 G 的顶点数
  static int [] x;              //当前解
  static int [] bestx;          //当前最优解
  static float bestc;           //当前最优值
  static float cc;              //当前费用
  static float [][] a;          //图 G 的邻接矩阵

  public static float tsp(int [] v)
  {
    //置 x 为单位排列
    x=new int [n+1];
    for (int i=1; i<=n; i++)
      x[i]=i;
    bestc=Float.MAX_VALUE;
    bestx=v;
    cc=0;
    //搜索 x[2:n]的全排列
    backtrack(2);
    return bestc;
  }

  private static void backtrack(int i)
  {
    if (i==n)
    {
      if (a[x[n-1]][x[n]]<Float.MAX_VALUE &&
            a[x[n]][1] < Float.MAX_VALUE &&
        (bestc==Float.MAX_VALUE ||cc+a[x[n-1]][x[n]]+a[x[n]][1]<bestc))
      {
        for (int j=1; j<=n; j++)
          bestx[j]=x[j];
        bestc=cc+a[x[n-1]][x[n]]+a[x[n]][1];
      }
    }
    else
    {
      for (int j=i; j<=n; j++)
        //是否可进入 x[j]子树
        if (a[x[i-1]][x[j]]<Float.MAX_VALUE &&
          (bestc==Float.MAX_VALUE || cc+a[x[i-1]][x[j]]<bestc))
        {//搜索子树
```

```
                MyMath.swap(x, i, j);
                cc+=a[x[i-1]][x[i]];
                backtrack(i + 1);
                cc-=a[x[i-1]][x[i]];
                MyMath.swap(x, i, j);
            }
        }
    }
}
```

2. 算法效率

如果不考虑更新 bestx 所需的计算时间,则算法 backtrack 需要 $O((n-1)!)$计算时间。由于算法 backtrack 在最坏情况下可能需要更新当前最优解 $O((n-1)!)$次,每次更新 bestx 都需 $O(n)$计算时间,从而整个算法的计算时间复杂性为 $O(n!)$。

5.10 圆排列问题

1. 问题描述

给定 n 个大小不等的圆 $c_1,c_2,\cdots,c_n$,现要将这 n 个圆排进一个矩形框中,且要求各圆与矩形框的底边相切。圆排列问题要求从 n 个圆的所有排列中找出有最小长度的圆排列。例如,当 $n=3$,且所给的 3 个圆的半径分别为 1,1,2 时,这 3 个圆的最小长度的圆排列如图 5-8 所示。其最小长度为 $2+4\sqrt{2}$。

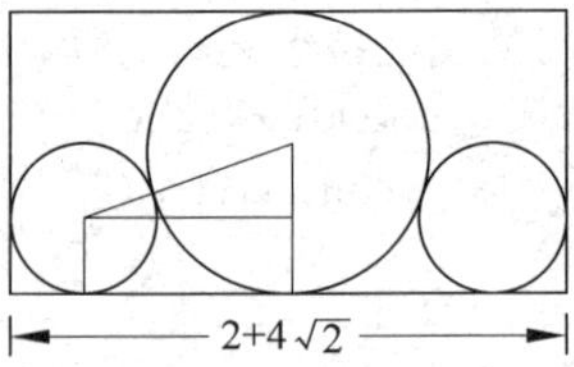

图 5-8 最小长度圆排列

2. 算法设计

圆排列问题的解空间是一棵排列树。按照回溯法搜索排列树的算法框架,设开始时 $a=[r_1,r_2,\cdots,r_n]$是所给的 n 个圆的半径,则相应的排列树由$a[1:n]$的所有排列构成。

解圆排列问题的回溯算法中,circlePerm(n,a)返回找到的最小圆排列长度。初始时,数组 a 是输入的 n 个圆的半径,计算结束后返回相应于最优解的圆排列。center 用于计算当前所选择的圆在当前圆排列中圆心的横坐标。compute 用于计算当前圆排列的长度。变量 min 用于记录当前最小圆排列的长度;数组 r 表示当前圆排列;数组 x 则记录当前圆排列中各圆的圆心横坐标。算法中约定在当前圆排列中排在第一个的圆的圆心横坐标为 0。

在递归算法 backtrack 中,当 $i>n$ 时,算法搜索至叶结点,得到新的圆排列方案。此时算法调用 compute 计算当前圆排列的长度,适时更新当前最优值。

当 $i<n$ 时,当前扩展结点位于排列树的第 $i-1$ 层。此时算法选择下一个要排列的圆,并计算相应的下界函数。在满足下界约束的结点处,以深度优先的方式递归地对相应子树搜索。对于不满足下界约束的结点,则剪去相应的子树。

解圆排列问题的回溯算法描述如下:

```
public class Circles
{
    static int n;                //待排列圆的个数
```

```
  static float min;          //当前最优值
  static float [] x;         //当前圆排列圆心横坐标
  static float [] r;         //当前圆排列

public static float circlePerm(int nn, float [] rr)
{
  n=nn;
  min=100000;
  x=new float [n+1];
  r=rr;
  backtrack(1);
  return min;
}

private static void backtrack(int t)
{
  if (t>n) compute();
  else
    for (int j=t; j<=n; j++)
    {
      MyMath.swap(r, t, j);
      float centerx=center(t);
      if (centerx+r[t]+r[1]<min)
      {//下界约束
        x[t]=centerx;
        backtrack(t+1);
      }
      MyMath.swap(r, t, j);
    }
}

private static float center(int t)
{ //计算当前所选择圆的圆心横坐标
  float temp=0;
  for (int j=1;j<t;j++)
  {
    float valuex=(float)(x[j]+2.0 * Math.sqrt(r[t] * r[j]));
    if (valuex>temp) temp=valuex;
  }
  return temp;
}

  private static void compute()
  { //计算当前圆排列的长度
    float low=0,
```

```
            high=0;
        for (int i=1;i<=n;i++)
        {
            if (x[i]-r[i]<low) low=x[i]-r[i];
            if (x[i]+r[i]>high) high=x[i]+r[i];
        }
        if (high-low<min) min=high-low;
    }
}
```

3. 算法效率

如果不考虑计算当前圆排列中各圆的圆心横坐标和计算当前圆排列长度所需的计算时间,则算法 backtrack 需要 $O(n!)$计算时间。由于算法 backtrack 在最坏情况下可能需要计算 $O(n!)$次当前圆排列长度,每次计算都需 $O(n)$计算时间,从而整个算法的计算时间复杂性为 $O((n+1)!)$。

上述算法尚有许多改进的余地。例如,像 $1,2,\cdots,n-1,n$ 和 $n,n-1,\cdots,2,1$ 这种互为镜像的排列具有相同的圆排列长度,只计算一个就够了,可减少约一半的计算量。另一方面,如果所给的 n 个圆中有 k 个圆有相同的半径,则这 k 个圆产生的 $k!$ 个完全相同的圆排列,只计算一个就够了。上述算法的这些改进,留作练习。

5.11 电路板排列问题

1. 问题描述

电路板排列问题是大规模电子系统设计中提出的实际问题。该问题的提法是,将 n 块电路板以最佳排列方案插入带有 n 个插槽的机箱中。n 块电路板的不同的排列方式对应于不同的电路板插入方案。

设 $B=\{1,2,\cdots,n\}$是 n 块电路板的集合。集合 $L=\{N_1,N_2,\cdots,N_m\}$是 n 块电路板的 m 个连接块。其中,每个连接块 N_i 是 B 的一个子集,且 N_i 中的电路板用同一根导线连接在一起。

例如,设 $n=8,m=5$。给定 n 块电路板及其 m 个连接块如下:

$$B=\{1,2,3,4,5,6,7,8\}$$
$$L=\{N_1,N_2,N_3,N_4,N_5\}$$
$$N_1=\{4,5,6\}$$
$$N_2=\{2,3\}$$
$$N_3=\{1,3\}$$
$$N_4=\{3,6\}$$
$$N_5=\{7,8\}$$

这 8 块电路板的一个可能的排列如图 5-9 所示。

设 x 表示 n 块电路板的排列,即在机箱的第 i 个插槽中插入电路板 $x[i]$。x 所确定的电路板排列密度 density(x)定义为跨越相邻电路板插槽的最大连线数。

例如,图 5-9 中电路板排列的密度为 2。跨越插槽 2 和 3,插槽 4 和 5 以及插槽 5 和 6 的连线数均为2。插槽6和7之间无跨越连线。其余相邻插槽之间都只有1条跨越连线。

在设计机箱时，插槽一侧的布线间隙由电路板排列的密度所确定。因此，电路板排列问题要求对于给定电路板连接条件（连接块），确定电路板的最佳排列，使其具有最小密度。

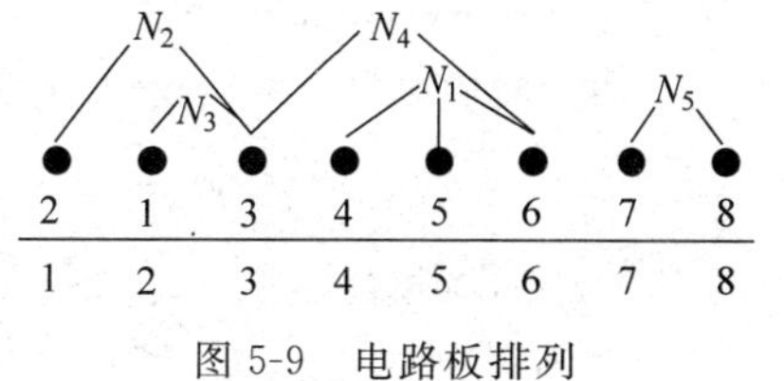

图5-9 电路板排列

2. 算法设计

电路板排列问题是NP难问题，因此，不大可能找到解此问题的多项式时间算法。下面讨论用回溯法解电路板排列问题。通过系统地搜索电路板排列问题所相应解空间的排列树，找出电路板最佳排列。

算法中用整型数组 b 表示输入。$b[i][j]$的值为1当且仅当电路板 i 在连接块 N_j 中。设total$[j]$是连接块 N_j 中的电路板数。对于电路板的部分排列 $x[1:i]$，设now$[j]$是 $x[1:i]$中所包含的 N_j 中的电路板数。由此可知，连接块 N_j 的连线跨越插槽 i 和$i+1$当且仅当now$[j]>0$ 且 now$[j]\neq$total$[j]$。可以利用这个条件来计算插槽 i 和插槽 $i+1$ 间的连线密度。

在算法 backtrack 中，当 $i=n$ 时，所有 n 块电路板都已排定，其密度为 cd。由于算法仅完成比当前最优解更好的排列，故 cd 肯定优于 bestd。此时应更新 bestd。

当 $i<n$ 时，电路板排列尚未完成。$x[1:i-1]$是当前扩展结点所相应的部分排列，cd 是相应的部分排列密度。在当前部分排列之后加入一块未排定的电路板，扩展当前部分排列产生当前扩展结点的一个儿子结点。对于这个儿子结点，计算新的部分排列密度 ld。仅当ld<bestd 时，算法搜索相应的子树，否则该子树被剪去。

按上述回溯搜索策略设计的解电路板排列问题的算法可描述如下：

```
public class Board
{
  static int n;              //电路板数
  static int m;              //连接块数
  static int [] x;           //当前解
  static int [] bestx;       //当前最优解
  static int [] total;       //total[j]=连接块 j 的电路板数
  static int [] now;         //now[j]=当前解中所含连接块 j 的电路板数
  static int bestd;          //当前最优密度
  static int [][] b;         //连接块数组

  public static int arrange(int [][] bb, int mm, int [] xx)
  {
    //初始化
    n=bb.length-1;
    m=mm;
    x=new int[n+1];
    bestx=xx;
    total=new int[m+1];
```

```
        now=new int[m+1];
        bestd=m+1;
        b=bb;

        //置 x 为单位排列
        //计算 total[]
        for (int i=1; i<=n; i++)
        {
          x[i]=i;
          for (int j=1; j<=m; j++)
              total[j]+=b[i][j];
        }

        //回溯搜索
        backtrack(1, 0);
        return bestd;
      }

      private static void backtrack(int i, int dd)
      {
        if (i==n)
        {
          for (int j=1; j<=n; j++)
            bestx[j]=x[j];
          bestd=dd;
        }
        else
          for (int j=i; j<=n; j++)
          { //选择 x[j]为下一块电路板
            int d=0;
            for (int k=1; k<=m; k++)
            {
              now[k]+=b[x[j]][k];
              if (now[k]>0 && total[k] !=now[k]) d++;
            }
            //更新 d 值
            if (dd>d)d=dd;
            if (d<bestd)
            { //搜索子树
              MyMath.swap(x, i, j);
              backtrack(i+1, d);
              MyMath.swap(x, i, j);
            }
            //恢复状态
            for (int k=1; k<=m; k++)
```

```
                now[k]-=b[x[j]][k];
            }
        }
    }
```

3. 算法效率

在解空间排列树的每个结点处,算法 backtrack 花费 $O(m)$计算时间为每个儿子结点计算密度。因此,计算密度所耗费的总计算时间为 $O(mn!)$。另外,生成排列树需$O(n!)$时间。每次更新当前最优解至少使 bestd 减少 1,而算法运行结束时 bestd≥0。因此,最优解被更新的次数为 $O(m)$,更新当前最优解需 $O(mn)$时间。

综上可知,解电路板排列问题的回溯算法 backtrack 所需的计算时间为 $O(mn!)$。

5.12 连续邮资问题

1. 问题描述

假设国家发行了 n 种不同面值的邮票,并且规定每个信封上最多只允许贴 m 张邮票。连续邮资问题要求对于给定的 n 和 m 的值,给出邮票面值的最佳设计,在 1 个信封上可贴出从邮资 1 开始,增量为 1 的最大连续邮资区间。例如,当 $n=5$ 和 $m=4$ 时,面值为(1,3,11,15,32)的 5 种邮票可以贴出邮资的最大连续邮资区间是 1~70。

2. 算法设计

对于连续邮资问题,用 n 元组 $x[1:n]$表示 n 种不同的邮票面值,并约定它们从小到大排列。$x[1]=1$ 是唯一的选择。此时的最大连续邮资区间是$[1:m]$。接下来,$x[2]$的可取值范围是$[2:m+1]$。在一般情况下,已选定 $x[1:i-1]$,最大连续邮资区间是$[1:r]$,接下来 $x[i]$的可取值范围是$[x[i-1]+1:r+1]$。由此可以看出,在用回溯法解连续邮资问题时,可用树表示其解空间。该解空间树中各结点的度随 x 的不同取值而变化。

下面的解连续邮资问题的回溯法中,类 Stamps 的数据成员记录解空间中结点信息。maxvalue 记录当前已找到的最大连续邮资区间,bestx 是相应的当前最优解。数组 y 用于记录当前已选定的邮票面值 $x[1:i]$能贴出各种邮资所需的最少邮票数。换句话说,$y[k]$是用不超过 m 张面值为 $x[1:i]$的邮票贴出邮资 k 所需的最少邮票数。

在算法 backtrack 中,当 $i>n$ 时,算法搜索至叶结点,得到新的邮票面值设计方案 $x[1:n]$。如果该方案能贴出的最大连续邮资区间大于当前已找到的最大连续邮资区间 maxvalue,则更新当前最优值 maxvalue 和相应的最优解 bestx。

当 $i\leqslant n$ 时,当前扩展结点 Z 是解空间中的内部结点。在该结点处 $x[1:i-1]$能贴出的最大连续邮资区间为 $r-1$。因此,在结点 Z 处,$x[i]$的可取值范围是$[x[i-1]+1:r]$,从而,结点 Z 有 $r-x[i-1]$个儿子结点。算法对当前扩展结点 Z 的每一个儿子结点,以深度优先的方式递归地对相应子树进行搜索。

连续邮资问题的回溯算法可描述如下:

```
public class Stamps
{
  static int   n,                    //邮票面值数
```

```
            m,              //每个信封允许贴的最多邮票数
            maxR,           //当前最优值
            maxint,         //大整数
            maxl;           //邮资上界
static int [] x;            //当前解
static int [] y;            //贴出各种邮资所需最少邮票数
static int [] bestx;        //当前最优解

public static int maxStamp(int nn, int mm, int [] xx)
{
  int maxll=1500;
  n=nn;
  m=mm;
  maxR=0;
  maxint=Integer.MAX_VALUE;
  maxl=maxll;
  bestx=xx;
  x=new int [n+1];
  y=new int [maxl+1];
  for (int i=0; i<=n; i++) x[i]=0;
  for (int i=1; i<=maxl; i++) y[i]=maxint;
  x[1]=1;
  y[0]=0;
  backtrack(2,1);
  return maxR;
}

private static void backtrack(int i,int r)
{
  for (int j=0; j<=x[i-2]*(m-1);j++)
    if (y[j]<m)
      for (int k=1;k<=m-y[j];k++)
        if (y[j]+k<y[j+x[i-1]*k]) y[j+x[i-1]*k]=y[j]+k;

  while (y[r]<maxint) r++;

  if (i>n)
  {
    if (r-1>maxR)
    {
      maxR=r-1;
      for (int j=1; j<=n; j++)
        bestx[j]=x[j];
    }
    return;
```

```
    }
    int []z=new int [maxl+1];
    for (int k=1;k<=maxl;k++)
      z[k]=y[k];
    for (int j=x[i-1]+1;j<=r;j++)
      if (y[r-j]<m)
      {
        x[i]=j;
        backtrack(i+1,r+1);
        for (int k=1;k<=maxl;k++)
          y[k]=z[k];
      }
  }
}
```

5.13 回溯法的效率分析

通过前面具体实例的讨论容易看出,回溯算法的效率在很大程度上依赖于以下因素:

(1) 产生 $x[k]$的时间。

(2) 满足显约束的 $x[k]$值的个数。

(3) 计算约束函数 constraint 的时间。

(4) 计算上界函数 bound 的时间。

(5) 满足约束函数和上界函数约束的所有 $x[k]$的个数。

好的约束函数能显著地减少所生成的结点数,但这样的约束函数往往计算量较大。因此,在选择约束函数时通常需要在生成结点数与约束函数计算量之间折中。

通常可用"重排原理"提高效率。对于许多问题而言,在搜索试探时选取 $x[i]$的值顺序是任意的。在其他条件相当的前提下,让可取值最少的 $x[i]$优先将较有效。从图 5-10 关于同一问题的两棵不同解空间树,可以体会到这种策略的潜力。

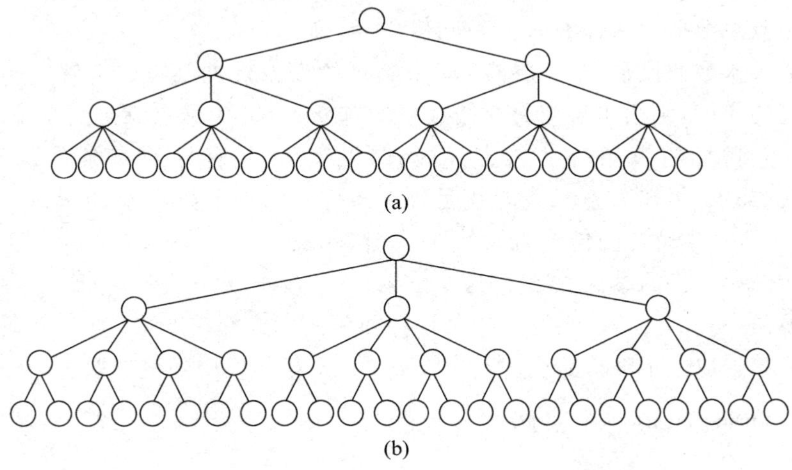

图 5-10 同一问题的两棵不同的解空间树

图 5-10 (a)中,从第 1 层剪去 1 棵子树,则从所有应当考虑的 3 元组中一次消去 12 个 3 元组。对于图 5-10 (b),虽然同样从第 1 层剪去 1 棵子树,却只从应当考虑的 3 元组中消去 8 个 3 元组。前者的效果明显比后者好。

解空间的结构一经选定,影响回溯法效率的前 3 个因素就可以确定,只剩下生成结点的数目可变,它将随问题的具体内容以及结点的不同生成方式而变动。即使同一问题的不同实例,回溯法所产生的结点数也会有很大变化。对于一个实例,回溯法可能只产生 $O(n)$个结点。而对另一个非常相近的实例,回溯法可能会产生解空间中所有结点。如果解空间的结点数是 2^n 或 $n!$,在最坏情况下,回溯法的时间耗费一般为$O(p(n)2^n)$或 $O(q(n)n!)$。其中 $p(n)$和 $q(n)$均为 n 的多项式。对于具体问题来说,回溯法的有效性往往体现在当问题实例的规模 n 较大时,它能用很少时间求得问题的解。而对于问题的具体实例,又很难预测回溯法的算法行为。特别是很难估计出回溯法在解具体实例时所产生的结点数。这是在分析回溯法效率时遇到的主要困难。下面介绍一个概率方法,用于克服这一困难。

用回溯法解具体问题的具体实例时,可用概率方法估算回溯法将产生的结点数。该方法的主要思想是在解空间树上产生一条随机路径,然后沿此路径估算解空间树中满足约束条件的结点总数 m。设 x 是所产生的随机路径上的一个结点,且位于解空间树的第 i 层。对于 x 的所有儿子结点,用约束函数检测出满足约束条件的结点数 m_i。下一个结点从 x 的 m_i 个满足约束的儿子结点中随机选取。这条路径一直延伸到叶结点或者所有儿子结点都不满足约束条件时为止。通过 m_i 的值,可估算出解空间树中满足约束条件的结点总数 m。用回溯法求问题的所有解时,这个数特别有用。因为在这种情况下,解空间中所有满足约束条件的结点都必须生成。若只要求用回溯法找出问题的一个解,则所生成的结点数一般只是 m 个满足约束条件的结点中的一小部分。此时用 m 来估计回溯法生成的结点数就过于保守。

为了从 m_i 的值求得 m 的值,还需要对约束函数做一些假定。在估计 m 时,假定所有约束函数是静态的。也就是说,在回溯法执行过程中,约束函数并不随着算法所获得信息的多少而动态地改变。进一步还假设解空间树中同一层结点所用的约束函数相同。对于大多数回溯法,这种假定太强。实际上,大多数回溯法中,约束函数随着搜索过程的深入而逐渐加强。在这种情形下,按假定估计 m 就显得保守。如果考虑约束函数的变化,所得出的满足约束条件的结点总数要比估计的 m 少,而且也更精确。

在静态约束函数假设下,第 1 层有 m_0 个满足约束条件的结点。若解空间树的同一层结点具有相同的出度,则第 1 层上每个结点平均有 m_1 个儿子结点满足约束条件。因此,第 2 层有 m_0m_1 个满足约束条件的结点。同理,第 3 层上满足约束条件的结点个数为 $m_0m_1m_2$。依此类推,可知第 $i+1$ 层上满足约束条件的结点个数为 $m_0m_1m_2\cdots m_i$。因此,对于给定输入,随机产生解空间树上的一条路径,计算 $m_0,m_1,m_2,\cdots,m_i,\cdots$,可以估计出回溯法生成的满足约束条件的结点总数 m 为:$1+m_0+m_0m_1+m_0m_1m_2+\cdots$。

下面的算法 estimate 依据上述思想来计算回溯法生成的结点总数 m。该算法从解空间树的根结点开始选取一条随机路径。其中,choose 从集合 T 中随机选取一个元素。

```
public int estimate(int n)
{
  int m=1, r=1, k=1;
```

```
    while (k<=n) {
      T=x[k]的满足约束的可取值集合;
      if (T.size==0) return m;
      r * =T.size;
      m+=r;
      x[k]=T.choose();
      k++;}
    return m;
}
```

用回溯法解具体问题时，可用算法 estimate 估算回溯法生成的结点数。若要估计得更精确，可选取若干条不同的随机路径(通常不超过 20 条)，分别对各随机路径估计结点总数，然后再取这些结点总数的平均值，得到 m 的估算值。

例如，对于 8 后问题，要在 8×8 的棋盘中放进 8 个皇后，其放法的组合数很大。利用显约束排除两个皇后在同一行或同一列的放法，也还有 8! 种不同的放法。用算法 estimate 估计回溯法 nQueen 所产生的结点总数。对于该问题，约束函数的静态假设成立，在算法搜索过程中，约束函数没有改变。另外，在解空间树中，同一层所有结点有相同出度。图 5-11 给出算法 estimate 产生的 5 条随机路径所相应的 8×8 棋盘状态。当需要在棋盘上某行放入一个皇后时，随机选取所放的列。

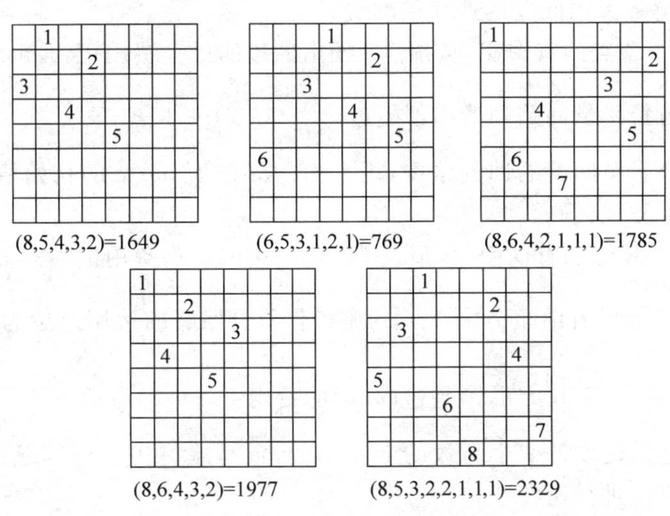

图 5-11　解空间树中 5 条随机路径所对应棋盘状态

图 5-11 中棋盘下面列出了每一层结点可能生成的满足约束条件的结点数，即 $m_0, m_1, m_2, \cdots, m_i$ 以及由此随机路径估算出的结点总数 m。由这 5 条随机路径可得 m 的平均值为 1702。8 后问题的解空间树的结点总数是

$$1 + \sum_{j=0}^{7}\left(\prod_{i=0}^{j}(8-i)\right) = 109601$$

由此可见，回溯法产生的结点数 m 是解空间树结点总数的 1.55%左右。这说明回溯法的效率大大高于穷举法。

小　结

本章介绍的回溯法可用于系统地搜索问题的所有解。回溯法是一个既带有系统性又带有跳跃性的搜索算法。它在问题的解空间树中,按深度优先策略,从根结点出发搜索解空间树。本章详细叙述了回溯法的算法框架,并用许多典型的难解问题,如装载问题、批处理作业调度、符号三角形问题、n后问题、0-1背包问题、最大团问题、图的m着色问题、旅行售货员问题、圆排列问题、电路板排列问题、连续邮资问题等,从算法的不同侧面阐述回溯法的应用技巧,以期收到举一反三的效果。最后讨论了分析回溯法效率的方法。

习　题

5-1　用5.2节中的改进策略(1)重写装载问题回溯法,使改进后算法计算时间复杂性为$O(2^n)$。

5-2　用5.2节中的改进策略(2)重写装载问题回溯法,使改进后算法计算时间复杂性为$O(2^n)$。

5-3　重写0-1背包问题的回溯法,使算法能输出最优解。

5-4　试设计一个解最大团问题的迭代回溯法。

5-5　设G是有n个顶点的有向图,从顶点i发出的边的最大费用记为$\max(i)$。

(1) 证明旅行售货员回路的费用不超过$\sum_{i=1}^{n}\max(i)+1$。

(2) 在旅行售货员问题的回溯法中,用上面的界作为bestc的初始值,重写该算法,并尽可能地简化代码。

5-6　设G是有n个顶点的有向图,从顶点i发出的边的最小费用记为$\min(i)$。

(1) 证明图G的所有前缀为$x[1:i]$的旅行售货员回路的费用至少为$\sum_{j=2}^{i}a(x_{j-1},x_j)+\sum_{j=i}^{n}\min(x_j)$,其中$a(u,v)$是边$(u,v)$的费用。

(2) 利用上述结论设计一个高效的上界函数,重写旅行售货员问题的回溯法,并与教材中的算法进行比较。

第6章 分支限界法

分支限界法类似于回溯法，是在问题的解空间树上搜索问题解的算法。一般情况下，分支限界法与回溯法的求解目标不同。回溯法的求解目标是找出解空间树中满足约束条件的所有解，而分支限界法的求解目标则是找出满足约束条件的一个解，或是在满足约束条件的解中找出使某一目标函数值达到极大或极小的解，即在某种意义下的最优解。

由于求解目标不同，导致分支限界法与回溯法对解空间树的搜索方式也不相同。回溯法以深度优先的方式搜索解空间树，而分支限界法则以广度优先或以最小耗费优先的方式搜索解空间树。分支限界法的搜索策略是，在扩展结点处，先生成其所有的儿子结点（分支），然后再从当前的活结点表中选择下一个扩展结点。为了有效地选择下一扩展结点，加速搜索进程，在每一活结点处，计算一个函数值（限界），并根据函数值，从当前活结点表中选择一个最有利的结点作为扩展结点，使搜索朝着解空间树上有最优解的分支推进，以便尽快地找出一个最优解。这种方法称为分支限界法。人们已经用分支限界法解决了大量离散最优化问题。

6.1 分支限界法的基本思想

分支限界法常以广度优先或以最小耗费（最大效益）优先的方式搜索问题的解空间树。问题的解空间树是表示问题解空间的一棵有序树，常见的有子集树和排列树。在搜索问题的解空间树时，分支限界法与回溯法的主要不同在于它们对当前扩展结点所采用的扩展方式。在分支限界法中，每一个活结点只有一次机会成为扩展结点。活结点一旦成为扩展结点，就一次性产生其所有儿子结点。在这些儿子结点中，导致不可行解或导致非最优解的儿子结点被舍弃，其余儿子结点被加入活结点表中。此后，从活结点表中取下一结点成为当前扩展结点，并重复上述结点扩展过程。这个过程一直持续到找到所需的解或活结点表为空时为止。

从活结点表中选择下一扩展结点的不同方式导致不同的分支限界法。最常见的有以下两种方式。

1）队列式（FIFO）分支限界法

队列式分支限界法将活结点表组织成一个队列，并按队列的先进先出 FIFO（first in first out）原则选取下一个结点为当前扩展结点。

2）优先队列式分支限界法

优先队列式的分支限界法将活结点表组织成一个优先队列，并按优先队列中规定的结点优先级选取优先级最高的下一个结点成为当前扩展结点。

优先队列中规定的结点优先级常用一个与该结点相关的数值 p 表示。结点优先级的高低与 p 值的大小相关。最大优先队列规定 p 值较大的结点优先级较高。在算法实现时通常用最大堆来实现最大优先队列,用最大堆的 removeMax 运算抽取堆中下一个结点成为当前扩展结点,体现最大效益优先的原则。类似地,最小优先队列规定 p 值较小的结点优先级较高。在算法实现时通常用最小堆来实现最小优先队列,用最小堆的 removeMin 运算抽取堆中下一个结点成为当前扩展结点,体现最小费用优先的原则。

用优先队列式分支限界法解具体问题时,应根据具体问题的特点确定选用最大优先队列或最小优先队列表示解空间的活结点表。

例如,考虑 $n=3$ 时 0-1 背包问题的一个实例如下。$w=[16,15,15]$,$p=[45,25,25]$,$c=30$。队列式分支限界法用一个队列来存储活结点表,而优先队列式分支限界法则将活结点表组成优先队列并用最大堆来实现该优先队列,该优先队列的优先级定义为活结点所获得的价值。这个例子与在第 5 章中讨论的例子相同,其解空间是图 5-1 中的子集树。

用队列式分支限界法解此问题时,算法从根结点 A 开始。初始时活结点队列为空,结点 A 是当前扩展结点。结点 A 的 2 个儿子结点 A 和 B 均为可行结点,故将这2 个儿子结点按从左到右的顺序加入活结点队列,并且舍弃当前扩展结点 A。依先进先出的原则,下一个扩展结点是活结点队列的队首结点 B。扩展结点 B 得到其儿子结点 D 和 E。由于 D 是不可行结点,故被舍去。E 是可行结点,被加入活结点队列。接下来,C 成为当前扩展结点,它的 2 个儿子结点 F 和 G 均为可行结点,因此被加入到活结点队列中。扩展下一个结点 E 得到结点 J 和 K。J 是不可行结点,因而被舍去。K 是一个可行的叶结点,表示所求问题的一个可行解,其价值为 45。

当前活结点队列的队首结点 F 成为下一个扩展结点。它的 2 个儿子结点 L 和 M 均为叶结点。L 表示获得价值为 50 的可行解,M 表示获得价值为 25 的可行解。G 是最后的一个扩展结点,其儿子结点 N 和 O 均为可行叶结点。最后,活结点队列已空,算法终止。算法搜索得到最优值为 50。

从这个例子容易看出,队列式分支限界法搜索解空间树的方式与解空间树的广度优先遍历算法极为相似。唯一的不同之处是队列式分支限界法不搜索以不可行结点为根的子树。

优先队列式分支限界法从根结点 A 开始搜索解空间树。用一个极大堆表示活结点表的优先队列。初始时堆为空,扩展结点 A 得到它的 2 个儿子结点 B 和 C。这 2 个结点均为可行结点,因此被加入到堆中,结点 A 被舍弃。结点 B 获得的当前价值是 40,而结点 C 的当前价值为 0。由于结点 B 的价值大于结点 C 的价值,所以结点 B 是堆中最大元素,从而成为下一个扩展结点。扩展结点 B 得到结点 D 和 E。D 不是可行结点,因而被舍去。E 是可行结点被加入到堆中。E 的价值为 40,成为当前堆中最大元素,从而成为下一个扩展结点。扩展结点 E 得到 2 个叶结点 J 和 K。J 是不可行结点被舍弃。K 是一个可行叶结点,表示所求问题的一个可行解,其价值为 45。此时,堆中仅剩下一个活结点 C,它成为当前扩展结点。它的 2 个儿子结点 F 和 G 均为可行结点,因此被插入到当前堆中。结点 F 的价值为 25,是堆中最大元素,成为下一个扩展结点。结点 F 的 2 个儿子结点 L 和 M 均为叶结点。

叶结点L相应于价值为50的可行解。叶结点M相应于价值为25的可行解。叶结点L所相应的解成为当前最优解。最后,结点G成为扩展结点,其儿子结点N和O均为叶结点,它们的价值分别为25和0。接下来,存储活结点的堆已空,算法终止。算法搜索得到最优值为50。相应的最优解是从根结点A到结点J的路径(0,1,1)。

在寻求问题的最优解时,与讨论回溯法时类似,可以用剪枝函数加速搜索。该函数给出每一个可行结点相应的子树可能获得的最大价值的上界。如果这个上界不比当前最优值更大,则说明相应的子树中不含问题的最优解,因而可以剪去。另一方面,也可以将上界函数确定的每个结点的上界值作为优先级,以该优先级的非增序抽取当前扩展结点。这种策略有时可以更迅速地找到最优解。

考查4城市旅行售货员的例子,如图5-3所示。该问题的解空间树是一棵排列树。解此问题的队列式分支限界法以排列树中结点B作为初始扩展结点。此时,活结点队列为空。由于从图G的顶点1到顶点2,3和4均有边相连,所以结点B的儿子结点C,D,E均为可行结点,它们被加入到活结点队列中,并舍去当前扩展结点B。当前活结点队列中的队首结点C成为下一个扩展结点。由于图G的顶点2到顶点3和4有边相连,故结点C的2个儿子结点F和G均为可行结点,从而被加入到活结点队列中。接下来,结点D和结点E相继成为扩展结点而被扩展。此时,活结点队列中的结点依次为F,G,H,I,J,K。

结点F成为下一个扩展结点,其儿子结点L是一个叶结点。找到了一条旅行售货员回路,其费用为59。从下一个扩展结点G得到叶结点M,它相应的旅行售货员回路的费用为66。结点H依次成为扩展结点,得到结点N相应的旅行售货员回路,其费用为25。这是当前最好的一条回路。下一个扩展结点是结点I,由于从根结点到叶结点I的费用26已超过了当前最优值,故没有必要扩展结点I。以结点I为根的子树被剪去。最后,结点J和K被依次扩展,活结点队列成为空,算法终止。算法搜索得到最优值为25,相应的最优解是从根结点到结点N的路径(1,3,2,4,1)。

解同一问题的优先队列式分支限界法用一极小堆来存储活结点表。其优先级是结点的当前费用。算法还是从排列树的结点B和空优先队列开始。结点B被扩展后,它的3个儿子结点C,D和E被依次插入堆中。此时,由于E是堆中具有最小当前费用(4)的结点,所以处于堆顶的位置,它自然成为下一个扩展结点。结点E被扩展后,其儿子结点J和K被插入当前堆中,它们的费用分别为14和24。此时,堆顶元素是结点D,它成为下一个扩展结点。它的2个儿子结点H和I被插入堆中。此时堆中含有结点C,H,I,J,K。在这些结点中,结点H具有最小费用,从而它成为下一个扩展结点。扩展结点H后得到一条旅行售货员回路(1,3,2,4,1),相应的费用为25。接下来,结点J成为扩展结点,由此得到另一条费用为25的回路(1,4,2,3,1)。此后的2个扩展结点是结点K和I。由结点K得到的可行解费用高于当前最优解。结点I本身的费用已高于当前最优解。从而它们都不能得到更好的解。最后,优先队列为空,算法终止。

与0-1背包问题的例子类似,可以用一个限界函数在搜索过程中裁剪子树,以减少产生的活结点。此时剪枝函数是当前结点扩展后可得到的最小费用的一个下界。如果在当前扩展结点处,这个下界不比当前最优值更小,则可剪去以该结点为根的子树。另一方面,也可以每个结点的下界作为优先级,依非减序从活结点优先队列中抽取下一个扩展结点。

6.2 单源最短路径问题

单源最短路径问题适合于用分支限界法求解。先用单源最短路径问题的一个具体实例来说明算法的基本思想。在图 6-1 所给的有向图 G 中,每一边都有一个非负边权。要求图 G 的从源顶点 s 到目标顶点 t 之间的最短路径。解单源最短路径问题的优先队列式分支限界法用一极小堆来存储活结点表,其优先级是结点所对应的当前路长。算法从图 G 的源顶点 s 和空优先队列开始。结点 s 被扩展后,它的 3 个儿子结点被依次插入堆中。此后,算法从堆中取出具有最小当前路长的结点作为当前扩展结点,并依次检查与当前扩展结点相邻的所有顶点。如果从当前扩展结点 i 到顶点 j 有边可达,且从源出发,途经顶点 i 再到顶点 j 的所相应的路径的长度小于当前最优路径长度,则将该顶点作为活结点插入到活结点优先队列中。这个结点的扩展过程一直继续到活结点优先队列为空时为止。

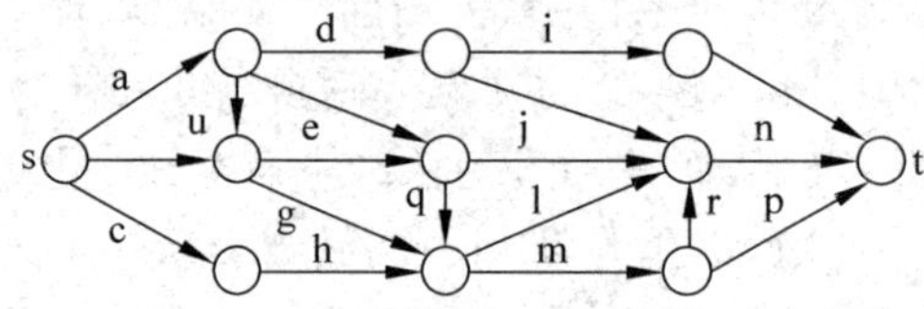

图 6-1　有向图 G

图 6-2 是用优先队列式分支限界法解图 6-1 的有向图 G 的单源最短路径问题产生的解空间树。其中,每一个结点旁边的数字表示该结点所对应的当前路长。由于图 G 中各边的权均非负,所以结点所对应的当前路长也是解空间树中以该结点为根的子树中所有结点所对应的路长的一个下界。在算法扩展结点的过程中,一旦发现一个结点的下界不小于当前找到的最短路长,则算法剪去以该结点为根的子树。

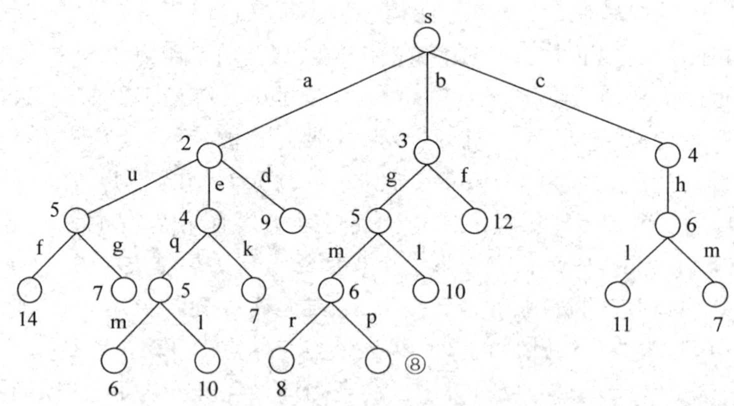

图 6-2　有向图 G 的单源最短路径问题的解空间树

在算法中,还利用结点间的控制关系进行剪枝。例如在图 6-2 中,从源顶点 s 出发,经过边 a,e,q(路长为 5)和经过边 c,h(路长为 6)的 2 条路径到达图 G 的同一顶点。在该问题的解空间树中,这 2 条路径相应于解空间树的 2 个不同的结点 A 和 B。由于结点 A 所相应的路长小于结点 B 所相应的路长,因此以结点 A 为根的子树中所包含的从 s 到 t 的路长小于以结点 B 为根的子树中所包含的从 s 到 t 的路长。因而可以将以结点 B 为根的子树剪去。在这种情况下，称结点 A 控制了结点 B。显然算法可将被控制结点所相应的子树剪去。

下面给出的算法是找出从源顶点 s 到图 G 中所有其他顶点之间的最短路径，因此主要利用结点控制关系进行剪枝。在一般情况下，如果解空间树中以结点 y 为根的子树中所含的解优于以结点 x 为根的子树中所含的解，则结点 y 控制了结点 x，以被控制的结点 x 为根的子树可以剪去。

在具体实现时，算法用邻接矩阵表示所给的图 G。在类 BBShortest 中用一个二维数组 a 存储图 G 的邻接矩阵。另外，算法中用数组 dist 记录从源到各顶点的距离；用数组 p 记录从源到各顶点的路径上的前驱顶点。

由于要找的是从源到各顶点的最短路径，所以选用最小堆表示活结点优先队列。最小堆中元素的类型为 HeapNode。该类型结点包含域 i 用于记录该活结点所表示的图 G 中相应顶点的编号，length 表示从源到该顶点的距离。

```
public class BBShortest
{
  static class HeapNode implements Comparable
  {
    int i;                                    //顶点编号
    float length;                             //当前路长

    HeapNode(int ii, float ll)
    {
      i=ii;
      length=ll;
    }

    public int compareTo(Object x)
    {
      float xl=((HeapNode)x).length;
      if (length<xl) return -1;
      if (length==xl) return 0;
      return 1;
    }
  }

  static float [][] a;                        //图 G 的邻接矩阵

  public static void shortest(int v, float [] dist, int [] p)
  {
    int n=p.length-1;
    MinHeap heap=new MinHeap();
    //定义源为初始扩展结点
    HeapNode enode=new HeapNode(v,0);
```

```
    for (int j=1;j<=n;j++)
      dist[j]=Float.MAX_VALUE;
    dist[v]=0;

  while (true)
  { //搜索问题的解空间
    for (int j=1;j<=n;j++)
      if (a[enode.i][j]<Float.MAX_VALUE && enode.length+a[enode.i][j]<dist[j])
      {    //顶点i到顶点j可达,且满足控制约束
          dist[j]=enode.length+a[enode.i][j];
          p[j]=enode.i;
          HeapNode node=new HeapNode(j,dist[j]);
          heap.put(node); //加入活结点优先队列
      }
    //取下一扩展结点
    if (heap.isEmpty()) break;
    else enode=(HeapNode) heap.removeMin();
   }
  }
}
```

算法开始时创建一个最小堆,用于表示活结点优先队列。堆中每个结点的length值是优先队列的优先级。接着算法将源顶点v初始化为当前扩展结点。

算法的while循环体完成对解空间内部结点的扩展。对于当前扩展结点,算法依次检查与当前扩展结点相邻的所有顶点。如果从当前扩展结点i到顶点j有边可达,且从源出发,途经顶点i再到顶点j的所相应的路径的长度小于当前最优路径长度,则将该顶点作为活结点插入到活结点优先队列中。完成对当前结点的扩展后,算法从活结点优先队列中取出下一个活结点作为当前扩展结点,重复上述结点的分支扩展。这个结点的扩展过程一直继续到活结点优先队列为空时为止。算法结束后,数组dist返回从源到各顶点的最短距离。相应的最短路径容易从前驱顶点数组p记录的信息构造出。

6.3 装载问题

装载问题已在第5章中详细描述,其实质是要求第1艘船的最优装载。装载问题是一个子集选取问题,因此其解空间树是一棵子集树。

1. 队列式分支限界法

下面所描述的算法是解装载问题的队列式分支限界法。该算法只求出所要求的最优值。稍后将讨论进一步求出最优解。算法maxLoading具体实施对解空间的分支限界搜索。其中队列queue用于存放活结点表。队列queue中元素的值表示活结点所相应的当前载重量。当元素的值为-1时,表示队列已到达解空间树同一层结点的尾部。

算法enQueue用于将活结点加入到活结点队列中。首先检查i是否等于n,如果$i=n$,则表示当前活结点为一个叶结点。由于叶结点不会被进一步扩展,因此不必加入到活结点

队列中。此时只要检查该叶结点表示的可行解是否优于当前最优解，并适时更新当前最优解。当 $i<n$ 时，当前活结点是内部结点，应加入到活结点队列中。

算法 maxLoading 在开始时将 i 初始化为 1，bestw 初始化为 0，此时活结点队列为空。将同层结点尾部标志－1 加入到活结点队列中，表示此时位于第 1 层结点的尾部。ew 存储当前扩展结点所相应的重量。在该算法的 while 循环中，首先检测当前扩展结点的左儿子结点是否为可行结点。如果是，则调用该 enQueue 将其加入到活结点队列中。然后将其右儿子结点加入到活结点队列中(右儿子结点一定是可行结点)。两个儿子结点都产生后，当前扩展结点被舍弃。活结点队列中的队首元素被取出作为当前扩展结点。由于队列中每一层结点之后都有一个尾部标记－1，故在取队首元素时，活结点队列一定不空。当取出的元素是－1 时，再判断当前队列是否为空。如果队列非空，则将尾部标记－1 加入活结点队列，算法开始处理下一层的活结点。

```
public class FIFOBBLoading
{
  static int n;
  static int bestw;                                    //当前最优载重量
  static ArrayQueue queue;                             //活结点队列

  public static int maxLoading(int [] w, int c)
  {//队列式分支限界法,返回最优载重量
    //初始化
    n=w.length-1;
    bestw=0;
    queue=new ArrayQueue();
    queue.put(new Integer(-1));                        //同层结点尾部标志

    int i=1;                                           //当前扩展结点所处的层
    int ew=0;                                          //扩展结点所相应的载重量

    //搜索子集空间树
    while (true)
    {
      //检查左儿子结点
      if (ew+w[i]<=c)   //x[i]=1
        enQueue(ew+w[i], i);

      //右儿子结点总是可行的
      enQueue(ew, i);                                  //x[i]=0
      ew = ((Integer) queue.remove()).intValue();      //取下一扩展结点
      if (ew==-1)
      {//同层结点尾部1
        if (queue.isEmpty()) return bestw;
        queue.put(new Integer(-1));                    //同层结点尾部标志
        ew=((Integer) queue.remove()).intValue();      //取下一扩展结点
```

```
            i++; //进入下一层
          }
        }
      }

      private static void enQueue(int wt, int i)
      { //将活结点加入到活结点队列Q中
        if (i==n)
        {//可行叶结点
          if (wt>bestw) bestw=wt;
        }
        else  //非叶结点
          queue.put(new Integer(wt));
      }
    }
```

算法 maxLoading 的计算时间和空间复杂性均为 $O(2^n)$。

2. 算法的改进

与解装载问题的回溯法类似,可对上述算法做进一步的改进。设 bestw 是当前最优解;ew 是当前扩展结点所相应的重量;r 是剩余集装箱的重量。则当 ew$+r\leqslant$bestw 时,可将其右子树剪去。

算法 maxLoading 初始时将 bestw 置为 0,直到搜索到第一个叶结点时才更新 bestw。因此在算法搜索到第一个叶结点之前,总有 bestw$=0$,$r>0$,故 ew$+r>$bestw 总是成立。也就是说,此时右子树测试不起作用。

为了使上述右子树测试尽早生效,应提早更新 bestw。知道算法最终找到的最优值是所求问题的子集树中所有可行结点相应的重量的最大值。而结点所相应的重量仅在搜索进入左子树时增加。因此,可以在算法每一次进入左子树时更新 bestw 的值。由此可对算法做进一步改进如下:

```
public class FIFOBBLoading
{
  static int n;
  static int bestw;                              //当前最优载重量
  static ArrayQueue queue;                       //活结点队列

  public static int maxLoading(int [] w, int c)
  {//队列式分支限界法,返回最优载重量
    //初始化
    n=w.length-1;
    bestw=0;
    queue=new ArrayQueue();
    queue.put(new Integer(-1));                  //同层结点尾部标志

    int i=1;                                     //当前扩展结点所处的层
```

```
      int ew=0;                                        //扩展结点所相应的载重量
      int r=0;                                         //剩余集装箱重量
      for (int j=2; j<=n; j++)
        r+=w[j];

      //搜索子集空间树
      while (true)
      {
        //检查左儿子结点
        int wt=ew+w[i];                                //左儿子结点的重量
        if (wt<=c)
        {//可行结点
          if (wt>bestw) bestw=wt;
          //加入活结点队列
          if (i<n) queue.put(new Integer(wt));
        }

        //检查右儿子结点
        if (ew+r>bestw && i<n)                         //可能含最优解
          queue.put(new Integer(ew));
        ew=((Integer) queue.remove()).intValue();      //取下一扩展结点
        if (ew==-1)
        {//同层结点尾部
          if (queue.isEmpty()) return bestw;
          queue.put(new Integer(-1));                  //同层结点尾部标志
          ew=((Integer) queue.remove()).intValue();    //取下一扩展结点
          i++;                                         //进入下一层
          r-=w[i];                                     //剩余集装箱重量
        }
      }
    }
  }
```

当算法要将一个活结点加入活结点队列时，wt 的值不会超过 bestw，故不必更新 bestw。因此，算法中可直接将该活结点插入到活结点队列中，不必动用算法 enQueue 来完成插入。

3. 构造最优解

为了在算法结束后能方便地构造出与最优值相应的最优解，算法必须存储相应子集树中从活结点到根结点的路径。为此目的，可在每个结点处设置指向其父结点的指针，并设置左、右儿子标志。与此相应的数据类型由 QNode 表示。

```
private static class QNode
{
  QNode parent;                    //父结点
  boolean leftChild;               //左儿子标志
```

```
    int weight;                       //结点所相应的载重量

    //构造方法
    private QNode(QNode theParent, boolean theLeftChild, int theWeight)
    {
      parent=theParent;
      leftChild=theLeftChild;
      weight=theWeight;
    }
  }
```

将活结点加入到活结点队列中的算法 enQueue 进行相应的修改如下:

```
private static void enQueue(int wt, int i, QNode parent, boolean leftchild)
{
  if (i==n)
  { //可行叶结点
    if (wt==bestw)
    { //当前最优载重量
      bestE=parent;
      bestx[n]=(leftchild) ? 1 : 0;
    }
    return;
  }
  //非叶结点
  QNode b=new QNode(parent, leftchild, wt);
  queue.put(b);
}
```

修改后算法可以在搜索子集树的过程中保存当前已构造出的子集树中的路径,从而可在算法结束搜索后,从子集树中与最优值相应的结点处向根结点回溯,构造出相应的最优解。根据上述思想设计的新的队列式分支限界法可表述如下。算法结束后,bestx 中存放算法找到的最优解。

```
static int n;
static int bestw;                        //当前最优载重量
static ArrayQueue queue;                 //活结点队列
static QNode bestE;                      //当前最优扩展结点
static int [] bestx;                     //当前最优解

public static int maxLoading(int [] w, int c, int [] xx)
{
  //初始化
  n=w.length-1;
  bestw=0;
  queue=new ArrayQueue();
  queue.put(null);                       //同层结点尾部标志 r
```

```
    QNode e=null;
    bestE=null;
    bestx=xx;

    int i=1;                                    //当前扩展结点所处的层
    int ew=0;                                   //扩展结点所相应的载重量
    int r=0;                                    //剩余集装箱重量
    for (int j=2; j<=n; j++)r+=w[j];

    //搜索子集空间树
    while (true)
    {
      //检查左儿子结点
      int wt=ew+w[i];
      if (wt<=c)
      {//可行结点
        if (wt>bestw) bestw=wt;
        enQueue(wt, i, e, true);
      }

      //检查右儿子结点
      if (ew+r>bestw) enQueue(ew, i, e, false);
      e=(QNode) queue.remove();                 //取下一扩展结点
      if (e==null)                              //同层结点尾部
      {
        if (queue.isEmpty()) break;
        queue.put(null);                        //同层结点尾部标志
        e=(QNode) queue.remove();               //取下一扩展结点
        i++;                                    //进入下一层
        r-=w[i];                                //剩余集装箱重量
      }
      ew=e.weight;                              //新扩展结点所相应的载重量
    }

    //构造当前最优解
    for (int j=n-1; j>0; j--)
    {
      bestx[j]=(bestE.leftChild) ? 1 : 0;
      bestE=bestE.parent;
    }
    return bestw;
}
```

4. 优先队列式分支限界法

解装载问题的优先队列式分支限界法用最大优先队列存储活结点表。活结点 x 在优先队列中的优先级定义为从根结点到结点 x 的路径所相应的载重量再加上剩余集装箱的重量之和,优先队列中优先级最大的活结点成为下一个扩展结点,优先队列中活结点 x 的优先级为 x. uweight。以结点 x 为根的子树中所有结点相应的路径的载重量不超过 x. uweight。子集树中叶结点所相应的载重量与其优先级相同。因此在优先队列式分支限界法中,一旦有一个叶结点成为当前扩展结点,则可以断言该叶结点所相应的解即为最优解。此时可终止算法。

上述策略可以用两种不同的方式来实现。第一种方式在结点优先队列的每一个活结点中保存从解空间树的根结点到该活结点的路径。算法确定了达到最优值的叶结点时,在该叶结点处同时得到相应的最优解。第二种策略在算法的搜索进程中保存当前已构造出的部分解空间树。这样在算法确定了达到最优值的叶结点时,就可以在解空间树中从该叶结点开始向根结点回溯,构造出相应的最优解。下面所描述的算法,采用第二种策略。

算法中用元素类型为 HeapNode 的最大堆来表示活结点优先队列。其中,uweight 是活结点优先级(上界);level 是活结点在子集树中所处的层序号。子集空间树中结点类型为 BBnode。

```
static class BBnode
{
  BBnode parent;                    //父结点
  boolean leftChild;                //左儿子结点标志

  //构造方法
  BBnode(BBnode par, boolean ch)
  {
    parent=par;
    leftChild=ch;
  }
}

static class HeapNode implements Comparable
{
  BBnode liveNode;
  int uweight;                      //活结点优先级(上界)
  int level;                        //活结点在子集树中所处的层序号

  //构造方法
  HeapNode(BBnode node, int up, int lev)
  {
    liveNode=node;
    uweight=up;
    level=lev;
  }
```

```
  public int compareTo(Object x)
  {
    int xuw=((HeapNode) x).uweight;
    if (uweight<xuw) return-1;
    if (uweight==xuw) return 0;
    return 1;
  }

  public boolean equals(Object x)
  {return uweight==((HeapNode) x).uweight;}
}
```

在解装载问题的优先队列式分支限界法中，算法 addLiveNode 将新产生的活结点加入到子集树中，并将这个新结点插入到表示活结点优先队列的最大堆中。

```
private static void addLiveNode(int up, int lev, BBnode par, boolean ch)
{ //将活结点加入到表示活结点优先队列的最大堆 H 中
  BBnode b=new BBnode(par, ch);
  HeapNode node=new HeapNode(b, up, lev);
  heap.put(node);
}
```

算法 maxLoading 具体实施对解空间的优先队列式分支限界搜索。第 $i+1$ 层结点的剩余重量 $r[i]$定义为 $r[i]=\sum_{j=i+1}^{n} w[j]$ 。变量 e 是子集树中当前扩展结点，ew 是相应的重量。算法开始时，$i=1$，ew=0，子集树的根结点是扩展结点。

算法的 while 循环体产生当前扩展结点的左右儿子结点。如果当前扩展结点的左儿子结点是可行结点，即它所相应的重量未超过船载容量，则将它加入到子集树的第$i+1$层上，并插入最大堆。扩展结点的右儿子结点总是可行的，故直接插入子集树的最大堆中。接着算法从最大堆中取出最大元作为下一个扩展结点。如果此时不存在下一个扩展结点，则相应的问题无可行解。如果下一个扩展结点是一个叶结点，即子集树中第 $n+1$ 层结点，则它相应的可行解为最优解。该最优解所相应的路径可由子集树中从该叶结点开始沿结点父指针逐步构造出来。具体算法可描述如下：

```
public static int maxLoading(int [] w, int c, int [] bestx)
{//优先队列式分支限界法，返回最优载重量，bestx 返回最优解
  heap = new MaxHeap();
  //初始化
  int n=w.length-1;
  BBnode e=null;                    //当前扩展结点
  int i=1;                          //当前扩展结点所处的层
  int ew=0;                         //扩展结点所相应的载重量
  //定义剩余重量数组 r
  int[]r=new int[n+1];
  for (int j=n-1; j>0; j--)
    r[j]=r[j+1]+w[j+1];
```

```
    //搜索子集空间树
    while (i !=n+1)
    {//非叶结点
      //检查当前扩展结点的儿子结点
      if (ew+w[i]<=c)
        //左儿子结点为可行结点
        addLiveNode(ew+w[i]+r[i], i+1, e, true);
      //右儿子结点总为可行结点
      addLiveNode(ew+r[i], i+1, e, false);

      //取下一扩展结点
      HeapNode node=(HeapNode) heap.removeMax();
      i=node.level;
      e=node.liveNode;
      ew=node.uweight-r[i-1];
    }

    //构造当前最优解
    for (int j=n; j>0; j--)
    {
      bestx[j]=(e.leftChild) ? 1 : 0;
      e=e.parent;
    }
    return ew;
  }
```

变量 bestw 用来记录当前子集树中可行结点所相应的重量的最大值。当前活结点优先队列中可能包含某些结点的 uweight 值小于 bestw,以这些结点为根的子树中肯定不含最优解。如果不及时将这些结点从优先队列中删去,则一方面耗费优先队列的空间资源,另一方面增加执行优先队列的插入和删除操作的时间。为了避免产生这些无效活结点,可以在活结点插入优先队列前测试 uweight>bestw。通过测试的活结点才插入优先队列中。这样做可以避免产生一部分无效活结点。然而随着 bestw 不断增加,插入时有效的活结点,可能变成当前无效活结点。因此,为了及时删除由于 bestw 的增加而产生的无效活结点,即使 uweight< bestw 的活结点,要求优先队列除了支持 put,removeMax 运算外,还支持 removeMin 运算。这样的优先队列称为双端优先队列。有多种数据结构可有效地实现双端优先队列。

6.4 布线问题

印刷电路板将布线区域划分成 $n \times n$ 个方格阵列如图 6-3(a)所示。精确的电路布线问题要求确定连接方格 a 的中点到方格 b 的中点的最短布线方案。在布线时,电路只能沿直线或直角布线,如图 6-3(b)所示。为了避免线路相交,已布了线的方格做了封锁标记,其他线路不允许穿过被封锁的方格。

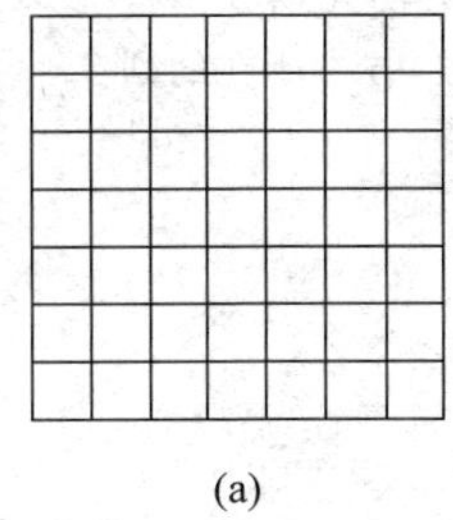

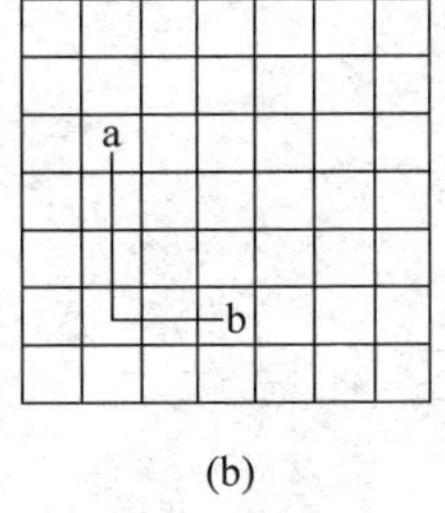

(a) (b)

图 6-3 印刷电路板布线方格阵列

下面讨论用队列式分支限界法来解布线问题。布线问题的解空间是一个图。解此问题的队列式分支限界法从起始位置 a 开始将它作为第一个扩展结点。与该扩展结点相邻并且可达的方格成为可行结点被加入到活结点队列中,并且将这些方格标记为 1,即从起始方格 a 到这些方格的距离为 1。接着,算法从活结点队列中取出队首结点作为下一个扩展结点,并将与当前扩展结点相邻且未标记过的方格标记为 2,并存入活结点队列。这个过程一直继续到算法搜索到目标方格 b 或活结点队列为空时为止。

在实现上述算法时,首先定义一个表示电路板上方格位置的类 Position,它的两个私有成员 row 和 col 分别表示方格所在的行和列。在电路板的任何一个方格处,布线可沿右、下、左、上 4 个方向进行。沿这 4 个方向的移动分别记为移动 0,1,2,3。在表 6-1 中,offset[i]. row 和 offset[i]. col(i=0,1,2,3)分别给出沿这 4 个方向前进 1 步相对于当前方格的相对位移。

表 6-1 移动方向的相对位移

移动 i	方向	offset[i]. row	offset[i]. col
0	右	0	1
1	下	1	0
2	左	0	−1
3	上	−1	0

在实现上述算法时,用二维数组 grid 表示所给的方格阵列。初始时,grid[i][j]=0,表示该方格允许布线;而 grid[i][j]=1 表示该方格被封锁,不允许布线。为了便于处理方格边界的情况,算法在所给方格阵列四周设置一道"围墙",即增设标记为"1"的附加方格。算法开始时测试初始方格与目标方格是否相同。如果这两个方格相同,则不必计算,直接返回最短距离 0;否则,算法设置方格阵列的"围墙",初始化位移矩阵 offset。算法将起始位置的距离标记为 2。由于数字 0 和 1 用于表示方格的开放或封锁状态,所以在表示距离时不用这两个数字,因而将距离的值都加 2。实际距离应为标记距离减 2。算法从起始位置 start 开始,标记所有标记距离为 3 的方格并存入活结点队列,然后依次标记所有标记距离为 4,5,…的方格,直至到达目标方格 finish 或活结点队列为空时为止。具体算法可描述如下:

```
public class WireRouter
{
   private static class Position
```

```
{
   private int row;                                //方格所在的行
   private int col;                                //方格所在的列

   Position(int rr, int cc)
   {
      row = rr;
      col = cc;
   }

private static int [][] grid;                      //方格阵列
private static int size;                           //方格阵列大小
private static int pathLen;                        //最短线路长度 length of shortest wire path
private static ArrayQueue q;                       //扩展结点队列
private static Position start,                     //起点
                        finish;                    //终点
private static Position [] path;                   //最短路

private static void inputData()
{
   MyInputStream keyboard=new MyInputStream();
   System.out.println("Enter grid size");
   size=keyboard.readInteger();
   System.out.println("Enter the start position");
   start=new Position(keyboard.readInteger(), keyboard.readInteger());
   System.out.println("Enter the finish position");
   finish=new Position(keyboard.readInteger(), keyboard.readInteger());
   grid=new int [size+2][size+2];
   System.out.println("Enter the wiring grid in row-major order");
   for (int i=1; i<=size; i++)
      for (int j=1; j<=size; j++)
         grid[i][j]=keyboard.readInteger();
}

private static boolean findPath()
{ //计算从起始位置 start 到目标位置 finish 的最短布线路径
   //找到最短布线路径则返回 true,否则返回 false
   if ((start.row==finish.row) && (start.col==finish.col))
   {//start==finish
      pathLen=0;
      return true;
   }

   //初始化相对位移
   Position [] offset=new Position [4];
```

```
offset[0]=new Position(0, 1);           //右
offset[1]=new Position(1, 0);           //下
offset[2]=new Position(0, -1);          //左
offset[3]=new Position(-1, 0);          //上

//设置方格阵列"围墙"
for (int i=0; i<=size+1; i++)
{
  grid[0][i]=grid[size+1][i]=1;         //顶部和底部
  grid[i][0]=grid[i][size+1]=1;         //左翼和右翼
}

Position here=new Position(start.row, start.col);
grid[start.row][start.col]=2;           //起始位置的距离
int numOfNbrs=4;                        //相邻方格数

//标记可达方格位置
ArrayQueue q=new ArrayQueue();
Position nbr=new Position(0, 0);
do
{//标记可达相邻方格
  for (int i=0; i < numOfNbrs; i++)
  {
    nbr.row=here.row+offset[i].row;
    nbr.col=here.col+offset[i].col;
    if (grid[nbr.row][nbr.col]==0)
    { //该方格未标记
      grid[nbr.row][nbr.col]=grid[here.row][here.col]+1;
      if ((nbr.row==finish.row) && (nbr.col==finish.col)) break; //完成
      q.put(new Position(nbr.row, nbr.col));
    }
  }

  //是否到达目标位置finish
  if ((nbr.row==finish.row) && (nbr.col==finish.col)) break; //完成

  //活结点队列是否非空
  if (q.isEmpty()) return false;              //无解
  here=(Position) q.remove();                 //取下一个扩展结点
} while(true);
//构造最短布线路径
pathLen=grid[finish.row][finish.col]-2;
path=new Position [pathLen];
//从目标位置finish开始向起始位置回溯
here=finish;
```

```
        for (int j=pathLen-1; j>=0; j--)
        {
          path[j] = here;
          //找前驱位置
          for (int i=0; i<numOfNbrs; i++)
          {
            nbr.row=here.row+offset[i].row;
            nbr.col=here.col+offset[i].col;
            if (grid[nbr.row][nbr.col]==j+2) break;
          }
          here=new Position(nbr.row, nbr.col); //向前移动
        }
        return true;
      }
    }
```

图 6-4 是在一个 7×7 方格阵列中布线的例子。其中,起始位置 a 是(3,2),目标位置 b 是(4,6),阴影方格表示被封锁的方格。当算法搜索到目标方格 b 时,将目标方格 b 标记为从起始位置 a 到 b 的最短距离。在上例中,a 到 b 的最短距离是 9。要构造出与最短距离相应的最短路径,可以从目标方格开始向起始方格方向回溯,逐步构造出最优解。每次向标记的距离比当前方格标记距离少 1 的相邻方格移动,直至到达起始方格时为止。在图 6-4(a)所示的标记距离的例子中,从目标方格 b 移到(5,6),然后移至(6,6)……最终移至起始方格 a,得到相应的最短路径如图 6-4(b)所示。

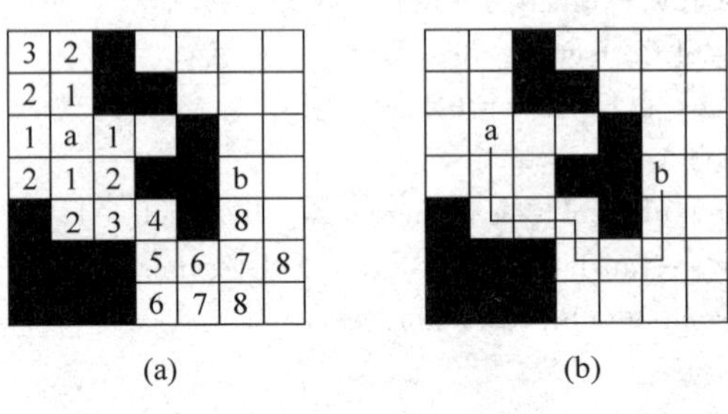

图 6-4　布线算法示例

由于每个方格成为活结点进入活结点队列最多 1 次,因此活结点队列中最多只处理 $O(mn)$个活结点。扩展每个结点需 $O(1)$时间,因此算法共耗时 $O(mn)$。构造相应的最短距离需要 $O(L)$时间,其中 L 是最短布线路径的长度。

6.5　0-1 背包问题

在下面所描述的解 0-1 背包问题的优先队列式分支限界法中,活结点优先队列中结点元素 N 的优先级由该结点的上界函数 bound 计算出的值 uprofit 给出。该上界函数已在讨论解 0-1 背包问题的回溯法时讨论过。子集树中以结点 node 为根的子树中任一结点的价值不超过 node.profit。因此用一个最大堆来实现活结点优先队列。堆中元素类型为

HeapNode，其私有成员有 uprofit，profit，weight 和 level。对于任意一个活结点 node，node. weight 是结点 node 所相应的重量；node. profit 是 node 所相应的价值；node. uprofit 是结点 node 的价值上界，最大堆以这个值作为优先级。子集空间树中结点类型为 BBnode。

```
static class BBnode
{
    BBnode parent;                    //父结点
    boolean leftChild;                //左儿子结点标志

    BBnode(BBnode par, boolean ch)
    {
      parent=par;
      leftChild=ch;
    }

}

static class HeapNode implements Comparable
{
    BBnode liveNode;                  //活结点
    double upperProfit;               //结点的价值上界
    double profit;                    //结点所相应的价值
    double weight;                    //结点所相应的重量
    int level;                        //活结点在子集树中所处的层序号

    //构造方法
    HeapNode(BBnode node, double up, double pp, double ww, int lev)
    {
      liveNode=node;
      upperProfit=up;
      profit=pp;
      weight=ww;
      level=lev;
    }

    public int compareTo(Object x)
    {
      double xup=((HeapNode) x).upperProfit;
      if (upperProfit<xup) return-1;
      if (upperProfit==xup) return 0;
      return 1;
    }
}

private static class Element implements Comparable
```

```
{
    int id;                              //编号
    double d;                            //单位重量价值

    //构造方法
    private Element(int idd, double dd)
    {
      id=idd;
      d=dd;
    }

    public int compareTo(Object x)
    {
      double xd=((Element) x).d;
      if (d<xd) return-1;
      if (d==xd) return 0;
      return 1;
    }

    public boolean equals(Object x)
      {return d==((Element) x).d;}
}
```

算法中用到的类 BBKnapsack 与解 0-1 背包问题的回溯法中用到的类 Knapsack 十分相似。它们的区别是新的类中没有成员变量 bestp,而增加了新的成员 bestx。bestx[i]=1 当且仅当最优解含有物品 i。

```
public class BBKnapsack
{
    static double c;                       //背包容量
    static int n;                          //物品总数
    static double [] w;                    //物品重量数组
    static double [] p;                    //物品价值数组
    static double cw;                      //当前重量
    static double cp;                      //当前价值
    static int [] bestx;                   //最优解
    static MaxHeap heap;                   //活结点优先队列
}
```

上界函数 bound 计算结点所相应价值的上界。

```
private static double bound(int i)
{   //计算结点所相应价值的上界
    double cleft=c-cw;                     //剩余容量
    double b=cp;                           //价值上界
    //以物品单位重量价值递减序装填剩余容量
    while (i<=n && w[i]<=cleft)
```

```
    {
        cleft-= w[i];
        b+=p[i];
        i++;
    }
    //装填剩余容量装满背包
    if (i<=n)b+=p[i]/w[i] * cleft;
    return b;
}
```

addLiveNode 将一个新的活结点插入到子集树和优先队列中。

```
private static void addLiveNode(double up, double pp,
                                double ww, int lev, BBnode par, boolean ch)
{   //将一个新的活结点插入到子集树和最大堆 H 中
    BBnode b=new BBnode(par, ch);
    HeapNode node=new HeapNode(b, up, pp, ww, lev);
    heap.put(node);
}
```

算法 bbKnapsack 实施对子集树的优先队列式分支限界搜索。其中,假定各物品依其单位重量价值从大到小排好序。相应的排序过程可在算法的预处理部分完成。

算法中 enode 是当前扩展结点;cw 是该结点所相应的重量;cp 是相应的价值;up 是价值上界。算法的 while 循环不断扩展结点,直到子集树的一个叶结点成为扩展结点时为止。此时优先队列中所有活结点的价值上界均不超过该叶结点的价值。因此,该叶结点相应的解为问题的最优解。

在 while 循环内部,算法首先检查当前扩展结点的左儿子结点的可行性。如果该左儿子结点是可行结点,则将它加入到子集树和活结点优先队列中。当前扩展结点的右儿子结点一定是可行结点,仅当右儿子结点满足上界约束时才将它加入子集树和活结点优先队列。

算法 bbKnapsack 具体描述如下:

```
private static double bbKnapsack()
{//优先队列式分支限界法,返回最大价值,bestx 返回最优解
    //初始化
    BBnode enode=null;
    int i=1;
    double bestp=0.0;                    //当前最优值
    double up=bound(1);                  //价值上界

    //搜索子集空间树
    while (i! =n+1)
    {//非叶结点
        //检查当前扩展结点的左儿子结点
        double wt=cw+w[i];
        if (wt<=c)
        {//左儿子结点为可行结点
```

```
            if (cp+p[i]>bestp)
                bestp=cp+p[i];
            addLiveNode(up,cp+p[i],cw+w[i],i+1, enode, true);
        }
        up=bound(i+1);
        //检查当前扩展结点的右儿子结点
        if (up>=bestp)
            //右子树可能含最优解
            addLiveNode(up,cp,cw,i+1, enode, false);
        //取下一扩展结点
        HeapNode node=(HeapNode) heap.removeMax();
        enode=node.liveNode;
        cw=node.weight;
        cp=node.profit;
        up=node.upperProfit;
        i=node.level;
    }
    //构造当前最优解
    for (int j=n; j>0; j--)
    {
        bestx[j]=(enode.leftChild) ? 1 : 0;
        enode=enode.parent;
    }
    return cp;
}
```

下面的算法 knapsack 完成对输入数据的预处理。主要任务是将各物品依其单位重量价值从大到小排好序。然后调用 bbKnapsack 完成对子集树的优先队列式分支限界搜索。

```
public static double knapsack(double [] pp, double [] ww, double cc, int [] xx)
{//返回最大价值,bestx 返回最优解
    c=cc;
    n=pp.length-1;

    //定义依单位重量价值排序的物品数组
    Element [] q=new Element [n];
    double ws=0.0;                        //装包物品重量
    double ps=0.0;                        //装包物品价值
    for (int i=1; i<=n; i++)
    {
        q[i -1]=new Element(i, pp[i] / ww[i]);
        ps+=pp[i];
        ws+=ww[i];
    }

    if (ws<=c) //所有物品装包
```

```
    {
      for (int i=1; i<=n; i++)
        xx[i]=1;
      return ps;
    }

    //依单位重量价值排序
    MergeSort.mergeSort(q);

    //初始化类数据成员
    p=new double [n + 1];
    w=new double [n + 1];
    for (int i=1; i<=n; i++)
    {
      p[i]=pp[q[n-i].id];
      w[i]=ww[q[n-i].id];
    }
    cw=0.0;
    cp=0.0;
    bestx=new int [n+1];
    heap=new MaxHeap();

    //调用 bbKnapsack 求问题的最优解
    double maxp=bbKnapsack();
    for (int i=1 ; i<=n; i++)
      xx[q[n-i].id]=bestx[i];
    return maxp;
}
```

6.6 最大团问题

最大团问题的解空间树是一棵子集树。解最大团问题的优先队列式分支限界法与解装载问题的优先队列式分支限界法相似。算法构造的解空间树中结点类型是 BBnode;活结点优先队列中元素类型为 HeapNode。每一个 HeapNode 类型的结点都用变量 cliqueSize 表示与该结点相应的团的顶点数;upperSize 表示该结点为根的子树中最大顶点数的上界;level 表示结点在子集空间树中所处的层次;用 cliqueSize $+n-$level$+1$ 作为顶点数上界 upperSize 的值。由此,可省去一个变量 cliqueSize 或 level,因为从 upperSize 的值可推出省去变量的值。upperSize 实际上也是优先队列中元素的优先级。算法总是从活结点优先队列中抽取具有最大 upperSize 值的元素作为下一个扩展元素。

```
static class BBnode
{
    BBnode parent;                    //父结点
    boolean leftChild;                //左儿子结点标志
```

```
        //构造方法
        BBnode(BBnode par, boolean ch)
        {
          parent=par;
          leftChild=ch;
        }

    }

    static class HeapNode implements Comparable
    {
        BBnode liveNode;
        int upperSize;                          //当前团最大顶点数的上界
        int cliqueSize;                         //当前团的顶点数
        int level;                              //结点在子集空间树中所处的层次

        //构造方法
        HeapNode(BBnode node, int up, int size, int lev)
        {
          liveNode=node;
          upperSize=up;
          cliqueSize=size;
          level=lev;
        }

        public int compareTo(Object x)
        {
          int xup=((HeapNode) x).upperSize;
          if (upperSize<xup) return-1;
          if (upperSize==xup) return 0;
          return 1;
        }
    }
```

在具体实现时,用邻接矩阵表示所给的图 G。在类 BBClique 中用二维数组 a 存储图 G 的邻接矩阵。

```
    public class BBClique
    {
        static boolean [][] a;                 //图 G 的邻接矩阵
        static MaxHeap heap;                   //活结点优先队列
    }
```

算法中 addLiveNode 的功能是将当前构造出的活结点加入到子集空间树中并插入活结点优先队列中。

```
private static void addLiveNode(int up, int size, int lev, BBnode par, boolean ch)
{//将活结点加入到子集空间树中并插入最大堆中
    BBnode b=new BBnode(par, ch);
    HeapNode node=new HeapNode(b, up, size, lev);
    heap.put(node);
}
```

算法 bbMaxClique 具体实现对子集解空间树的最大优先队列式分支限界搜索。子集树的根结点是初始扩展结点。对于这个特殊的扩展结点，其 cliqueSize 的值为 0。变量 i 用于表示当前扩展结点在解空间树中所处的层次。因此，初始时扩展结点所相应的 i 值为 1，当前最大团的顶点数存储于变量 bestn 中。

在算法的 while 循环中，不断从活结点优先队列中抽取当前扩展结点并实施对该结点的扩展。算法的 while 循环的终止条件是遇到子集树中的一个叶结点（即 $n+1$ 层结点）成为当前扩展结点。对于子集树中的叶结点，有 upperSize＝cliqueSize。此时，活结点优先队列中剩余结点的 upperSize 值均不超过当前扩展结点的 upperSize 值，从而进一步搜索不可能得到更大的团。换句话说，此时算法已找到一个最优解。

算法在扩展内部结点时，首先考查其左儿子结点。在左儿子结点处，将顶点 i 加入到当前团中，并检查该顶点与当前团中其他顶点之间是否有边相连。当顶点 i 与当前团中所有顶点之间都有边相连，则相应的左儿子结点是可行结点；否则，就不是可行结点。为了检测左儿子结点的可行性，算法从当前扩展结点开始向根结点回溯，确定当前团中的顶点，同时检查当前团中的顶点与顶点 i 的连接情况。如果经检测，左儿子结点是可行结点，则将它加入到子集树中并插入活结点优先队列。接着算法继续考查当前扩展结点的右儿子结点。当 upperSize＞bestn 时，右子树中可能含有最优解，此时将右儿子结点加入到子集树中并插入到活结点优先队列中。

由于每一个图都有最大团，因此，在从最大堆中抽取极大元素时不必测试堆是否为空。算法的 while 循环仅当遇到叶结点时退出。

```
public static int bbMaxClique(int [] bestx)
{//解最大团问题的优先队列式分支限界法
    int n=bestx.length-1;
    heap=new MaxHeap();
    //初始化
    BBnode enode=null;
    int i=1;
    int cn=0;
    int bestn=0;
    //搜索子集空间树
    while (i !=n+1)
    {//非叶结点
      //检查顶点 i 与当前团中其他顶点之间是否有边相连
      boolean ok=true;
      BBnode bnode = enode;
      for (int j=i-1; j>0; bnode=bnode.parent, j--)
```

```
            if (bnode.leftChild && !a[i][j])
            {
               ok=false;
               break;
            }
         if (ok)
         {//左儿子结点为可行结点
            if (cn+1>bestn) bestn=cn+1;
            addLiveNode(cn+n-i+1, cn+1, i+1, enode, true);
         }
         if (cn+n-i>=bestn)
            //右子树可能含最优解
            addLiveNode(cn+n-i, cn, i+1, enode, false);
         //取下一扩展结点
         HeapNode node=(HeapNode) heap.removeMax();
         enode=node.liveNode;
         cn=node.cliqueSize;
         i=node.level;
      }
      //构造当前最优解
      for (int j=n; j>0; j--)
      {
         bestx[j]=(enode.leftChild) ? 1 : 0;
         enode=enode.parent;
      }
      return bestn;
   }
```

6.7 旅行售货员问题

旅行售货员问题的解空间树是一棵排列树。与前面关于子集树的讨论类似,实现对排列树搜索的优先队列式分支限界法也可以有两种不同的实现方式。一种实现方式是仅使用优先队列来存储活结点。优先队列中的每个活结点都存储从根到该活结点的相应路径。另一种实现方式是用优先队列来存储活结点,并同时存储当前已构造出的部分排列树。在这种实现方式下,优先队列中的活结点就不必再存储从根到该活结点的相应路径。这条路径可在必要时从存储的部分排列树中获得。在下面的讨论中采用第一种实现方式。

在具体实现时,用邻接矩阵表示所给的图 G。在类 BBTSP 中用二维数组 a 存储图 G 的邻接矩阵。

```
public class BBTSP
{
   private static class HeapNode implements Comparable
   {
      float lcost,                  //子树费用的下界
```

```
        cc,                         //当前费用
        rcost;                      //x[s:n-1]中顶点最小出边费用和
    int s;                          //根结点到当前结点的路径为 x[0:s]
    int [] x;                       //需要进一步搜索的顶点是 x[s+1:n-1]

    //构造方法
    HeapNode(float lc, float ccc, float rc, int ss, int [] xx)
    {
      lcost = lc;
      cc = ccc;
      s = ss;
      x = xx;
    }

    public int compareTo(Object x)
    {
      float xlc=((HeapNode) x).lcost;
      if (lcost<xlc) return-1;
      if (lcost==xlc) return 0;
      return 1;
    }
  }

  static float [][] a; //图 G 的邻接矩阵
}
```

由于要找的是最小费用旅行售货员回路，所以选用最小堆表示活结点优先队列。最小堆中元素的类型为 HeapNode。该类型结点包含域 x，用于记录当前解；s 表示结点在排列树中的层次，从排列树的根结点到该结点的路径为 $x[0:s]$，需要进一步搜索的顶点是 $x[s+1:n-1]$。cc 表示当前费用，lcost 是子树费用的下界，rcost 是 $x[s:n-1]$中顶点最小出边费用和。具体算法可描述如下。

算法开始时创建一个最小堆，用于表示活结点优先队列。堆中每个结点的 lcost 值是优先队列的优先级。接着算法计算出图中每个顶点的最小费用出边并用 minout 记录。如果所给的有向图中某个顶点没有出边，则该图不可能有回路，算法即告结束。如果每个顶点都有出边，则根据计算出的 minout 做算法初始化。算法的第 1 个扩展结点是排列树中根结点的唯一儿子结点(图 5-1 中结点 B)。在该结点处，已确定的回路中唯一顶点为顶点 1。因此，初始时有 $s=0, x[0]=1, x[1:n-1]=(2,3,\cdots,n)$，cc=0 且 $\text{rcost} = \sum_{i=s}^{n} \text{minout}[i]$。算法中用 bestc 记录当前优值。

```
public static float bbTSP(int v[])
{//解旅行售货员问题的优先队列式分支限界法
    int n=v.length-1;
    MinHeap heap=new MinHeap();
```

```
//minOut[i]=顶点 i 的最小出边费用
float [] minOut=new float [n+1];
float minSum=0; //最小出边费用和
for (int i=1; i<=n; i++)
{//计算 minOut[i] 和 minSum
  float min=Float.MAX_VALUE;
  for (int j=1; j<=n; j++)
    if (a[i][j]<Float.MAX_VALUE && a[i][j]<min)
      min=a[i][j];
  if (min==Float.MAX_VALUE) return Float.MAX_VALUE; //无回路
  minOut[i]=min;
  minSum+=min;
}
//初始化
int [] x=new int [n];
for (int i=0; i<n; i++) x[i]=i+1;
HeapNode enode=new HeapNode(0,0,minSum,0,x);
float bestc=Float.MAX_VALUE;
//搜索排列空间树
while (enode!=null && enode.s<n-1)
{//非叶结点
  x=enode.x;
  if (enode.s==n-2)
  {//当前扩展结点是叶结点的父结点
   //再加 2 条边构成回路
   //所构成回路是否优于当前最优解
    if (a[x[n-2]][x[n-1]] < Float.MAX_VALUE &&
      a[x[n-1]][1] < Float.MAX_VALUE &&
        enode.cc+a[x[n-2]][x[n-1]]+a[x[n-1]][1]<bestc)
    {//找到费用更小的回路
      bestc=enode.cc+a[x[n-2]][x[n-1]]+a[x[n-1]][1];
      enode.cc=bestc;
      enode.lcost=bestc;
      enode.s++;
      heap.put(enode);
    }
  }
else
{//产生当前扩展结点的儿子结点
  for (int i=enode.s+1; i<n; i++)
    if (a[x[enode.s]][x[i]] <Float.MAX_VALUE)
    {
      //可行儿子结点
      float cc=enode.cc+a[x[enode.s]][x[i]];
      float rcost=enode.rcost-minOut[x[enode.s]];
```

```
            float b=cc+rcost; //下界
            if (b<bestc)
            {//子树可能含最优解,结点插入最小堆
              int [] xx=new int [n];
              for (int j=0; j<n; j++) xx[j]=x[j];
              xx[enode.s+1]=x[i];
              xx[i]=x[enode.s+1];
              HeapNode node=new HeapNode(b,cc,rcost, enode.s+1,xx);
              heap.put(node);
            }
          }
        }
      //取下一扩展结点
      enode=(HeapNode) heap.removeMin();
    }
    //将最优解复制到 v[1:n]
    for (int i=0; i<n; i++)
      v[i+1]=x[i];
    return bestc;
  }
```

算法中 while 循环的终止条件是排列树的一个叶结点成为当前扩展结点。当$s=n-1$时,已找到的回路前缀是$x[0:n-1]$,它已包含图G的所有n个顶点。因此,当$s=n-1$时,相应的扩展结点表示一个叶结点。此时该叶结点所相应的回路的费用等于 cc 和 lcost 的值,剩余的活结点的 lcost 值不小于已找到的回路的费用,它们都不可能导致费用更小的回路。因此,已找到的叶结点所相应的回路是一个最小费用旅行售货员回路,算法可以结束。

算法的 while 循环体完成对排列树内部结点的扩展。对于当前扩展结点,算法分两种情况进行处理。首先考虑$s=n-2$的情形。此时当前扩展结点是排列树中某个叶结点的父结点。如果该叶结点相应一条可行回路且费用小于当前最小费用,则将该叶结点插入到优先队列中;否则,舍去该叶结点。

当$s<n-2$时,算法依次产生当前扩展结点的所有儿子结点。由于当前扩展结点所相应的路径是$x[0:s]$,其可行儿子结点是从剩余顶点$x[s+1:n-1]$中选取的顶点$x[i]$,且$(x[s],x[i])$是所给有向图G中的一条边。对于当前扩展结点的每一个可行儿子结点,计算出其前缀$(x[0:s],x[i])$的费用 cc 和相应的下界 lcost。当 lcost<bestc 时,将这个可行儿子结点插入到活结点优先队列中。

算法结束时返回找到的最小费用,相应的最优解由数组v给出。

6.8 电路板排列问题

电路板排列问题的解空间树是一棵排列树。采用优先队列式分支限界法找出所给电路板的最小密度布局。算法中用一个最小堆来表示活结点优先队列。最小堆中元素类型是 HeapNode。每一个 HeapNode 类型的结点包含域x,用来表示结点所相应的电路板排列;s

表示该结点已确定的电路板排列 $x[1:s]$；cd 表示当前密度；now[j]表示$x[1:s]$中所含连接块 j 中的电路板数。具体算法描述如下。

```
private static class HeapNode implements Comparable
{
    int s;                  //x[1:s]是当前结点所相应的部分排列
    int cd;                 //x[1:s]的密度
    int [] now;             //now[j]是 x[1:s]所含连接块 j 中电路板数
    int [] x;               //x[1:n]记录电路板排列

    //构造方法
    private HeapNode(int cdd, int [] noww, int ss, int [] xx)
    {
      cd=cdd;
      now=noww;
      s=ss;
      x=xx;
    }

    public int compareTo(Object x)
    {
      int xcd=((HeapNode) x).cd;
      if (cd<xcd) return-1;
      if (cd==xcd) return 0;
      return 1;
    }
}
```

算法 bbBoards 是解电路板排列问题的优先队列式分支限界法的主体。算法开始时，将排列树的根结点置为当前扩展结点。在初始扩展结点处还没有选定的电路板，故 $s=0$，cd=0，now[i]=0，$1\leqslant i\leqslant n$。且数组 x 初始化为单位排列。数组 total 初始化为 total[i]等于连接块 i 所含电路板数。bestd 表示当前最小密度，bestx 是相应的最优解。

算法的 do-while 循环完成对排列树内部结点的有序扩展。在 do-while 循环体内算法依次从活结点优先队列中取出具有最小 cd 值的结点作为当前扩展结点，并加以扩展。如果当前扩展结点的 cd 值大于或等于 bestd，则优先队列中其余活结点都不可能导致最优解，此时算法结束。

算法将当前扩展结点分为两种情形处理。首先考虑 $s=n-1$ 的情形，此时已排定$n-1$块电路板，故当前扩展结点是排列树中的一个叶结点的父结点。x 表示相应于该叶结点的电路板排列，计算出与 x 相应的密度并在必要时更新当前最优值 bestd 和相应的当前最优解 bestx。

当 $s<n-1$ 时，算法依次产生当前扩展结点的所有儿子结点。对于当前扩展结点的每一个儿子结点 node，计算出其相应的密度 node. cd。当 node. cd<bestd 时，将该儿子结点 node 插入到活结点优先队列中。而当 node. cd≥bestd 时，以 node 为根的子树中不可能有比当前最优解 bestx 更好的解，故可将结点 node 舍去。

```
public static int bbBoards(int [][]board, int m, int [] bestx)
{//优先队列式分支限界法解电路板排列问题
    int n=board.length-1;
    MinHeap heap=new MinHeap();
    //初始化
    HeapNode enode=new HeapNode(0, new int [m+1], 0, new int [n+1]);
    //total[i]=连接块 i 中电路板数
    int [] total=new int [m+1];
    for (int i=1; i<=n; i++)
    {
      enode.x[i]=i;                    //初始排列为 1,2,…,n
      for (int j=1; j<=m; j++)
        total[j]+=board [i][j];        //连接块 j 中电路板数
    }
    int bestd=m+1;                     //当前最小密度
    int [] x=null;
    do
    {//结点扩展
      if (enode.s==n-1)
      {//仅一个儿子结点
        int ld=0;                      //最后一块电路板的密度
        for (int j=1; j<=m; j++)
          ld+=board [enode.x[n]][j];
        if (ld < bestd)
        {//找到密度更小的电路板排列
          x=enode.x;
          bestd=Math.max(ld, enode.cd);
        }
      }
      else
      {//产生当前扩展结点的所有儿子结点
        for (int i = enode.s+1; i<=n; i++)
        {
          HeapNode node=new HeapNode(0, new int [m+1], 0,
                                     new int [n+1]);
          for (int j=1; j<=m; j++)
            //新插入的电路板
            node.now[j]=enode.now[j]+board [enode.x[i]][j];
          int ld=0; //新插入电路板的密度
          for (int j=1; j<=m; j++)
            if (node.now[j]> 0 && total[j] !=node.now[j]) ld++;
          node.cd=Math.max(ld, enode.cd);
          if (node.cd<bestd)
          {//可能产生更好的叶结点
            node.s=enode.s+1;
```

```
                for (int j=1; j<=n; j++) node.x[j]=enode.x[j];
                node.x[node.s]=enode.x[i];
                node.x[i]=enode.x[node.s];
                heap.put(node);
            }
        }
    }
    //取下一扩展结点
    enode=(HeapNode) heap.removeMin();
} while (enode!=null && enode.cd<bestd);
for (int i=1; i<=n; i++) bestx[i]=x[i];
return bestd;
}
```

6.9 批处理作业调度

给定 n 个作业的集合 $J=\{J_1,J_2,\cdots,J_n\}$,每一个作业 J_i 都有两项任务要分别在两台机器上完成。每一个作业必须先由机器 1 处理,然后再由机器 2 处理。作业 J_i 需要机器 j 的处理时间为 t_{ji},$i=1,2,\cdots,n$;$j=1,2$。对于一个确定的作业调度,设 F_{ji} 是作业 i 在机器 j 上完成处理的时间,则所有作业在机器 2 上完成处理的时间和 $f=\sum_{i=1}^{n}F_{2i}$ 称为该作业调度的完成时间和。批处理作业调度问题要求对于给定的 n 个作业,制定最佳作业调度方案,使其完成时间和达到最小。

用优先队列式分支限界法解此问题。由于要从 n 个作业的所有排列中找出有最小完成时间和的作业调度,所以批处理作业调度问题的解空间树是一棵排列树。对于批处理作业调度问题,可以证明存在最佳作业调度使得在机器 1 和机器 2 上作业以相同次序完成。在作业调度问题相应的排列空间树中,每一个结点 e 都对应于一个已安排的作业集 $M\subseteq\{1,2,\cdots,n\}$。以该结点为根的子树中所含叶结点的完成时间和可以表示为

$$f=\sum_{i\in M}F_{2i}+\sum_{i\notin M}F_{2i}$$

设 $|M|=r$,且 L 是以结点 e 为根的子树中的一个叶结点,相应的作业调度为 $\{p_k,k=1,2,\cdots,n\}$,其中 p_k 是第 k 个安排的作业。如果从结点 E 开始到叶结点 L 的路上,每一个作业 p_k 在机器 1 上完成处理后都能立即在机器 2 上开始处理,即从 p_{r+1} 开始,机器 1 没有空闲时间,则对于该叶结点 L 有

$$\sum_{i\notin M}F_{2i}=\sum_{k=r+1}^{n}[F_{1pr}+(n-k+1)t_{1pk}+t_{2pk}]=S_1$$

如果不能做到上面这一点,则 S_1 只会增加,从而有 $\sum_{i\notin M}F_{2i}\geqslant S_1$ 。

类似地,如果从结点 E 开始到结点 L 的路上,从作业 p_{r+1} 开始,机器 2 没有空闲时间,则

$$\sum_{i\notin M}F_{2i}\geqslant\sum_{k=r+1}^{n}[\max(F_{2pr},F_{1pr}+\min_{i\notin M}(t_{1i}))+(n-k+1)t_{2pk}]=S_2$$

同理可知，S_2 是 $\sum_{i \notin M} F_{2i}$ 的一个下界。由此，得到在结点 E 处相应子树中叶结点完成时间和的下界是

$$f \geqslant \sum_{i \in M} F_{2i} + \max\{S_1, S_2\}$$

其中，S_1 与 S_2 的计算依赖于叶结点 L 相应的作业调度$\{p_k, k=1,2,\cdots,n\}$。注意到如果选择 p_k，使 t_{1p_k} 在 $k \geqslant r+1$ 时依非减序排列，则 S_1 取得极小值 $\hat{S}_1$。同理如果选择 p_k 使 t_{2p_k} 依非减序排列，则 S_2 取得极小值 $\hat{S}_2$。因此，$S_1 \geqslant \hat{S}_1$，$S_2 \geqslant \hat{S}_2$，且 $\hat{S}_1$ 和 $\hat{S}_2$ 与叶结点的调度无关。从而有

$$f \geqslant \sum_{i \in M} F_{2i} + \max\{\hat{S}_1, \hat{S}_2\}$$

这可以作为优先队列式分支限界法中的限界函数。

算法中用一个最小堆来表示活结点优先队列。最小堆中元素类型是 HeapNode。每一个 HeapNode 类型的结点包含域 x，用来表示结点所相应的作业调度。s 表示该结点已安排的作业是 $x[1:s]$。$f1$ 表示当前已安排的作业在机器 1 上的最后完成时间；$f2$ 表示当前已安排的作业在机器 2 上的最后完成时间；sf2 表示当前已安排的作业在机器 2 上的完成时间和；bb 表示当前完成时间和的下界。

```
private static class HeapNode implements Comparable
{
    int s,                    //已安排作业数
      sf2,                    //当前机器 2 上的完成时间和
      bb;                     //当前完成时间和下界
    int [] f;                 //f[1]机器 1 上最后完成时间; f[2]机器 2 上最后完成时间
    int [] x;                 //当前作业调度

    //构造方法
    private HeapNode(int n)
    { //最小堆结点初始化
      x=new int [n];
      for (int i=0; i<n; i++) x[i]=i;
      s=0;
      f=new int [3];
      f[1]=0;
      f[2]=0;
      sf2=0;
      bb=0;
    }

    private HeapNode(HeapNode e,int [] ef, int ebb,int n)
    { //最小堆新结点
      x=new int [n];
      for (int i=0; i<n; i++)
        x[i]=e. x[i];
      f=ef;
```

```
        sf2=e.sf2+f[2];
        bb=ebb;
        s=e.s+1;
    }

    public int compareTo(Object x)
    {
        int xbb=((HeapNode) x).bb;
        if (bb<xbb) return-1;
        if (bb==xbb) return 0;
        return 1;
    }
}
```

在具体实现时,用二维数组 m 表示所给的 n 个作业在机器 1 和机器 2 所需的处理时间。在类 BBFlow 中用二维数组 b 存储排好序的作业处理时间。数组 a 表示数组 m 和 b 的对应关系。bestc 记录当前最小完成时间和,bestx 记录相应的当前最优解。算法 sort 实现对各作业在机器 1 和 2 上所需时间排序。方法 bound 用于计算完成时间和下界。

```
public class BBFlow
{
    static int n,                        //作业数
          bestc;                         //最小完成时间和
    static int [][] m;                   //各作业所需的处理时间数组
    static int [][] b;                   //各作业所需的处理时间排序数组
    static int [][] a;                   //数组 m 和 b 的对应关系数组
    static int [] bestx;                 //最优解
    static boolean [][] y;               //工作数组
}

private static void sort()
{ //对各作业在机器 1 和 2 上所需时间排序
    int [] c=new int [n];
    for (int j=0;j<2;j++)
    {
        for (int i=0;i<n;i++)
        {
            b[i][j]=m[i][j];
            c[i]=i;
        }
        for (int i=0;i<n-1;i++)
            for (int k=n-1; k>i;k--)
                if (b[k][j] < b[k-1][j])
                {
                    MyMath.swap(b,k,j,k-1,j);
                    MyMath.swap(c,k,k-1);
```

```
        }
        for (int i=0;i<n;i++) a[c[i]][j]=i;
    }
}

private static int bound(HeapNode enode, int [] f)
{ //计算完成时间和下界
    for (int k=0;k<n;k++)
      for (int j=0;j<2;j++)
        y[k][j]=false;
    for (int k=0;k<=enode.s;k++)
      for (int j=0;j<2;j++)
        y[a[enode.x[k]][j]][j]=true;

    f[1]=enode.f[1]+m[enode.x[enode.s]][0];
    f[2]=((f[1]>enode.f[2])? f[1]:enode.f[2])+m[enode.x[enode.s]][1];
    int sf2=enode.sf2+f[2];
    int s1=0,s2=0,k1=n-enode.s,k2=n-enode.s,f3=f[2];
    //计算 s1 的值
    for (int j=0;j<n;j++)
      if (! y[j][0]) {
        k1--;
        if (k1==n-enode.s-1)
          f3=(f[2]>f[1]+b[j][0])? f[2]:f[1]+b[j][0];
        s1+=f[1]+k1*b[j][0];}
    //计算 s2 的值
    for (int j=0;j<n;j++)
      if (! y[j][1]) {
        k2--;
        s1+=b[j][1];
        s2+=f3+k2*b[j][1];}
    //返回完成时间和下界
    return sf2+((s1>s2)? s1:s2);
}
```

算法 bbFlow 是解批处理作业调度问题的优先队列式分支限界法的主体。算法开始时，将排列树的根结点置为当前扩展结点。在初始扩展结点处还没有选定的作业，故 $s=0$，数组 x 初始化为单位排列。

算法的 while 循环完成对排列树内部结点的有序扩展。在 while 循环体内算法依次从活结点优先队列中取出具有最小 bb 值的结点作为当前扩展结点，并加以扩展。

算法将当前扩展结点 enode 分为两种情形处理。首先考虑enode.s=n 的情形，此时已排定 n 个作业，故当前扩展结点 enode 是排列树中的叶结点。enode.x表示相应于该叶结点的作业调度。enode.sf2是相应于该叶结点的完成时间和。当enode.sf2<bestc 时更新当前最优值 bestc 和相应的当前最优解 bestx。

当 enode. s<n 时,算法依次产生当前扩展结点 enode 的所有儿子结点。对于当前扩展结点的每一个儿子结点 node,计算出其相应的完成时间和的下界 bb。当 bb < bestc 时,将该儿子结点插入到活结点优先队列中。而当 bb≥bestc 时,以 node 为根的子树中不可能有比当前最优解 bestx 更好的解,故可将结点 node 舍去。

解批处理作业调度问题的优先队列式分支限界法可描述如下:

```
public static int bbFlow(int nn)
{ //优先队列式分支限界法解批处理作业调度问题
    n=nn;
    sort();     //对各作业在机器1和2上所需时间排序
    //初始化最小堆
    MinHeap heap=new MinHeap();
    HeapNode enode=new HeapNode(n);
    //搜索排列空间树
    do
    {
      if (enode.s==n )
      {//叶结点
        if (enode.sf2<bestc)
        {
           bestc=enode.sf2;
           for (int i=0; i< n; i++)
             bestx[i]=enode.x[i];
        }
      }
    else //产生当前扩展结点的儿子结点
      for (int i=enode.s; i<n; i++)
      {
        MyMath.swap(enode.x, enode.s,i);
        int [] f=new int [3];
        int bb=bound(enode,f);
        if (bb<bestc ) {
          //子树可能含最优解
          //结点插入最小堆
          HeapNode node=new HeapNode(enode,f,bb,n);
          heap.put(node);}
        MyMath.swap(enode.x, enode.s,i);
      } //完成结点扩展
      //取下一扩展结点
      enode=(HeapNode) heap.removeMin();
    } while (enode !=null && enode.s<=n );
    return bestc;
}
```

小　结

本章介绍的分支限界法类似于回溯法，是在问题的解空间树上搜索问题解的算法。分支限界法的求解目标通常是找出满足约束条件的一个解，或是在满足约束条件的解中找出使某一目标函数值达到极大或极小的解，即在某种意义下的最优解。

本章详细叙述了队列式分支限界法和优先队列式分支限界法的算法框架，并用许多典型问题，如单源最短路径问题、装载问题、布线问题、0-1 背包问题、最大团问题、旅行售货员问题、电路板排列问题、批处理作业调度问题等，从算法的不同侧面阐述了应用分支限界法的技巧。这些典型问题大部分已在第 5 章中出现过。对同一问题用两种不同的算法策略求解更容易体会算法的精髓和各自的优点。

习　题

6-1　栈式分支限界法将活结点表以后进先出（LIFO）的方式存储于栈中。试设计一个解 0-1 背包问题的栈式分支限界法，并说明栈式分支限界法与回溯法的区别。

6-2　试修改解装载问题和解 0-1 背包问题的优先队列式分支限界法，使其仅使用一个最大堆来存储活结点，而不必存储所产生的解空间树。

6-3　解最大团问题的优先队列式分支限界法中，当前扩展结点满足 $\text{cn}+n-i\geqslant\text{bestn}$ 的右儿子结点被插入到优先队列中。如果将这个条件修改为满足 $\text{cn}+n-i>\text{bestn}$ 右儿子结点插入优先队列，仍能保证算法的正确性吗？为什么？

6-4　考虑最大团问题的子集空间树中第 i 层结点 x，设 minDegree(x)是以结点 x 为根的子树中所有结点度数的最小值。

(1) 设 $x.u=\min\{x.\text{cn}+n-i+1, \text{minDegree}(x)+1\}$，证明以结点 x 为根的子树中任一叶结点所相应的团的大小不超过 $x.u$，依此 $x.u$ 的定义重写算法 bbMaxClique。

(2) 比较新旧算法所需的计算时间和产生的排列树结点数。

6-5　试修改解旅行售货员问题的分支限界法，使得 $s=n-2$ 的结点不插入优先队列，而是将当前最优排列存储于 bestp 中。经这样修改后，算法在下一个扩展结点满足条件 $\text{lcost}\geqslant\text{bestc}$ 时结束。

6-6　试修改解旅行售货员问题的分支限界法，使得算法保存已产生的排列树。

6-7　试设计解电路板排列问题的队列式分支限界法，使算法运行结束时输出最优解和最优值。

第7章 概率算法

前面各章所讨论算法的每一计算步骤都是确定的，本章所讨论的概率算法允许算法在执行过程中可随机地选择下一个计算步骤。在许多情况下，当算法在执行过程中面临一个选择时，随机性选择常比最优选择省时。因此，概率算法可以在很大程度上降低算法的复杂度。

概率算法的一个基本特征是，对所求解问题的同一实例用同一概率算法求解两次可能得到完全不同的效果。这两次求解所需的时间，甚至所得到的结果可能会有相当大的差别。概率算法可分为4类：数值概率算法、蒙特卡罗(Monte Carlo)算法、拉斯维加斯(Las Vegas)算法和舍伍德(Sherwood)算法。

数值概率算法常用于数值问题的求解。这类算法所得到的往往是近似解，且近似解的精度随计算时间的增加而不断提高。在许多情况下，要计算出问题的精确解是不可能的或没有必要的，因此，用数值概率算法可以得到相当满意的解。

蒙特卡罗算法用于求问题的准确解。对于许多问题来说，近似解毫无意义。例如，对于一个判定问题其解为“是”或“否”，二者必居其一，不存在任何近似解答。又如，要求一个整数的因子时所给出的解答必须是准确的，一个整数的近似因子是没有任何意义的。用蒙特卡罗算法能求得问题的一个解，但这个解未必是正确的。用蒙特卡罗算法求得正确解的概率依赖于算法所用的时间。算法所用的时间越多，得到正确解的概率就越高。蒙特卡罗算法的主要缺点也在于此。在一般情况下，无法有效地判定所得到的解是否肯定正确。

拉斯维加斯算法不会得到不正确的解。一旦用拉斯维加斯算法找到一个解，这个解就一定是正确解。但有时用拉斯维加斯算法找不到解。与蒙特卡罗算法类似，拉斯维加斯算法找到正确解的概率随着它所用的计算时间的增加而提高。对于所求解问题的任一实例，用同一拉斯维加斯算法反复对该实例求解足够多次，可使求解失败的概率任意小。

舍伍德算法总能求得问题的一个解，且所求得的解总是正确的。当一个确定性算法在最坏情况下的计算复杂性与其在平均情况下的计算复杂性有较大差别时，可在这个确定性算法中引入随机性将它改造成一个舍伍德算法，消除或减少问题的好坏实例间的这种差别。舍伍德算法的精髓不是避免算法的最坏情况行为，而是设法消除这种最坏情况行为与特定实例之间的关联性。

本章的后续各节中将分别讨论上述4类概率算法。

7.1 随机数

随机数在概率算法设计中扮演着十分重要的角色。在现实计算机上无法产生真正的随机数,因此,在概率算法中使用的随机数都是在一定程度上随机的,即是伪随机数。

线性同余法是产生伪随机数的最常用的方法。由线性同余法产生的随机序列 a_0,a_1,…,a_n 满足

$$\begin{cases} a_0 = d \\ a_n = (ba_{n-1} + c) \bmod m \qquad n = 1,2,\cdots \end{cases}$$

其中,$b \geqslant 0$,$c \geqslant 0$,$d \leqslant m$。d 称为该随机序列的种子。如何选取该方法中的常数 b,c 和 m,将直接关系到所产生的随机序列的随机性能。这是随机性理论研究的内容,已超出本书讨论的范围。从直观上看,m 应取得充分大,因此可取 m 为机器大数,另外应取gcd(m,b)=1,因此可取 b 为一素数。

为了在设计概率算法时便于产生所需的随机数,建立一个随机数类 Random。该类包含一个需由用户初始化的种子 seed。给定初始种子后,即可产生与之相应的随机序列。种子 seed 是一个长整型数,可由用户选定也可用系统时间自动产生。方法 random(n)返回[0,n−1]范围内的一个随机整数。方法 fRandom()返回[0,1]内的一个随机实数。

```
public class Random
{
  private long seed; //当前种子
  private final static long multiplier=0x5DEECE66DL;
  private final static long adder=0xBL;
  private final static long mask=(1L<<48)-1;

  //构造方法,自动产生种子
  public Random() {this.seed=System.currentTimeMillis();}

  //构造方法,默认值0表示由系统自动产生种子
  public Random(long seed)
  {
    if (seed==0) this.seed=System.currentTimeMillis();
    else this.seed=seed;
  }

  //产生[0,n-1]之间的随机整数
  public int random(int n)
  {
    if (n<=0)
      throw new IllegalArgumentException("n must be positive");
    seed = (seed * multiplier + adder) & mask;
    return ((int)(seed >>> 17)%n);
  }
```

```
    //产生[0,1]之间的随机实数
    public double fRandom()
    {
      return random(Integer.MAX_VALUE)/(double)(Integer.MAX_VALUE);
    }
}
```

算法 random 在每次计算时,用线性同余式计算新的种子 seed。它的高 16 位的随机性较好。将 seed 右移 16 位得到一个随机整数,然后再将此随机整数映射到[0,$n-1$]内。

算法 fRandom 先用 random 产生一个整型随机序列,将每个整型随机数映射到[0,1]中,就得到[0,1]中的随机实数。

下面用计算机产生的伪随机数来模拟抛硬币试验。假设抛 10 次硬币,每次抛硬币得到正面和反面是随机的。抛 10 次硬币构成一个事件。调用 random(2)返回一个 2 值结果。返回 0 表示抛硬币得到反面,返回 1 表示得到正面。下面的算法 tossCoins 模拟抛 10 次硬币这一事件。在主方法中反复用 tossCoins 模拟抛 10 次硬币这一事件 50 000 次,用 head[i](其中 $0 \leqslant i \leqslant 10$)记录这 50 000 次模拟恰好得到 i 次正面的次数,最终输出模拟抛硬币得到的正面事件的频率图,如图 7-1 所示。

```
0  *
1  *
2     *
3        *
4           *
5              *
6           *
7        *
8     *
9  *
10 *
```

图 7-1 模拟抛硬币得到的正面事件的频率图

```
public class Toss
{
  static Random coinToss;

  public static int tossCoins(int numberCoins)
  { //随机抛硬币
    int i, tosses=0;
    for (i=0;i<numberCoins;i++)
      //random(2)=1 表示正面
      tosses+=coinToss.random(2);
    return tosses;
  }

  /**测试程序*/
  public static void main(String [] args)
  { //模拟随机抛硬币事件
    coinToss=new Random();
    int ncoins=10;
    long ntosses=50000L;
    //heads[i]是得到 i 次正面的次数
    int i;
    long [] heads=new long[ncoins+1];
```

```
        int j, position;
        //初始化数组 heads
        for (j=0;j<ncoins+1;j++)
          heads[j] =0;
        //重复 50000 次模拟事件
        for (i=0;i<ntosses;i++)
          heads[tossCoins(ncoins)]++;
        //输出频率图
        System.out.println();
        for (i=0; i<=ncoins;i++)
        {
          position=(int)((float)heads[i]/ntosses * 72);
          System.out.print(" "+i);
          for (j=0; j < position-1;j++)
            System.out.print(" ");
          System.out.println(" *");
        }
      }
    }
```

7.2 数值概率算法

7.2.1 用随机投点法计算 π 值

设有一半径为 r 的圆及其外切四边形,如图 7-2(a)所示。向该正方形随机地投掷 n 个点。设落入圆内的点数为 k。由于所投入的点在正方形上均匀分布,因而所投入的点落入圆内的概率为 $\frac{\pi r^2}{4r^2}=\frac{\pi}{4}$。所以,当 n 足够大时,k 与 n 之比就逼近这一概率,即$\frac{\pi}{4}$。从而 $\pi\approx\frac{4k}{n}$。由此可得用随机投点法计算 π 值的数值概率算法如下。在具体实现时,只要在第一象限计算,如图 7-2(b)所示。

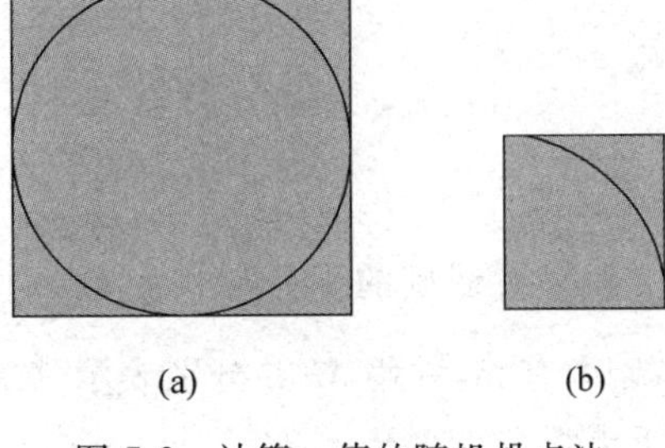

图 7-2 计算 π 值的随机投点法

```
public static double darts(int n)
{ //用随机投点法计算 π 值
  int k=0;
  for (int i=1;i<=n;i++)
  {
    double x=dart.fRandom();
    double y=dart.fRandom();
    if ((x * x+y * y)<=1) k++;
  }
  return 4 * k/(double)n;
}
```

7.2.2 计算定积分

1. 用随机投点法计算定积分

设 $f(x)$是[0,1]上的连续函数,且 $0\leqslant f(x)\leqslant 1$。需要计算的积分为 $I=\int_0^1 f(x)\mathrm{d}x$。积分 I 等于图 7-3 中的面积 G。

在图 7-3 所示单位正方形内均匀地做投点试验,则随机点落在曲线 $y=f(x)$下面的概率为

$$P_r\{y\leqslant f(x)\}=\int_0^1\int_0^{f(x)}\mathrm{d}y\mathrm{d}x=\int_0^1 f(x)\mathrm{d}x=I$$

假设向单位正方形内随机地投入 n 个点(x_i,y_i),$i=1,\cdots,n$。随机点(x_i,y_i)落入 G 内,则 $y_i\leqslant f(x_i)$。如果有 m 个点落入 G 内,则 $\bar{I}=\frac{m}{n}$近似等于随机点落入 G 内的概率,即 $I\approx\frac{m}{n}$。

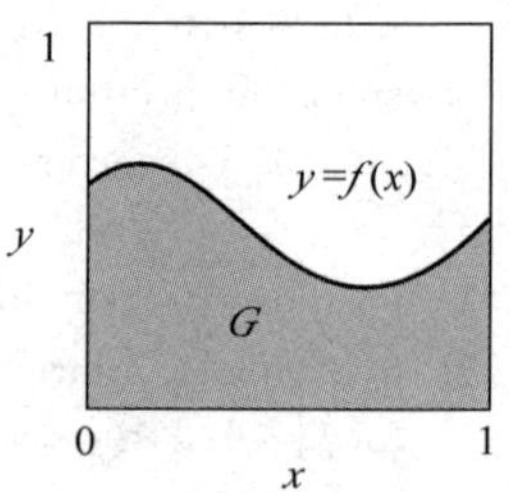

图 7-3 计算定积分的随机投点法

由此可设计出计算积分 I 的数值概率算法。

```
public static double darts1(int n)
{   //用随机投点法计算定积分
    int k=0;
    for (int i=1;i<=n;i++) {
      double x=dart.fRandom();
      double y=dart.fRandom();
      if (y<=f(x)) k++;
      }
    return k/(double)n;
}
```

如果所遇到的积分形式为 $I=\int_a^b f(x)\mathrm{d}x$,其中 a 和 b 为有限值;被积函数 $f(x)$在区间$[a,b]$中有界,并用 M,L 分别表示其最大值和最小值。此时可进行变量代换 $x=a+(b-a)z$,将所求积分变为 $I=cI^*+d$。其中,

$$c=(M-L)(b-a),\quad d=L(b-a),\quad I^*=\int_0^1 f^*(z)\mathrm{d}z$$

$f^*(z)=\frac{1}{M-L}[f(a+(b-a)z)-L]$,且有 $0\leqslant f^*(z)\leqslant 1$。因此,$I^*$ 可用随机投点法计算。

2. 用平均值法计算定积分

任取一组相互独立、同分布的随机变量$\{\xi_i\}$,ξ_i 在$[a,b]$中服从分布律 $f(x)$,令 $g^*(x)=\frac{g(x)}{f(x)}$,则$\{g^*(\xi_i)\}$也是一组互独立、同分布的随机变量,而且

$$E(g^*(\xi_i))=\int_a^b g^*(x)f(x)\mathrm{d}x=\int_a^b g(x)\mathrm{d}x=I$$

由强大数定理

$$P_r\left(\lim_{n\to\infty}\frac{1}{n}\sum_{i=1}^{n}g^*(\xi_i)=I\right)=1$$

若选 $\bar{I}=\frac{1}{n}\sum_{i=1}^{n}g^*(\xi_i)$，则 $\bar{I}$ 依概率 1 收敛于 I。平均值法就是用 $\bar{I}$ 作为 I 的近似值。

假设要计算的积分形式为 $I=\int_a^b g(x)\mathrm{d}x$，其中被积函数 $g(x)$ 在区间 $[a,b]$ 内可积。

任意选择一个有简便方法可以进行抽样的概率密度函数 $f(x)$，使其满足下列条件：

(1) $f(x)\neq 0$，当 $g(x)\neq 0$ 时（其中 $a\leqslant x\leqslant b$）。

(2) $\int_a^b f(x)\mathrm{d}x=1$ 。

如果记

$$g^*(x)=\begin{cases}\dfrac{g(x)}{f(x)} & f(x)\neq 0\\ 0 & f(x)=0\end{cases}$$

则所求积分可以写为

$$I=\int_a^b g^*(x)f(x)\mathrm{d}x$$

由于 a 和 b 为有限值，可取 $f(x)$ 为均匀分布，即

$$f(x)=\begin{cases}\dfrac{1}{b-a} & a\leqslant x\leqslant b\\ 0 & x<a,x>b\end{cases}$$

这时所求积分变为

$$I=(b-a)\int_a^b g(x)\frac{1}{b-a}\mathrm{d}x$$

在 $[a,b]$ 中随机抽取 n 个点 x_i（其中 $i=1,2,\cdots,n$），则均值 $\bar{I}=\frac{b-a}{n}\sum_{i=1}^{n}g(x_i)$ 可作为所求积分 I 的近似值。

由此可设计出计算积分 I 的平均值法如下：

```
public static double integration(double a, double b, int n)
{ //用平均值法计算定积分
    Random rnd=new Random();
    double y=0;
    for (int i=1;i<=n;i++)
    {
      double x=(b-a) * rnd.fRandom()+a;
      y+=f(x);
    }
    return (b-a) * y/(double)n;
}
```

7.2.3 解非线性方程组

假设要求解下面的非线性方程组

$$\begin{cases} f_1(x_1,x_2,\cdots,x_n)=0 \\ f_2(x_1,x_2,\cdots,x_n)=0 \\ \quad\vdots \\ f_n(x_1,x_2,\cdots,x_n)=0 \end{cases}$$

其中,$x_1,x_2,\cdots,x_n$ 是实变量,$f_i(i=1,2,\cdots,n)$是未知量 $x_1,x_2,\cdots,x_n$ 的非线性实函数。要求确定上述方程组在指定求根范围内的一组解 $x_1^*,x_2^*,\cdots,x_n^*$。

解决这类问题有许多种数值方法。最常用的有线性化方法和求函数极小值方法。应当指出,在使用某种具体算法求解的过程中,有时会遇到一些麻烦,甚至于使方法失效而不能获得一个近似解。在这种情况下,可以求助于概率算法。一般而言,尽管概率算法需耗费较多时间,但其设计思想简单,易于实现,因此在实际使用中还是比较有效的。对于精度要求较高的问题,概率算法常常可以提供一个较好的初值。下面介绍求解非线性方程组的概率算法的基本思想。

为了求解所给的非线性方程组,构造一函数

$$\Phi(x)=\sum_{i=1}^{n}f_i^2(x)$$

其中,$x=(x_1,x_2,\cdots,x_n)$。易知,该函数 $\Phi(x)$的零点即是所求非线性方程组的一组解。

在求函数 $\Phi(x)=0$ 的解时可采用简单随机模拟算法。在指定求根区域内,选定一个 x_0 作为根的初值。按照预先选定的分布(如以 x_0 为中心的正态分布、均匀分布、三角分布等),逐个选取随机点 x。计算目标函数 $\Phi(x)$,并把满足精度要求的随机点 x 作为所求非线性方程组的近似解。用这种方法求根,方法直观,算法简单,但工作量较大。为了克服这一缺点,下面介绍一个随机搜索算法。

在指定求根区域 D 内,选定一个随机点 x_0 作为随机搜索的出发点。在算法的搜索过程中,假设第 j 步随机搜索得到的随机搜索点为 x_j。在第 $j+1$ 步,首先计算出下一步的随机搜索方向 r,然后计算搜索步长 a,由此得到第 $j+1$ 步的随机搜索增量 Δx_j。从当前点 x_j 依随机搜索增量 Δx_j 得到第 $j+1$ 步的随机搜索点 $x_{j+1}=x_j+\Delta x_j$。当 $\Phi(x_{j+1})<\varepsilon$ 时,取 x_{j+1}为所求非线性方程组的近似解,否则进行下一步新的随机搜索过程。

具体算法描述如下:

```
public static boolean nonLinear(double [] x0, double [] dx0, double [] x, double a0,
                               double epsilon, double k, int n, int steps, int m)
{ //解非线性方程组的概率算法
  Random rnd=new Random();
  boolean success;                          //搜索成功标志
  double []dx=new double [n+1];             //步进增量向量
  double []r=new double [n+1];              //搜索方向向量
  int mm=0;                                 //当前搜索失败次数
  int j=0;                                  //迭代次数
  double a=a0;                              //步长因子
  for (int i=1;i<=n;i++) {
    x[i]=x0[i];
    dx[i]=dx0[i];
```

```
    }
    double fx=f(x,n);                          //计算目标函数值
    double min=fx;                             //当前最优值
    while ((min>epsilon) && (j<steps)) {
      j++;
      //(1)计算随机搜索步长
      if (fx<min) { //搜索成功
        min=fx;
        a*=k;
        success=true;}
      else { //搜索失败
        mm++;
        if (mm>m) a/=k;
        success=false;}
      //(2)计算随机搜索方向和增量
      for (int i=1;i<=n;i++)
        r[i]=2.0*rnd.fRandom()-1;
      if (success)
        for (int i=1;i<=n;i++)
          dx[i]=a*r[i];
      else
        for (int i=1;i<=n;i++)
          dx[i]=a*r[i]-dx[i];
      //(3)计算随机搜索点
      for (int i=1;i<=n;i++)
        x[i]+=dx[i];
      //(4)计算目标函数值
      fx=f(x,n);
      }
    if (fx<=epsilon) return true;
    else return false;
}
```

7.3 舍伍德算法

分析算法在平均情况下的计算复杂性时，通常假定算法的输入数据服从某一特定的概率分布。例如，在输入数据是均匀分布时，快速排序算法所需的平均时间是$O(n\log n)$。而当其输入已"几乎"排好序时，这个时间界就不再成立。在这种情况下，通常可采用舍伍德算法来消除算法所需计算时间与输入实例间的这种联系。

设A是一个确定性算法，当它的输入实例为x时所需的计算时间记为$t_A(x)$。设X_n是算法A的输入规模为n的实例的全体，则当问题的输入规模为n时，算法A所需的平均时间为

$$\bar{t}_A(n)=\sum_{x\in X_n}t_A(x)/\mid X_n\mid$$

这显然不能排除存在 $x\in X_n$ 使得 $t_A(x)\gg\bar{t}_A(n)$ 的可能性。希望获得一个概率算法 B,使得对问题的输入规模为 n 的每一个实例 $x\in X_n$ 均有 $t_B(x)=\bar{t}_A(n)+s(n)$。对于某一具体实例 $x\in X_n$,算法 B 偶尔需要比 $\bar{t}_A(n)+s(n)$ 多的计算时间。但这仅仅是由于算法所做的概率选择引起的,与具体实例 x 无关。定义算法 B 关于规模为 n 的随机实例的平均时间为

$$\bar{t}_B(n)=\sum_{x\in X_n}t_B(x)/|X_n|$$

易知,$t_B(n)=\bar{t}_A(n)+s(n)$。这就是舍伍德算法设计的基本思想。当 $s(n)$ 与 $\bar{t}_A(n)$ 相比可忽略时,舍伍德算法可获得很好的平均性能。

7.3.1 线性时间选择算法

在第2章中讨论了快速排序算法和线性时间选择算法。这两个算法的随机化版本就是舍伍德型概率算法。这两个算法的核心都在于选择合适的划分基准。对于选择问题而言,用拟中位数作为划分基准可以保证在最坏情况下用线性时间完成选择。如果只简单地用待划分数组的第一个元素作为划分基准,则算法的平均性能较好,而在最坏情况下需要 $O(n^2)$ 计算时间。舍伍德型选择算法则随机地选择一个数组元素作为划分基准。这样既能保证算法的线性时间平均性能又避免了计算拟中位数的麻烦。

非递归的舍伍德型选择算法可描述如下:

```
public static Comparable select(Comparable [] a, int k)
{
    if (k<1 || k>a.length)
      throw new IllegalArgumentException ("k must be between 1 and a.length");
    //将最大元移至右端
    MyMath.swap(a, a.length-1, MyMath.max(a, a.length-1));
    int l=0;
    int r=a.length-1;
    rnd=new Random();
    while (true)
    {
      if (l>=r) return a[l];
      int i=l,
        j=l+rnd.random(r-l); //随机选择的划分基准
      MyMath.swap(a,i,j);
      j=r+1;
      Comparable pivot=a[l];
      //以划分基准为轴作元素交换
      while (true)
      {
        while (a[++i].compareTo(pivot)<0);
        while (a[--j].compareTo(pivot)>0);
        if (i>=j) break;
        MyMath.swap(a, i, j);
      }
```

```
        if (j-l+1==k) return pivot;
        a[l]=a[j];
        a[j]=pivot;
        //对子数组重复划分过程
        if (j-l+1<k) {
          k=k-j+l-1;
          l=j+1;}
        else r=j-1;
      }
  }
```

由于算法 select 使用随机数产生器随机地产生 l 和 r 之间的随机整数。因此,算法 select 所产生的划分基准是随机的。在这个条件下,可以证明,当用算法 select 对含有 n 个元素的数组进行划分时,划分出的低区子数组中含有 1 个元素的概率为 $2/n$;含有 i 个元素的概率为 $1/n,i=2,3,\cdots,n-1$。设 $T(n)$是算法 select 作用于一个含有 n 个元素的输入数组上所需的期望时间的一个上界,且 $T(n)$是单调递增的。在最坏情况下,第 k 小元素总是被划分在较大的子数组中。由此,可以得到关于 $T(n)$的递归式

$$
\begin{aligned}
T(n) &\leqslant \frac{1}{n}\Big(T(\max(1,n-1)) + \sum_{i=1}^{n-1} T(\max(i,n-i))\Big) + O(n) \\
&\leqslant \frac{1}{n}\Big(T(n-1) + 2\sum_{i=n/2}^{n-1} T(i)\Big) + O(n) \\
&= \frac{2}{n}\sum_{i=n/2}^{n-1} T(i) + O(n)
\end{aligned}
$$

上面的推导中,从第一行到第二行是因为 $\max(1,n-1)=n-1$,而

$$
\max(i,n-i)=\begin{cases} i & i\geqslant n/2 \\ n-i & i< n/2 \end{cases}
$$

并且当 n 是奇数时,$T(n/2),T(n/2+1),\cdots,T(n-1)$在和式中均出现 2 次;当 n 是偶数时,$T(n/2+1),T(n/2+2),\cdots,T(n-1)$均出现 2 次,$T(n/2)$只出现 1 次。因此,第二行中的和式是第一行中和式的一个上界。从第二行到第三行是因为在最坏情况下 $T(n-1)=O(n^2)$,故可将$\frac{1}{n}T(n-1)$包含在 $O(n)$项中。

解上面的递归式可得 $T(n)=O(n)$。换句话说,非递归的舍伍德型选择算法 select 可以在 $O(n)$平均时间内找出 n 个输入元素中的第 k 小元素。

综上所述,开始时所考虑的是一个有很好平均性能的选择算法,但在最坏情况下对某些实例算法效率较低。在这种情况下,采用概率方法,将上述算法改造成一个舍伍德型算法,使得该算法以高概率对任何实例均有效。

对于舍伍德型快速排序算法,分析是类似的。

上述舍伍德型选择算法对确定性选择算法所做的修改是非常简单而容易实现的。但有时也会遇到这样的情况,即所给的确定性算法无法直接改造成舍伍德型算法。此时可以借助随机预处理技术,不改变原有的确定性算法,仅对其输入进行随机洗牌,同样可以收到舍伍德算法的效果。例如,对于确定性选择算法,可以用下面的洗牌算法 shuffle 将数组 a 中

元素随机排列,然后用确定性选择算法求解。这样做所收到的效果与舍伍德型算法的效果是一样的。

```
public static void shuffle(Comparable []a, int n)
{//随机洗牌算法
    rnd=new Random();
    for (int i=0;i<n;i++)
    {
      int j=rnd.random(n-i)+i;
      MyMath.swap(a, i, j);
    }
}
```

7.3.2 跳跃表

舍伍德型算法的设计思想还可用于设计高效的数据结构,跳跃表就是一个例子。如果用有序链表来表示一个含有 n 个元素的有序集 S,则在最坏情况下,搜索 S 中一个元素需要 $\Omega(n)$ 计算时间。提高有序链表效率的一个技巧是在有序链表的部分结点处增设附加指针以提高其搜索性能。在增设附加指针的有序链表中搜索一个元素时,可借助于附加指针跳过链表中若干结点,加快搜索速度。这种增加了向前附加指针的有序链表称为跳跃表。应在跳跃表的哪些结点增加附加指针以及在该结点处应增加多少指针,完全采用随机化方法来确定。这使得跳跃表可在 $O(\log n)$ 平均时间内支持关于有序集的搜索、插入和删除等运算。例如,图 7-4(a)是一个没有附加指针的有序链表,而图 7-4(b)在图 7-4(a)的基础上增加了跳跃一个结点的附加指针,图 7-4(c)在图 7-4(b)的基础上又增加了跳跃 3 个结点的附加指针。

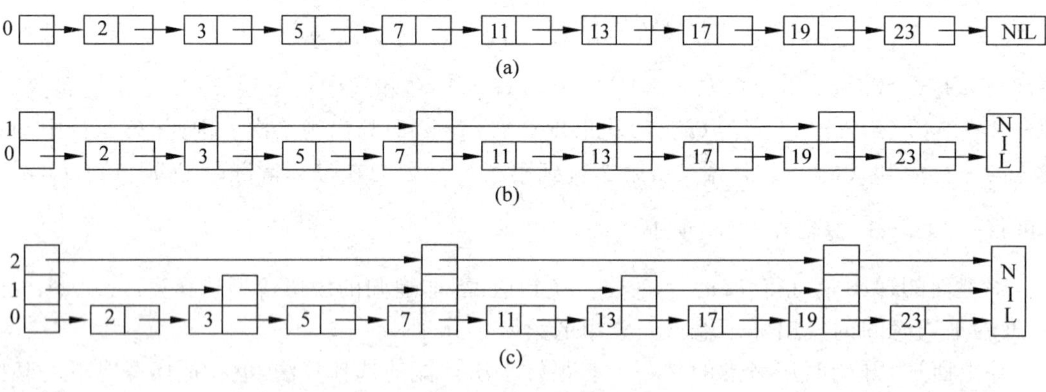

图 7-4 完全跳跃表

在跳跃表中,如果一个结点有 $k+1$ 个指针,则称此结点为一个 k 级结点。

以图 7-4(c)中跳跃表为例,来看如何在该跳跃表中搜索元素 8。从该跳跃表的最高级,即第 2 级开始搜索。利用 2 级指针发现元素 8 位于结点 7 和 19 之间。此时在结点 7 处降至 1 级指针继续搜索,发现元素 8 位于结点 7 和 13 之间。最后,在结点 7 处降至 0 级指针进行搜索,发现元素 8 位于结点 7 和 11 之间,从而知道元素 8 不在所搜索的集合 S 中。

在一般情况下，给定一个含有 n 个元素的有序链表，可以将它改造成一个完全跳跃表，使得每一个 k 级结点含有 $k+1$ 个指针，分别跳过 $2^k-1, 2^{k-1}-1, \cdots, 2^0-1$ 个中间结点。第 i 个 k 级结点安排在跳跃表的位置 i^{2^k} 处，$i\geqslant 0$。这样就可以在 $O(\log n)$ 时间内完成集合成员的搜索运算。在一个完全跳跃表中，最高级的结点是 $\lceil \log n \rceil$ 级结点。

完全跳跃表与完全二叉搜索树的情形非常类似。它虽然可以有效地支持成员搜索运算，但不适应于集合动态变化的情况。集合元素的插入和删除运算会破坏完全跳跃表原有的平衡状态，影响后继元素搜索的效率。

为了在动态变化中维持跳跃表中附加指针的平衡性，必须使跳跃表中 k 级结点数维持在总结点数的一定比例范围内。注意到在一个完全跳跃表中，50%的指针是 0 级指针；25%的指针是 1 级指针；……；$(100/2^{k+1})$%的指针是 k 级指针。因此，在插入一个元素时，以概率 1/2 引入一个 0 级结点，以概率 1/4 引入一个 1 级结点，……，以概率 $1/2^{k+1}$ 引入一个 k 级结点。另外，一个 i 级结点指向下一个同级或更高级的结点，它所跳过的结点数不再准确地维持在 2^i-1。经过这样的修改，就可以在插入或删除一个元素时，通过对跳跃表的局部修改来维持其平衡性。跳跃表中结点的级别在插入时确定，一旦确定便不再更改。图 7-5 是遵循上述原则的跳跃表的例子。对其进行搜索与对完全跳跃表所作的搜索是一样的。

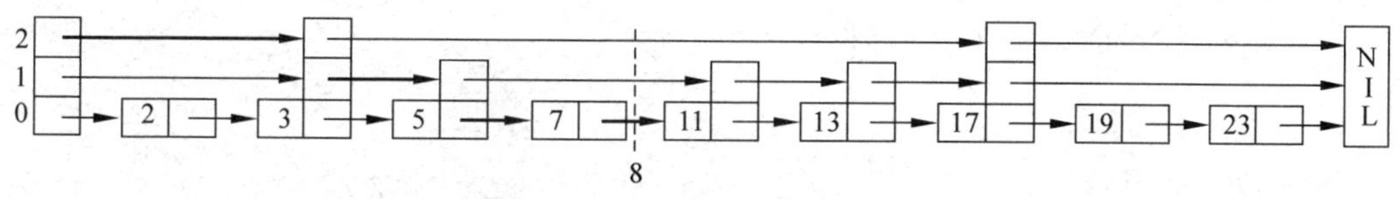

图 7-5　跳跃表示例

如果希望在图 7-5 所示的跳跃表中插入一个元素 8，则先在跳跃表中搜索其插入位置。经搜索发现应在结点 7 和 11 之间插入元素 8。此时在结点 7 和 11 之间增加 1 个存储元素 8 的新结点，并以随机的方式确定新结点的级别。例如，如果元素 8 是作为一个 2 级结点插入，则应对图 7-5 中与虚线相交的指针进行调整，如图 7-6(a)所示。如果新插入的结点是一个 1 级结点，则只要修改 2 个指针，如图 7-6(b)所示。图 7-5 中与虚线相交的指针是在插入新结点后有可能被修改的指针，这些指针可在搜索元素插入位置时动态地保存起来，以供实施插入时使用。

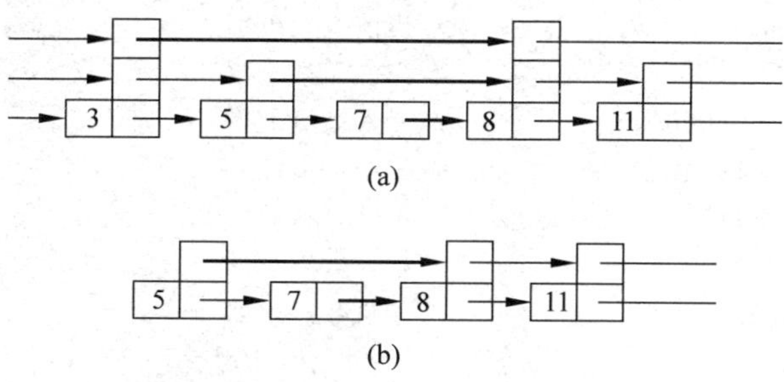

图 7-6　在跳跃表中插入新结点

在上述算法中，一个关键的问题是如何随机地生成新插入结点的级别。注意到，在一个完全跳跃表中，具有 i 级指针的结点中有一半同时具有 $i+1$ 级指针。为了维持跳跃表的平衡性,可以事先确定一个实数 $0<p<1$,并要求在跳跃表中维持在具有 i 级指针的结点中同时具有 $i+1$ 级指针的结点所占比例约为 p。为此目的,在插入一个新结点时,先将其结点级别初始化为0,然后用随机数生成器反复地产生一个[0,1]的随机实数 q。如果 $q<p$,则使新结点级别增加1,直至 $q\geq p$。由此产生新结点级别的过程可知,所产生的新结点的级别为0的概率为 $1-p$,级别为1的概率为 $p(1-p)$,……,级别为 i 的概率为 $p^i(1-p)$。如此产生的新结点的级别有可能是一个很大的数,甚至远远超过表中元素的个数。为了避免这种情况,用 $\log_{1/p}n$ 作为新结点级别的上界,其中 n 是当前跳跃表中结点个数。当前跳跃表中任一结点的级别不超过 $\log_{1/p}n$。在具体实现时,可以用一个预先确定的常数 maxLevel 来作为跳跃表结点级别的上界。

下面讨论跳跃表的实现细节。跳跃表结点类型由类 SkipNode 定义如下:

```
protected static class SkipNode
{
    protected Comparable key;
    protected Object element;
    protected SkipNode [] next; //指针数组

    //构造方法
    protected SkipNode(Object k, Object e, int size)
    {
      key=(Comparable)k;
      element=e;
      next=new SkipNode [size];
    }
}
```

其中,element 域存放集合中元素,next 是该结点的指针数组,next[i]是它的第 i 级指针。跳跃表由类 SkipList 定义如下:

```
public class SkipList
{
   protected float prob;                    //用于分配结点级别
   protected int maxLevel;                  //跳跃表级别上界
   protected int levels;                    //当前最大级别
   protected int size;                      //当前元素个数
   protected Comparable tailKey;            //元素键值上界
   protected SkipNode head;                 //头结点指针
   protected SkipNode tail;                 //尾结点指针
   protected SkipNode [] last;              //指针数组
   protected Random r;                      //随机数产生器

   //构造方法
   public SkipList(Comparable large, int maxE, float p)
   {
     prob=p;
```

```
        //初始化跳跃表级别上界
        maxLevel=(int) Math.round(Math.log(maxE) / Math.log(1/prob))-1;
        tailKey=large;
        //创建头、尾结点和数组 last
        head=new SkipNode (null, null, maxLevel+1);
        tail=new SkipNode (tailKey, null, 0);
        last=new SkipNode [maxLevel+1];
        //将跳跃表初始化为空表
        for (int i=0; i<=maxLevel; i++)
          head.next[i]=tail;
        r=new Random(); //初始化随机数产生器
    }
}
```

跳跃表中 0 级链元素从小到大排列。跳跃表的构造方法初始化跳跃表的一些参数值，如 prob，levels，maxLevel，tailKey 等。

当需要搜索集合中键值为 k 的元素时，可用算法 search 来搜索。当算法 search 搜索到键值为 k 的元素时，将该元素返回到 e 中，并返回 true；否则，返回 false。算法 search 从最高级指针链开始搜索，一直到 0 级指针链。在每一级搜索中尽可能地接近要搜索的元素。当算法从 for 循环退出时，正好处在欲寻找元素的左边。与 0 级指针所指的下一个元素进行比较，即可确定要找的元素是否在跳跃表中。

```
SkipNode search(Object k)
{//搜索指定元素 k
    SkipNode p=head;
    for (int i=levels; i>=0; i--)
    {
      while (p.next[i].key.compareTo(k)<0) //在第 i 级链中搜索
        p=p.next[i];
      last[i]=p; //上一个第 i 级结点
    }
    return (p.next[0]);
}
```

在跳跃表中插入一个元素的算法可描述如下。在插入一个新结点时，算法随机地为其分配一个结点级别。当要插入的元素键值超界时，方法 put 将引发 IllegalArgumentException 异常。当元素 e 成功插入后，put 返回跳跃表。

```
int level()
{//产生不超过 MaxLevel 的随机级别
    int lev=0;
    while (r.fRandom()<=prob)
      lev++;
    return (lev<=maxLevel) ? lev : maxLevel;
}
```

```
public Object put(Object k, Object e)
{//插入指定元素 e
    if (tailKey.compareTo(k)<=0) //元素键值超界
      throw new IllegalArgumentException("key is too large");

    //检查元素是否已存在
    SkipNode p=search(k);
    if (p.key.equals(k))
    {//元素已存在
      Object ee=p.element;
      p.element=e;
      return ee;
    }

    //元素不存在,确定新结点级别
    int lev=level();
    //调整各级别指针
    if (lev>levels)
    {
      lev=++levels;
      last[lev]=head;
    }

    //产生新结点,并将新结点插入 p 之后
    SkipNode y=new SkipNode (k, e, lev+1);
    for (int i=0; i<=lev; i++)
    {//插入第 i 级链
      y.next[i]=last[i].next[i];
      last[i].next[i]=y;
    }
    size++;
    return null;
}
```

从跳跃表中删除一个元素的算法可描述如下。该算法用来删除跳跃表中键值为 k 的元素,并将所删除的元素存放在 e 中。在算法的执行过程中,若没有找到键值为 k 的元素,则返回 null。算法中的 while 循环用来修改 levels 的值,找出至少包含一个元素的指针级别。当跳跃表为空时,levels 被置为 0。

```
public Object remove(Object k)
{
    if (tailKey.compareTo(k)<=0) //元素键值超界
      return null;

    //搜索待删除元素
    SkipNode p=search(k);
```

```
    if (! p.key.equals(k)) //未找到
      return null;

    //从跳跃表中删除结点
    for (int i=0; i<=levels && last[i].next[i]==p; i++)
      last[i].next[i]=p.next[i];

    //更新当前级别
    while (levels>0 && head.next[levels]==tail) levels--;

    size--;
    return p.element;
  }
```

当跳跃表中有 n 个元素时，在最坏情况下，对跳跃表进行搜索、插入和删除运算所需的计算时间均为 $O(n+\text{maxLevel})$。在最坏情况下，可能只有 1 个 maxLevel 级的元素，其余元素均在 0 级链上。此时跳跃表退化为有序链表。由于跳跃表采用了随机化技术，它的每一种运算(搜索、插入和删除)在最坏情况下的期望时间均为 $O(\log n)$。

在一般情况下，跳跃表的 1 级链上大约有 $n\times p$ 个元素，2 级链上大约有 $n\times p^2$ 个元素，……，i 级链上大约有 $n\times p^i$ 个元素。因此，跳跃表指针域占用空间的平均值是 $n\sum_i p^i = n/(1-p)$。即跳跃表所占用的空间为 $O(n)$。特别地，当 $p=0.5$ 时，约需 $2n$ 个指针空间。

7.4 拉斯维加斯算法

舍伍德算法的优点是其计算时间复杂性对所有实例而言相对均匀，但与其相应的确定性算法相比，其平均时间复杂性没有改进。拉斯维加斯(Las Vegas)算法则不然，它能显著地改进算法的有效性，甚至对某些迄今为止找不到有效算法的问题，也能得到满意的算法。

拉斯维加斯算法的一个显著特征是它所做的随机性决策有可能导致算法找不到所需的解。因此，通常用一个 boolean 型方法表示拉斯维加斯算法。当算法找到一个解时，返回 true；否则，返回 false。拉斯维加斯算法的典型调用形式为 boolean success=LV(x,y)，其中 x 是输入参数。当 success 的值为 true 时，y 返回问题的解；当 success 为 false 时，算法未能找到问题的一个解。此时，可对同一实例再次独立地调用相同的算法。

设 $p(x)$是对输入 x 调用拉斯维加斯算法获得问题的一个解的概率，一个正确的拉斯维加斯算法应该对所有输入 x 均有 $p(x)>0$。在更强的意义下，要求存在一个常数 $\delta>0$，使得对问题的每一个实例 x 均有 $p(x)\geqslant\delta$。设 $s(x)$和 $e(x)$分别是算法对于具体实例 x 求解成功或求解失败所需的平均时间，考虑下面的算法。

```
public static void obstinate(Object x, Object y)
{//反复调用拉斯维加斯算法 LV(x,y)，直到找到问题的一个解 y
    boolean success=false;
    while (! success) success=lv(x,y);
}
```

由于 $p(x)>0$,故只要有足够的时间,对任何实例 x,上述算法 obstinate 总能找到问题的一个解。设 $t(x)$是算法 obstinate 找到具体实例 x 的一个解所需的平均时间,则有

$$t(x) = p(x)s(x) + (1 - p(x))(e(x) + t(x))$$

解此方程,可得

$$t(x) = s(x) + \frac{1 - p(x)}{p(x)}e(x)$$

7.4.1 n 后问题

n 后问题是提供了设计高效的拉斯维加斯算法的一个很好的例子。在用回溯法解 n 后问题时,实际上是在系统地搜索整个解空间树的过程中找出满足要求的解。往往忽略了一个重要事实:对于 n 后问题的任何一个解而言,每一个皇后在棋盘上的位置无任何规律,不具有系统性,而更像是随机放置的。由此容易想到下面的拉斯维加斯算法,在棋盘上相继的各行中随机地放置皇后,并注意使新放置的皇后与已放置的皇后互不攻击,直至 n 个皇后均已相容地放置好,或者已没有下一个皇后的可放置位置时为止。

具体算法可描述如下。

类 LVQueen 的数据成员 n 表示皇后个数,数组 x 存储 n 后问题的解。

```
public class LVQueen
{
  static Random rnd;                    //随机数产生器
  static int n;                         //皇后个数
  static int [] x;                      //解向量
}
```

方法 place(k)用于测试将皇后 k 置于第 $x[k]$列的合法性。

```
private static boolean place(int k)
{//测试皇后 k 置于第 x[k]列的合法性
  for (int j=1;j<k;j++)
  if ((Math.abs(k-j)==Math.abs(x[j]-x[k]))||(x[j]==x[k])) return false;
  return true;
}
```

方法 queensLV() 实现在棋盘上随机放置 n 个皇后的拉斯维加斯算法。

```
private static boolean queensLV()
{//随机放置 n 个皇后的拉斯维加斯算法
  rnd=new Random();                     //初始化随机数
  int k=1;                              //下一个放置的皇后编号
  int count=1;
  while ((k<=n) && (count>0))
  {
    count=0;
    int j=0;
    for (int i=1; i<=n; i++)
```

```
        {
            x[k]=i;
            if (place(k))
                if (rnd.random(++count)==0) j=i;        //随机位置
        }
        if (count>0) x[k++]=j;
    }
    return (count>0);                              //count>0 表示放置成功
}
```

类似于算法 obstinate,可以通过反复调用随机放置 n 个皇后的拉斯维加斯算法 queensLV(),直至找到 n 后问题的一个解。

```
public static void nQueen()
{//解 n 后问题的拉斯维加斯算法
    //初始化 x
    x=new int[n+1];
    for (int i=0; i<=n; i++) x[i]=0;
    //反复调用随机放置 n 个皇后的拉斯维加斯算法,直至放置成功
    while (! queensLV()) ;
}
```

上述算法一旦发现无法再放置下一个皇后,就全部重新开始,这似乎过于悲观。如果将上述随机放置策略与回溯法相结合,可能会获得更好的效果。可以先在棋盘的若干行中随机地放置皇后,然后在后继行中用回溯法继续放置,直至找到一个解或宣告失败。随机放置的皇后越多,后继回溯搜索所需的时间就越少,但失败的概率也就越大。

与回溯法相结合的解 n 后问题的拉斯维加斯算法描述如下:

```
public class LVQueen1
{
    static Random rnd;
    static int n;
    static int [] x;
    static int [] y;
}
```

方法 place(k)用于测试将皇后 k 置于第 $x[k]$列的合法性。方法 backtrack(t)是解 n 后问题的回溯法。

```
private static boolean place(int k)
{//测试皇后 k 置于第 x[k]列的合法性
    for (int j=1;j<k;j++)
    if ((Math.abs(k-j)==Math.abs(x[j]-x[k]))||(x[j]==x[k])) return false;
    return true;
}

private static void backtrack(int t)
```

```
{//解 n 后问题的回溯法
  if (t>n) {
    for (int i=1;i<=n;i++)
      y[i]=x[i];
    return;
  }
  else
      for (int i=1;i<=n;i++) {
        x[t]=i;
        if (place(t)) backtrack(t+1);
      }
}
```

方法 queensLV(stopVegas) 实现在棋盘上随机放置若干个皇后的拉斯维加斯算法。其中,1≤stopVegas≤n 表示随机放置的皇后数。

```
private static boolean queensLV(int stopVegas)
{ //随机放置 n 个皇后拉斯维加斯算法
  rnd = new Random();                              //初始化随机数
  int k=1;                                         //下一个放置的皇后编号
  int count=1;
  //1<=stopVegas<=n 表示允许随机放置的皇后数
  while ((k<=stopVegas) && (count>0)) {
    count=0;
    int j=0;
    for (int i=1; i<=n; i++) {
      x[k]=i;
      if (place(k))
        if (rnd.random(++count)==0) j=i;           //随机位置
    }
    if (count>0) x[k++]=j;
  }
  return (count>0);                                //count>0 表示放置成功
}
```

算法的回溯搜索部分与解 n 后问题的回溯法是类似的,所不同的是这里只要找到一个解就可以了。

```
public static void nQueen(int stop)
{//与回溯法相结合的解 n 后问题的拉斯维加斯算法
  x=new int [n+1];
  y=new int [n+1];
  for (int i=0; i<=n; i++){
    x[i]=0;
    y[i]=0;
  }
  while (!queensLV(stop));
```

```
    //算法的回溯搜索部分
    backtrack(stop+1);
  }
```

下面的表7-1给出了用上述算法解8后问题时，不同的stopVegas值(包括算法成功的概率 p、一次成功搜索访问的结点数平均值 s、一次不成功搜索访问的结点数平均值 e 以及反复调用算法最终找到一个解所访问的结点数的平均值 $t=s+(1-p)e/p$)相对应的算法效率。

表7-1　解8后问题的拉斯维加斯算法中，不同的stopVegas值相对应的算法效率

stopVegas	p	s	e	t
0	1.0000	114.00	—	114.00
1	1.0000	39.63	—	39.63
2	0.8750	22.53	39.67	28.20
3	0.4931	13.48	15.10	29.01
4	0.2618	10.31	8.79	35.10
5	0.1624	9.33	7.29	46.92
6	0.1375	9.05	6.98	53.50
7	0.1293	9.00	6.97	55.93
8	0.1293	9.00	6.97	55.93

stopVegas=0对应于完全使用回溯法的情形。

表7-2是解12后问题的拉斯维加斯算法中不同的stopVegas值相对应的算法效率。由此可以看出，当 $n=12$ 时，取stopVegas=5，算法效率很高。

表7-2　解12后问题的拉斯维加斯算法中不同的stopVegas值相对应的算法效率

stopVegas	p	s	e	t
0	1.0000	262.00	—	262.00
5	0.5039	33.88	47.23	80.39
12	0.0465	13.00	10.20	222.11

7.4.2　整数因子分解

设 $n>1$ 是一个整数。关于整数 n 的因子分解问题是找出 n 的如下形式的唯一分解式

$$N = p_1^{m_1} p_2^{m_2} \cdots p_k^{m_k}$$

其中，$p_1<p_2<\cdots<p_k$ 是 k 个素数，$m_1, m_2, \cdots, m_k$ 是 k 个正整数。

如果 n 是一个合数，则 n 必有一个非平凡因子 x，$1<x<n$，使得 x 可以整除 n。

给定一个合数 n，求 n 的一个非平凡因子的问题称为整数 n 的因子分割问题。

在本章的7.5节中会讨论一个用于测试给定整数的素性的蒙特卡罗算法。有了测试素性的算法后，整数的因子分解问题就转化为整数的因子分割问题。

下面的算法split(n)可实现对整数的因子分割。

```
private static int split(int n)
{
```

```
    int m = (int) Math.floor(Math.sqrt((double)n));
    for (int i=2; i<=m; i++)
    if (n%i==0) return i;
    return 1;
}
```

在最坏情况下,算法 split(n)所需的计算时间为 $\Omega(\sqrt{n})$。当 n 较大时,上述算法无法在可接受的时间内完成因子分割任务。对于给定的正整数 n,设其位数为 $m=\lceil \log_{10}(1+n) \rceil$。由 $\sqrt{n}=\theta(10^{m/2})$ 知,算法 split(n)是关于 m 的指数时间算法。

到目前为止,还没有找到解因子分割问题的多项式时间算法。事实上,算法 split(n) 是对在 $1\sim x$ 的所有整数进行了试除而得到在 $1\sim x^2$ 的任一整数的因子分割。下面要讨论的求整数 n 的因子分割的拉斯维加斯算法是由 Pollard 提出的,该算法的效率相比算法 split(n)有较大的提高。Pollard 算法用与算法 split(n)相同的工作量就可以得到在 $1\sim x^4$ 范围内整数的因子分割。

Pollard 算法在开始时选取 $0\sim n-1$ 范围内的随机数 x_1,然后递归地由

$$x_i = (x_{i-1}^2 - 1) \bmod n$$

产生无穷序列 $x_1, x_2, \cdots, x_k, \cdots$。

对于 $i=2^k, k=0,1,\cdots$,以及 $2^k<j\leqslant 2^{k+1}$,算法计算出 x_j-x_i 与 n 的最大公因子

$$d = \gcd(x_j - x_i, n)$$

如果 d 是 n 的非平凡因子,则实现对 n 的一次分割,算法输出 n 的因子 d。

求整数 n 因子分割的拉斯维加斯算法 pollard(n)可描述如下。其中,gcd(a,b)是求两个整数最大公因数的欧几里得算法。

```
private static int gcd(int a, int b)
{//求整数 a 和 b 最大公因数的欧几里得算法
    if (b==0) return a;
    else return gcd(b,a%b);
}

private static void pollard(int n)
{//求整数 n 因子分割的拉斯维加斯算法
    rnd=new Random();           //初始化随机数
    int i=1;
    int x=rnd.random(n);        //随机整数
    int y=x;
    int k=2;
    while (true) {
      i++;
      x=(x*x-1)%n;
      int d=gcd(y-x,n);         //求 n 的非平凡因子
      if ((d>1) && (d<n)) System.out.println(d);
      if (i==k) {
        y=x;
```

```
        k*=2;}
    }
}
```

通过对 Pollard 算法更深入的分析可知，执行算法的 while 循环约$\sqrt{p}$次后，Pollard 算法会输出 n 的一个因子 p。由于 n 的最小素因子 $p\leqslant\sqrt{n}$，故 Pollard 算法可在 $O(n^{1/4})$时间内找到 n 的一个素因子。

在上述 Pollard 算法中还可以将产生序列 x_i 的递归式改成

$$x_i = (x_{i-1}^2 - c) \bmod n$$

其中，c 是一个不等于 0 和 2 的整数。

7.5 蒙特卡罗算法

在实际应用中常会遇到一些问题，不论采用确定性算法或概率算法都无法保证每次都能得到正确的解答。蒙特卡罗算法则在一般情况下可以保证对问题的所有实例都以高概率给出正确解，但是通常无法判定一个具体解是否正确。

7.5.1 蒙特卡罗算法的基本思想

设 p 是一个实数，且$\frac{1}{2}<p<1$。如果一个蒙特卡罗算法对于问题的任一实例得到正确解的概率不小于 p，则称该蒙特卡罗算法是 p 正确的，且称 $p-\frac{1}{2}$是该算法的优势。

如果对于同一实例，蒙特卡罗算法不会给出两个不同的正确解答，则称该蒙特卡罗算法是一致的。

有些蒙特卡罗算法除了具有描述问题实例的输入参数外，还具有描述错误解可接受概率的参数。这类算法的计算时间复杂性通常由问题的实例规模以及错误解可接受概率的函数来描述。

对于一个一致的 p 正确的蒙特卡罗算法，要提高获得正确解的概率，只要执行该算法若干次，并选择出现频次最高的解即可。

在一般情况下，设 ε 和 δ 是 2 个正实数，且 $\varepsilon+\delta<\frac{1}{2}$。设 MC($x$)是一个一致的$\left(\frac{1}{2}+\varepsilon\right)$正确的蒙特卡罗算法，且 $C_\varepsilon=-2/\log(1-4\varepsilon^2)$。如果调用算法 MC($x$)至少$\left\lceil C_\varepsilon \log\frac{1}{\delta}\right\rceil$次，并返回各次调用出现频数最高的解，就可以得到解同一问题的一个一致的$(1-\delta)$正确的蒙特卡罗算法。由此可见，不论算法 MC(x)的优势 $\varepsilon>0$ 多小，都可以通过反复调用来放大算法的优势，使得最终得到的算法具有可接受的错误概率。

要证明上述论断，设 $n>C_\varepsilon \log 1/\delta$ 是重复调用$\left(\frac{1}{2}+\varepsilon\right)$正确的算法 MC($x$)的次数，且 $p=\left(\frac{1}{2}+\varepsilon\right)$，$q=1-p=\left(\frac{1}{2}-\varepsilon\right)$，$m=\lfloor n/2\rfloor+1$。经 n 次反复调用算法 MC(x)，找到问题的一个正确解，则该正确解至少应出现 m 次，因此其出现错误概率最多是

$$
\begin{aligned}
&\sum_{i=0}^{m-1} \text{Prob}\{n\text{ 次调用出现 } i \text{ 次正确解}\} \\
&\leqslant \sum_{i=0}^{m-1} \binom{n}{i} p^i q^{n-i} \\
&= (pq)^{n/2} \sum_{i=0}^{m-1} \binom{n}{i} (q/p)^{n/2-i} \\
&\leqslant (pq)^{n/2} \sum_{i=0}^{m-1} \binom{n}{i} \qquad\qquad (\text{由于 } q/p < 1,\text{且 } n/2 - i \geqslant 0) \\
&\leqslant (pq)^{n/2} \sum_{i=0}^{n} \binom{n}{i} = (pq)^{n/2} 2^n \\
&= 4(pq)^{n/2} - (1 - 4\varepsilon^2)^{n/2} \\
&\leqslant (1 - 4\varepsilon^2)^{(c_\varepsilon/2)\log(1/\delta)} \qquad (\text{由于 } 0 < (1 - 4\varepsilon^2) < 1) \\
&= 2^{-\log(1/\delta)} = \delta \qquad\qquad (\text{由于对任意 } x > 0 \text{ 有 } x^{1/\log x} = 2)
\end{aligned}
$$

由此可知,重复 n 次调用算法 MC(x)得到正确解的概率至少为 $1-\delta$。

更进一步的分析表明,如果重复调用一个一致的$\left(\frac{1}{2}+\varepsilon\right)$正确的蒙特卡罗算法 $2m-1$ 次,得到正确解的概率至少为 $1-\delta$,其中,

$$\delta = \frac{1}{2} - \varepsilon \sum_{i=0}^{m-1} \binom{2i}{i} \left(\frac{1}{4} - \varepsilon^2\right)^i \leqslant \frac{(1 - 4\varepsilon^2)^m}{4\varepsilon\sqrt{\pi m}}$$

在实际使用中,大多数蒙特卡罗算法经重复调用后其正确率提高很快。

设 MC(x)是解某个判定问题 D 的蒙特卡罗算法。当 MC(x)返回 true 时解总是正确的,仅当它返回 false 时有可能产生错误的解,称这类的蒙特卡罗算法为偏真算法。

显而易见,当多次调用一个偏真蒙特卡罗算法时,只要有一次调用返回 true,就可以断定相应的解为 true。稍后将看到在这种情况下只要重复调用偏真蒙特卡罗算法 4 次,就可以将解的正确率从 55%提高到 95%,重复调用算法 6 次,可将解的正确率提高到 99%。而且对于偏真蒙特卡罗算法而言,原来对 p 正确算法的要求 $p>\frac{1}{2}$可以放松为 $p>0$ 即可。

现在回到一般的问题,即所讨论的问题不一定是一个判定问题。设 y_0 是所求解问题的一个特殊的解答,如判定问题的 true 解答。对于一个解所给问题的蒙特卡罗算法 MC(x),如果存在问题实例的子集 X,使得

(1) 当 $x\notin X$ 时,MC(x)返回的解是正确的。

(2) 当 $x\in X$ 时,正确解是 y_0,但 MC(x)返回的解未必是 y_0。

则称上述算法 MC(x)是偏 y_0 的算法。

设 MC(x)是一个一致的、p 正确偏 y_0 蒙特卡罗算法。MC(x)返回的解为 y_0。接下来讨论以下两种情况。

1) $y=y_0$ 的情况

此时,MC(x)返回的解是正确的。

事实上,当 $x\notin X$ 时,MC(x)返回的解总是正确的;当 $x\in X$ 时,正确解是 y_0,故此时算法返回的解也是正确的。

2）$y \neq y_0$ 的情况

在这种情况下，当 $x \notin X$ 时，y 是正确的；当 $x \in X$ 时，y 是错误的。因为此时正确解是 y_0，而 $y \neq y_0$。但是由于算法是 p 正确的，产生这种错误的概率不超过 $1-p$。

在一般情况下，如果重复 k 次调用 MC(x)，所返回的解依次为 $y_1, \cdots, y_k$，则

(1) 存在 i 使 $y_i = y_0$，此时 y_0 为正确解。

(2) 存在 $i \neq j$，使得 $y_i \neq y_j$，此时必有 $x \in X$，因此可知正确解为 y_0。

(3) 对所有 i 有 $y_i = y$，但 $y \neq y_0$，此时，正确解仍有可能是 y_0。

如果情形(3)发生，则每一次调用 MC(x)均产生错误解 y，但发生这种情况的概率不超过$(1-p)^k$。

由上面的讨论可知，重复调用一个一致的、p 正确偏 y_0 蒙特卡罗算法 k 次，可得到一个$(1-(1-p)^k)$正确的蒙特卡罗算法，且所得算法仍是一个一致的偏 y_0 蒙特卡罗算法。特别地，调用一个偏真蒙特卡罗算法 k 次可将其正确概率从 p 提高到$(1-(1-p)^k)$。

7.5.2 主元素问题

设 $T[1:n]$是一个含有 n 个元素的数组。当$|\{i | T[i]=x\}| > \frac{n}{2}$时，称元素 x 是数组 T 的主元素。对于给定的输入数组 T，考虑下面判定所给数组 T 是否含有主元素的蒙特卡罗算法 majority。

```
public static boolean majority(int[]t, int n)
{//判定主元素的蒙特卡罗算法
    rnd=new Random();
    int i=rnd.random(n)+1;
    int x=t[i]; //随机选择数组元素
    int k=0;
    for (int j=1;j<=n;j++)
      if (t[j]==x) k++;
    return (k>n/2); //k>n/2 时 t 含有主元素
}
```

上述算法对随机选择的数组元素 x 测试它是否为数组 T 的主元素。如果算法返回的结果为 true，即随机选择的数组元素 x 是数组 T 的主元素，则显然数组 T 含有主元素。反之，如果算法返回的结果为 false，则数组 T 未必没有主元素。可能数组 T 含有主元素，而随机选择的数组元素 x 不是 T 的主元素。由于数组 T 的非主元素个数小于$\frac{n}{2}$，故上述情况发生的概率小于$\frac{1}{2}$。由此可见，上述判定数组 T 的主元素存在性算法是一个偏真的$\frac{1}{2}$正确算法。换句话说，如果数组 T 含有主元素，则算法以大于$\frac{1}{2}$的概率返回 true；如果数组 T 没有主元素，则算法肯定返回 false。

在实际使用时，50%的错误概率是不可容忍的。使用前面讨论过的重复调用技术可将错误概率降低到任何可接受值的范围内。首先来看如下重复调用 2 次的算法 majority2。

```
public static boolean majority2(int[]t, int n)
{//重复 2 次调用算法 majority
    if (majority(t,n)) return true;
    else return majority(t,n);
}
```

如果数组 T 不含主元素，则每次调用 majority(t,n)返回的值肯定是 false，从而 majority2 返回的值肯定也是 false。如果数组 T 含有主元素，则算法 majority(t,n)返回 true 的概率 $p>\frac{1}{2}$，而当 majority(t,n)返回 true 时，majority2 也返回 true。另一方面，majority2 的第一次调用 majority(t,n)返回 false 的概率为 $1-p$，第二次调用 majority(t,n)仍以概率 p 返回 true。因此，当数组 T 含有主元素时，majority2 返回 true 的概率是 $p+(1-p)p=1-(1-p)^2>\frac{3}{4}$。也就是说，算法 majority2 是一个偏真 3/4 正确的蒙特卡罗算法。

算法 majority2 中，重复调用 majority(t,n)所得到的结果是相互独立的。当数组 T 含有主元素时，某次调用 majority(t,n)返回 false 并不会影响下一次调用 majority(t,n)返回值为 true 的概率。因此，k 次重复调用 majority(t,n)均返回 false 的概率小于 2^{-k}。另一方面，在 k 次调用中，只要有一次调用返回的值为 true，即可断定数组 T 含有主元素。

对于任何给定的 $\varepsilon>0$，下面的算法 majorityMC 重复调用$\lceil\log(1/\varepsilon)\rceil$次算法 majority。它是一个偏真蒙特卡罗算法，且其错误概率小于 ε。

```
public static boolean majorityMC(int[]t, int n, double e)
{//重复 log(1/e)次调用算法 majority
    int k=(int) Math.ceil(Math.log(1/e)/Math.log(2));
    for (int i=1;i<=k;i++)
      if (majority(t,n)) return true;
    return false;
}
```

算法 majorityMC 所需的计算时间显然是 $O(n\log(1/\varepsilon))$。

7.5.3 素数测试

关于素数的研究已有相当长的历史，近代密码学的研究又给它注入了新的活力。在关于素数的研究中素数的测试是一个非常重要的问题。Wilson 定理给出了一个数是素数的充要条件。

Wilson 定理：对于给定的正整数 n，判定 n 是一个素数的充要条件是 $(n-1)!\equiv-1(\bmod n)$。

Wilson 定理有很高的理论价值。但是，实际用于素性测试所需计算量太大，无法实现对较大素数的测试。到目前为止，尚未找到素数测试的有效的确定性算法或拉斯维加斯算法。首先容易想到下面的素数测试概率算法 prime。

```
public static boolean prime(int n)
{
```

```
        rnd=new Random();
        int m=(int) Math.floor(Math.sqrt((double)n));
        int a=rnd.random(m-2)+2;
        return (n%a!=0);
    }
```

算法 prime 返回 false 时，算法幸运地找到 n 的一个非平凡因子，因此，可以肯定 n 是一个合数。但是，对于上述算法 prime 来说，即使 n 是一个合数，算法仍以高概率返回 true。例如，当 $n=2623=43\times 61$ 时，算法 prime 在 2～51 范围内随机选择一个整数 d，仅当选择到 $d=43$ 时，算法返回 false，其余情况均返回 true。在 2～51 范围内选到 $d=43$ 的概率约为 2%，因此，算法以 98% 的概率返回错误的结果 true。当 n 增大时，情况就更糟。当然在上述算法中可以用欧几里得算法判定 n 与 d 是否互素来提高测试效率，但结果仍不理想。

著名的费尔马小定理为素数判定提供了一个有力的工具。

费尔马小定理：如果 p 是一个素数，且 $0<a<p$，则 $a^{p-1}\equiv 1(\mathrm{mod}\ p)$。

例如，67 是一个素数，则 $2^{66}\ \mathrm{mod}\ 67=1$。

利用费尔马小定理，对于给定的整数 n，可以设计一个素数判定算法。通过计算 $d=2^{n-1}\ \mathrm{mod}\ n$ 来判定整数 n 的素性。当 $d\neq 1$ 时，n 肯定不是素数；当 $d=1$ 时，n 则很可能是素数。但是，也存在合数 n 使得 $2^{n-1}\equiv 1(\mathrm{mod}\ n)$。例如，满足此条件的最小合数是 $n=341$。为了提高测试的准确性，可以随机地选取整数 $1<a<n-1$，然后用条件 $a^{n-1}\equiv 1(\mathrm{mod}\ n)$ 来判定整数 n 的素性。例如，对于 $n=341$，取 $a=3$ 时，有 $3^{340}\equiv 56(\mathrm{mod}\ 341)$，故可判定 n 不是素数。

费尔马小定理毕竟只是素数判定的一个必要条件。满足费尔马小定理条件的整数 n 未必全是素数。有些合数也满足费尔马小定理的条件。这些合数被称为 Carmichael 数，前 3 个 Carmichael 数是 561，1105 和 1729。Carmichael 数是非常少的。在 1～100 000 000 的整数中，只有 255 个 Carmichael 数。

利用下面的二次探测定理可以对上面的素数判定算法做进一步改进，以避免将 Carmichael 数当作素数。

二次探测定理：如果 p 是一个素数，且 $0<x<p$，则方程 $x^2\equiv 1(\mathrm{mod}\ p)$ 的解为 $x=1$，$p-1$。

事实上，$x^2\equiv 1(\mathrm{mod}\ p)$ 等价于 $x^2-1\equiv 0(\mathrm{mod}\ p)$。由此可知，$(x-1)(x+1)\equiv 0(\mathrm{mod}\ p)$，故 p 必须整除 $x-1$ 或 $x+1$。由 p 是素数且 $0<x<p$ 推出 $x=1$ 或 $x=p-1$。

利用二次探测定理，可以在利用费尔马小定理计算 $a^{n-1}\ \mathrm{mod}\ n$ 的过程中增加对整数 n 的二次探测。一旦发现违背二次探测条件，即可得出 n 不是素数的结论。

下面的算法 power 用于计算 $a^p\ \mathrm{mod}\ n$，并在计算过程中实施对 n 的二次探测。

```
private static int power(int a, int p, int n)
{ //计算 mod n,并实施对 n 的二次探测
    int x, result;
    if (p==0) result=1;
    else {
      x=power(a,p/2,n);                  //递归计算
      result=(x * x)%n;                  //二次探测
```

```
        if ((result==1)&&(x!=1)&&(x!=n-1))
            composite=true;
        if ((p%2)==1)                        //p是奇数
            result=(result * a)%n;
    }
    return result;
}
```

在算法 power 的基础上，可设计素数测试的蒙特卡罗算法 prime 如下：

```
public static boolean prime(int n)
{ //素数测试的蒙特卡罗算法
    rnd=new Random();
    int a, result;
    composite=false;
    a=rnd.random(n-3)+2;
    result=power(a,n-1,n);
    if (composite||(result!=1)) return false;
    else return true;
}
```

算法 prime 返回 false 时，整数 n 一定是一个合数。而当算法 prime 返回的值为 true 时，整数 n 在高概率的意义下是一个素数。仍然可能存在合数 n，对于随机选取的基数 a，算法返回 true。但对于上述算法的深入分析表明，当 n 充分大时，这样的基数 a 不超过 $(n-9)/4$ 个，由此可知上述算法 prime 是一个偏假 3/4 正确的蒙特卡罗算法。

正如前面讨论过的，上述算法 prime 的错误概率可通过多次重复调用而迅速降低。重复 k 次调用算法 prime 的蒙特卡罗算法 primeMC 可描述如下：

```
public static boolean primeMC(int n, int k)
{ //重复k次调用算法prime的蒙特卡罗算法
    rnd=new Random();
    int a, result;
    composite=false;
    for (int i=1;i<=k;i++)
    {
      a=rnd.random(n-3)+2;
      result=power(a,n-1,n);
      if (composite||(result!=1)) return false;
    }
    return true;
}
```

容易得出算法 PrimeMC 的错误概率不超过 $\left(\frac{1}{4}\right)^k$。这是一个很保守的估计，实际使用的效果要好得多。

小　　结

确定性算法的每一个计算步骤都是确定的，本章所讨论的概率算法允许算法在执行过程中随机地选择下一个计算步骤。在许多情况下，当算法在执行过程中面临一个选择时，随机性选择常比最优选择省时。因此，概率算法可在很大程度上降低算法的复杂度。本章讨论了4类常用的概率算法：数值概率算法、蒙特卡罗算法、拉斯维加斯算法和舍伍德算法。

数值概率算法常用于数值问题的求解。在许多情况下，计算问题的精确解是不可能或没有必要的，而用数值概率算法可以得到相当满意的解。

蒙特卡罗算法得到的解未必是正确的。解的正确概率依赖于算法所用的时间。算法所用的时间越多，得到正确解的概率就越大。蒙特卡罗算法的主要缺点也在于此。

拉斯维加斯算法找到的解一定是正确解。但有时用拉斯维加斯算法找不到解。与蒙特卡罗算法类似，拉斯维加斯算法找到正确解的概率依赖于所用的计算时间。对于待求解问题的任一实例，用同一拉斯维加斯算法反复求解足够多次，可使求解失败的概率任意小。

舍伍德算法总能求得问题的正确解。当一个确定性算法在最坏情况下的计算复杂性与其在平均情况下的计算复杂性有较大差别时，在这个确定性算法中引入随机性将它改造成舍伍德型算法，消除或减少问题的好坏实例间的差别。舍伍德算法的精髓不是避免算法的最坏情况，而是设法消除最坏情形与特定实例之间的关联。

习　　题

7-1　在实际应用中，常需模拟服从正态分布的随机变量，其密度函数为

$$\frac{1}{\sigma\sqrt{2\pi}}\mathrm{e}^{-\frac{(x-a)^2}{2\sigma^2}}$$

其中，a 为均值，σ 为标准差。

如果 s 和 t 是$(-1,1)$中均匀分布的随机变量，且 $s^2+t^2<1$，令：$p=s^2+t^2$，$q=\sqrt{(-2\ln p)/p}$，$u=sq$，$v=tq$，则 u 和 v 是服从标准正态分布$(a=0,\sigma=1)$的两个互相独立的随机变量。

(1) 利用上述事实，设计一个模拟标准正态分布随机变量的算法。

(2) 将上述算法扩展到一般的正态分布。

7-2　设有一个文件含有 n 个记录。

(1) 试设计一个算法随机抽取该文件中 m 个记录。

(2) 如果事先不知道文件中记录个数，应如何随机抽取其中的 m 个记录？

7-3　试设计一个算法随机地产生在 $1\sim n$ 中的 m 个随机整数，且要求这 m 个随机整数互不相同。

7-4　设 X 是含有 n 个元素的集合，从 X 中均匀地选取元素。设第 k 次选取时首次出现重复。

(1) 试证明当 n 充分大时，k 的期望值为 $\beta\sqrt{n}$，其中 $\beta=\sqrt{\pi/2}=1.253$。

(2) 由此设计一个计算给定集合 X 中元素个数的概率算法。

7-5 试设计一个概率算法计算 $365!/340!\cdot 365^{25}$,并精确到4位有效数字。

7-6 一个问题是易验证的是指对该问题的给定实例的每一个解,都可以有效地验证其正确性。例如,求一个整数的非平凡因子问题是易验证的,而求一个整数的最小非平凡因子就不是易验证的。在一般情况下,易验证问题未必是易解的。

(1) 给定一个解易验证问题P的蒙特卡罗方法,由此设计一个相应的解问题P的拉斯维加斯算法。

(2) 给定一个解易验证问题P的拉斯维加斯算法,由此设计一个相应的解问题P的蒙特卡罗算法。

7-7 用数组模拟有序链表的数据结构,设计支持下列运算的舍伍德型算法,并分析各运算所需的计算时间。

(1) Predeceessor:找出一给定元素 x 在有序集 S 中的前驱元素。

(2) Successor:找出一给定元素 x 在有序集 S 中的后继元素。

(3) Min:找出有序集 S 中的最小元素。

(4) Max:找出有序集 S 中的最大元素。

7-8 采用数组模拟有序链表的数据结构,设计一个舍伍德型排序算法,使得算法最坏情况下的平均计算时间为 $O(n^{3/2})$。

7-9 如果对于某一个 n 的值,n 后问题无解,则算法将陷入死循环。

(1) 证明或否定下述论断:对于 $n\geqslant 4$,n 后问题有解。

(2) 是否存在一个正数 δ,使得对所有 $n\geqslant 4$ 算法成功的概率至少是 δ。

7-10 假设已有一个算法 Prime(n)可用于测试整数 n 是否为一素数。另外,还有一个算法 Split(n)可实现对合数 n 的因子分割。试利用这两个算法设计一个对给定整数 n 进行因子分解的算法。

7-11 (1) 试证明下面的算法 primality 能以80%以上的正确率判定给定的一个整数 n 是否为素数。另一方面,举出整数 n 的一个例子表明算法对此整数 n 总是给出错误的解答,进而说明该算法不是一个蒙特卡罗算法。

```
public static boolean primality(int n)
{
    if (gcd(n,30030)==1) return true;
    else return false;
}
```

(2) 试找出上述算法 primality 中可用于替换整数30 030的另一个整数,使得用此整数代替30 030后,算法的正确率提高到85%以上,且允许使用非常大的整数。

7-12 设 mc(x)是一个一致的75%正确的蒙特卡罗算法,考虑下面的算法:

```
public static int mc3(int x)
{
    int t,u,v;
    t=mc(x);
    u=mc(x);
    v=mc(x);
```

```
    if ((t==u)||(t==v)) return t;
    return v;
}
```

(1) 试证明上述算法 mc3(x)是一致的 27/32 正确的算法,因此是 84%正确的。

(2) 试证明如果 mc(x)不是一致的,则 mc3(x)的正确率有可能低于 71%。

7-13 设 $I=\{1,2,\cdots,n\}$,$S\subseteq I$ 是 I 的一个子集。mc(x)是一个偏假 p 正确的蒙特卡罗算法。该算法用于判定所给的整数 $1\leqslant x\leqslant n$ 是否为集合 S 中的整数,即 $x\in S$。设 $q=1-p$。由偏假算法的定义可知,对任意 $x\in S$ 有 Prob{mc(x)=true}=1。当 $x\notin S$ 时,Prob{mc(x)=true}$\leqslant q$。考虑下面的产生 S 中随机元素的算法 genRand。

```
public static boolean repeatMC(int x,int k)
{
    int i=0;
    boolean ans=true;
    while (ans&&(i<k))
    {
      i++;
      ans=mc1(x);
    }
    return ans;
}

public static int genRand(int n,int k)
{
    rnd=new Random();
    int x=rnd.random(n)+1;
    while (!repeatMC(x,k)) x=rnd.random(n)+1;
    return x;
}
```

假设由语句 x=rnd.random(n)+1 产生的整数 $x\in S$ 的概率为 r,证明算法 genRand 返回的整数不在 S 中的概率最多为$\dfrac{1}{1+\dfrac{r}{1-r}q^{-k}}$。

7-14 设算法 a 和 b 是解同一判定问题的两个有效的蒙特卡罗算法。算法 a 是一个 p 正确的偏真算法,算法 b 则是一个 q 正确偏假算法。试利用这两个算法设计一个解同一问题的拉斯维加斯算法,并使所得到的算法对任何实例的成功率尽可能高。

7-15 考虑下面的无限循环算法:

```
public static void printPrimes()
{
    System.out.println('2');
    System.out.println('3');
    int n=5;
    while (true)
```

```
    {
        int m = (int) Math.floor(Math.log((double)n));
        if (primeMC(n,m)) System.out.println(n);
        n=n+2;
    }
}
```

易知,每一个素数都会被上述算法输出。但是除了所有素数外,算法可能偶尔错误地输出某些合数。说明上述情况不太可能发生。或更精确地,证明上述算法错误地输出 1 个合数的概率小于 1%。

7-16 给定 3 个 $n\times n$ 矩阵 $\boldsymbol{a}$,$\boldsymbol{b}$ 和 $\boldsymbol{c}$,下面的偏假$\frac{1}{2}$正确的蒙特卡罗算法用于判定$\boldsymbol{ab}=\boldsymbol{c}$。

```
public static boolean product(double [][]a, double [][]b, double [][]c, int n)
{//判定 ab=c 的蒙特卡罗算法
    rnd=new Random();
    double []x=new double [n+1];
    double []y=new double [n+1];
    double []z=new double [n+1];
    for (int i=1;i<=n;i++)
    {
        x[i]=rnd.random(2);
        if (x[i]==0) x[i]=-1;
    }
    mult(b,x,y,n);
    mult(a,y,z,n);
    mult(c,x,y,n);
    for (int i=1;i<=n;i++)
        if (y[i]!=z[i]) return false;
    return true;
}
```

算法所需的计算时间为 $O(n^2)$。显然当 $\boldsymbol{ab}=\boldsymbol{c}$ 时,算法 product(a,b,c,n)返回 true。试证明当 $\boldsymbol{ab}\neq\boldsymbol{c}$ 时,算法返回值为 false 的概率至少为$\frac{1}{2}$(提示:考虑矩阵 $\boldsymbol{ab}-\boldsymbol{c}$,并证明当 $\boldsymbol{ab}\neq\boldsymbol{c}$ 时,将该矩阵各行相加或相减最终得到的行向量至少有一半是非零向量)。

第 8 章 NP 完全性理论与近似算法

在计算机算法理论中，最深刻的问题之一是“从计算的观点来看，要解决的问题的内在复杂性如何?”它是“易”计算的还是“难”计算的？如果知道了一个问题的计算时间下界，就知道了对于该问题能设计出多有效的算法。从而可以较正确地评价已对该问题提出的各种算法的效率，并进而确定对已有算法还有多少改进的余地。在许多情况下，要确定一个问题的内在计算复杂性是很困难的。已创造出的各种分析问题计算复杂性的方法和工具，可以较准确地确定许多问题的计算复杂性。

问题的计算复杂性可以通过解决该问题所需计算量的多少来度量。如何区分一个问题是“易”还是“难”呢？人们通常将可在多项式时间内解决的问题看作是“易”解问题，而将需要指数函数时间解决的问题看作是“难”问题。这里所说的多项式时间和指数函数时间是针对问题的规模而言，即解决问题所需的时间是问题规模的多项式还是指数函数。对于实际遇到的许多问题，人们至今无法确切了解其内在的计算复杂性。因此，只能用分类的方法将计算复杂性大致相同的问题归类进行研究。而对于能够进行较彻底分析的问题则尽可能准确地确定其计算复杂性，从而获得对它的深刻理解。

本章要研究一类有趣的 NP 类问题和解决这类问题的近似算法。这类问题的计算复杂性状况至今是未知的，许多现象说明这类问题可能是“难”解的。在 NP 类问题中有一类问题构成了 NP 类问题的核心，它们也许是 NP 类中最难的问题，这就是下面要详细讨论的 NP 完全问题。NP 完全问题的困难性体现在任何一个 NP 类问题可以在多项式时间内变换为一个 NP 完全问题。

8.1 P 类与 NP 类问题

本书中的许多算法都是多项式时间算法，即对规模为 n 的输入，算法在最坏情况下的计算时间为 $O(n^k)$，k 为一个常数。是否所有的问题都在多项式时间内可解呢？回答是否定的。例如，存在一些不可解问题，如著名的“图灵停机问题”。任何计算机不论耗费多少时间也不能求解该问题。此外，还有一些问题，虽然可以用计算机求解，但是对任意常数 k，它们都不能在 $O(n^k)$的时间内得到解答。一般地说，将可由多项式时间算法求解的问题看作是易处理的问题，而将需要超多项式时间才能求解的问题看作是难处理的问题。有许多问题，从表面上看似乎并不比排序或图的搜索等问题更困难，然而至今人们还没有找到解决这些问题的多项式时间算法，也没有人能够证明这些问题需要的超多项式时间下界。也就是说，在图灵机计算模型下,这类问题的计算复杂性至今未知。为了研究这类问题的计算复杂性,人们提出了另一个能力更强的计算模型,即非确定性图灵机计算模型(nondeterministic Turing machine,NDTM)。在这个计算模型下,许多问题就可以在多项式时间内求解。

8.1.1 非确定性图灵机

一个 k 带非确定性图灵机 M 是一个7元组:(Q,T,I,δ,b,q_0,q_f)。与确定性图灵机不同的是非确定性图灵机允许 δ 具有不确定性,即对于 $Q\times T^k$ 中的每一个值$(q;x_1,x_2,\cdots,x_k)$,当它属于 δ 的定义域时,$Q\times(T\times\{L,R,S\})^k$ 中有唯一的一个子集 $\delta(q;x_1,x_2,\cdots,x_k)$ 与之对应。可以在 $\delta(q;x_1,x_2,\cdots,x_k)$ 中随意选定一个值作为它的函数值。这个不确定的函数 δ 仍称为移动函数。

k 带非确定性图灵机的瞬象与 k 带确定性图灵机的瞬象一样定义,也是一个 k 元组$(\alpha_1,\alpha_2,\cdots,\alpha_k)$。其中,$\alpha_i$ 是形如 xqy 的符号串。设非确定性图灵机 $M=(Q,T,I,\delta,b,q_0,q_f)$ 正处于状态 q,且第 i 个读写头$(1\leqslant i\leqslant k)$正扫描着第 i 条带上有符号 x_i 的方格。若有$(r;(y_1,D_1),(y_2,D_2)_2,\cdots,(y_k,D_k))\in\delta(q;x_1,x_2,\cdots,x_k)$,则说表达$(q;x_1,x_2,\cdots,x_k)$的瞬象(记为 B)与表达$(r;(y_1,D_1),(y_2,D_2)_2,\cdots,(y_k,D_k))$产生的瞬象(记为 C)之间有关系 $\vdash(M)$,记为 $B\vdash(M)C$(在不引起混淆时可略去(M))。

如果对于每一个输入长度为 n 的可接受输入串,接受该输入串的非确定性图灵机 M 的计算路径长至多为 $T(n)$,则称 M 的时间复杂性是 $T(n)$。如果有某个导致接受状态的动作序列,在这个序列中,每一条带上至多扫描了 $S(n)$ 个不同的方格,则称 M 的空间复杂性为 $S(n)$。

如前所述,确定性和非确定性图灵机的区别就在于,确定性图灵机的每一步只有一种选择,而非确定性图灵机却可以有多种选择。由此可见,非确定性图灵机的计算能力比确定性图灵机的计算能力强得多。对于一台时间复杂性为 $T(n)$ 的非确定性图灵机,可以用一台时间复杂性为 $O(C^{T(n)})$ 的确定性图灵机模拟,其中 C 为一常数。这就是说,如果 $T(n)$ 是一个合理的时间复杂性函数,M 是一台时间复杂性为 $T(n)$ 的非确定性图灵机,可以找到一个常数 C 和一台确定性图灵机 M',使得它们可接受的语言相同,且 M' 的时间复杂性为 $O(C^{T(n)})$。

8.1.2 P类与NP类语言

下面定义两个重要的语言类P和NP如下:

P=$\{L|L$ 是一个能在多项式时间内被一台DTM所接受的语言$\}$

NP=$\{L|L$ 是一个能在多项式时间内被一台NDTM所接受的语言$\}$

由于一台确定性图灵机可看作是非确定性图灵机的特例,所以可在多项式时间内被确定性图灵机接受的语言也可在多项式时间内被非确定性图灵机接受。故P⊆NP。

虽然P和NP是借助图灵机来定义的,但也可以用其他计算模型定义这两个语言类。直观上,可以认为P是在多项式时间内的可识别的语言类。例如,在对数耗费标准下,如果图灵机接受语言 L 的时间复杂性为 $T(n)$,则RAM或RASP接受语言 L 的时间复杂性介于 $k_1T(n)$ 和 $k_2T^4(n)$ 之间,其中,k_1 和 k_2 都是正的常数。因此,$L\in$ P 当且仅当在RAM或RASP计算模型下存在接受语言 L 的多项式时间算法。

另一方面,若在RAM或RASP的指令系统上添加一条非确定性选择指令

$$\text{CHOICE}(L_1,L_2,\cdots,L_k)$$

也可以定义非确定性的 RAM 或 RASP 计算模型。CHOICE 指令非确定性地选出并执行标号为 $L_1,L_2,\cdots,L_k$ 之一的语句。因此,在对数耗费标准下,也可以用非确定性 RAM 或 RASP 模型定义 NP 类。在该计算模型下,接受语言 L 的算法称为非确定性算法。一个非确定性算法接受语言 L,当且仅当对每一个 $x\in L$,在该算法中存在一条接受 x 的计算路径。该算法的计算时间复杂性 $T(n)$就定义为,对所有长度为 n 的可接受输入串,其最短计算路径长度的最大值。因此,在非确定性 RAM 或 RASP 计算模型下,NP 类语言可定义为:

NP=$\{L|$ L 是一个能在多项式时间内被一个非确定性 RAM 或 RASP 下算法所接受的语言$\}$

下面考查 NP 类语言的一个例子,即无向图的团问题。该问题的输入是一个有 n 个顶点的无向图 $G=(V,E)$ 和一个整数 k。要求判定图 G 是否包含一个 k 顶点的完全子图(团),即判定是否存在 $V'\subseteq V$,$|V'|=k$,且对于所有的 $u,v\in V'$,有$(u,v)\in E$。

若用邻接矩阵表示图 G,用二进制串表示整数 k,则团问题的一个实例可以用长度为 $n^2+\log k+1$ 的二进位串表示。因此,团问题可表示为语言:

CLIQUE=$\{w\#v|w,v\in\{0,1\}^*$,以 w 为邻接矩阵的图 G 有一个 k 顶点的团,其中,v 是 k 的二进制表示。$\}$

接受该语言 CLIQUE 的非确定性算法如下。

用非确定性选择指令选出包含 k 个顶点的候选顶点子集 V,然后确定性地检查该子集是否是团问题的一个解。算法分为 3 个阶段。

算法的第一阶段将输入串 $w\#v$ 分解,并计算出 $n=\sqrt{|w|}$,以及用 v 表示的整数 k。若输入不具有形式 $w\#v$ 或$|w|$不是一个平方数,就拒绝该输入。显而易见,第一阶段可在 $O(n^2)$时间内完成。

在算法的第二阶段中,非确定性地选择 V 的一个 k 元子集 $V'\subseteq V$。用向量$A[1:n]$表示该子集。A 中恰有 k 个 1,即 $A[i]=1$ 当且仅当 $i\in V'$。非确定性选择算法如下:

```
int j=0;
for (int i=1;i<=n;i++)
{
   int m=choice(0,1);
   switch(m)
   {
      case 0:a[i]=0; break;
      case 1:a[i]=1; j++; break;
   }
}
if (j! =k) reject();
```

该算法产生 V 的一个 k 元子集 V'。它的计算时间显然为 $O(n)$。因此,算法在第二阶段耗时 $O(n)$。

算法的第三阶段是确定性地检查 V'的团性质。若 V'是一个团则接受输入,否则拒绝输入。这显然可以在 $O(n^4)$时间内完成。因此,整个算法的时间复杂性为 $O(n^4)$。

若图 $G=(V,E)$不包含一个 k 团,则在算法的第二阶段产生的任何 k 元子集 V'不具有团性质。因此,算法没有导致接受状态的计算路径。反之,若图 G 含有一个 k 团 V',则算法的第二阶段中有一个计算路径产生 V',使得在算法的第三阶段导致接受状态。

综上即知,所述非确定性算法在多项式时间内接受语言 CLIQUE,即CLIQUE∈NP。

8.1.3 多项式时间验证

在识别语言 CLIQUE 的非确定性算法中,算法第二阶段是非确定性的且耗时 $O(n)$。整个算法的计算时间复杂性主要取决于第三阶段的验证算法,即给定了图 G 的一个 k 团猜测 V',验证它是否确是一个团。若验证部分可在多项式时间内完成,则整个非确定性算法具有多项式时间复杂性,因而所识别的语言为 NP 类语言。这是识别 NP 类语言的非确定性算法所具有的一般特性。因此,也可以将 NP 类语言看作是在确定性计算模型下多项式时间可验证的语言类。将验证算法定义为两个自变量的算法 A,其中,一个自变量是通常的输入串 X,另一个自变量是一个称为"证书"的二进制串 Y。如果对任意串 $X\in L$,存在一个证书 Y 并且 A 可以用 Y 来证明 $X\in L$,则算法 A 就验证了语言 L。例如,在团问题中,证书是图 G 中一个 k 团,它提供了足够的信息供算法 A(第三阶段的算法)在多项式时间内验证语言 CLIQUE。因此,语言 CLIQUE 是多项式时间可验证语言。一般地,多项式时间可验证语言类 VP 可定义为:

VP=$\{L|L\in\Sigma^*$,Σ 为一有限字符集,存在一个多项式 p 和一个多项式时间验证算法 $A(X,Y)$使得对任意 $X\in\Sigma^*$,$X\in L$ 当且仅当存在 $Y\in\Sigma^*$,$|Y|\leqslant p(|X|)$且$A(X,Y)=1\}$。

定理 8.1 VP=NP。

证明:先证明 VP⊆NP。对于任意 $L\in$ VP,设 p 是一个多项式且 A 是一个多项式时间验证算法,则下面的非确定性算法接受语言 L。

(1) 对于输入 X,非确定性地产生一字符串 $Y\in\Sigma^*$。

(2) 当 $A(X,Y)=1$ 时,接受 X。

该算法的步骤(1)与团问题的第二阶段的非确定性算法一样,至多在 $O(|X|)$时间内完成。步骤(2)的计算时间是$|X|$和$|Y|$的多项式,而$|Y|\leqslant p(|X|)$,因此,它也是$|X|$的多项式。整个算法可在多项式时间内完成。因此,$L\in$ NP。由此可见,VP⊆NP。

反之,设 $L\in$ NP,$L\in\Sigma^*$,且非确定性图灵机 M 在多项式时间 p 内接受语言 L。设 M 在任何情况下只有不超过 d 个的下一动作选择,则对于输入串 X,M 的任一动作序列可用$\{0,1,\cdots,d-1\}$的长度不超过 $p(|X|)$的字符串来编码。不失一般性,设$|\Sigma|\geqslant d$。验证算法 $A(X,Y)$用于验证"Y 是 M 上关于输入 X 的一条接受计算路径的编码"。即当 Y 是这样一个编码时,$A(X,Y)=1$。$A(X,Y)$显然可在多项式时间内确定性地进行验证,且

$$L=\{X\mid \text{存在}\ Y\ \text{使得}\ |Y|\leqslant p(|X|)\ \text{且}\ A(X,Y)=1\}$$

因此,$L\in$ VP。由此可知,VP⊆NP。

综上即知,VP=NP。

例如(哈密顿回路问题):一个无向图 G 含有哈密顿回路吗?

无向图 G 的哈密顿回路是通过 G 的每个顶点恰好一次的简单回路。可用语言 HAM-CYCLE 定义该问题如下:

$$\text{HAM-CYCLE}=\{G|G\ \text{含有哈密顿回路}\}$$

对于该语言的输入 $G=(V,E)$来说,相应的"证书"就是 G 的一条哈密顿回路。算法 A

要验证所给的这条回路确是 G 所包含的哈密顿回路。这只要检查所提供的回路是否是 V 中顶点的一个排列且沿该排列的每条连续边是否在 E 中存在。这样就可以验证所提供的回路是否是 G 的哈密顿回路。该验证算法显然可确定性地在 $O(n^2)$ 时间内实现，其中，n 是 G 的编码长度。因此，HAM－CYCLE∈NP。

8.2 NP 完全问题

从 P 类和 NP 类语言的定义，已知道 P⊆NP。直观上看，P 类问题是确定性计算模型下的易解问题类，而 NP 类问题是非确定性计算模型下的易验证问题类。在通常情况下，解一个问题要比验证问题的一个解困难得多，特别在有时间限制的条件下更是如此。因此，大多数的计算机科学家认为 NP 类中包含了不属于 P 类的语言，即 P≠NP。但这个问题至今没有获得明确的解答。也许使大多数计算机科学家相信 P≠NP 的最令人信服的理由是存在一类 NP 完全问题。这类问题有一种令人惊奇的性质，即如果一个 NP 完全问题能在多项式时间内得到解决，那么 NP 中的每一个问题都可以在多项式时间内求解，即 P＝NP。尽管已进行多年研究，目前还没有一个 NP 完全问题有多项式时间算法。

8.2.1 多项式时间变换

前面已讨论过问题变换的概念。对于语言来说，变换的概念也是一样的。

设 $L_1\subseteq\Sigma_1^*$，$L_2\subseteq\Sigma_2^*$ 是 2 个语言。所谓语言 L_1 能在多项式时间内变换为语言 L_2（简记为 $L_1\propto_p L_2$）是指存在映射 $f:\Sigma_1^*\rightarrow\Sigma_2^*$，且 f 满足：

(1) 有一个计算 f 的多项式时间确定性图灵机。

(2) 对于所有 $x\in\Sigma_1^*$，$x\in L_1$，当且仅当 $f(x)\in L_2$。

定义：语言 L 是 NP 完全的当且仅当

(1) $L\in$NP。

(2) 对于所有 $L'\in$NP 有 $L'\propto_p L$。

如果有一个语言 L 满足上述性质(2)，但不一定满足性质(1)，则称该语言是 NP 难的。所有 NP 完全语言构成的语言类称为 NP 完全语言类，记为 NPC。

由 NPC 类语言的定义可以看出它们是 NP 类中最难的问题，也是研究 P 类与 NP 类的关系的核心所在。

定理 8.2 设 L 是 NP 完全的，则

(1) $L\in$P 当且仅当 P＝NP。

(2) 若 $L\propto_p L_1$，且 $L_1\in$NP，则 L_1 是 NP 完全的。

证明：(1) 若 P＝NP，则显然 $L\in$P。反之，设 $L\in$P，而 $L_1\in$NP。则 L 可在多项式时间 p_1 内被确定性图灵机 M 所接受。又由 L 的 NP 完全性知 $L_1\propto_p L$，即存在映射 f，使 $L=f(L_1)$。

设 N 是在多项式时间 p_2 内计算 f 的确定性图灵机。用图灵机 M 和 N 构造识别语言 L_1 的算法 A 如下。

① 对于输入 x，用 N 在 $p_2(|x|)$ 时间内计算出 $f(x)$。

② 在时间 $|f(x)|$ 内将读写头移到 $f(x)$ 的第一个符号处。

③ 用 M 在时间 $p_1(f|x|)$ 内判定 $f(x)\in L$。若 $f(x)\in L$,则接受 x,否则拒绝 x。

上述算法显然可接受语言 L_1,其计算时间为 $p_2(|x|)+|f(x)|+p_1(f|x|)$。由于图灵机一次只能在一个方格中写入一个符号,故 $|f(x)|\leqslant|x|+p_2(|x|)$。因此,存在多项式 r 使得 $p_2(|x|)+|f(x)|+p_1(f|x|)\leqslant r(x)$。因此,$L_1\in \mathrm{P}$。由 L_1 的任意性即知 P=NP。

(2) 只要证明对任意的 $L'\in \mathrm{NP}$,有 $L'\propto_p L_1$。由于 L 是 NP 完全的,故存在多项式时间变换 f 使 $L=f(L')$。又由于 $L\propto_p L_1$,故存在一多项式时间变换 g 使 $L_1=g(L)$。因此,若取 f 和 g 的和复合函数 $h=g(f)$,则 $L_1=h(L')$。易知 h 为一多项式。因此,$L'\propto_p L_1$。由 L' 的任意性即知,$L_1\in \mathrm{NPC}$。

从定理 8.2 的(1)可知,如果任一 NP 完全问题可在多项式时间内求解,则所有 NP 中的问题都可在多项式时间内求解。反之,若 P≠NP,则所有 NP 完全问题都不可能在多项式时间内求解。

定理 8.2 的(2)实际上是证明问题的 NP 完全性的有力工具。一旦建立了问题 L 的 NP 完全性后,对于 $L_1\in \mathrm{NP}$,只要证明问题 L 可在多项式时间内变换为 L_1,即 $L\propto_p L_1$,就可证明 L_1 也是 NP 完全的。

8.2.2 Cook 定理

定理 8.2 所提供的证明问题的 NP 完全性的方法只有在有了第一个 NP 完全问题之后才能使用。获得“第一个 NP 完全问题”称号的是布尔表达式的可满足性问题。这就是著名的 Cook 定理。

定理 8.3(Cook 定理) 布尔表达式的可满足性问题 SAT 是 NP 完全的。

证明:SAT 的一个实例是 k 个布尔变量 $x_1,x_2,\cdots,x_k$ 的 m 个布尔表达式 $A_1,A_2,\cdots,A_m$。若存在各布尔变量 $x_i(1\leqslant i\leqslant k)$ 的 0,1 赋值,使每个布尔表达式 $A_i(1\leqslant i\leqslant m)$ 都取值 1,则称布尔表达式 $A_1A_2\cdots A_m$ 是可满足的。

SAT∈NP 是很明显的。对于任给的布尔变量 $x_1,x_2,\cdots,x_k$ 的 0,1 赋值,容易在多项式时间内验证相应的 $A_1A_2\cdots A_m$ 的取值是否为 1。因此,SAT∈NP。

现在只要证明对任意的 $L\in \mathrm{NP}$ 有 $L\propto_p \mathrm{SAT}$ 即可。设 M 是一台能在多项式时间内识别 L 的非确定性图灵机,而 W 是对 M 的一个输入。由 M 和 W 能在多项式时间内构造一个布尔表达式 W_0,使得 W_0 是可满足的当且仅当 M 接受 W。

不难证明,属于 NP 的任何语言能由一台单带的非确定性图灵机在多项式时间内识别。因此,不妨假定 M 是一台单带图灵机。设 M 有 s 个状态 $q_0,q_1,\cdots,q_{s-1}$,和 m 个带符号 $X_1,X_2,\cdots,X_m$。$P(n)$ 是 M 的时间复杂性。

设 W 是 M 的一个长度为 n 的输入。若 M 接受 W,只需要不多于 $P(n)$ 次移动。也就是说,存在 M 的一个瞬象序列 $Q_0,Q_1,\cdots,Q_r$,使 $Q_{i-1}\vdash Q_i(1\leqslant i\leqslant r)$。其中,$Q_0$ 是初始瞬象,Q_r 是接受瞬象,$r\leqslant P(n)$。由于读写头每次最多移动一格,因此任一接受 W 的瞬象序列不会使用多于 $P(n)$ 个方格。不失一般性可假定 M 到达接受状态后将继续运行下去,但以后的“计算”将不移动读写头,也不改变已进入的接受状态,直到 $P(n)$ 个动作为止。也就是说,用一些空动作填补计算路径,使它的长为 $P(n)$,即恒有 $r=P(n)$。

判断 $Q_0,Q_1,\cdots,Q_{P(n)}$ 为一条接受 W 的计算路径等价于判断下述 7 条事实。

(1) 在每一瞬象中读写头恰只扫描一个方格。

(2) 在每一瞬象中,每个方格中的带符号是唯一确定的。

(3) 在每一瞬象中恰有一个状态。

(4) 在该计算路径中,从一个瞬象到下一个瞬象每次最多有一个方格(被读写头扫描着的那个方格)的符号被修改。

(5) 相继的瞬象之间是根据移动函数 δ 来改变状态,读写头位置和方格中符号的。

(6) Q_0 是 M 在输入 W 时的初始瞬象。

(7) 最后一个瞬象 $Q_{P(n)}$ 中的状态是接受状态。

证明的思路是构造一个布尔表达式 W_0,用它"模拟"由 M 所能接受的瞬象序列,使得对 W_0 中各变量的一组 0,1 赋值最多表示 M 中的一个瞬象序列(也可能有的不表示 M 的一个合法的瞬象序列)。布尔表达式 W_0 取值 1 当且仅当赋予变量值后,对应着一个导向可接受的瞬象序列 $Q_0,Q_1,\cdots,Q_{P(n)}$。因此,W_0 可满足当且仅当 M 接受 W。

为了确切地表达上述 7 条事实,需要引进和使用以下几种命题变量。

(1) $C\langle i,j,t\rangle=1$,当且仅当在时刻 t,M 的输入带的第 i 个方格中的带符号为 X_j,其中,$1\leqslant i\leqslant P(n)$,$1\leqslant j\leqslant m$,$0\leqslant t\leqslant P(n)$。

(2) $S\langle k,t\rangle=1$,当且仅当在时刻 t,M 的状态为 q_k,其中,$1\leqslant k\leqslant s$,$0\leqslant t\leqslant P(n)$。

(3) $H\langle i,t\rangle=1$,当且仅当在时刻 t,读写头扫描第 i 个方格,其中,$1\leqslant i\leqslant P(n)$,$0\leqslant t\leqslant P(n)$。

这里总共最多有 $O(P^2(n))$ 个变量,它们可以由长不超过 $c\log n$ 的二进制数表示,其中,c 是依赖于 P 的一个常数。为了叙述方便,假定每个变量仍表示为单个符号而不是 $c\log n$ 个符号。这样做将少了一个因子 $c\log n$,但这并不影响对问题的讨论。

现在可以用上面定义的这些变量,通过模拟瞬象序列 $Q_0,Q_1,\cdots,Q_{P(n)}$ 构造布尔表达式 W_0。在构造时还要用到一个谓词 $U(x_1,x_2,\cdots,x_r)$。当且仅当各变量 $x_1,x_2,\cdots,x_r$ 中只有一个变量取值 1 时,谓词 $U(x_1,x_2,\cdots,x_r)$ 才取值 1。因此,U 的布尔表达式可以写成如下形式:

$$U(x_1,x_2,\cdots,x_r)=(x_1+x_2\cdots+x_r)\prod_{i\neq j}(\bar{x}_i+\bar{x}_j)$$

上式的第一个因子断言至少有一个 x_i 取值 1,而后面的 $r(r-1)/2$ 个因子断言没有 2 个变量同时取值 1。注意,U 的长度是 $O(r^2)$(严格地说,一个变量至多用 $c\log n$ 个二进制位表示,故 U 长度至多为 $O(r^2\log n)$)。

现在构造与判断(1)到(7)相应的布尔表达式 A,B,C,D,E,F,G。

(1) A 断言在 M 的每一个时间单位中,读写头恰好扫描着一个方格。设 A_t 表示在时刻 t 时 M 的读写头恰好扫描着一个方格,则

$$A=A_0A_1\cdots A_{P(n)}$$

其中,

$$A_t=U(H\langle 1,t\rangle,H\langle 2,t\rangle,\cdots,H\langle P(n),t\rangle),0\leqslant t\leqslant P(n)$$

注意,由于用一个符号表示一个命题变量 $H\langle i,t\rangle$,故 A 的长为 $O(P^3(n))$,而且可以用一台确定性图灵机在 $O(P^3(n))$ 时间内写出这个表达式。

(2) B 断言在每一个单位时间内,每一个带方格中只有一个带符号。设 B_{it} 表示在时 t,第 i 个方格中只含有一个带符号,则

$$B=\prod_{0\leqslant i,t\leqslant P(n)}B_{it}$$

其中，

$$B_{it}=U(C\langle i,1,t\rangle,C\langle i,2,t\rangle,\cdots,C\langle i,m,t\rangle),0\leqslant i,t\leqslant P(n)$$

由于 m 是 M 的带符号集中带符号数，故 B_{it} 的长度与 n 无关。因而 B 的长度是 $O(P^2(n))$。

(3) C 断言在每个时刻 t，M 只有一个确定的状态，则

$$C=\prod_{0\leqslant t\leqslant P(n)}U(S\langle 0,t\rangle,S\langle 1,t\rangle,\cdots,S\langle s-1,t\rangle)$$

因为 s 是 M 的状态数，它是一个常数，所以 C 的长度为 $O(P(n))$。

(4) D 断言在时刻 t 最多只有一个方格的内容被修改，则

$$D=\prod_{i,j,t}(c\langle i,j,t\rangle\equiv c\langle i,j,t+1\rangle+H\langle i,t\rangle)$$

这里 $x\equiv y$ 是 $xy+\overline{xy}$的缩写，表示 x 当且仅当 y。

表达式($C\langle i,j,t\rangle\equiv C\langle i,j,t+1\rangle+H\langle i,t\rangle$)断言下面的二者之一：

① 在时刻 t 读写头扫描着第 i 个方格。

② 在时刻 $t+1$，第 i 个方格中的符号仍是时刻 t 的符号 X_j。

因为 A 和 B 断言在时刻 t 读写头只能扫描着一个带方格和方格 i 上仅有一个符号，所以在时刻 t，或者读写头扫描着方格 i(这里的符号可能被修改)，或者方格 i 的符号不变。即使不使用缩写"≡"，表达式 D 的长度也是 $O(P^2(n))$。

(5) E 断言根据 M 的移动函数 δ，可以从一个瞬象转向下一个瞬象。设 E_{ijkt} 表示下列4种情形之一：

① 在时刻 t 第 i 个方格中的符号不是 X_j。

② 在时刻 t 读写头没有扫描着方格 i。

③ 在时刻 t，M 的状态不是 q_k。

④ M 的下一瞬象是根据移动函数从上一瞬象得到的。

由此可得 $E=\prod\limits_{i,j,k,t}E_{ijkt}$。其中，

$$\begin{aligned}E_{ijkt}&=\neg C\langle i,j,t\rangle+\neg H\langle i,t\rangle+\neg S\langle k,t\rangle\\&\quad+\sum_{l}(C\langle i,j_l,t+1\rangle S\langle k_l,t+1\rangle H\langle i_l,t+1\rangle)\end{aligned}$$

上式中，l 遍取当 M 处于状态 q_k 且扫描 X_j 时所有可能的移动，即 l 取遍使得 $(q_{kl},X_{jl},d_{il})\in\delta(q_k,X_j)$ 的一切值。

因为 M 是非确定性图灵机，(q,X,d) 的个数可能不止一个。但在任何情况下，都只能有有限个，且不超过某一常数。故 E_{ijkt} 的长度与 n 无关。所以，E 的长度是 $O(P^2(n))$。

(6) F 断言满足初始条件，即

$$F=S\langle 1,0\rangle H\langle 1,0\rangle\prod_{1\leqslant i\leqslant n}C\langle i,j_i,0\rangle\prod_{n<i\leqslant P(n)}C\langle i,1,0\rangle$$

其中，$S\langle 1,0\rangle$ 断言在时刻 $t=0$，M 处于初始状态 q_0。$H\langle 1,0\rangle$ 断言在时刻 $t=0$，M 的读写头扫描着最左边的带方格。$\prod\limits_{1\leqslant i\leqslant n}C\langle i,j_i,0\rangle$ 断言在时刻 $t=0$，带上最前面的 n 个方格中放有串 W 的 n 个符号，而 $\prod\limits_{n<i\leqslant P(n)}C\langle i,1,0\rangle$ 断言带上其余方格中开始都是空白符，这里不妨假定 X_1 就是空白符。显然，F 的长度是 $O(P(n))$。

(7) G 断言 M 最终将进入接受状态。因为已对 M 做了修改，一旦 M 在某个时刻 t 进入接受状态($1\leqslant t\leqslant P(n)$)，它将始终停在这个状态，所以有 $G=S\langle s-1,P(n)\rangle$。不妨取 q_{s-1} 为 M 的接受状态。

最后，令 $W_0=\text{ABCDEFG}$。它就是所要构造的布尔表达式。给定可接受的瞬象序列 $Q_0,Q_1,\cdots,Q_r$，显然可找到变量 $C\langle i,j,t\rangle$、$S\langle k,t\rangle$ 和 $H\langle i,t\rangle$ 的某个 0,1 赋值，使 W_0 取值 1。反之，若有一个使 W_0 被满足的赋值，则可根据其变量赋值相应地找到可接受计算路径 Q_0，$Q_1,\cdots,Q_r$。因此，W_0 是可满足的当且仅当 M 接受 W。

因为 W_0 的每一个因子最多需要 $O(P^3(n))$ 个符号，它一共有 7 个因子，从而 W_0 的符号长度是 $O(P^3(n))$。即使用长度为 $O(\log n)$ 的符号串取代描述各个变量的简单符号，W_0 的长度也不过是 $O(P^3(n)\log n)$。也就是说，存在一个常数 c，W_0 的长度不超过 $cnP^3(n)$，这仍是一个多项式。

上述构造中并没有对语言 L 加任何限制。也就是说，对属于 NP 的任何语言，都能在多项式时间内将其变换为布尔表达式的可满足性问题 SAT。因此，SAT 是 NP 完全的，即 SAT∈NPC。

8.3 一些典型的 NP 完全问题

Cook 定理的重要性是明显的，它给出了第一个 NP 完全问题。使得对于任何问题 Q，只要能证明 $Q\in$ NP 且 SAT$\propto_p Q$，便有 $Q\in$ NPC。所以，人们很快就证明了许多其他问题的 NP 完全性。这些 NP 完全问题都是直接或间接地以 SAT 的 NP 完全性为基础而得到证明的。由此逐渐生长出一棵以 SAT 为树根的 NP 完全问题树。图 8-1 是这棵树的一小部分。其中每个结点代表一个 NP 完全问题，该问题可在多项式时间内变换为它的任一儿子结点表示的问题。实际上，由树的连通性及多项式在复合变换下的封闭性可知，NP 完全问题树中任一结点表示的问题可以在多项式时间内变换为它的任一后裔结点表示的问题。目前这棵 NP 完全问题树上已有几千个结点，并且还在继续生长。

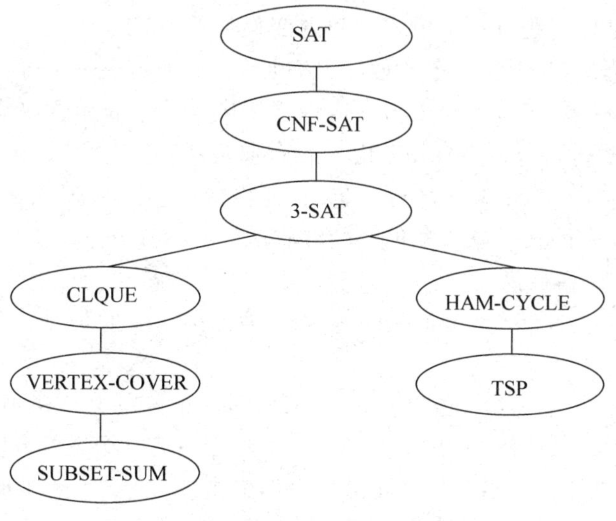

图 8-1　部分 NP 完全问题树

下面介绍这棵 NP 完全树中的几个典型的 NP 完全问题。

8.3.1 合取范式的可满足性问题

给定一个合取范式 α,判定它是否可满足。

如果一个布尔表达式是一些因子和之积,则称之为合取范式,简称 CNF(conjunctive normal form)。这里的因子是变量 x 或 $\bar{x}$。例如,$(x_1+x_2)(x_2+x_3)(\bar{x}_1+\bar{x}_2+x_3)$就是一个合取范式,而 $x_1x_2+x_3$ 就不是合取范式。

要证明 CNF-SAT∈NPC,只要证明在 Cook 定理中定义的布尔表达式 $A,B,\cdots,G$ 或者已是合取范式,或者有的虽然不是合取范式,但可以用布尔代数中的变换方法将它们化成合取范式,而且合取范式的长度与原表达式的长度只差一个常数因子。注意到在 Cook 定理的证明中引入的谓词 $U(x_1,x_2,\cdots,x_r)$已经是一个合取范式,从而 A,B,C 都是合取范式。F 和 G 都是简单因子的积,因而也都是合取范式。

D 是形如$(x\equiv y)+z$ 的表达式的积。如果以 $xy+\overline{xy}$替换 $x\equiv y$,可将$(x\equiv y)+z$ 改写为 $xy+\overline{xy}+z$,这等价于$(x+\bar{y}+z)(\bar{x}+y+z)$。因此,$D$ 可变换为与之等价的合取范式,且其表达式的长最多是原式长度的 2 倍。

最后,由于表达式 E 是 E_{ijkt} 的积,每个 E_{ijkt} 的长度与 n 无关,将 E_{ijkt} 变换成合取范式后长度也与 n 无关。因此,将 E 变换成合取范式后,其长度与原长最多差一个常数因子。

由此可见,将布尔表达式 W_0 变换成与之等价的合取范式后,其长度只相差一个常数因子。因此,CNF-SAT∈NPC。

如果一个布尔合取范式的每个乘积项最多是 k 个因子的析取式,就称之为 k 元合取范式,简记为 k-CNF。一个 k-SAT 问题是判定一个 k-CNF 是否可满足。特别地,当 $k=3$ 时,3-SAT 问题在 NP 完全问题树中具有重要地位。

8.3.2 3 元合取范式的可满足性问题

给定一个 3 元合取范式 α,判定它是否可满足。

3-SAT∈NP 是显而易见的。为了证明 3-SAT∈NPC,只要证明 CNF-SAT$\propto_p$3-SAT,即合取范式的可满足性问题可在多项式时间内变换为 3-SAT。

给定一个合取范式,其中每一个合取项具有形式$(x_1+x_2+\cdots+x_k)$。

考虑 $k\geqslant 4$ 的合取项$(x_1+x_2+\cdots+x_k)$,将其变换为一个 3 元合取范式如下。

添加 k 个新变量 $y_1,y_2,\cdots,y_k$,并考虑 3 元合取范式

$$\alpha=(x_1+\bar{y}_1)(y_1+x_2+\bar{y}_2)\cdots(y_{k-1}+x_k+\bar{y}_k)$$

对于 $x_1,x_2,\cdots,x_k$ 的任一 0,1 赋值,存在新变量 $y_1,y_2,\cdots,y_k$ 的相应的 0,1 赋值,使得$(x_1+x_2+\cdots+x_k)=1$ 当且仅当 $\alpha=1$。

事实上,若$(x_1+x_2+\cdots+x_k)=1$,则至少有一个 x_i 取值 1。令 $i_0=\min\{i\mid x_i=1,1\leqslant i\leqslant k\}$。

当 $j<i_0$时,令 $y_j=0$,当 $j\geqslant i_0$时令 $y_j=1$。按此 x_i 和 y_j 的 0,1 赋值,容易验证$\alpha=1$。反之,若有 x_i 和 y_j 的 0,1 赋值使 $\alpha=1$,则 $x_i,1\leqslant i\leqslant k$ 中至少有一个变量取值 1。因若不然,$x_i=0,1\leqslant i\leqslant k$。由 $\alpha=1$ 推知 $x_1+\bar{y}_1=1$,由此得 $y_1=0$,又由 $y_1+x_2+\bar{y}_2=1$ 推知 $y_2=0$,类似地还有 $y_3=0,\cdots,y_k=0$。而由 $\alpha=1$ 又可推知 $y_k=1$,此为矛盾。故 $x_1+x_2+\cdots+x_k=1$。

由上面的分析即知，任给一个合取范式 α，都可以将其变换为一个 3 元合取范式 β，使得 α 是可满足的当且仅当 β 是可满足的，而且能够在正比于 α 的长度的时间内构造 β。也就是说，CNF-SAT$\propto_p$3-SAT。从而 3-SAT$\in$NPC。

3 元合取范式的一个稍不同的定义是，每个合取项恰为 3 个因子的和。若采用这种定义，仍有 3-SAT$\in$NPC。事实上，对于只有 2 个因子的合取项 $x+y$，可引入新变量 c，并构造 $(x+y+c)(x+y+\bar{c})$ 替换合取项 $x+y$。容易证明，$x+y=1$ 当且仅当 $(x+y+c)(x+y+\bar{c})=1$。对于只有一个因子的合取项 x，可引入新变量 c 和 d，并构造 $(x+c+d)(x+\bar{c}+d)(x+c+\bar{d})(x+\bar{c}+\bar{d})$ 替换合取项 x，将其变换为恰有 3 个因子的合取项。容易证明，$x=1$ 当且仅当 $(x+c+d)(x+\bar{c}+d)(x+c+\bar{d})(x+\bar{c}+\bar{d})=1$。这些变换显然可在多项式时间内完成。由此即知，在 3 元合取范式的这种不同的定义下仍有 3-SAT$\in$NPC。

8.3.3 团问题

给定一个无向图 $G=(V,E)$ 和一个正整数 k，判定图 G 是否包含一个 k 团，即是否存在 $V'\subseteq V$，$|V'|=k$，且对任意 $u,w\in V'$ 有 $(u,w)\in E$。

已经知道 CLIQUE$\in$NP。下面通过 3-SAT$\propto_p$CLIQUE 来证明 CLIQUE 是 NP 难的，从而证明团问题是 NP 完全的。

设 $\theta=C_1C_2\cdots C_k$ 是一个 3 元合取范式。其中 $C_r=l_1^r+l_2^r+l_3^r$，$r=1,2,\cdots,k$。

据此，构造一个图 G，使得 θ 是可满足的当且仅当图 G 有一个 k 团。

对于 θ 中每个合取式 $C_r=l_1^r+l_2^r+l_3^r$ 定义图 G 中与 $l_1^r,l_2^r+l_3^r$ 对应的 3 个顶点 v_1^r,v_2^r,v_3^r。约定顶点 v_i^r 的编号为 $3(r-1)+i$，$1\leqslant i\leqslant 3$，$1\leqslant r\leqslant k$。顶点集 V 中共有 $3k$ 个顶点，编号依次为 $1,2,\cdots,3k$。当 G 中的顶点 v_i^r 和 v_j^s 满足下面 2 个条件时，建立连接这 2 个顶点的边 $(v_i^r,v_j^s)\in E$。

(1) $r\neq s$，即 v_i^r 和 v_j^s 分别在不同的合取式中。

(2) l_i^r 不是 l_j^s 的非，即 $l_i^r\neq\bar{l}_j^s$。

图 G 显然可在多项式时间内构造出来。例如，当

$$\theta=(x_1+\bar{x}_2+\bar{x}_3)(\bar{x}_1+x_2+x_3)(x_1+x_2+x_3)$$

时构造出与之相应的图 G，如图 8-2 所示。

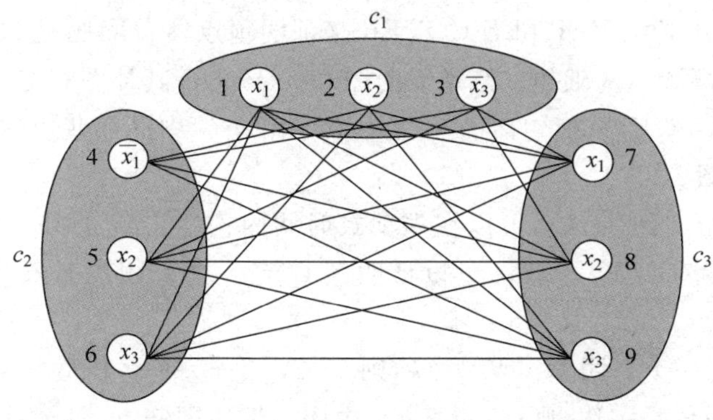

图 8-2　与 θ 相对应的图 G

对于这样构造出来的图 G，可以证明 θ 是可满足的当且仅当 G 有一个 k 团。事实上，若

$\theta=1$,则 $C_r=l_1^r+l_2^r+l_3^r=1,1\leqslant r\leqslant k$。由此知 l_1^r,l_2^r,l_3^r 中至少有一个因子取值 $1,1\leqslant r\leqslant k$。将每个 C_r 中取值为1的一个因子对应的 V 中顶点取出并放入顶点集 V',共取出 k 个顶点,故 $|V'|=k$,且 V' 为 G 的 k 团。因为 V' 中任意2个顶点 $v_i^r,v_j^s\in V$,有 $r\neq s$,且 l_i^r 和 l_j^s 均取值1,故它们不是互补变量。由 G 的构造法则即知 $(v_i^r,v_j^s)\in E$。

反之,若 G 有一 k 团 V'。由 G 的构造可知,对任意 $1\leqslant r\leqslant k$,v_1^r,v_2^r,v_3^r 之间没有边相连。因此,V' 中 k 个顶点分别对应于 C_r 中一个因子,$1\leqslant r\leqslant k$。因为互补变量之间没有边相连,不会产生矛盾的情况。其他变量的取值只要满足一致性即可。因此,每个 C_r 中有一个因子取值 $1,1\leqslant r\leqslant k$,从而 $\theta=1$。因此,θ 是可满足的。

综上即知,CLIQUE是NP难的,从而CLIQUE∈NPC。

8.3.4 顶点覆盖问题

给定一个无向图 $G=(V,E)$ 和一个正整数 k,判定是否存在 $V'\subseteq V$,$|V'|=k$,使得对于任意 $(u,v)\in E$ 有 $u\in V'$ 或 $v\in V'$。如果存在这样的 V',就称 V' 为图 G 的一个大小为 k 顶点覆盖。

例如,图8-3(b)中的图有一个大小为2的顶点覆盖 $\{w,z\}$。

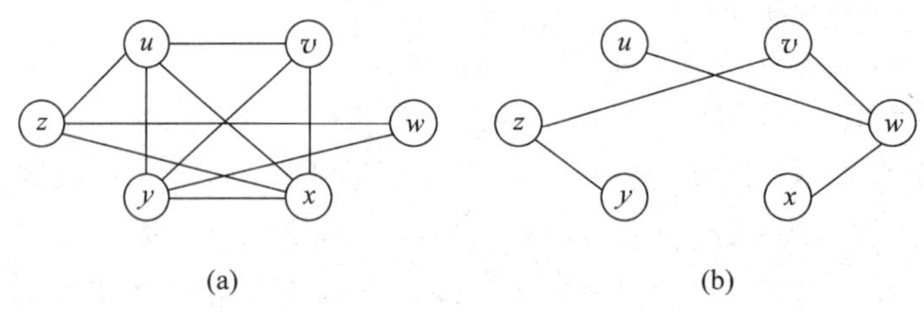

图8-3 图 G 及其补图

顶点覆盖问题原来是以找图 G 的最小顶点覆盖的形式提出的。为了研究其计算复杂性,将它表述为相应的判定问题。

首先容易看出,VERTEX-COVER∈NP。因为对于给定的图 G 和正整数 k 以及一个"证书" V',验证 $|V'|=k$,然后对每条边 $(u,v)\in E$,检查是否有 $u\in V'$ 或 $v\in V'$,显然可在多项式时间内完成。

下面通过CLIQUE$\propto_p$VERTEX-COVER来证明顶点覆盖问题是NP难的。这一变换是以图 G 的"补图"概念为基础的。给定无向图 $G=(V,E)$,其补图 $\bar{G}$ 定义为 $\bar{G}=(V,\bar{E})$,其中,$\bar{E}=\{(u,v)\mid(u,v)\notin E\}$。换句话说,$\bar{G}$ 是包含了不在 G 中的那些边的图。图8-3是一个图及其补图的示意图。

由团问题的一个实例 $\langle G,k\rangle$,可以在多项式时间内构造出 G 的补图 $\bar{G}$。从而得到顶点覆盖问题的一个实例 $\langle\bar{G},|V|-k\rangle$。可以证明图 G 有一个 k 团当且仅当 $\bar{G}$ 有一个大小为 $|V|-k$ 的顶点覆盖。

事实上,若 G 有一个 k 团 V',$|V'|=k$,则 $V-V'$ 是 $\bar{G}$ 的一个大小为 $|V|-k$ 的顶点覆盖。设 (u,v) 是 $\bar{E}$ 中任意一边,则 $(u,v)\notin E$。由团的性质即知,u 和 v 中至少有一个顶点不属于 V'。也就是说,u 和 v 中至少有一个顶点属于 $V-V'$,即边 (u,v) 被 $V-V'$ 覆盖。由 $(u,v)\in\bar{E}$ 的任意性即知 $\bar{E}$ 被 $V-V'$ 覆盖。因此,$V-V'$ 是 G 的一个大小为 $|V|-k$ 的顶点

覆盖。

反之,设 $\bar{G}$ 有一顶点覆盖 $V'\subseteq V$,且 $|V'|=|V|-k$。对任意 $u,v\in V$,若 $(u,v)\in \bar{E}$,则 u 和 v 中至少有一个顶点属于 V'。这等价于,对任意的 $u,v\in V$,若 $u\notin V'$ 且 $v\notin V'$,则 $(u,v)\in E$。换句话说,$V-V'$ 是 G 的一个团,其大小为 $|V|-|V'|=k$,即 $V-V'$ 是 G 的一个 k 团。

因此,CLIQUE$\propto_p$VERTEX-COVER,从而 VERTEX-COVER$\in$NPC。

8.3.5 子集和问题

给定整数集合 S 和一个整数 t,判定是否存在 S 的一个子集 $S'\subseteq S$,使得 S' 中整数的和为 t。

例如,若 $S=\{1,4,16,64,256,1040,1041,1093,1284,1344\}$ 且 $t=3754$,则子集 $S'=\{1,16,64,256,1040,1093,1284\}$ 是一个解。

对于子集和问题的一个实例 $\langle S,t\rangle$,给定一个"证书"S',要验证 $t=\sum\limits_{i\in S'} i$ 是否成立,显然可在多项式时间内完成。因此,SUBSET-SUM$\in$NP。

下面证明 VERTEX-COVER$\propto_p$SUBSET-SUM。

给定顶点覆盖问题的一个实例 $\langle G,k\rangle$,要在多项式时间内将其变换为子集和问题的一个实例 $\langle S,t\rangle$,使得 G 有一个 k 团当且仅当 S 有一个子集 S',其元素和为 t。

变换要用到图 G 的关联矩阵。设 $G=(V,E)$ 是一个无向图,且 $V=\{v_0,v_1,\cdots,v_{|V|-1}\}$,$E=\{e_0,e_1,\cdots,e_{|E|-1}\}$。$G$ 的关联矩阵 $\boldsymbol{B}$ 是一个 $|V|\times|E|$ 矩阵,$\boldsymbol{B}=(b_{ij})$,其中

$$b_{ij}=\begin{cases}1 & \text{顶点 } v_i \text{ 与边 } e_j \text{ 相关联}\\ 0 & \text{其他情况}\end{cases}$$

图 8-4(b)是图 8-4(a)的关联矩阵。为了便于构造 S,该关联矩阵中将下标较小的边放在右边。

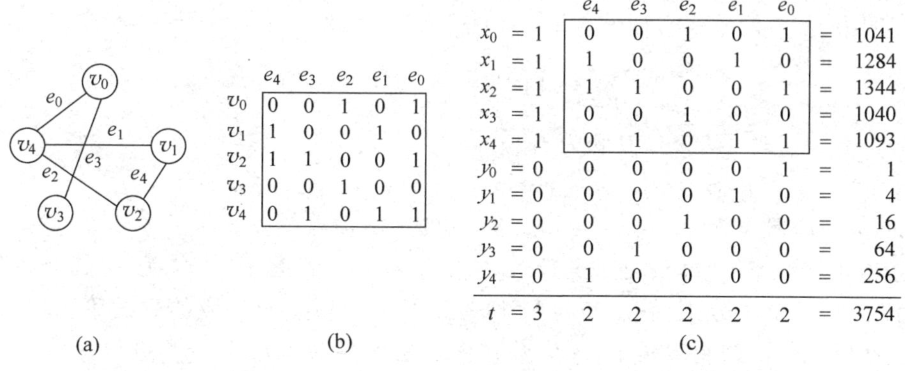

图 8-4 由 $\langle G,k\rangle$ 构造 $\langle S,t\rangle$

对于给定的图 G 和整数 k,构造集合 S 和整数 t 的过程如下。首先,在讨论范围内用一个修正的四进制表示一个数。在这种数的表示法下,前 $|E|$ 位数字是通常的四进制数字,而第 $|E|$ 位允许超过 3,最大可到 k。用这种方式表示要构造的整数集 S 和整数 t,可以使 S 中的数在做加法时各位数字都不产生进位。集合 S 中有两类数字,它们分别相应于图 G 的顶

点和边。

对于每个顶点 $v_i \in V, i=0,1,\cdots,|V|-1$，构造与之相应的数 x_i 为

$$x_i = 4^{|E|} + \sum_{j=0}^{|E|-1} b_{ij} 4^j$$

其中，b_{ij} 是 G 的关联矩阵第 i 行的元素，$j=0,1,\cdots,|E|-1$。在修正的四进制表示下，x_i 的第 $j+1$ 位($0 \leqslant j \leqslant |E|-1$)就是 b_{ij}。x_i 的第 $|E|+1$ 位是1。对于每条边 $e_j \in E, j=0,1,\cdots,|E|-1$，构造一个与之相应的数 y_j 为：$y_j = 4^j$。在修正的四进制表示下，y_j 的第 $j+1$ 位为1，其余各位为0，$j=0,1,\cdots,|E|-1$。

令 $S=\{x_0,x_1,\cdots,x_{|V|-1},y_0,y_1,\cdots,y_{|E|-1}\}$，$t=k4^{|E|}+\sum_{j=0}^{|E|-1} 2 \cdot 4^j$。

在修正的四进制表示下，t 的第 $|E|+1$ 位为 k，其余各位均为2。

从图8-4(a)的图 G 构造出的数 x_i，x_j 和 t，及其修正的四进制表示如图8-4(c)所示。这些数的构造显然可在多项式时间内完成。

现在要证明的是图 G 有一个大小为 k 的顶点覆盖，当且仅当 S 有一子集 S'，其和为 t。

首先，设 G 有一大小为 k 的顶点覆盖 $V'=\{v_{i1},v_{i2},\cdots,v_{ik}\} \subseteq V$。由此，定义 S' 为 $S'=\{x_{i1},x_{i2},\cdots,x_{ik}\} \cup \{y_j \mid e_j$ 恰与 V' 中一个顶点相关联，$0 \leqslant j \leqslant |E|-1\}$ 则 $\sum_{i \in S'} i = t$。事实上，注意到，在 S 中各数的修正的四进制表示中，第 $|E|+1$ 位恰有 k 个1，分别由 $x_{i1},x_{i2},\cdots,x_{ik}$ 贡献，将它们加起来后得到 t 的第 $|E|+1$ 位数字 k。其余各位都相应于一条边 e_j。由于 V' 是一个顶点覆盖，每条边 e_j 至少与 V' 中一个顶点相关联。因此，对每条边 e_j，至少有 S' 中一个数 $x \in S$，其第 $j+1$ 位为1。若 e_j 关联于 V' 中2个顶点，则这2个顶点所对应的数的第 $j+1$ 位均为1。而此时，由 S' 的定义知 $y_j \notin S$，从而 y_j 第 $j+1$ 位的1对 S' 的和没有贡献。因此，在这种情况下 S' 的和的第 $j+1$ 位为2。另一种情况是 e_j 只与 V 中一个顶点相关联，该顶点相对应的 S' 中的数对 S' 和的第 $j+1$ 位贡献一个1。此时，由 S' 的定义知 $y_j \in S$。因此，y_j 对 S' 和的第 $j+1$ 位也贡献一个1。这种情况下仍有 S' 的和的第 $j+1$ 位为2。由此即知，S' 和的第 $j+1$ 位($j=0,1,\cdots,|E|-1$)均为2。因此，

$$\sum_{i \in S'} i = k4^{|E|} + \sum_{j=0}^{|E|-1} 2 \cdot 4^j = t$$

反之，设有一 S 的子集 S'，其和为 t。若

$$S' = \{x_{i1},x_{i2},\cdots,x_{im}\} \cup \{y_{j1},y_{j2},\cdots,y_{jp}\}$$

则可以证明 $m=k$，且 $V'=\{v_{i1},v_{i2},\cdots,v_{im}\}$ 是 G 的一个顶点覆盖。

事实上，注意到，对于每条边 $e_j \in E$，S 中恰有3个数的第 $j+1$ 位为1，其余各数的第 $j+1$ 位为0。这3个1分别由 y_j 和与 e_j 相关联的2个顶点所对应的数的第 $j+1$ 位所组成。因此，在修正的四进制表示下，S' 中数在做加法时各位都不会产生进位。由于 S' 的和为 t，且 t 的第 $j+1$ 位，$j=0,1,\cdots,|E|-1$ 均为2，因此，在 t 的第 $j+1$ 位至少有一个，最多有2个 S 中的数对其有贡献。这也就是说 e_j 至少与 V' 中一个顶点相关联。因此，V' 是 G 的一个顶点覆盖。

由于只有 $x_{i1},x_{i2},\cdots,x_{im}$ 对 t 的第 $|E|+1$ 位有贡献，且在相加时，低位不会产生进位，因此 S' 和第 $|E|+1$ 位为 m。而 t 的第 $|E|+1$ 位为 k，且 S' 的和为 t，故 $m=k$。由此即知 V' 为 G 的一个大小为 k 的顶点覆盖。

综上即知，VERTEX-COVER$\propto_p$SUBSET-SUM，从而 SUBSET-SUM$\in$NPC。

8.3.6 哈密顿回路问题

给定无向图 $G=(V,E)$，判定其是否含有一哈密顿回路。

已知哈密顿回路问题是一个 NP 类问题。现在证明 3-SAT$\propto_p$HAM-CYCLE。

给定关于变量 $x_1,x_2,\cdots,x_n$ 的 3 元合取范式 $\theta=C_1C_2\cdots C_k$，其中每个 C_i 恰有 3 个因子。根据 θ 在多项式时间内构造与之相应的图 $G=(V,E)$，使得 θ 是可满足的当且仅当 G 有哈密顿回路。

构造用到两个专用子图，它们具有一些有用的特殊性质。在许多有趣的 NP 完全性的证明中常用到这两个子图。

第一个专用子图 A 如图 8-5(a)所示。图 A 作为另一个图 G 的子图时，只能通过顶点 a,a',b,b' 和图 G 的其他部分相连。注意到若包含子图 A 的图 G 有一哈密顿回路，则该哈密顿回路为了通过顶点 z_1,z_2,z_3 和 z_4，只能以图 8-5(b)和(c)的两种方式通过子图 A 中各顶点。因此，可以将子图 A 看作由边 a,a',b,b' 组成的，且图 G 的哈密顿回路必须包含这两条边中恰好一条边。为简便起见，用图 8-5(d)所示的图来表示子图 A。

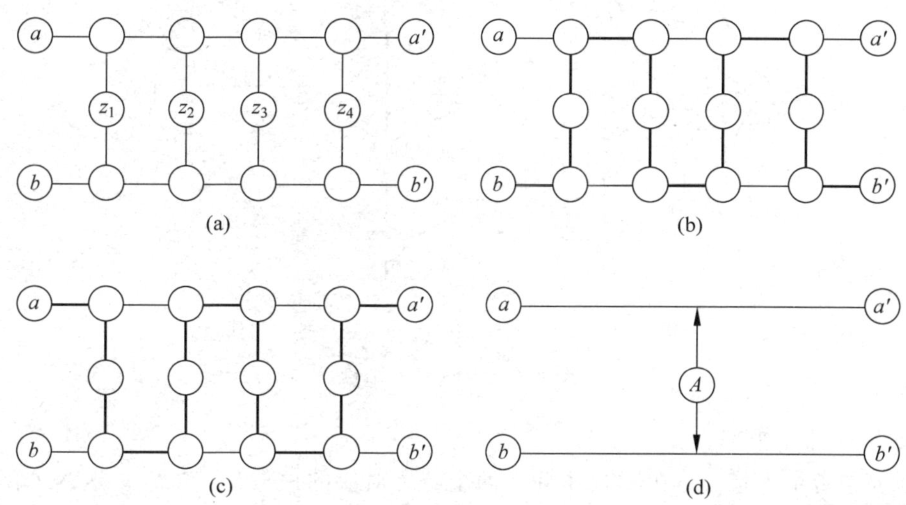

图 8-5　子图 A 的结构

图 8-6 中的图是要用到的第二个专用子图 B。图 B 作为另一个图 G 的子图时，只能通过顶点 b_1,b_2,b_3,b_4 和图 G 中其他部分相连。

图 G 的一条哈密顿回路不会全部通过 3 条边 (b_1,b_2)，(b_2,b_3) 和 (b_3,b_4)。否则它就不可能再通过子图 B 的其他顶点。然而，这 3 条边中任何一条或任何两条边都可能成为图 G 的哈密回路中的边。图 8-6 的(a)～(e)说明了 5 种这样的情形。还有 3 种情形可以通过对(b)、(c)和(e)中图形做上下对称顶点的交换得到。为简便起见，用图 8-6(f)中图形表示子图 B，其中的 3 个箭头表示图 G 的任一哈密顿回路必须至少包含箭头所指的 3 条路径之一。

要构造的图 G 由许多这样的子图 A 和子图 B 所构成。图 G 的结构如图 8-7 所示。θ 中每一个合取式 C_i，$1\leqslant i\leqslant k$，对应于一个子图 B，并且将这 k 个子图 B 串连在一起。也就是说，若用 $b_{i,j}$ 表示 C_i 所对应的子图 B 中的顶点 b_j，则将 $b_{i,4}$ 和 $b_{i+1,1}$ 连接起来，$i=1,2,\cdots k-1$。

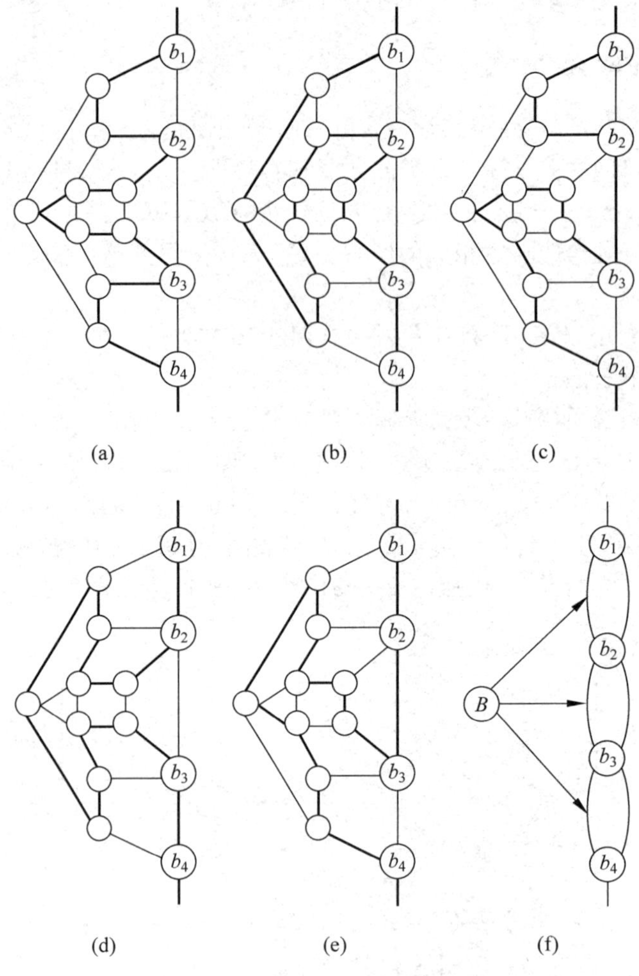

图 8-6　子图 B 的结构

这就构成图 G 的左半部。

对于 θ 中每个变量 x_m，在图 G 中建立两个与之对应的顶点 x'_m 和 x''_m。这两个顶点之间有两条边相连，一条边记为 e_m，另一条边记为 $\bar{e}_m$。这两条边用于表示变量 x_m 的两种赋值情况。当 G 的哈密顿回路经过边 e_m 时，对应于 x_m 赋值为 1，而当哈密顿回路经过边 $\bar{e}_m$ 时，对应于 x_m 赋值为 0。每对这样的边构成了图 G 中的一个 2 边环。通过在图 G 中加入边(x''_m, x'_{m+1})，$m=1,2,\cdots,n-1$，将这些小环串连在一起，构成图 G 的右半部。

将图 G 的左半部(合取项)和右半部(变量)，用上、下两条边$(b_{1,1}, x'_1)$和$(b_{k,4}, x''_n)$连接起来，如图 8-7 所示。

到此，还没有完成图 G 的构造，因为还没有建立变量与各合取项之间的联系。若合取项 C_i 的第 j 个因子是 x_m，则用一个子图 A 连接边$(b_{i,j}, b_{i,j+1})$和边 e_m；若合取项 C_i 的第 j 个因子是 $\bar{x}_m$，则用一子图 A 连接边$(b_{i,j}, b_{i,j+1})$和边 $\bar{e}_m$。

例如，当 $C_2=(x_1+\bar{x}_2+x_3)$时，必须在 3 对边$(b_{2,1}, b_{2,2})$和 e_1，$(b_{2,2}, b_{2,3})$和 $\bar{e}_2$，$(b_{2,3}, b_{2,4})$和 e_3 之间各用一个子图 A 连接，如图 8-7 所示。这里所说的用子图 A 连接两条边，实际上是用子图 A 中 a 和 a'之间的 5 条边以及 b 和 b'之间的 5 条边取代要连接的两条边，当

然还要加上连接顶点 z_1,z_2,z_3 和 z_4 的边。一个给定的因子 l_m 可能在多个合取项中出现，因此边 e_m 或 $\bar{e}_m$ 可能要嵌入多个子图 A。在这种情况下，将多个子图 A 串连在一起，并用串连后的边去取代边 e_m 或 $\bar{e}_m$，如图 8-8 所示。

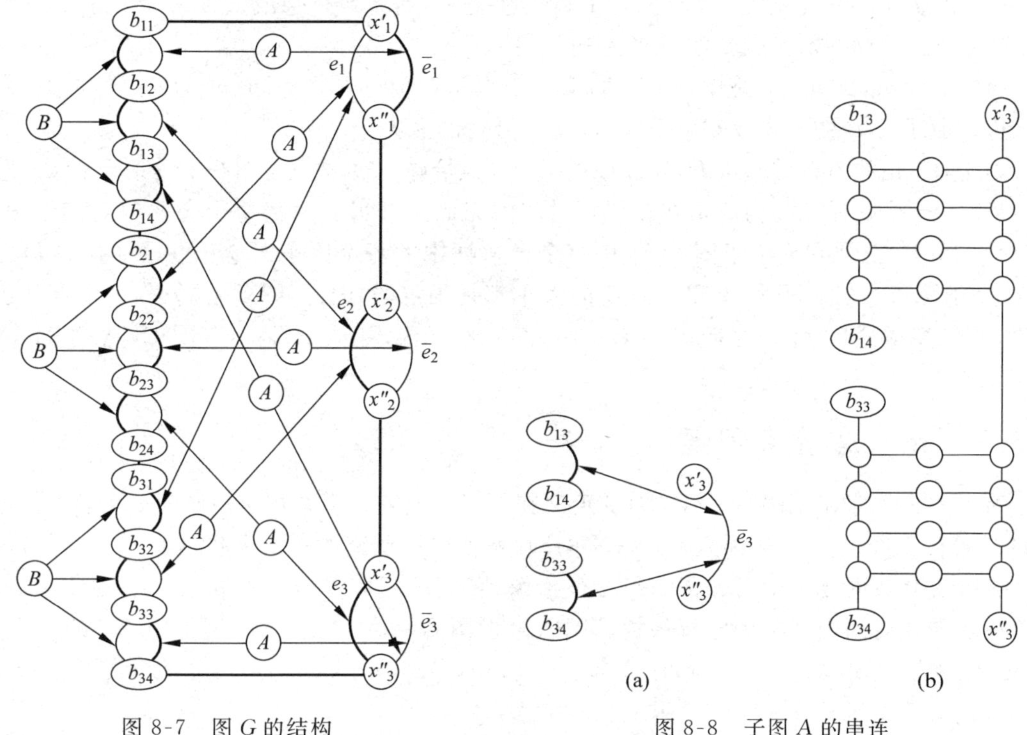

图 8-7　图 G 的结构

图 8-8　子图 A 的串连

至此，已完成图 G 的构造。并且可以断言合取范式 θ 可满足当且仅当图 G 有一哈密顿回路。

事实上，若图 G 有一哈密顿回路 H，则由于图 G 的特殊性，H 必定具有以下特殊形式：

(1) H 经过边 $(b_{1,1},x_1')$ 从 G 的顶部左边到达顶部右边。

(2) H 经边 e_m 或 $\bar{e}_m$ 中一条（不同时经边 e_m 和 $\bar{e}_m$），自顶向下经过所有顶点 x_m' 和 x_m''。

(3) H 经过边 $(b_{k,4},x_n'')$ 回到 G 的左边。

(4) H 经过各子图 B 从底部回到顶部。

H 实际上也经过各子图 A 的内部。H 经过子图 A 内部的两种不同方式取决于 H 经过的是被子图 A 连接的两条边中的哪一条边。

对于图 G 的任意一条哈密顿回路 H，可以定义 θ 的一个真值赋值如下。当边 e_m 是 H 中一条边时，取 $x_m=1$；否则 $\bar{e}_m$ 是 H 的一条边，取 $x_m=0$。

按这种赋值，可使 $\theta=1$。事实上，考虑 θ 的每一合取项 C_i 及其对应的图 G 中的子图 B。根据 C_i 中第 j 个因子是 x_m 或 $\bar{x}_m$，每条边 $(b_{i,j},b_{i,j+1})$ 由一个子图 A 与边 e_m 或 $\bar{e}_m$ 连接。边 $(b_{i,j},b_{i,j+1})$ 是 H 中的边当且仅当 C_i 中相应的因子取值 0。因为 C_i 中 3 个因子相应的 3 条边 $(b_{i,1},b_{i,2})$，$(b_{i,2},b_{i,3})$，$(b_{i,3},b_{i,4})$ 均在子图 B 中，由子图 B 的性质可知 H 不可能包含所有这 3 条边。因此，这 3 条边所相应的 C_i 中 3 个因子至少有一个取值 1，即 C_i 取值 1。由于 C_i 是任意的，所以 $C_i=1,i=1,2,\cdots,k$。也就是说，θ 是可满足的。

反之,若θ是可满足的,则有$x_1, x_2, \cdots, x_n$的一个真值赋值,使得$\theta=1$。据此,可构造图G的哈密顿回路如下:

(1) 从G的顶点$b_{1,1}$开始,经过边$(b_{1,1}, x'_1)$到达图G的右边。

(2) 在从x'_1到x''_n的路中,若$x_m=1$则经过边e_m,否则经过边或$\bar{e}_m$。

(3) 经过边$(b_{k,4}, x''_n)$回到图G的左边。

(4) 在从$b_{k,4}$到$b_{1,1}$的路中,若C_i的第j个因子取值0则经过边$(b_{i,j}, b_{i,j+1})$,否则不经过该边。由子图B的性质及$C_i=1$知,这总是可行的。

如此构造出的图G的回路H,经过G的每个顶点恰好一次,故它是图G的一条哈密顿回路。

最后,要说明图G的构造可在多项式时间内完成。事实上,θ的每个合取项对应于图G中一个子图B,总共有k个子图B。θ中每个合取项中的每个因子对应于一个子图A,总共有$3k$个子图A。每个子图A和子图B的大小都是固定的,因此,图G有$O(k)$个顶点和边。因此,可在多项式时间内构造出图G。由此得出,3-SAT$\propto_p$HAM-CYCLE,从而HAM-CYCLE$\in$NPC。

8.3.7 旅行售货员问题

给定一个无向完全图$G=(V,E)$及定义在$V\times V$上的一个费用函数c和一个整数k,判定G是否存在经过V中各顶点恰好一次的回路,使得该回路的费用不超过k。

旅行售货员问题与哈密顿回路问题很相像,它们之间有着密切的联系。哈密顿回路问题可在多项式时间内变换为旅行售货员问题。设图$G=(V,E)$是HAM-CYCLE的一个实例,据此,构造TSP的一个实例如下。设$E'=\{(i,j) \mid i,j\in V\}$,构造一个完全图$G'=(V,E')$,且定义费用函数$c$为

$$c(i,j)=\begin{cases}0 & (i,j)\in E\\ 1 & (i,j)\notin E\end{cases}$$

则相应的TSP实例为$\langle G',c,0\rangle$,这显然可在多项式时间内完成。

下面证明G有一个哈密顿回路当且仅当G'有一个费用为0的旅行售货员回路。事实上,若G有一个哈密顿回路H,显然H也是G的一个旅行售货员回路。由于H的每一边均属于E,故每边的费用均为0。因此H是G的一个费用为0的旅行售货员回路。反之,若G有一个费用为0的旅行售货员回路H,由费用函数c的定义知,H的每边费用均为0,从而H的每条边均属于E。故H为G的一条哈密顿回路。

因此,HAM-CYCLE$\propto_p$TSP。即旅行售货员问题是NP难的。

TSP$\in$NP是显然的,给定TSP的一个实例(G,c,k)和一个由n个顶点组成的顶点序列。验证算法要验证这n个顶点组成的序列是图G的一条回路,且经过每个顶点一次。另外,将每条边的费用加起来,并验证所得的和不超过k。这个过程显然可在多项式时间内完成,即TSP$\in$NP。因此,TSP$\in$NPC。

8.4 近似算法的性能

迄今为止,所有的NP完全问题都还没有多项式时间算法。然而有许多NP完全问题具有很重要的实际意义,经常会遇到。对于这类问题,通常可以采取以下几种解题策略:

(1) 只对问题的特殊实例求解。遇到一个 NP 完全问题时，应仔细考查是否必须在最一般的意义下求解，也许只要针对某种特殊情形求解就够了，而在特殊情形下常可得到高效算法。

(2) 用动态规划法或分支限界法求解。动态规划法和分支限界法是解许多 NP 完全问题的有效方法。在许多情况下，它们比穷举搜索法有效得多。

(3) 用概率算法求解。有时可通过概率分析法证明某个 NP 完全问题的"难"实例是很稀少的。因此，可用概率算法解这类 NP 完全问题，设计出在平均情况下的高效算法。

(4) 只求近似解。由于问题的输入数据通常是用测量的方法得到的，因此输入数据本身就是近似的。在实际中遇到的 NP 完全问题因此也不要求一定要获得非常精确的解答，只要求在一定的误差范围内的近似解就够了。许多解 NP 完全问题的近似算法可以用很少的时间获得很好的近似解。这是在实践中解决 NP 完全问题的非常有效且实用的方法。

(5) 用启发式方法求解。在用别的方法都不能奏效时，也可采用启发式算法解 NP 完全问题。这类方法根据具体问题设计一些启发式搜索策略寻求问题的解。在实际使用时可能很有效，但很难说清它的道理。

本章主要讨论解 NP 完全问题的近似算法。

许多 NP 完全问题实质上是最优化问题，即要求使某个目标函数达到最大值或最小值的解。不失一般性，对于确定的问题，假设其每一个可行解所对应的目标函数值均不小于一个确定的正数。

若一个最优化问题的最优值为 c^*，求解该问题的一个近似算法求得的近似最优解相应的目标函数值为 c，则将该近似算法的性能比定义为 $\eta=\max\left\{\frac{c}{c^*},\frac{c^*}{c}\right\}$。在通常情况下，该性能比是问题输入规模 n 的一个函数 $\rho(n)$，即 $\max\left\{\frac{c}{c^*},\frac{c^*}{c}\right\}\leqslant\rho(n)$。

这个定义对于极小化问题和极大化问题都是适用的。对于一个极大化问题，$0<c\leqslant c^*$。此时近似算法的性能比，表示最优值 c^* 比近似最优值 c 大多少倍。对于一个极小化问题，$0<c^*\leqslant c$。此时，近似算法的性能比表示近似最优值 c 比最优值 c^* 大多少倍。由 $c/c^*<1$ 可以推出 $c^*/c>1$，故近似算法的性能比不会小于 1。一个能求得精确最优解的算法的性能比为 1。在通常情况下，近似算法的性能比大于 1。近似算法的性能比越大，它求出的近似最优解就越差。

有时用相对误差表示一个近似算法的精确程度会更方便些。若最优化问题的精确最优值为 c^*，而一个近似算法求出的近似最优值为 c，则该近似算法的相对误差定义为 $\lambda=\left|\frac{c-c^*}{c^*}\right|$。近似算法的相对误差总是非负的。若对问题的输入规模 n，有一个函数 $\varepsilon(n)$ 使得 $\left|\frac{c-c^*}{c^*}\right|\leqslant\varepsilon(n)$，则称 $\varepsilon(n)$ 为该近似算法的相对误差界。近似算法的性能比 $\rho(n)$ 与相对误差界 $\varepsilon(n)$ 之间显然有如下关系：$\varepsilon(n)\leqslant\rho(n)-1$。

有许多问题的近似算法具有固定的性能比或相对误差界，即 $\rho(n)$ 或 $\varepsilon(n)$ 是不随 n 的变化而变化的。在这种情况下，用 ρ 和 ε 来记性能比和相对误差界，表示它们不依赖于 n。当然，还有许多问题没有固定性能比的多项式时间近似算法，其性能比只能随着输入规模 n 的增长而增大。

对有些 NP 完全问题,可以找到这样的近似算法,其性能比可以通过增加计算量来改进。也就是说,在计算量和解的精确度之间有一个折中。较少的计算量得到较粗糙的近似解,而较多的计算量可以获得较精确的近似解。

一个最优化问题的近似格式是指带有近似精度 $\varepsilon>0$ 的一类近似算法。对于固定的 $\varepsilon>0$,该近似格式表示的近似算法的相对误差界为 ε。若对固定的 $\varepsilon>0$ 和问题的一个输入规模为 n 的实例,用近似格式表示的近似算法是多项式时间算法,则称该近似格式为多项式时间近似格式。

多项式时间近似格式的计算时间不应随 ε 的减少而增长得太快。在理想的情况下,若 ε 减少某一常数倍,近似格式的计算时间增长也不超过某一常数倍。换句话说,希望近似格式的计算时间是 $1/\varepsilon$ 和 n 的多项式。

当一个问题的近似格式的计算时间是关于 $1/\varepsilon$ 和问题实例的输入规模 n 的多项式时,称该近似格式为一完全多项式时间近似格式,其中 ε 是该近似格式的相对误差界。

下面针对一些常见的 NP 完全问题,研究有效近似算法的设计与分析方法。

8.5 顶点覆盖问题的近似算法

无向图 $G=(V,E)$的顶点覆盖是它的顶点集 V 的一个子集 $V'\subseteq V$,使得若(u,v)是 G 的一条边,则 $v\in V'$或 $u\in V'$。顶点覆盖 V'的大小是它所包含的顶点个数$|V'|$。

8.4 节中,将顶点覆盖问题表述为一个判定问题,并证明了它的 NP 完全性。最优化形式的顶点覆盖问题是要找出图 G 的最小顶点覆盖。由于与其相应的判定问题是 NP 完全的,故最优化形式的顶点覆盖问题是 NP 难的。虽然要找到 G 的一个最小顶点覆盖可能是很困难的,但要找到一个近似最优的顶点覆盖却不太困难。下面的近似算法以无向图 G 为输入,并计算出 G 的近似最优顶点覆盖,可以保证计算出的近似最优顶点覆盖的大小不会超过最小顶点覆盖大小的 2 倍。

```
VertexSet approxVertexCover (Graph g)
 {
    cset=∅;
    e1=g.e;
    while (e1!=∅)
    {
      从 e1 中任取一条边(u,v);
      cset=cset∪{u,v};
      从 e1 中删去与 u 和 v 相关联的所有边;
    }
    return c
 }
```

算法 approxVertexCover 用 cset 存储顶点覆盖中的各顶点。初始时 cset 为空,然后在算法的循环中不断从边集 $e1$ 中选取一边(u,v),将边的端点加入 cset 中,并将 $e1$ 中已被 u 和 v 覆盖的边删去,直至 cset 已覆盖所有边,即 $e1$ 为空时为止。

图 8-9 说明了算法 approxVertexCover 的运行情况。图 8-9(a)是作为算法输入的图 G,它有 7 个顶点和 8 条边。图 8-9(b)表示算法选择了边(b,c),并将顶点 b 和 c 加入顶点覆盖 c 中,然后将 $e1$ 中与顶点 b 和 c 相关联的边(a,b),(c,e),(c,d)和(b,c)从 $e1$ 中删去。图 8-9(c)表示算法选择了边(e,f),并将顶点 e 和 f 加入顶点覆盖 cset 中。图 8-9(d)表示算法最后选择了边(d,g)。图 8-9(e)表示算法产生的近似最优顶点覆盖 cset,它由顶点 b,c,d,e,f,g 所组成。图 8-9(f)是图 G 的一个最小顶点覆盖,它只含有 3 个顶点:b,d 和 e。

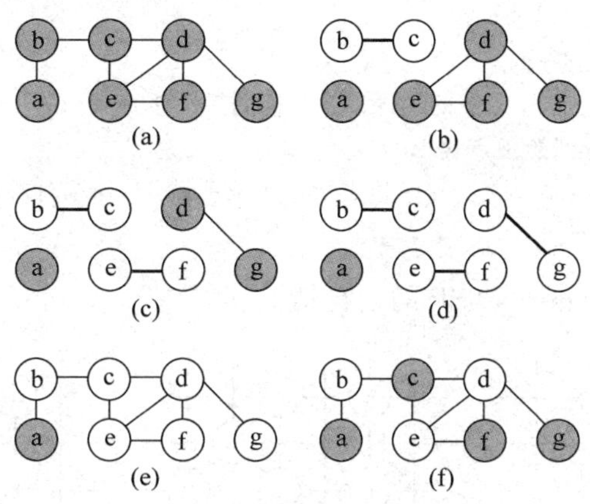

图 8-9　顶点覆盖问题的近似算法

下面考查近似算法 approxVertexCover 的性能。若用 A 记作算法循环中选取出的边的集合,则 A 中任何两条边没有公共端点。因为算法选择了一条边,并在将其端顶点加入顶点覆盖集 cset 后,就将 $e1$ 中与该边关联的所有边从 $e1$ 中删去。因此,下一次再选出的边就与该边没有公共端点。由数学归纳法易知,A 中各边均没有公共端点。算法终止时有 $|\text{cset}|=2|A|$。另一方面,图 G 的任一顶点覆盖,一定包含 A 中各边的至少一个端顶点,G 的最小顶点覆盖也不例外。因此,若最小顶点覆盖为 cset^*,则 $|\text{cset}^*|\geqslant|A|$。由此可得 $|\text{cset}|\leqslant 2|\text{cset}^*|$。也就是说,算法 approxVertexCover 的性能比为 2。

8.6　旅行售货员问题近似算法

以最优化形式提出的旅行售货员问题可描述为:给定一个完全无向图 $G=(V,E)$,其每一边 $(u,v)\in E$ 有一非负整数费用 $c(u,v)$。要找出 G 的最小费用哈密顿回路。

从实际应用中抽象出的旅行售货员问题常具有一些特殊性质。比如,费用函数 c 往往具有三角不等式性质,即对任意的 3 个顶点 $u,v,w\in V$,有 $c(u,w)\leqslant c(u,v)+c(v,w)$。当图 G 中的顶点就是平面上的点,任意 2 顶点间的费用就是这 2 点间的欧几里得距离(简称欧氏距离)时,费用函数 c 就具有三角不等式性质。

可以证明,即使费用函数具有三角不等式性质,旅行售货员问题仍为 NP 完全问题。因此,不太可能找到解此问题的多项式时间算法。转而寻求解此问题的有效的近似算法。当费用函数 c 具有三角不等式性质时,可以设计出一个近似算法,其性能比为 2。而对于一般情况下的旅行售货员问题则不可能设计出具有常数性能比的近似算法,除非 P=NP。

8.6.1 具有三角不等式性质的旅行售货员问题

对于给定的无向图 G,可以利用找图 G 的最小生成树的算法设计找近似最优的旅行售货员回路的算法。当费用函数满足三角不等式时,算法找出的旅行售货员回路的费用不会超过最优旅行售货员回路费用的 2 倍。

```
void approxTSP (Graph g)
{
    ① 选择 g 的任一顶点 r;
    ② 用 Prim 算法找出带权图 g 的一棵以 r 为根的最小生成树 T;
    ③ 前序遍历树 T 得到的顶点表 L;
    ④ 将 r 加到表 L 的末尾,按表 L 中顶点次序组成回路 H,作为计算结果返回。
}
```

图 8-10 说明了算法 approxTSP 的运行情况。

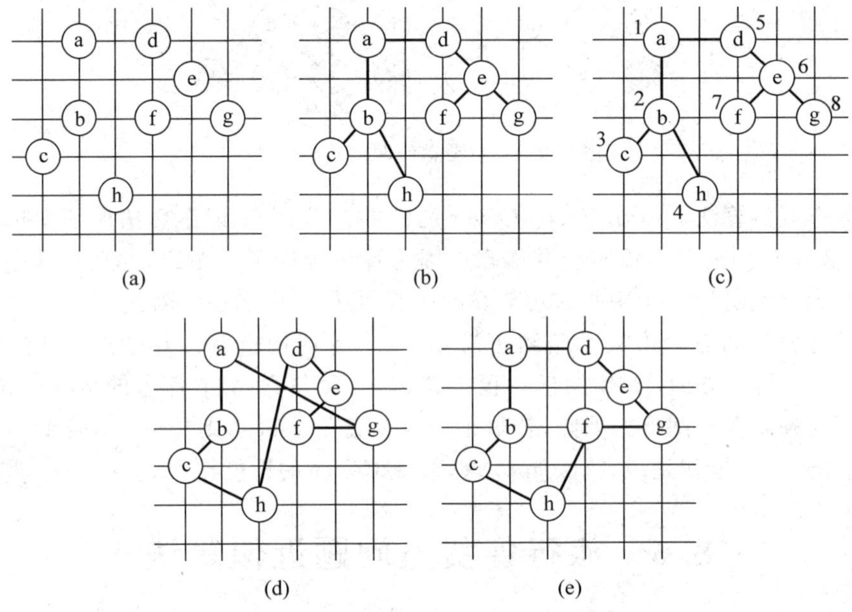

图 8-10 旅行售货员问题的近似算法

图 8-10(a)表示所给的图 G 的顶点集。图 8-10(b)表示由算法找到的一棵最小生成树 T。图 8-10(c)表示对树 T 所作的前序遍历访问各顶点的次序。图 8-10(d)表示由 T 的前序遍历顶点表 L 产生的哈密顿回路 H。图 8-10(e)是 G 的一个最小费用旅行售货员回路。

图 8-10 中各顶点表示平面上的一个点。图中方格的边长为 1。各顶点间的边费用为顶点间的欧几里得距离,因而费用函数满足三角不等式。从该例算出的近似最优旅行售货员回路 H 可看出,最小费用要比 H 的费用少约 23%。

由于图 G 是一个完全图,易知算法 approxTSP 的计算时间为 $\theta(|E|)=\theta(|V|^2)$。算法中没有明显地用到费用函数的三角不等式性质。因此,该算法也适用于一般的旅行售货员问题。当费用函数满足三角不等式时,该算法具有较好的性能比,即对于任何无向完全图

G,算法具有一个常数性能比 2。换句话说,若用 H^* 记图 G 的最小费用旅行售货员回路,而用 H 记算法 approxTSP 计算出的近似最优的旅行售货员回路,则$c(H)\leqslant 2c(H^*)$。其中,$c(A)=\sum\limits_{(u,v)\in A} c(u,v)$。下面证明这一结论。

设 T 是算法 approxTSP 计算出的图 G 的最小生成树。从 H^* 中任意删去一条边后,可得到图 G 的一棵生成树。由于 T 是最小生成树,故有 $c(T)\leqslant c(H^*)$。对树 T 所做的一个完全遍历是在访问 T 的一个顶点时列出该顶点,而在结束对 T 的一棵子树的访问并沿途返回时也列出返回时经过的顶点。设 W 是对 T 依前序所做的完全遍历。例如,在图 8-10(b)中,对 T 所做的完全遍历为 $W=$abcbhbadefegeda。由于对 T 所做的完全遍历 W 经过 T 的每条边恰好 2 次,所以有 $c(W)=2c(T)\leqslant 2c(H^*)$。然而 W 还不是一个旅行售货员回路,它访问了图 G 中某些顶点多次。由于费用函数满足三角不等式,可以在 W 的基础上,从中删去已访问过的顶点,而不会增加旅行费用。若在 W 中删去顶点 u 和 w 间的一个顶点 v,就用边(u,w)代替原来从 u 到 w 的一条路。反复用这个办法删去 W 中多次访问的顶点可得到 G 的一条旅行售货员回路。在图 8-10 所示的例子中,从 W 中删去重复访问顶点后得到的回路为 $H=$abchdefga。这就是算法 approxTSP 计算出的近似最优哈密顿回路。由费用函数的三角不等式性质即知,$c(H)\leqslant c(W)\leqslant 2c(H^*)$。也就是说,算法 approxTSP 的性能比为 2。

8.6.2 一般的旅行售货员问题

尽管算法 approxTSP 可以用于解一般的旅行售货员问题,但是不能保证在一般的情况下它具有好的性能比。在费用函数不一定满足三角不等式的一般情况下,不存在具有常数性能比的解 TSP 问题的多项式时间近似算法,除非 P=NP。换句话说,若P≠NP,则对任意常数 $\rho>1$,不存在性能比为 ρ 的解旅行售货员问题的多项式时间近似算法。事实上,假设若有一个解旅行售货员问题的近似算法 A,其性能比为 $\rho\geqslant 1$。不失一般性可设 ρ 为一正整数,因若不然,可用$\lceil\rho\rceil$代替 ρ。在这个假设下,可以利用算法 A 设计一个解哈密顿回路问题的多项式时间算法。由于哈密顿回路问题是 NP 完全的,故找到了它的一个多项式时间算法就证明了 P=NP。因此,在 P≠NP 的前提下,对任意 $\rho\geqslant 1$ 这样的算法 A 是不存在的。

下面说明如何用算法 A 解哈密顿回路问题。设图 $G=(V,E)$是哈密顿回路问题的一个实例,要求判定 G 是否有一条哈密顿回路。为了利用算法 A 解 G 的哈密顿回路问题,将 G 变换为旅行售货员问题的一个实例$\langle G1,c\rangle$如下。其中,$G1$ 是顶点集 V 上的一个完全图,即 $G1=(V,E1)$,$E1=\{(u,v)\mid u,v\in V$ 且 $u\neq v\}$。$E1$ 中每一边的费用 $c(u,v)$定义为

$$c(u,v)=\begin{cases}1 & (u,v)\in E\\ \rho\mid V\mid+1 & (u,v)\in E1-E\end{cases}$$

如上定义的图 $G1$ 和费用函数 c 显然可根据图 G 在关于$|V|$和$|E|$的多项式时间内构造出来。

现在考虑旅行售货员问题$\langle G1,c\rangle$。若原图 G 有一哈密顿回路 H,则费用函数 c 赋给 H 中每边的费用均为 1。因此,$\langle G1,c\rangle$含有一个费用为$|V|$的旅行售货员回路。另一方面,若 G 中不存在哈密顿回路,则 $G1$ 的任一回路必用到了不在 E 中的边。因此,在这种情况下,$\langle G1,c\rangle$的任一旅行售货员回路的费用至少为 $(\rho|V|+1)+(|V|-1)>\rho|V|$。

若用算法 A 解旅行售货员问题 $\langle G1,c\rangle$,则它求出的近似最优的旅行售货员回路 H 的费用 $c(H)$ 不超过最优旅行售货员回路 H^* 的费用的 ρ 倍,即 $c(H)\leqslant\rho c(H^*)$。

当 G 有哈密顿回路 H 时,易知 $c(H)=c(H^*)=|V|$,而由算法 A 找到的旅行售货员回路 H 的费用 $c(H)\leqslant\rho c(H^*)=\rho|V|$。由上面的分析可知,$H$ 中每一条边均属于 E,故 H 也是 G 的一条哈密顿回路。

反之,若算法 A 找出的旅行售货员回路 H 的费用 $c(H)>\rho|V|$,则 $\rho|V|<c(H)\leqslant\rho c(H^*)$。由此可知 $c(H^*)>|V|$,即 $\langle G1,c\rangle$ 的最优旅行售货员回路 H^* 的费用 $c(H^*)>|V|$。由上面的分析即知,此时 G 中不存在哈密顿回路。因此,算法 A 求出 $\langle G1,c\rangle$ 的近似最优的旅行售货员回路 H 后,只要再判断其费用 $c(H)$ 是否为 $|V|$,即可判定 G 是否有一条哈密顿回路。由假设知,算法 A 可在多项式时间内完成,故可在多项式时间内解哈密顿回路问题。在 P≠NP 的前提下,这是不可能的。因此,所假设的这样的算法 A 在 P≠NP 的前提下是不存在的。

8.7 集合覆盖问题的近似算法

集合覆盖问题是一个最优化问题,其原型是多资源选择问题。集合覆盖问题可以看作是图的顶点覆盖问题的推广,因此,它也是一个 NP 难问题。

集合覆盖问题的一个实例 $\langle X,F\rangle$ 由一个有限集 X 及 X 的一个子集族 F 组成。子集族 F 覆盖了有限集 X。也就是说 X 中每一元素至少属于 F 中的一个子集,即 $X=\bigcup_{S\in F}S$。对于 F 中的一个子集 $C\subseteq F$,若 C 中的 X 的子集覆盖了 X,即 $X=\bigcup_{S\in C}S$,则称 C 覆盖了 X。集合覆盖问题就是要找出 F 中覆盖 X 的最小子集 C^*,使得

$$|C^*|=\min\{|C|\,|\,C\subseteq F\text{ 且 }C\text{ 覆盖 }X\}$$

图 8-11 是集合覆盖问题的一个例子。其中,用 12 个黑点表示集合 X。$F=\{S_1,S_2,S_3,S_4,S_5,S_6\}$,如图 8-11 所示。容易看出,对于这个例子,最小集合覆盖为 $C=\{S_3,S_4,S_5\}$。

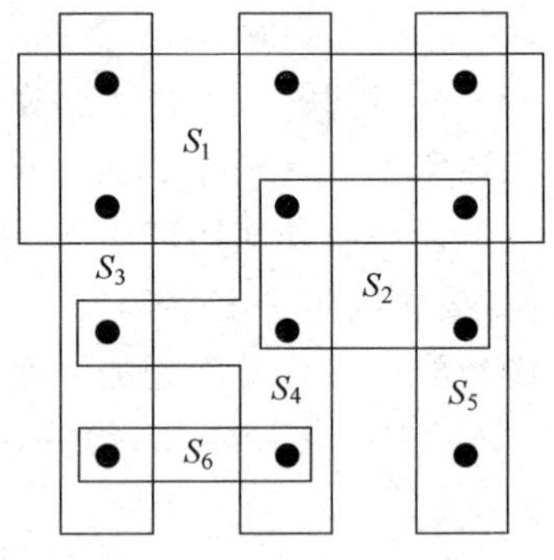

图 8-11 集合覆盖问题的一个实例 $\langle X,F\rangle$

集合覆盖问题是对许多常见的组合问题的抽象。例如,假设 X 表示解决某一问题所需的各种技巧的集合,且给定一个可用来解决该问题的人的集合,其中每个人掌握若干种技巧。希望从这个人的集合中选出尽可能少的人组成一个委员会,使得 X 中的每一种技巧,都可以在委员会中找到掌握该技巧的人。这个问题实质上就是一个集合覆盖问题。集合覆盖问题是一个 NP 完全问题。

对于集合覆盖问题,可以设计出一个简单的贪心算法,求该问题的一个近似最优解。这个近似算法具有对数性能比。算法描述如下:

```
Set greedySetCover (X,F)
{
    U=X;
    C=∅;
```

```
    while (U! =∅) {
      选择 F 中使|S∩U|最大的子集 S;
      U=U-S;
      C=C∪{S};
      }
    return C;
}
```

在算法 greedySetCover 中，集合 U 用于存放在每一阶段中尚未被覆盖的 X 中元素。集合 C 包含了当前已构造的覆盖。算法的循环体是整个算法的主体。在该循环体中，首先选择 F 中覆盖了尽可能多的未被覆盖元素的子集 S。然后，将 U 中被 S 覆盖的元素删去，并将 S 加入 C。算法结束时，C 中包含了覆盖 X 的 F 的一个子集族。例如，对于图 8-11 中的例子，算法 greedySetCover 依次选出子集 S_1,S_4,S_5 和 S_3 构成子集族 C。

算法 greedySetCover 的循环体最多执行 $\min\{|X|,|F|\}$次。而循环体内的计算显然可在 $O(|X||F|)$时间内完成。因此，算法的计算时间为 $O(|X||F|\min\{|X|,|F|\})$。由此即知，greedySetCover 是一个多项式时间算法。

从图 8-11 所给的例子可以看出，算法 greedySetCover 得到的只是集合 X 的近似最优覆盖。下面进一步考虑算法 greedySetCover 的性能比。为方便起见，用 $H(d)$记第 d 级调和数，即 $H(d)=\sum_{i=1}^{d}\frac{1}{i}$。用这个记号，可以证明算法 greedySetCover 的性能比为 $H(\max_{S\in F}\{|S|\})$。证明过程如下。对于每一个由算法 greedySetCover 选出的集合赋予其一个费用，并将这个费用分布于初次被覆盖的 X 中的元素上。然后，再利用这些费用导出所需要的算法 greedySetCover 的性能比。设 S_i 表示由算法 greedySetCover 的 while 循环所选出的第 i 个子集。在算法将 S_i 加入子集族 C 时，赋予 S_i 一个费用 1，并将这个费用平均地分摊给 S_i 中刚被覆盖的 X 中的元素，即 $S_i-\bigcup_{j=1}^{i-1}S_j$ 中的元素。对每一个 $x\in X$，用 C_x 表示元素 x 摊到的费用。注意，每个元素 x 在它第一次被覆盖时得到费用 C_x，且只得到一次，以后不再得到费用。若 x 第一次被集合 S_i 覆盖，则

$$C_x=\frac{1}{|S_i-(S_1\cup S_2\cup\cdots\cup S_{i-1})|}$$

算法终止时，得到子集族 C，其总费用为$|C|$。这个费用分布于 X 中的各元素上，即 $|C|=\sum_{x\in X}C_x$。由于 X 的最优覆盖 C^* 也是 X 的一个覆盖，故

$$|C|=\sum_{x\in X}C_x\leqslant\sum_{S\in C^*}\sum_{x\in S}C_x$$

稍后还将证明，对于子集族 F 中任一子集 S，有

$$\sum_{x\in S}C_x\leqslant H(|S|)$$

由此可得

$$|C|\leqslant\sum_{S\in C^*}H(|S|)\leqslant|C^*|\ H(\max_{S\in F}\{|S|\})$$

由此即知算法 greedySetCover 的性能比为

$$\left|\frac{C}{C^*}\right|\leqslant H(\max_{S\in F}\{|S|\})$$

下面回来证明 $\sum_{x\in S} C_x \leqslant H(|S|)$。对于任一 F 中的集合 $S\in F$ 以及 $i=1,2,\cdots,|C|$，设 $u_i=|S-\bigcup_{j=1}^{i} S_j|$ 是算法选择了 $S_1,S_2,\cdots,S_i$ 后，S 中尚存的未被覆盖元素的个数。其中，u_0 定义为初始时 S 中未被覆盖的元素个数，即 $u_0=|S|$。进一步设 k 是数列 $u_0,u_1,u_2,\cdots$ 中第一个等于 0 的下标。那么，S 中的元素被集合 $S_1,S_2,\cdots,S_k$ 所覆盖，且 $u_{i-1}\geqslant u_i$，S 中有 $u_{i-1}-u_i$ 个元素被 S_i 第一次覆盖，$i=1,2,\cdots,k$。由此可得

$$\sum_{x\in S} C_x = \sum_{i=1}^{k} \frac{u_{i-1}-u_i}{|S_i-(S_1\cup S_2\cup\cdots\cup S_{i-1})|}$$

由算法的贪心选择性质可知，S 所覆盖的新元素不会比 S_i 多，否则算法将选择集合 S 而不是 S_i。因此，

$$|S_i-(S_1\cup S_2\cup\cdots\cup S_{i-1})| \geqslant |S-(S_1\cup S_2\cup\cdots\cup S_{i-1})| = u_{i-1}$$

由此可知，

$$\sum_{x\in S} C_x \leqslant \sum_{i=1}^{k} \frac{u_{i-1}-u_i}{u_{i-1}}$$

对于任意正整数 a 和 b，且 $a<b$，容易证明

$$H(b)-H(a) = \sum_{i=a+1}^{b} \frac{1}{i} \geqslant \frac{b-a}{b}$$

利用这个不等式得到

$$\begin{aligned}
\sum_{x\in S} C_x &\leqslant \sum_{i=1}^{k} \frac{u_{i-1}-u_i}{u_{i-1}} \\
&\leqslant \sum_{i=1}^{k} (H(u_{i-1})-H(u_i)) \\
&= H(u_0)-H(u_k) \\
&= H(u_0)-H(0) \\
&= H(u_0) \\
&= H(|S|)
\end{aligned}$$

这就是要证明的不等式。

容易证明对于任一正整数 n 有 $H(n)\leqslant \ln n+1$。由于 $\max_{S\in F}\{|S|\}\leqslant|X|$，故 $H(\max_{S\in F}\{|S|\})\leqslant \ln|X|+1$。因此，也可以说，算法 greedySetCover 的性能比为 $\ln|X|+1$。

在许多实际应用中 $\max_{S\in F}\{|S|\}$ 是一个小常数，因此，在这种情况下，由算法 greedySetCover计算出的近似最优集合覆盖的大小只不过是最优集合覆盖的大小的一个小常数倍。例如，当一个图的顶点度数最多为 3 时，用算法 greedySetCover 解关于这个图的顶点覆盖问题，可得到一个近似最优的顶点覆盖，其性能比为 $H(3)=11/6$。这比算法 approxVertexCover 得到的结果稍好些。

8.8 子集和问题的近似算法

设子集和问题的一个实例为 $\langle S,t\rangle$。其中，$S=\{x_1,x_2,\cdots,x_n\}$ 是一个正整数的集合，t 是一个正整数。子集和问题判定是否存在 S 的一个子集 $S1$，使得 $\sum_{x\in S1} x = t$。

该问题是一个 NP 完全问题。在实际应用中，常遇到最优化形式的子集和问题。在这种情况下，要找出 S 的一个子集 $S1$，使得其和不超过 t，又尽可能地接近 t。例如，在第 5 章中讨论过的最优装载问题实质上是最优化形式的子集和问题。

下面先提出解最优化形式的子集和问题的指数时间算法，然后对这个算法做适当修改，使它成为解子集和问题的完全多项式时间的近似格式。

8.8.1 子集和问题的指数时间算法

设 L 是一个由正整数组成的表，x 是另外一个正整数。用 $L+x$ 表示对表 L 中每个整数加上 x 后得到的新表。例如，若 $L=\langle 1,2,3,5,9\rangle$，则 $L+2=\langle 3,4,5,7,11\rangle$。对于整数集合 S，也用记号 $S+x$ 表示集合 S 中每个元素都加上 x，即 $S+x=\{s+x \mid s\in S\}$。

下面要描述的解子集和问题的算法 exactSubsetSum 以集合 $S=\{x_1,x_2,\cdots,x_n\}$ 和目标值 t 作为输入。算法中用到将两个有序表 $L1$ 和 $L2$ 合并成为一个新的有序表的算法 mergeLists(L1,L2)。与合并排序算法中用到的 Merge 算法类似，算法 mergeLists 的计算时间为 $O(|L1|+|L2|)$。

```
int exactSubsetSum (S,t)
{
    int n=|S|;
    L[0]={0};
    for (int i=1;i<=n;i++) {
      L[i]=mergeLists(L[i-1],L[i-1]+S[i]);
      删去 L[i]中超过 t 的元素;
      }
    return max(L[n]);
}
```

用 P_i 表示 $\{x_1,x_2,\cdots,x_i\}$ 的所有可能的子集和，即 P_i 中的一个元素是 $\{x_1,x_2,\cdots,x_i\}$ 的一个子集和。约定一个空集的子集和为 0，并约定 $P_0=\{0\}$。不难用数学归纳法证明

$$P_i = P_{i-1} \cup (P_{i-1}+x_i) \qquad i=1,2,\cdots,n$$

例如，若 $S=\{1,4,5\}$，则

$$P_0 = \{0\}$$
$$P_1 = \{0,1\}$$
$$P_2 = \{0,1,4,5\}$$
$$P_3 = \{0,1,4,5,6,9,10\}$$

由此易知，算法 exactSubsetSum 中的表 $L[i]$ 是一个包含了 P_i 中所有不超过 t 的元素的有序表。因此，$L[n]$ 中的最大元素 $\max(L[n])$ 就是 S 中不超过 t 的最大子集和。

由于 P_i 中包含了所有可能的 $\{x_1,x_2,\cdots,x_i\}$ 的子集和，因此，$|P_i|=2^i$。在最坏情况下，$L[i]$ 可能与 P_i 相同。因此，在最坏情况下，$|L[i]|=2^i$。由此可知，在一般情况下，算法 exactSubsetSum 是一个指数时间算法。

8.8.2 子集和问题的完全多项式时间近似格式

基于算法 exactSubsetSum，通过对表 $L[i]$ 做适当的修整建立一个子集和问题的完全多

项式时间近似格式。在对表$L[i]$进行修整时,用到一个修整参数δ,$0<\delta<1$。用参数δ修整一个表L是指从L中删去尽可能多的元素,使得每一个从L中删去的元素y,都有一个修整后的表$L1$中的元素z满足$(1-\delta)y\leqslant z\leqslant y$。可以将$z$看作是被删去元素$y$在修整后的新表$L1$中的代表。也就是说,对每一个删去元素$y$,可以用新表$L$中一个元素$z$来代表$y$,使得$z$相对于$y$的相对误差不超过$\delta$。

例如,若$\delta=0.1$,且$L=\langle 10,11,12,15,20,21,22,23,24,29\rangle$,则用$\delta$对$L$进行修整后得到$L1=\langle 10,12,15,20,23,29\rangle$。其中,被删去的数11由10来代表,21和22由20来代表,24由23来代表。

经修整后的新表$L1$中的元素也是原表L中的元素。对一个表进行修整后,可大大减少其中的元素个数,而对每个被删除的元素保留一个与其很接近的代表,以控制计算结果的相对误差。

下面的算法trim对有序表L进行修整,它以有序表$L=\langle y_1,y_2,\cdots,y_m\rangle$作为输入,$L$中元素以非减次序排列。

```
List trim(L,δ)
{
  int m=|L|;
  L1=〈L[1]〉;
  int last=L[1];
  for (int i=2;i<=m;i++) {
    if (last<(1-δ) * L[i]) {
    将 L[i]加入表 L1 的尾部;
    last=L[i];
    }
  return L1;
}
```

在算法trim中,以递增的次序逐个扫描表L中元素。当被扫描元素是表L中第一个元素或被扫描元素不能用最近加入新表L的元素last代表时,将被扫描元素加入新表$L1$的尾部。而能够被last代表的元素不加入$L1$,意味着该元素被删去。算法trim的计算时间为$\theta(m)$。

由算法trim可构造子集和问题的近似格式approxSubsetSum如下。该近似格式的输入参数是n个整数的集合$S=\{x_1,x_2,\cdots,x_n\}$、目标整数t和一个近似参数ε,其中$0<\varepsilon<1$。

```
int approxSubsetSum(S,t,ε)
{
    n=|S|;
    L[0]=〈0〉;
    for (int i=1;i<=n;i++) {
      L[i]=merge(L[i-1],L[i-1]+S[i]);
      L[i]=trim(L[i],ε/n);
      删去 L[i]中超过 t 的元素;
      }
    return max(L[n]);
}
```

在上述算法中，首先将 $L[0]$ 初始化为只含一个 0 元素的表。然后在算法的主循环中逐次计算表 $L[i]$，$i=1,2,\cdots,n$。计算出的表 $L[i]$ 实际上就是对集合 P_i 进行修整后的有序表，修整参数为 $\delta=\varepsilon/n$。另外，$L[i]$ 中已将超过目标整数 t 的元素及时删除，以减少不必要的计算。

下面用一个例子来说明 approxSubsetSum 的运行情况。在该例中，$S=\langle 104,102,201,101\rangle$，$t=308$，$\varepsilon=0.2$。由算法确定的修整参数 δ 是 $\varepsilon/4=0.05$。初始时，$L[0]=\langle 0\rangle$。在算法的主循环中逐次计算出 $L[1]$，$L[2]$，$L[3]$ 和 $L[4]$。每次计算经过合并、修整和删除大于 t 的元素 3 个阶段。现将算法计算 $L[i]$(其中 $i=1,2,3,4$)的 3 个阶段的计算结果列出如下：

$L[1]=\langle 0,104\rangle$；
$L[1]=\langle 0,104\rangle$；
$L[1]=\langle 0,104\rangle$；
$L[2]=\langle 0,102,104,206\rangle$；
$L[2]=\langle 0,102,206\rangle$；
$L[2]=\langle 0,102,206\rangle$；
$L[3]=\langle 0,102,201,206,303,407\rangle$；
$L[3]=\langle 0,102,201,303,407\rangle$；
$L[3]=\langle 0,102,201,303\rangle$；
$L[4]=\langle 0,101,102,201,203,302,303,404\rangle$；
$L[4]=\langle 0,101,201,302,404\rangle$；
$L[4]=\langle 0,101,201,302\rangle$；

算法最后返回 $z=302$ 作为近似解答。容易看出该例的最优解为 $104+102+101=307$。近似解的相对误差在 2%以内。在理论上，算法可以保证对子集和问题的任一实例，其相对误差在 ε 之内。

下面进一步讨论算法 approxSubsetSum 的性能。通过分析可以得出如下结论：

(1) 算法 approxSubsetSum 计算出的近似解是 S 的一个子集和，它关于最优解的相对误差不超过预先给定的误差界 ε。

(2) 算法 approxSubsetSum 是子集和问题的一个完全多项式时间近似格式，即它的计算时间是关于输入规模 n 和 $1/\varepsilon$ 的多项式。

首先注意到，算法中对 $L[i]$ 进行修整，并将其中超过 t 的元素删去后，$L[i]$ 中每个元素仍为集合 P_i 的成员。因此，算法返回的 z 值是 P_n 的成员，从而它是 S 的一个子集和。若设子集和问题的最优值为 c^*，则算法返回的近似最优值 z 与 c^* 的相对误差为 $\frac{c^*-z}{c^*}=1-\frac{z}{c^*}$。要证明这个相对误差不超过 ε 即 $1-z/c^*\leqslant\varepsilon$。这等价于 $z\geqslant(1-\varepsilon)c^*$。注意到在对 $L[i]$ 进行修整时，被删除元素与其代表元素的相对误差不超过 ε/n。对修整次数 i 用数学归纳法容易证明，对于 P_i 中任一不超过 t 的元素 y，有 $L[i]$ 中一个元素 x，使得 $(1-\varepsilon/n)^i y\leqslant x\leqslant y$。由于最优值 $c^*\in P_n$，故存在 $x\in L[n]$，使得 $(1-\varepsilon/n)^n c^*\leqslant x\leqslant c^*$。又因为算法返回的是 $L[n]$ 中最大元素 z，故有 $x\leqslant z\leqslant c^*$。因此，$(1-\varepsilon/n)^n c^*\leqslant z\leqslant c^*$。最后，由于 $(1-\varepsilon/n)^n$ 是 n 的递增函数，因此，当 $n>1$ 时，有 $(1-\varepsilon)\leqslant(1-\varepsilon/n)^n$。由此可得，$(1-\varepsilon)c^*\leqslant z\leqslant c^*$。这就证明了算法 approxSubsetSum 返回的近似最优值 z 关于最优值 c^* 的相对误差不

超过 ε。

从算法 approxSubsetSum 的循环体可以看出,每次对有序表 $L[i]$所做的合并、修整和删除超过 t 的元素的计算时间为 $O(|L[i]|)$。因此,整个算法的计算时间不会超过 $O(n|L[n]|)$。注意到算法对表 $L[i]$进行修整后,表中相继元素 a 和 b 间满足 $a/b>1/(1-\varepsilon/n)$。也就是说,表 $L[i]$相继元素间至少相差一个比例因子 $1/(1-\varepsilon/n)$。而表 $L[i]$中最大数不会超过 t。因此,算法完成了对 $L[i]$的合并、修整和删除超过 t 的元素等操作后,$L[i]$中元素个数不超过

$$\frac{\ln t}{\ln(1/(1-\varepsilon/n))}=\frac{\ln t}{-\ln(1-\varepsilon/n)}\leqslant\frac{t}{\varepsilon/n}=\frac{nt}{\varepsilon}$$

特别地,$|L[n]|\leqslant\frac{nt}{\varepsilon}$。于是,算法 approxSubsetSum 的计算时间为 $O(n^2/\varepsilon)$,这表明它是一个完全多项式时间近似格式。

小　结

问题的计算复杂性可以通过解决该问题所需的计算量来刻画。通常将可在多项式时间内解决的问题看作是"易"解问题,而将需要指数函数时间解决的问题看作是"难"解问题。本章讨论的 NP 类问题的计算复杂性状况至今未知。许多现象说明这类问题可能是"难"解的。在 NP 类问题中,NP 完全问题类构成了 NP 类问题的核心。它们也许是 NP 类中最难的问题,其困难性体现在任何一个 NP 类问题可以在多项式时间内变换为一个 NP 完全问题。本章在介绍 NP 类问题之前引入非确定性图灵机的概念。NP 完全问题的概念和 Cook 定理是本章的核心。在 Cook 定理的基础上,通过一些典型的 NP 完全问题,如合取范式的可满足性问题、团问题、顶点覆盖问题、子集和问题、哈密顿回路问题、旅行售货员问题等,介绍了研究 NP 完全问题的方法与技巧。本章还讨论了解 NP 完全问题的近似算法。迄今为止,所有的 NP 完全问题都还没有多项式时间算法。对于规模较大的 NP 完全问题通常可用近似算法求解。本章着重介绍了近似算法的性能比及多项式时间近似格式等概念。针对一些常见的 NP 完全问题,如顶点覆盖问题、旅行售货员问题、集合覆盖问题和子集和问题等,讨论了近似算法的设计与分析方法。

习　题

8-1　证明析取范式的可满足性问题属于 P 类。

8-2　2-SAT 是每个合取项恰有两个因子的可满足性问题。证明 2-SAT$\in$P,并提出解此问题的尽可能高效的算法。

8-3　给定一个 $m\times n$ 整数矩阵 $\boldsymbol{A}$ 和一个 m 元整数向量 $\boldsymbol{b}$,判定是否存在一个 n 元 0-1 向量 $\boldsymbol{x}$,使得 $\boldsymbol{Ax}\leqslant\boldsymbol{b}$。该问题称为 0-1 整数规划问题。证明该问题是 NP 完全问题。(提示:证明 3-SAT$\propto_p$0-1 整数规划问题。)

8-4　给定整数集合 S,判定 S 是否可划分为两个子集 A 和 $\bar{A}(=S-A)$,使得 $\sum_{x\in A}x=\sum_{x\in\bar{A}}x$。证明该问题是 NP 完全问题。

8-5 最长简单回路问题是确定给定图 $G=(V,E)$ 中一条长度最大的简单回路(其中没有重复出现的顶点)的问题。证明最长简单回路问题是 NP 完全问题。

8-6 设问题 P 关于实例 I 的精确解为 $c^*(I)$,解问题 P 的近似算法 A 对于实例 I 得到的近似解为 $c(I)$。如果存在一常数 k,使得对于 P 的任何实例 I 均有

$$|c^*(I)-c(I)|\leqslant k$$

则称算法 A 是解问题 P 的绝对近似格式。

平面图的色数问题是对于给定的平面图 $G=(V,E)$,确定对其顶点着色的最小色数。试设计解平面图着色问题的一个多项式时间绝对近似算法 A 使得

$$|c^*(I)-c(I)|\leqslant 1$$

8-7 设有 n 个程序 $1,2,\cdots,n$ 要存入 2 张容量为 maxM 的磁盘中。第 i 个程序需要的存储空间为 m_i,$i=1,2,\cdots,n$。设计一个算法计算出这 2 张磁盘能存放的最多程序个数。

(1) 证明上述问题是 NP 难的;

(2) 下面的算法 pStore 是解上述问题的一个绝对近似算法。

```
int pStore(int n, int maxM, int [] m)
{
   sort(m,n);  //将 m 从小到大排序
   int i=1;
   for (int j=1;j<=2;j++) {
     int sum=0;
     while (sum+m[i]<= maxM) {
       System.out.println(" Store program "+i+" on disk"+j);
        sum+=m[i];
        if (i==n) return i;
        else i++;
        }
     }
   return i-1;
}
```

试证明对于上述算法 pStore,有 $|c^*(I)-c(I)|\leqslant 1$。

8-8 设计一个有效的贪心算法,使其能在线性时间内找到一棵树的最优顶点覆盖。

8-9 解顶点覆盖问题的一个启发式算法如下,每次选择具有最高度数的顶点,然后将与其关联的所有边删去。举例说明该算法的性能比将大于 2。

8-10 图 G 的最优顶点覆盖是其补图中最大团集的补集。这个关系是否暗示对于团问题也有一个常数性能比的近似算法?

8-11 证明旅行售货员问题的一个实例可在多项式时间内变换为该问题的另一个实例,使得其费用函数满足三角不等式,且两个实例具有相同的最优解。说明是否可以通过这个变换使得一般的旅行售货员问题具有一个常数性能比的近似算法。

8-12 瓶颈旅行售货员问题是要找出图 G 的一条哈密顿回路,且使回路中最长边的长度最小。若费用函数满足三角不等式,给出解此问题的性能比为 3 的近似算法。(提示:递归地证明,可以通过对 G 的最小生成树进行完全遍历并跳过某些顶点,但不能跳

过多于2个连续的中间顶点,以此方式访问最小生成树中每个顶点恰好一次。)

8-13 若旅行售货员问题中,图 G 的各顶点均为平面上的点,且费用函数 $c(u,v)$ 定义为点 u 和 v 之间的欧几里得距离,证明 G 的最优旅行售货员回路不会自相交。

8-14 试给出一族集合覆盖问题的实例,用以说有算法 greedySetCover 可以产生的不同解的个数随实例规模的指数增长。这里所说的不同解是指算法 greedySetCover 在做贪心选择时可以有多种选择,即使 $|S\cap U|$ 最大的子集可有多个时,不同的选择导致算法的不同的解。

8-15 多机调度问题:设有 m 台完全相同的机器完成 n 个彼此独立的任务,第 i 个任务所需的机器时间为 t_i,$i=1,2,\cdots,n$。要确定一个时间表,使全部 n 个任务都结束的时间最短。

解上述问题的最长处理时间算法 LPT 每次从待安排任务中选择最长处理时间的任务,并安排给一台完全空闲机器。试在 $O(n\log n)$ 时间内实现算法 LPT,并证明该算法所得到的解的相对误差 $\lambda=\left|\frac{c^*-c}{c^*}\right|\leqslant\frac{1}{3}-\frac{1}{3m}$。

8-16 LPT 算法的最坏情况实例:设 $n=2m+1$ 且 $t_i=2m-\left\lfloor\frac{i+1}{2}\right\rfloor$,$1\leqslant i\leqslant 2m$,$t_{2m+1}=m$。

试构造多机调度问题关于该实例的最优解 c^* 和用算法 LPT 求出的解 c,并计算近似算法 LPT 的性能比 $\eta=\left|\frac{c^*-c}{c^*}\right|$。

8-17 设在多机调度问题中,要在所给 m 台机器上安排的 n 个任务已按各自所需处理时间的递减序列排列 $t_1\geqslant t_2\geqslant\cdots\geqslant t_n$。解此问题的算法 LPT2 先确定一个正整数 k,对前 k 个任务求最优安排,然后对后 $n-k$ 个任务用算法 LPT 求解。

(1) 试证明算法 LPT2 的解的相对误差 $\lambda\leqslant\frac{1-1/m}{1+\lfloor k/m\rfloor}$。

(2) 根据(1)的结论,设计一个解多机调度问题的多项式时间近似算法,对于给定的 $\varepsilon>0$,算法所需的计算时间为 $O(n\log n+m^{m/\varepsilon})$。

第 9 章 串与序列的算法

串与序列的算法是计算机科学领域的经典研究课题。尤其是在高速互联网、大数据与云计算以及人工智能已经上升为国家战略性新兴产业的新时代，串与序列的算法的发展与应用更显示出勃勃生机。在生物信息学、信息检索、语言翻译、数据压缩、网络入侵检测、序列模式挖掘等诸多具有挑战性的前沿科学领域中，串与序列的算法都扮演着关键角色。应用高效的串与序列的算法将是推进和提高这类先进系统总体性能的重要手段。

9.1 子串搜索算法

子串搜索算法是串运算中使用频繁的算法。在深入讨论串与序列的算法之前，先介绍串的基本概念。

9.1.1 串的基本概念

下面介绍有关串的基本概念。

(1) 串：也称字符串，是有限字符集 Σ 中的 0 个或多个字符组成的有限序列。一般记为

$$s = s[0]s[1]\cdots s[n-1]$$

其中，s 是串名。$s[i]$，$0 \leqslant i \leqslant n-1$ 是有限字符集 Σ 中的字符。

(2) 串中字符的个数 n 称为串的长度，记为 $|s|$。

(3) 0 个字符的串，即长度为 0 的串，称为空串，记为 $\in$。

(4) 字符集 Σ 上的所有串组成的集合记为 Σ^*。

(5) 当 $s \neq \in$ 时，串中字符 $s[i]$，$0 \leqslant i \leqslant n-1$ 的下标 $i=0,1,\cdots,|s|-1$ 称为该字符在串中的位置。因此，串中第 i 个字符的位置是 $i-1$。

(6) 在串 s 中出现的字符的集合记为 $\text{alph}(s)$。

例如，若 $s=\text{abaaab}$，则 $|s|=6$，且 $\text{alph}(s)=\{\text{a},\text{b}\}$。

(7) 两个串 x 和 y 的连接 xy 是将串 y 接在串 x 之后得到的串，也称为串 x 和 y 的乘积。

(8) 对于任何串 s 和非负整数 n，s 的幂 s^n 可递归地定义为

$$\begin{cases} s^0 = \in \\ s^k = s^{k-1}s \qquad 1 \leqslant k \leqslant n \end{cases}$$

(9) 串 s 的逆串也称为镜像，记为 $s^{\sim}$，它是将串 s 反转得到的串

$$s^{\sim} = s[|s|-1]s[|s|-2]\cdots s[0]$$

(10) 设 x 和 y 是两个串。当

$$\begin{cases} |x| = |y| \\ x[i] = y[i] \quad 1 \leqslant i \leqslant |x|-1 \end{cases}$$

时,称这两个串是相等的,记为 $x=y$。对于任何字符 a,$x=y$ 当且仅当 $xa=ya$。

(11) 设 x 和 y 是两个串。若有另外两个串 u 和 v,使得 $y=uxv$,则称串 x 是串 y 的一个子串。也就是说,子串 x 是由串 y 中任意个连续的字符组成的子序列。串 y 中从 $y[i]$开始到 $y[j]$结束的连续 $j-i+1$ 个字符组成的子串记为 $y[i..j]$。当 $i>j$ 时,$y[i..j]=\in$。

特别地,当 $u=\in$ 时,称 x 是 y 的一个前缀,记为 $x \sqsubset y$;当 $v=\in$ 时,称 x 是 y 的一个后缀,记为 $x \sqsupset y$。例如,abc $\sqsubset$ abcca,cca $\sqsupset$ abcca。当 $x \sqsubset y$ 时,显然有 $|x| \leqslant |y|$。空串 $\in$ 是任何一个串的前缀和后缀。

(12) 当非空串 x 是 y 的子串时,称 x 在 y 中出现。一般情况下,x 可能在 y 中多处出现。当 $y[i..i+|x|-1]=x$ 时,称 x 在 y 的位置 i 处出现。位置 i 称为 x 在 y 中的左端,位置 $i+|x|-1$ 称为 x 在 y 中的右端。

例如,当 $y=$bababababa 且 $x=$abab 时,x 在 y 中出现的位置如图 9-1 所示。

i	0	1	2	3	4	5	6	7	8	9
y[i]	b	a	b	a	b	a	b	a	b	a
左端		1		3		5				
右端					4		6		8	

图 9-1　x 在 y 中出现的位置

(13) 子串搜索,又称串匹配,是关于串的最重要的基本运算之一。

对于给定的长度为 n 的主串 $t[0..n-1]$和长度为 m 的模式串 $p[0..m-1]$,$m \leqslant n$,子串搜索运算就是找出 p 在 t 中出现的位置。

(14) 简单子串搜索算法的基本思想是:从主串 t 的第一个字符起和模式串 p 的第一个字符进行比较。若相等则继续逐个比较后续字符,否则从 t 的第二个字符起继续和 p 的第一个字符进行比较。以此类推,直至 p 中的每个字符依次和 t 中的一个子串中字符相等,此时搜索成功,否则搜索失败。

简单子串搜索算法可描述如下:

```
public int search(String t,String p)
{//简单子串搜索算法
  int m=p.length();
  int n=t.length();
  int i=0;
  while(i<=n-m){
      int j=0;
      while(j<m && t.charAt(i+j)==p.charAt(j))j++;
      if(j==m) return i;        //找到
      i++;
```

```
    }
    return n;                    //未找到
}
```

例如,设主串 t=ababcabcacbab,模式串 p=abcac。用简单子串搜索算法搜索 p 在 t 中出现的位置的过程如图 9-2 所示。

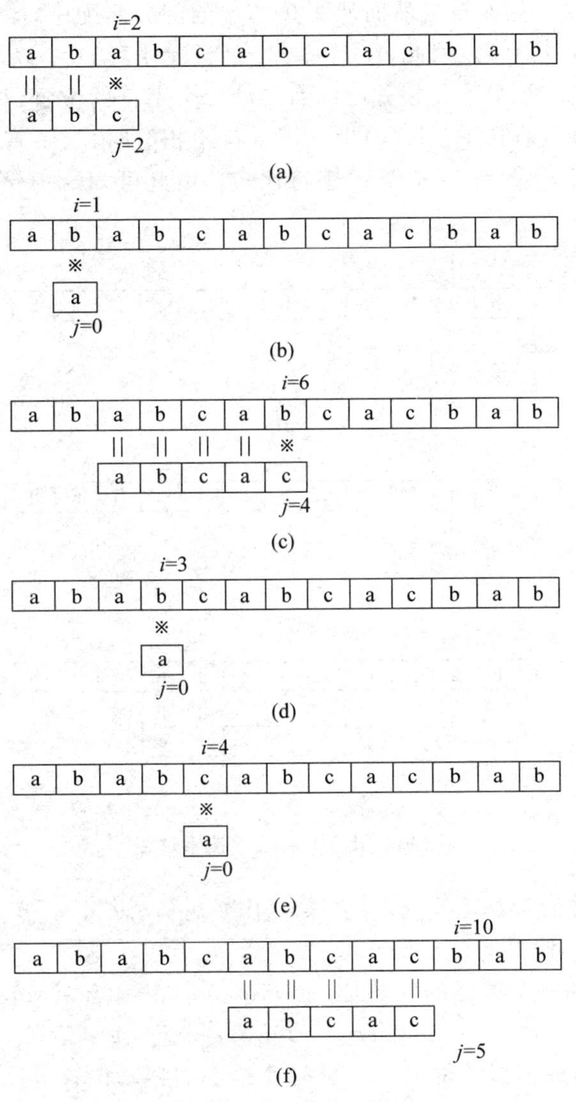

图 9-2　简单子串搜索算法

在简单子串搜索算法中,2 重循环在最坏情况下需要 $O((n-m)m)$时间。因此,简单子串搜索算法需要 $O((n-m)m)$时间。

9.1.2　KMP 算法

KMP 算法是由 Knuth,Pratt 和 Morris 提出的一个高效的子串搜索算法,所需的计算时间为 $O(m+n)$。由此可知,简单子串搜索算法不是最优算法。KMP 算法是在简单子串搜索算法思想的基础上,进一步改进搜索策略得到的。简单子串搜索算法效率不高的主要原因是,没有充分利用在搜索过程中已经得到的部分匹配信息。而 KMP 算法正是在这一点上对简单子串搜索算法做了实质性的改进。在 KMP 算法中,当出现字符比较不相等时,能够利用已经得到的部分匹配结果,将模式串向右滑动尽可能远的一段距离后继续进行比较。下面先来看一个具体例子。在图 9-2(c)中,当 $i=6$,$j=4$ 时,字符比较不相等。此时,又从 $i=3$ 和 $j=0$ 重新开始比较。然而从图 9-2(c)的部分匹配中,已经知道主串中位置 3,4,5 处的字符分别为 b,c 和 a。因此,在 $i=3$ 和 $j=0$,$i=4$ 和 $j=0$ 以及 $i=5$ 和 $j=0$ 这 3 次比较都是不必要的。此时,只要将模式串向右滑动 3 个字符的位置,继续进行 $i=6$ 和 $j=1$ 处的字符比较即可。同理,在图 9-2(a)中发现字符不相等时,只要将模式串向右滑动两个字符的位置,继续进行 $i=2$ 和 $j=0$ 处的字符比较。由此可知,在整个搜索过程中,不会产生搜索的回溯,如图 9-3 所示。

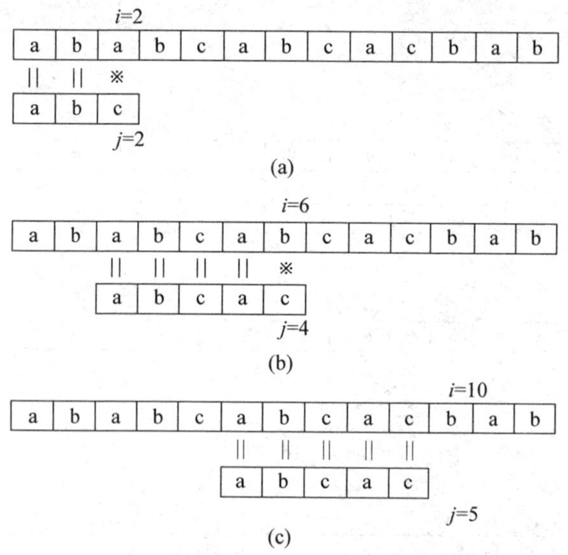

图 9-3　KMP 算法的搜索过程

在一般情况下,设主串为 $t[0..n-1]$,模式串为 $p[0..m-1]$,$m\leqslant n$。子串搜索问题就是要找到 $0\leqslant i<n-m$,使得 $t[i..i+m-1]=p[0..m-1]$。

在 KMP 算法中的一个关键的问题是:已知 $p[0..q]=t[i..i+q]$,确定

$$p[0..k]=t[i'..i'+k] \tag{9.1}$$

且 $i'+k=i+q$ 成立的最小移动位置 $i'>i$。这个最小的移动位置 i' 保证了在它前面的位置都是无效匹配。在最好情况下有 $i'=i+q$,此时在位置 $i,i+1,\cdots,i+q-1$ 都不可能产生有效匹配。因此,不论在什么情况下,由于从式(9.1)已知在位置 i' 前 k 个字符的匹配情况,因此不必再比较这 k 个字符。这些必要的信息可以通过对模式串 p 自身进行比较预先计算出来。事实上,$t[i'..i'+k]$ 是主串中已经知道的部分,它是 $p[0..q]$ 的一个后缀。因此式(9.1)也可解释为求最大的 $k<q$,使得 $p[0..k]$ 是 $p[0..q]$ 的一个后缀。由当 $k<q$ 时,$p[0..k]$ 是 $p[0..q]$ 的一个真前缀。因此,也可以说式(9.1)要确定 $p[0..q]$ 的一个最大真前缀使其也是一个后缀。确定出这样的 k 后,下一个可能的有效移动位置就是 $i'=i+q-k$。

KMP 算法就是利用这个信息来改进简单子串搜索算法的。为此需要引入模式串 $p[0..m-1]$的前缀函数 next 如下。

定义 9.1 对于给定的模式串 $p[0..m-1]$，其前缀函数 next 定义为

$$\text{next}(q)=\max_{-1\leqslant k<q}\{k \mid p[0..k] \sqsupset p[0..q]\} \tag{9.2}$$

图 9-4 是关于模式串 ababababca 的前缀函数的例子。

i	0	1	2	3	4	5	6	7	8	9
$t[i]$	a	b	a	b	a	b	a	b	c	a
next[i]	−1	−1	0	1	2	3	4	5	−1	0

图 9-4 模式串 ababababca 的前缀函数

通过上面的分析可知，模式串的前缀函数将大大地提高了简单子串搜索算法的效率。由此可得到改进后的子串搜索算法，KMP 算法如下：

```
public void KMP_Matcher(String t)
{//KMP 算法
  int m=p.length();
  int n=t.length();
  int j=-1;
  for(int i=0;i<n;i++){
    while(j>-1 && p.charAt(j+1)!=t.charAt(i))j=next[j];
    if(p.charAt(j+1)==t.charAt(i))j++;
    if(j==m-1)return i-m+1;          //找到
  }
  return n;                          //未找到
}
```

在用算法 KMP-Matcher 搜索之前，需要先计算模式串 p 的前缀函数 next。

算法中比较字符 $p[j+1]$与 $t[i]$时可能出现 3 种不同情形。

(1) 情形一：$p[j+1]=t[i]$。

此时 i 和 j 均增 1，继续比较下一对字符 $p[j+2]$和 $t[i+1]$。

(2) 情形二：$p[j+1]\neq t[i]$且 $j>-1$。

此时 i 不变，位置 j 退到 next[j]，即模式串 p 向右滑动 $j=$next[j]个位置，继续比较 $p[j+1]$与 $t[i]$。

(3) 情形三：$p[j+1]\neq t[i]$且 $j=-1$。

此时 i 增 1，j 不变，继续比较 $p[0]$和 $t[i+1]$。

从算法 KMP-Matcher 中可以看出，前缀函数 next 的移动策略是 KMP 算法与简单子串搜索算法的唯一不同之处。因此，从前缀函数 next 的定义以及简单子串搜索算法的正确性，可以得到 KMP 算法的正确性。

现在考查 KMP 算法所需时间。除了计算前缀函数 next 所需时间外，算法 KMP-Matcher 的主要时间耗费在于其 while 循环体所需计算时间。

设在算法结束时 $k=i-j$。事实上，k 就是算法根据前缀函数 next 计算出的滑动距离的总和。在算法整个执行过程中，显然有 $k\leqslant n$。

算法在比较字符 $p[j+1]$与 $t[i]$时的 3 种不同情形中，出现情形一时，i 增 1，k 不变。出现情形二时，i 不变，k 增加 $j-\text{next}[j]$。由于 $j>\text{next}[j]$，k 至少增加 1。

出现情形三时，由于 j 不变，所以 i 增 1，且 k 增 1。由此可见，while 循环体的每次迭代使得 i 或 k 至少增 1。因此，while 循环体最多执行了 $2n$ 次。也就是说，除了计算前缀函数 next 所需时间外，KMP 算法所需的计算时间为 $O(n)$。

用与算法 KMP-Matcher 类似的思想，可以设计预先计算前缀函数 next 的算法 build 如下：

```
private void build(String p)
{//计算前缀函数
   int m=p.length(),j=-1;
   next[0]=-1;
   for(int i=1;i<=m-1;i++){
      while(j>-1 && p.charAt(j+1)!=p.charAt(i))j=next[j];
      if(p.charAt(j+1)==p.charAt(i))j++;
      next[i]=j;
   }
}
```

由前缀函数的定义易知 next[0]=-1。对于任何 $j>0$，设已经计算出 next[0]，next[1]，…，next[$i-1$]。在 while 循环中通过比较 $p[j+1]$和 $p[i]$，找出 $p[0..i]$所有后缀中最大的真前缀 j。此时，如果 $p[j+1]=p[i]$，则由定义可知 next[i]=$j+1$；否则，next[i]=j。

通过与算法 KMP-Matcher 类似的分析可知，算法 build 的 while 循环体最多执行了 $2m$ 次。因此，预先计算前缀函数 next 的算法 build 所需计算时间为 $O(m)$。

综合可知，在最坏情况下，KMP 算法所需计算时间为 $O(m+n)$。

9.1.3 Rabin-Karp 算法

本节要讨论的 Rabin-Karp 子串搜索算法是基于串散列函数的指纹搜索算法。其基本思想是：先计算模式串的一个散列函数，然后用此散列函数在主串中搜索与模式串长度相同且散列值相同的子串，并进行比较。

称 Rabin-Karp 子串搜索算法为指纹搜索算法，是因为它只用了少量信息(散列值)来表示要搜索的模式串。因此，模式串的散列值可以看作是它的指纹。用指纹在主串中搜索大大提高了搜索效率。

在一般情况下，可以用一个大小为 q 的散列表来存储字符串。将长度为 m 的字符串看作长度为 m 的 r 进制数，并对 q 取余后映射为$[0,q-1]$中的一个整数。

例如，将 $p[i]$，$p[i+1]$，…，$p[i+m-1]$看作长度为 m 的 r 进制数

$$x_i = p[i]r^{m-1} + p[i+1]r^{m-2} + \cdots + p[i+m-1]r^0 \tag{9.3}$$

子串 $p[i..i+m-1]$的散列值就是 $h(x_i)=x_i \bmod q$。

对于给定的 r 和 q，计算子串 $p[i..i+m-1]$的散列值的算法描述如下：

```
private long hash(String p,int i,int m)
{//计算子串的散列值
```

```
    long h=0;
    for(int j=0;j<m;j++)h=(R*h+p.charAt(i+j))%q;
    return h;
}
```

根据这个串散列函数,可以将简单子串搜索算法改进如下:

```
public int search(String t)
{//Rabin-Karp 算法
    int n=t.length();
    long hp=hash(p,0,m);
    for(int i=0;i<=n-m;i++){
        long ht=hash(t,i,m);
        if(hp==ht)return i;
    }
    return n;
}
```

由于计算子串的散列值比较费时,还不如直接比较字符串。但是在 Rabin-Karp 子串搜索算法中,采用滚动散列技术可以用 $O(1)$时间计算子串的散列值,从而使其在平均情况下只用线性时间就可以完成子串搜索。

事实上,由式(9.3)可知,对于子串 $p[i+1..i+m]$,有

$$x_{i+1} = p[i+1]r^{m-1} + p[i+2]r^{m-2} + \cdots + p[i+m]r^0$$

等价于

$$x_{i+1} = (x_i - p[i]r^{m-1})r + p[i+m-1] \tag{9.4}$$

由此可知,

$$\begin{aligned} h(x_{i+1}) &= x_{i+1} \bmod q \\ &= ((x_i - p[i]r^{m-1})r + p[i+m-1]) \bmod q \\ &= (((x_i - p[i]r^{m-1}) \bmod q)r + p[i+m-1]) \bmod q \\ &= ((h(x_i) - p[i]r^{m-1} \bmod q)r + p[i+m-1]) \bmod q \end{aligned}$$

换句话说,已知 $h(x_i)$的值,可以用 $O(1)$时间计算出 $h(x_{i+1})$的值。

这就是滚动散列技术的基本思想。据此可以将简单 Rabin-Karp 子串搜索算法进一步改进如下:

```
public int search(String t)
{//Rabin-Karp 子串搜索算法
    int n=t.length();
    if(n<m)return n;
    long ht=hash(t,0,m);
    long hp=hash(p,0,m);
    if((hp==ht) && check(t,0))return 0;
    //检测散列匹配,然后检测精确匹配
    for(int i=m;i<n;i++){
        //检测匹配
        ht=(ht+q-RM*t.charAt(i-m)%q)%q;
```

```
        ht=(ht * R+t.charAt(i))%q;
        int offset=i-m+1;
        if((hp==ht) && check(t,offset))return offset; //匹配
    }
    return n;                                        //不匹配
}
```

算法中先计算模式串 p 的散列值 hp,以及主串 t 的首个 m 子串的散列值 ht。同时,计算出 r^{m-1} mod q 并保存于 rm 备用。然后比较模式串的散列值 hp 和主串 t 的首个 m 子串的散列值 ht。如果找到匹配,则结束搜索;否则,进入搜索循环。依次比较 p 与 $t[i..i+m-1]$的散列值。在用滚动散列技术计算子串的散列值时,为了避免产生负数,加了一个 q。

Rabin-Karp 子串搜索算法与简单 Rabin-Karp 子串搜索算法有以下两个主要不同之处:

(1) Rabin-Karp 算法用滚动散列技术计算子串的散列值,每次需要 $O(1)$时间,而简单 Rabin-Karp 子串搜索算法每次需要 $O(m)$时间。

(2) 在 Rabin-Karp 算法中,找到散列值相等的子串后,还需进一步检查找到的子串是否匹配。这是因为不同的子串可能有相同的散列值,即发生冲突的情况。

Rabin 和 Karp 已经证明,只要恰当选择 q 的值,发生冲突的概率为 $1/q$。当 q 的值很大时,发生冲突的概率非常小。

在找到散列值相等的子串后,还要进一步检查找到的子串是否匹配,如果不匹配则继续搜索,直到找到匹配或宣告无匹配。这个算法实际上就是本书第 7 章介绍的 Las Vegas 算法。

事实上,如果不对子串是否匹配做进一步检查,则算法正确的概率为 $1-1/q$。由此可以根据本书第 7 章介绍的 Monte Carlo 算法思想,对于不同的 q 值来重复计算,得到高概率、正确的 Monte Carlo 算法。

在最坏的情况下,Rabin-Karp 算法所需的计算时间为 $O(nm)$。但是,在平均情况下,Rabin-Karp 算法所需的计算时间为 $O(n+m)$。

事实上,发生冲突的概率为 $1/q$,在主串中发生冲突的位置最多有 $n-m$ 处。所以,在平均情况下,算法中对所有冲突进一步检查是否匹配的次数为$(n-m)/q$。

也就是说,在平均情况下,算法所需的计算时间是 $O(n)+O(m(n-m)/q)$。只要选择 $q>m$ 就有 $O(m(n-m)/q)=O(n-m)$。由此可见,在平均情况下,Rabin-Karp 算法所需的计算时间为 $O(n+m)$。

9.1.4 多子串搜索与 AC 自动机

多子串搜索就是要在主串中搜索多个子串出现的位置。

确切地说,如果待搜索的多个字符串组成的集合为 $P=\{p_1[0..m_1],p_2[0..m_2],\cdots,p_k[0..m_k]\}$,$m=\sum_{i=1}^{k}m_i$,主串为 $t[0..n-1]$,那么多子串搜索问题就是找出 P 中字符串在 t 中出现的位置。

如果对 P 中每个字符串 p_i 用一次 KMP 算法找出其在 t 中出现的位置,则完成多子串

搜索任务需要的计算时间为 $O(m_1+n+m_2+n+\cdots+m_k+n)=O(m+kn)$。当 P 中字符串个数较多时，这个算法的效率就太低了。Aho-Corasick 多子串搜索算法，又称 AC 自动机，能在 $O(n+m+z)$ 时间内完成多子串搜索任务，其中 z 是 P 中字符串在 t 中出现的次数。

AC 自动机的基础数据结构是关键词树(keyword tree)。

定义 9.2 对于字符串集合 P 的关键词树 T 是满足如下 3 个条件的有向树：

(1) 每条边以唯一字符为该边的标号。

(2) 从同一结点出发的不同边的标号也不同。

(3) P 中每个字符串 p_i 对应于 T 中一个结点 v，且从 T 的根结点到 v 的路径上各边的标号的连接组成字符串 p_i。T 的每个叶结点都对应于 P 中的一个字符串。

AC 自动机是基于 P 的关键词树 T 的一个状态自动机。其中，关键词树 T 的每个结点表示一个状态。每个状态都用一个非负整数来表示，这个整数就是状态结点的编号。根结点的编号为 0。

在 AC 自动机 T 中，从根结点 0 到任一状态结点 s 的路径上各边的标号字符连接组成的字符串称为结点 s 的标号，记为 $\alpha(s)$。

自动机由 3 个函数 g,f 和 output 控制其运行。其中，g 是转向(goto)函数，f 是失败(failure)函数，output 是输出函数。

例如，设 $P=\{$arrows,row,sun,under$\}$，则其相应的自动机如图 9-5 和图 9-6 所示。

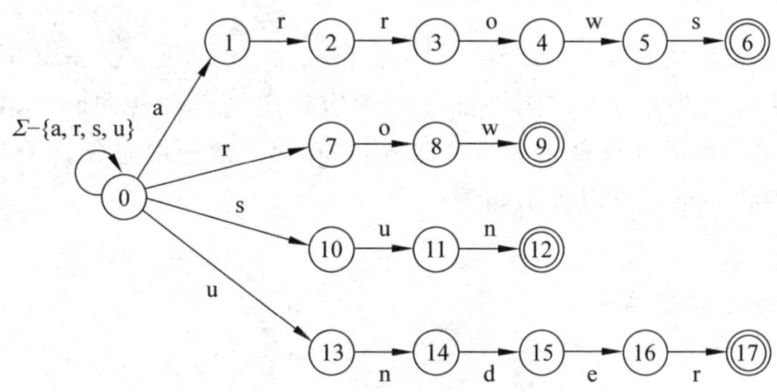

图 9-5 AC 自动机的转向函数 g

在图 9-5 中，状态号为 0 的结点是开始结点。其余各结点的状态号分别为 1,2,…,17。

转向函数 $g(i,\sigma)=\beta$ 表示从状态 i 出发，相应字符为 σ 时，转向状态 β。例如，在图 9-5 中 $g(0,r)=7$，表示从开始结点 0 出发，沿标号为 r 的边，转向结点 7。

当从结点 i 出发，没有标号为 σ 的边时，表示转向失败(fail)，此时 $g(i,\sigma)=\beta=-1$。例如，在图中的结点 1 处，除了 $g(1,r)=2$ 外，对于 Σ 中其他字符 $\sigma\neq r$ 均有 $g(1,\sigma)=-1$。

失败函数实际上就是 KMP 算法中的前缀函数在多子串搜索问题中的推广。$f(i)=j$ 表示从状态 i 出发，转向函数转向失败时则转向状态结点 j。此时，从结点 0 到结点 j 所对应的字符串 $\alpha(j)$ 是从结点 0 到结点 i 所对应的字符串 $\alpha(i)$ 的最长后缀。例如，在图 9-6 中，$f(5)=9$，表示从状态 5 出发，转向函数转向失败时则转向状态结点 9。此时，从结点 0 到结点 9 所对应的字符串是 row。从结点 0 到结点 5 所对应的字符串是 arrow。字符串 row 是字符串 arrow 的后缀，而且是所有从结点 0 开始的子串中 arrow 的最长后缀。

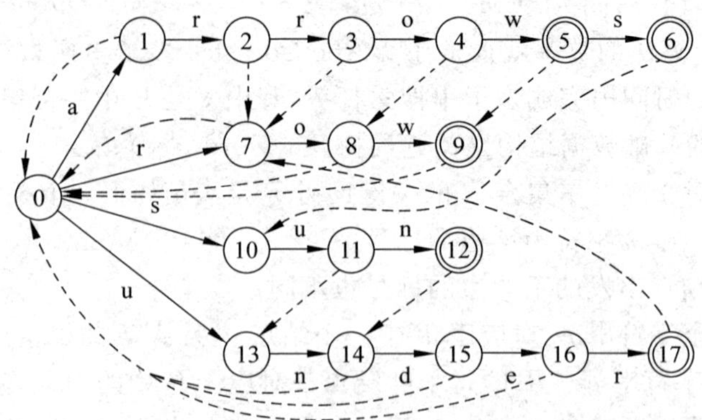

i	1	2	3	4	5	6	7	8	9	10	11	12	13	14	15	16	17
$f(i)$	0	7	7	8	9	10	0	0	0	0	13	14	0	0	0	0	7

i	5	6	9	12	17
output(i)	row	arrows	row	sun	under

图 9-6　AC 自动机的失败函数和输出函数

输出函数 output(i)对应于结点 i 要输出的集合 P 中字符串,表示在结点 i 找到的 P 中字符串。

对于给定的字符串集合 $P=\{p_1[0..m_1],p_1[0..m_2],\cdots,p_k[0..m_k]\}$,构造与之相应的 AC 自动机的算法分为两部分。在第一部分中确定状态结点和转向函数,在第二部分中计算失败函数。输出函数的计算开始于第一部分,并在第二部分中完成。

AC 自动机的状态结点可以表示如下:

```
private class node
{//AC 自动机的状态结点
  int cnt; //output
  int state;
  node fail;
  node[] go;
  List<String> output;

  node(){go=new node[dsize];output=new ArrayList<String>();}

  node(int size,node root)
  {
    cnt=0;
    state=size;
    fail=root;
    go=new node[dsize];
    output=new ArrayList<String>();
  }
}
```

其中，state 是结点编号，fail 是失败转移结点，go 是转向结点。也就是说，当结点编号 state $=i$ 时，fail 就是结点 $f(i)$，且对于 $\sigma\in\Sigma$，go[σ]存储转向结点 $g(i,\sigma)$。go 结点数组的大小为 dsize$=|\Sigma|$，是一个与 m 和 n 无关的常数。

output 用于存储结点的输出字符串集合。为了便于说明算法思想，这里用数组来存储结点的输出字符串集合。cnt 是 output 中字符串个数。

在算法的第一部分中，依次将 p_i，$1\leqslant i\leqslant k$ 插入初始时只有开始结点 0 的关键词树 T，并构建状态结点和转向函数。

```
private void insert(String word)
{//插入关键词树
  node cur=root;
  for(int i=0;i<word.length();++i){
    char wi=word.charAt(i);
    if(cur.go[idx[wi]]==null)cur.go[idx[wi]]=newnode();
    cur=cur.go[idx[wi]];
  }
  if(cur.cnt<1)cur.output.add(word);
  cur.cnt=1;
}
```

其中，待处理的字符串为 word，它的第 i 个字符 wi 用函数 idx 映射为非负整数 $0\leqslant \text{idx}(\sigma)\leqslant|\Sigma|-1,\sigma\in\Sigma$。

例如，如果 $\Sigma=\{a,b,\cdots,z\}$，则可以预先在构造函数中计算 idx 如下：

```
public AhoCorasick()
{//构造函数
  idx=new int[idsize];
  for(int i=0;i<dsize;++i)idx['a'+i]=i;
  nmap=new node[nsize+1];
  size=0;
  root=null;
  root=newnode();
}
```

函数 newnode()用于建立一个新的状态结点。

```
private node newnode()
{//建立新的状态结点
  node nd=new node(size,root);
  nmap[size++]=nd;
  return nd;
}
```

其中，nmap 是状态结点池，size 是已经建立的结点数。

插入算法对待处理的字符串为 word 的每一个字符进行处理。当遇到新状态就建立新的状态结点和新的转向结点。字符串 word 处理循环结束后，将 word 保存到输出函数集 output

中。对于字符串 p_i,$1\leqslant i\leqslant k$,插入字符串算法insert所需计算时间显然为 $O(m_i)$。因此,算法的第一部分耗时 $O\left(\sum_{i=1}^{k} m_i\right)=O(m)$。

在算法的第二部分,根据已经构建的转向函数来计算失败函数。

按广度优先的方式遍历关键词树 T,依层序计算失败函数。

首先对所有第一层结点 s,计算出失败函数值 $f(s)=0$。在所有小于 d 层结点的失败函数值均已计算出的前提下,计算 d 层结点的失败函数值。

具体算法是对于 $d-1$ 层的每一结点 r 和每一字符 σ,$\sigma\in\Sigma$,且 $g(r,\sigma)\geqslant 0$。

(1) 取 state$=f(r)$。

(2) 执行 state$\leftarrow f($state$)$若干次,直至 $g($state$,\sigma)\geqslant 0$(由于 $g(0,\sigma)\geqslant 0$ 总成立,所以总能找到这样的 state)。

(3) 取 s 的失败函数值 $f(s)=g($state$,\sigma)$。

(4) 将 output($f(s)$)中字符串加入 output(s)之中。

考查图 9-5 中的关键词树 T。计算失败函数的算法,首先取第 1 层结点 1,7,10 和 13,并置 $f(1)=f(7)=f(10)=f(13)=0$。

然后,依次计算第 2 层结点 2,8,11 和 14 的失败函数值。

要计算 $f(2)$,先取 state$=f(1)=0$。由于 $g(0,r)=7$,可得 $f(2)=7$。

要计算 $f(8)$,先取 state$=f(7)=0$。由于 $g(0,o)=0$,可得 $f(8)=0$。

要计算 $f(11)$,先取 state$=f(10)=0$。由于 $g(0,u)=13$,可得 $f(11)=13$。

要计算 $f(14)$,先取 state$=f(13)=0$。由于 $g(0,n)=0$,可得 $f(14)=0$。

依此方式继续,最后可以计算出所有结点的失败函数值,如图 9-6 所示。

在计算失败函数的过程中,还同时修改输出函数 output。一旦确定 $f(s)=s'$,就将 s'的输出合并到 s 的输出中。

例如,在确定 $f(5)=9$ 之后,就将结点 9 的输出{row}合并到结点 5 的输出中。由于结点 5 原来的输出为空,合并后结点 5 的输出就改变成{row}。

计算失败函数的算法可具体描述如下:

```
private void build_failure()
{//计算失败函数
  Queue<node> q=new LinkedList<>();
  root.fail=null;
  q.add(root);
  while(!q.isEmpty()){
    node cur=q.remove();
    for(int i=0;i<dsize;++i)
      if(cur.go[i]!=null){
        node p=cur.fail;
        while(p!=null && p.go[i]==null) p=p.fail;
        if(p!=null){
          cur.go[i].fail=p.go[i];
          cur.go[i].output.addAll(p.go[i].output);
          cur.go[i].cnt=cur.go[i].output.size();
```

```
16          }
17          q.add(cur.go[i]);
18        }
19        else cur.go[i]=cur==root? root:cur.fail.go[i];
20      }
21  }
```

算法中用一个队列 q 来完成对关键词树 T 的广度优先遍历。开始时 q 中只有一个根结点 0。在算法的 while 循环中，每次取队首结点 cur，执行前面所述步骤(1)～(4)。在算法的第 19 行，当 go[i]为空时将其赋值为 fail.go[i]，这样在后续搜索时就可以直接转向失败转向结点。在算法的第 14 行，合并两结点 p 和 q 的 output 字符串集合。

算法 build_failure 的主要计算时间耗费在算法的 for 循环中。在 for 循环体的每个结点 cur 处，第 11 行做了若干次失败转向，然后在第 17 行做了 1 次 goto 转向。

如果结点 cur 在关键词树 T 中的层次为 d，则第 11 行做的失败转向次数不会超过 d。由此可知，算法的 for 循环中的所有失败转向次数不会超过 P 中全体字符串长度之和。算法的 for 循环中的所有 goto 转向次数同样不会超过 P 中全体字符串长度之和。因此，算法 build_failure 的 for 循环中结点转向次数不超过 $2m$。除此之外，完成转向后的计算时间为 $O(1)$(假设用链表来存储输出集合 output)。由此可见，算法 build_failure 所需的计算时间为 $O(m)$。

建立了字符串集合 P 的 AC 自动机后，就可以利用它有效地搜索在给定主字符串 t 中，P 中字符串出现的位置。

开始时搜索结点位于初始状态 0。依次输入 $t[0],t[1],\cdots,t[n-1]$，并按照自动机转向函数变换结点状态。首先根据 $g(0,t[0])=z_0$ 变换到结点 z_0。在当前状态结点 state，且输入字符为 $t[i]$时，根据 $g(\text{state},t[i])=z_i$ 的值将状态变换到结点 z_i，并输出 output(z_i)。以此类推，直至处理完输入字符串 t。

当给定主字符串 t={bcarrowsug}时，在图 9-6 的 AC 自动机中做多子串搜索的状态变化，如图 9-7 所示。

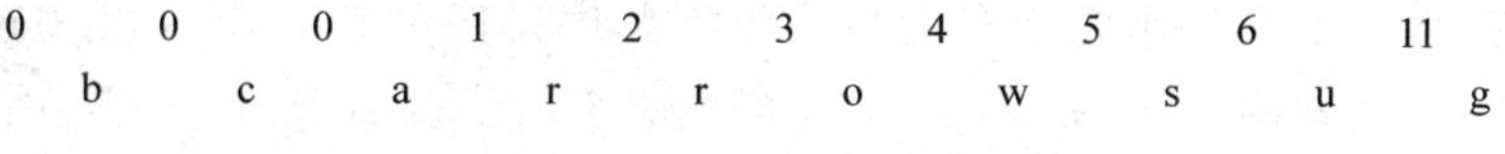

图 9-7　多子串搜索的状态变化

例如，当搜索状态变换到结点 4，且当前字符为 w 时，由于 $g(4,\text{w})=5$，自动机将状态变换到结点 5，前进到下一字符 s，并输出 output(5)={row}。也就是说，在 $t[6]$处找到 P 中字符串 row。接着在状态结点 5，当前字符为 s。由于 $g(5,\text{s})=6$，自动机将状态变换到结点 6，前进到下一字符 u，并输出 output(6)={arrows}。此时，在 $t[7]$处找到 P 中字符串 arrows。再接着自动机将状态变换到结点 11，无输出。

用 AC 自动机做多子串搜索的算法可描述如下：

```
public int mult_search(String text)
{//AC 自动机多子串搜索
  int cnt=0;
  node cur=root;
```

```
5     for(int i=0;i<text.length();++i)
6       if(cur.go[idx[text.charAt(i)]]!=root){
7           cur=cur.go[idx[text.charAt(i)]];
8           if(cur.cnt>0){
9             cnt+=cur.cnt;
10            System.out.println(cur.output);
11          }
12      }
13    return cnt;
14 }
```

算法 mult_search 的主要计算时间耗费在算法的 for 循环中。在 for 循环体的每个结点 cur 处,第 10 行输出该结点处的输出字符串集合。如果 P 中字符串在 t 中出现的次数是 z,则算法输出这些字符串总共耗费计算时间为 $O(z)$。for 循环体内其他计算时间显然为 $O(1)$,因而总共耗时为 $O(n)$。由此可见,算法 mult_search 需要的计算时间为 $O(n+z)$,其中 z 是 P 中字符串在 t 中出现的次数。

综上所述,建立字符串集合 P 的 AC 自动机需要 $O(m)$时间。对主串 t 做多子串搜索需要的计算时间为 $O(n+z)$。因此,用 AC 自动机完成多子串搜索需要的计算时间为 $O(m+n+z)$,其中 z 是 P 中字符串在 t 中出现的次数。

建立字符串集合 P 的 AC 自动机所需空间是状态结点池 nmap 所占用的空间。每个状态结点需要 $O(1)$空间。最坏情况下的结点个数为 $m+1$。因此,建立字符串集合 P 的 AC 自动机所需空间是 $O(m)$。对主串 t 做多子串搜索需要的空间为 $O(n)$。用 AC 自动机完成多子串搜索需要的空间为 $O(m+n)$。

9.2 后缀数组与最长公共子串

9.2.1 后缀数组的基本概念

后缀数组是将一个字符串的所有后缀按照字典序排序的字符串数组。确切地说,后缀数组的输入是一个文本串 $t[0..n-1]$。记 t 的第 i 个后缀为 $S_i=t[i..n-1]$。后缀数组的输出是一个数组 sa$[0..n-1]$,其中元素是 $0,1,\cdots,n-1$ 的一个排列,满足:

$$S_{\mathrm{sa}[0]} < S_{\mathrm{sa}[1]} < \cdots < S_{\mathrm{sa}[n-1]}$$

其中,<是按字典序比较字符串。由于 t 的任何两个不同的后缀不会相等,因此,上述排序可以看作是严格递减。

例如,设文本串是 $t[0..n-1]=$AACAAAAC,则 t 的全部后缀如图 9-8 所示。

将全部后缀排序后得到后缀数组 sa 如图 9-9 所示。

对于此例构造出的后缀数组 sa=[3,4,5,0,6,1,7,2]。

对于任一有序集中元素组成的数组 $s[0,n-1]$,其数组元素 $s[i]$,$0\leqslant i<n$,的秩 rank$[i]$ 定义为 $|\{s[j]\,|\,s[j]<s[i],0\leqslant j<n\}|$,即 rank$[i]$是数组 $s[0,n-1]$中比数组元素 $s[i]$小的元素个数。对于与后缀数组 sa 相应的秩数组有 rank$=$sa^{-1},即若 sa$[i]=j$,则 rank$[j]=i$。对于上面的例子有 rank=[3,5,7,0,1,2,4,6]。

S_0	A A C A A A A C
S_1	A C A A A A C
S_2	C A A A A C
S_3	A A A A C
S_4	A A A C
S_5	A A C
S_6	A C
S_7	C

图 9-8　t 的全部后缀

Sa[0]=3	A A A A C
Sa[1]=4	A A A C
Sa[2]=5	A A C
Sa[3]=0	A A C A A A A C
Sa[4]=6	A C
Sa[5]=1	A C A A A A C
Sa[6]=7	C
Sa[7]=2	C A A A A C

图 9-9　t 的后缀数组

按照后缀数组的定义,显然可以用字符串排序算法将 t 的 n 个后缀排序后再构造出后缀数组 sa。由此可建立一个后缀数组类 Suffix 如下:

```
class Suffix
{//后缀数组类
  int [] sa;//后缀数组

  public Suffix(String str)
  {
    int n=str.length();
    sa=new int[n];
    build(str);
  }

  private void build(String str)
  {//建立后缀数组
    int n=str.length();
    String []suffixes=new String[n];
    for(int i=0;i<n;i++) suffixes[i]=str.substring(i);
    Arrays.sort(suffixes);
    for(int i=0;i<n;i++) sa[i]=n-suffixes[i].length();
  }
}
```

其中,由 build 用排序算法对所有后缀进行排序,建立输入字符串的后缀数组 sa。由于全部后缀的长度之和是 $O(n^2)$,因此按此法构造后缀数组需要的计算时间为 $O(n^2)$。

9.2.2　构造后缀数组的倍前缀算法

本节要介绍的构造后缀数组的倍前缀(Prefix Doubling)算法是 Karp, Miller 和 Rosenberg 提出的一个巧妙算法,也称为 KMR 倍前缀算法。此算法效率高,且易于实现。倍前缀算法的基本思想是,计算 t 的所有位置处长度为 2 的幂次的前缀的秩。长度为 $2h$ 的前缀的秩可以依据长度为 h 的前缀的秩,并利用基数排序算法来计算,每次前缀长 h 加倍。因此,最多有 $\log n$ 步。

首先,对于任一字符串 w 定义其长度为 h 的前缀 $f_h(w)$ 为

$$f_h(w)=\begin{cases} w[0..h-1] & h<|w| \\ w & 其他 \end{cases} \tag{9.5}$$

依此定义,对于 t 的所有后缀 S_i,$0\leqslant i<n$,可以定义其 h 秩 $r_h(i)$ 为 $f_h(S_i)$ 在 n 个字符串 $f_h(S_0),f_h(S_1),\cdots,f_h(S_{n-1})$ 中的秩。

按照 S_i(其中 $0\leqslant i<n$)的 h 秩定义的序称为它的 h 序。当 $h<n$ 时,h 序不一定是唯一的。Karp,Miller 和 Rosenberg 证明了 h 序具有如下性质。

定理 9.1 对于 t 的所有后缀 S_i,$0\leqslant i<n$,如果以 $(r_h(i),r_h(i+h))$ 为关键词排序,可以得到 S_i(其中 $0\leqslant i<n$)的 $2h$ 序。

根据这个性质,倍前缀算法按照以下步骤构造 t 的后缀数组 sa:

(1) 取 $h=0$,对 $f_1(S_0),f_1(S_1),\cdots,f_1(S_{n-1})$ 排序,并计算出 $r_1(i)$(其中 $0\leqslant i<n$)。

(2) 取 $h=1$,对序列 $(r_1(0),r_1(1)),(r_1(1),r_1(2)),\cdots,(r_1(n-1),r_1(n))$ 排序,并计算出 $r_2(i)$(其中 $0\leqslant i<n$)。

(3) 在一般情况下,对序列 $(r_h(0),r_h(h)),(r_h(1),r_h(1+h)),\cdots,(r_h(n-1),r_h(n-1+h))$ 排序,并计算出 $r_{2h}(i)$(其中 $0\leqslant i<n$)。

当 $i+h\geqslant n$ 时,令 $r_h(i+h))=-1$。此时,S_i 的前 h 个字符可确定其秩。

(4) 当 $h\geqslant n$ 时,按照定义就有 $r_h(i)=\mathrm{rank}(i)$(其中 $0\leqslant i<n$,)从而 $\mathrm{sa}(i)=\mathrm{rank}^{-1}(i)$(其中 $0\leqslant i<n$)。

例如,设文本串是 $t[0..n-1]=$AACAAAAC。用倍前缀算法构造其后缀数组的过程如下:

(1) 取 $h=0$,对 $f_1(S_0),f_1(S_1),\cdots,f_1(S_7)=$A,A,C,A,A,A,A,C 排序,并计算出 $r_1=(0,0,1,0,0,0,0,1)$。

(2) 取 $h=1$,对 $(r_1(0),r_1(1)),(r_1(1),r_1(2)),\cdots,(r_1(n-1),r_1(n))=(0,0),(0,1),(1,0),(0,0),(0,0),(0,0),(0,1),(1,-1)$ 排序,并计算出 $r_2=(0,1,3,0,0,0,1,2)$。

(3) 取 $h=2$,对 $(r_2(0),r_2(2)),(r_2(1),r_2(3)),\cdots,(r_2(n-1),r_2(n+1))=(0,3),(1,0),(3,0),(0,0),(0,1),(0,2),(1,-1),(2,-1)$ 排序,并计算出 $r_4=(3,5,7,0,1,2,4,6)$。

(4) 取 $h=4$,对 $(r_4(0),r_4(4)),(r_4(1),r_4(5)),\cdots,(r_4(n-1),r_4(n+3))=(3,1),(5,2),(7,4),(0,6),(1,-1),(2,-1),(4,-1),(6,-1)$ 排序,并计算出 $r_8=(3,5,7,0,1,2,4,6)$。

(5) $\mathrm{sa}=(r_8)^{-1}=(3,4,5,0,6,1,7,2)$。

构造后缀数组的倍前缀算法可具体描述如下:

```
private void doubling(int []t)
{//构造后缀数组的倍前缀算法
  int []x=a;
  int []y=b;
  for(int i=0;i<n;i++){x[i]=t[i];y[i]=i;}
  radix(x,y,sa,n,m);
  for(int h=1;h<n;h*=2){
      sort2(x,y,h);
      int []tmp=x;x=y;y=tmp;   //swap(x,y)
```

```
10          x[sa[0]]=0;m=1;
11          for(int i=1;i<n;i++) x[sa[i]]=cmp(y,sa[i-1],sa[i],h,n)? m-1:m++;
12      }
13  }
```

在算法 doubling 中，a 和 b 是两个工作数组。变量 n 是 t 的长度，m 是数组 x 和 y 的长度中的最大值。

算法的第 5 和第 6 行完成算法步骤(1)的工作。其中，radix 是计数排序算法。

算法的第 7～12 行的循环是算法的主体。在第 8 行由 sort2 完成步骤(3)的工作。在第 9 行交换数组 x 和 y，前缀长度加倍。

在第 11 行依据排序结果计算 h 秩。其中，用算法 cmp 来比较 h 前缀元素对。

```
private static boolean cmp(int []t,int u,int v,int l, int n)
{//比较 h 前缀元素对
   return t[u]==t[v]&& u+l<n && v+l<n && t[u+l]==t[v+l];
}
```

radix 是根据数组 y 指定次序对数组 x 做单轮基数排序的算法。

```
private void radix(int []x,int []y,int []z,int n,int m)
{//根据 y 的序将 x 排序为 z
   for(int i=0;i<m;i++) cnt[i]=0;
   for(int i=0;i<n;i++) cnt[x[y[i]]]++;                    //出现次数
   for(int i=1;i<m;i++) cnt[i]+=cnt[i-1];
   for(int i=n-1;i>=0;i--) z[--cnt[x[y[i]]]]=y[i];    //排序
}
```

在单轮基数排序算法 radix 中，数组 x,y,z 分别存储本轮待排序关键词、上一轮已经排好序的关键词和本轮排好序的关键词。当 y 是单位排列时，单轮基数排序算法 radix 就是计数排序算法。其中，cnt 是计数器，对本轮待排序关键词计数。然后根据计数结果，从小到大输出排好序的关键词。

sort2 完成步骤(3)的工作，即对 2 元序列对序列 $(r_h(0),r_h(h)),(r_h(1),r_1(1+h)),\cdots,(r_h(n-1),r_h(n-1+h))$ 排序。

```
1  private void sort2(int []x,int []y,int h)
2  {//对 2 元序列对序列排序
3     int t=0;
4     for(int i=n-h;i<n;i++) y[t++]=i;
5     for(int i=0;i<n;i++) if(sa[i]>=h) y[t++]=sa[i]-h;
6     radix(x,y,sa,n,m);
7  }
```

其中，第 4 和第 5 行根据上一次排序结果提取第 2 关键词 $r_h(h),r_h(1+h)),\cdots,r_h(n-1+h)$ 的序，并存储于 y 中。在第 6 行用计数排序算法根据数组 y 指定次序对数组 x 排序。算法结束后，在数组 sa 中返回 t 的后缀数组。

由于算法 radix 需要的计算时间是 $O(n)$，因此算法 sort2 所需计算时间也是 $O(n)$。

从前面的算法 doubling 的主循环可以看到,每次循环使 h 值加倍,因此主循环体最多执行了 $\log n$ 次。由此可见,在最坏情况下,算法所需计算时间是 $O(n\log n)$。

算法所需的空间显然是 $O(n)$。

9.2.3 构造后缀数组的 DC3 分治法

构造后缀数组的 DC3 分治法是一个非对称分割的分治算法。它的基本思想是将 t 的所有后缀划分为 3 组 R_0,R_1,R_2,首先对 R_1,R_2 中的后缀递归地用同样的分治算法排序,然后根据排序结果对 R_0 中的后缀排序,最后将两部分排好序的结果合并得到最终的排序结果。

根据这个基本思想,DC3 分治法按照以下步骤构造 t 的后缀数组 sa。

(1) 全体后缀的非对称分割。

对于 $k=0,1,2$,定义

$$B_k = \{i \mid 0 \leqslant i \leqslant n-1, i \bmod 3 = k\} \tag{9.6}$$

并取 $C=B_1 \cup B_2$。将 t 的后缀按照其开始位置分成两部分 B_0 和 C。其中,B_0 中位置是 3 的倍数,C 中位置不是 3 的倍数。

对于 $0\leqslant k\leqslant 2$,B_k 中元素个数为

$$\alpha_k = | B_k | = (n+2-k)/3 \tag{9.7}$$

(2) 构造 C 中 3 元组字符串。

对 $k=1,2$,构造字符串

$$R_k = (t_k t_{k+1} t_{k+2})(t_{k+3} t_{k+4} t_{k+5})\cdots(t_{\max B_k} t_{\max B_k+1} t_{\max B_k+2}) \tag{9.8}$$

字符串 R_k 中每个 3 元组 $t_i t_{i+1} t_{i+2}$ 看作是一个字符。当 3 元组 $t_i t_{i+1} t_{i+2}$ 长度不足 3 时,即当 $i>n-3$ 时,不足部分用一个不在 Σ 中的字符,例如用 \$ 来补足,且其秩为最小。

对字符串 $R=R_1R_2$ 后缀排序得到的结果与 $\{S_i \mid i\in C\}$ 排序结果相同。这是因为 $(t_i t_{i+1} t_{i+2})(t_{i+3} t_{i+4} t_{i+5})\cdots$ 与 S_i 一一对应。

要对 $R=R_1R_2$ 的后缀排序,先要将 R 中全体 3 元组按其字典序排序,并将每个 3 元组 $t_i t_{i+1} t_{i+2}$ 转换为它在 R 中的秩。用 $\text{rank}(t_i t_{i+1} t_{i+2})$ 替换 $t_i t_{i+1} t_{i+2}$,得到与 R 相应的数字字符串 R'。R' 的后缀数组与 R 的后缀数组完全相同。

(3) 递归后缀排序。

用 DC3 算法递归地对 R' 后缀排序,并计算出 $\{S_i \mid i\in C\}$ 中后缀的秩。

(4) 对 B_0 中后缀排序。

将 B_0 中后缀表示为 $(t_i, \text{rank}(i+1))$。对于任一 $i\in B_0$,$\text{rank}(i+1)$ 均已经计算出。而且对任何 $i,j\in B_0$,均有

$$S_i \leqslant S_j \Leftrightarrow (t_i, \text{rank}(i+1)) \leqslant (t_j, \text{rank}(j+1)) \tag{9.9}$$

对此序列用基数排序就可以完成对 B_0 中后缀的排序。

(5) 合并。

将已经排好序的 $C=B_1\cup B_2$ 中后缀和 B_0 中后缀合并,就可以得到所有后缀的排序。

合并时需要比较 S_i 和 S_j,其中 $i\in C, j\in B_0$。

这可以在 $O(1)$ 时间完成,因为

$$\begin{cases} S_i \leqslant S_j \Leftrightarrow (t_i, \text{rank}(i+1)) \leqslant (t_j, \text{rank}(j+1)) & i \in B_1 \\ S_i \leqslant S_j \Leftrightarrow (t_i, t_{i+1}\text{rank}(i+2)) \leqslant (t_j, t_{j+1}\text{rank}(j+2)) & i \in B_2 \end{cases} \tag{9.10}$$

下面以 $t[0..n-1]$＝AACAAAAC 为例，说明 DC3 算法构造 t 的后缀数组 sa 的具体步骤。

(1) 非对称分割。

按照分割定义取

$$\begin{cases} B_0 = \{0,3,6\} \\ B_1 = \{1,4,7\} \\ B_2 = \{2,5\} \\ C = B_1 \cup B_2 = \{1,4,7,2,5\} \end{cases}$$

(2) 构造 C 中 3 元组字符串。

构造字符串

$$\begin{cases} R_1 = (\mathrm{ACA})(\mathrm{AAA})(\mathrm{C\$\$}) \\ R_2 = (\mathrm{CAA})(\mathrm{AAC}) \\ R = R_1R_2 = (\mathrm{ACA})(\mathrm{AAA})(\mathrm{C\$\$})(\mathrm{CAA})(\mathrm{AAC}) \end{cases}$$

用基数排序算法将 R 中全体 3 元组按其字典序排序。

首先对 R 中 3 元组的第 3 关键词 A，A，\$，A，C，按其在 R 中的编号 1，4，7，2，5 排序得到 7，1，2，4，5。

然后根据第 3 关键词排序结果，对第 2 关键词 CA，AA，\$\$，AA，AC 排序得到 7，2，4，5，1。

最后根据前两次排序结果对 R 中 3 元组排序得到 4，5，1，7，2。因此 1，4，7，2，5 的秩为 2，0，3，4，1。

将 R 中每个 3 元组 $t_it_{i+1}t_{i+2}$ 转换为它的秩得到与之相应的数字字符串 R'＝20341。

(3) 递归后缀排序。

用 DC3 算法递归地对 R' 后缀排序，并计算出 $\{S_i \mid i \in C\}$ 中后缀的秩。

R' 的后缀数组为 1，4，0，2，3。相应的后缀的秩为 2，0，3，4，1。

相应的 $\{S_i \mid i \in C\}$ 排序结果为 $S_4 < S_5 < S_1 < S_7 < S_2$。

(4) 对 B_0 中后缀排序。

将 B_0 中后缀表示为 $(t_0, \mathrm{rank}(1))$，$(t_3, \mathrm{rank}(4))$，$(t_6, \mathrm{rank}(7)) = (\mathrm{A}, 2)$，$(\mathrm{A}, 0)$，$(\mathrm{A}, 3)$。

排序后有：$(\mathrm{A},0) < (\mathrm{A},2) < (\mathrm{A},3)$。因此，$S_3 < S_0 < S_6$。

(5) 合并。

将已经排好序的 B_0 和 $C = B_1 \cup B_2$ 中后缀

$$\begin{cases} S_3 < S_0 < S_6 \\ S_4 < S_5 < S_1 < S_7 < S_2 \end{cases}$$

合并，则可以得到所有后缀的排序。

合并所用方法与合并排序中的合并步骤所用方法完全相同。合并时需要比较 S_i 和 S_j，其中，$i \in C, j \in B_0$。

按照式(9.10)，每次比较可以在 $O(1)$ 时间完成。

例如，由 $(t_4, \mathrm{rank}(5)) = (\mathrm{A}, 1) > (t_3, \mathrm{rank}(4)) = (\mathrm{A}, 0)$，可知 $S_4 > S_3$。

依次比较两个队列中队首元素，可以得到排好序的后缀：

$S_3 < S_4 < S_5 < S_0 < S_6 < S_1 < S_7 < S_2$。

构造后缀数组的 dc3 分治法可具体描述如下：

```
private void dc3(int []t,int []sa,int n,int m)
{//构造后缀数组的 DC3 分治法
  int a0=(n+2)/3,a1=(n+1)/3,a12=a1+n/3;
  int []t12=new int[a12+3];
  int []sa12=new int[a12+3];
  t[n]=t[n+1]=0;
  int p=divide(t,sa,t12,n,m,a1,a12);
  conquer(t,sa12,t12,n,m,p,a1,a12);
  merge(t,sa,sa12,n,m,a0,a1,a12);
}
```

在算法 dc3 中，数组 t 存储待排序字符串，sa 是后缀数组。变量 n 是输入字符串长度，m 是单个字符最大值。数组 $t12$ 用于保存要递归处理的新字符串 R'，sa12 是相应的后缀数组。变量 $a0,a1,a12$ 分别表示 $\alpha0,\alpha1,\alpha1+\alpha2$。为了表示字符＄，置 $t[n]$和 $t[n+1]$为 0。

算法采用分治策略，其 3 个主要步骤如下：

(1) 非对称分割(divide)。

(2) 递归后缀排序(conquer)。

(3) 合并(merge)。

```
1  private int divide(int []t,int []sa,int []t12,int n,int m,int a1,int a12)
2  {//非对称分割
3    int d=0;
4    for(int i=0;i<n;i++) if(i%3!=0) a[d++]=i;
5    radix(t,a,b,a12,m,2);
6    radix(t,b,a,a12,m,1);
7    radix(t,a,b,a12,m,0);
8    d=1;t12[add1(b[0],a1)]=0;
9    for(int i=1;i<a12;i++)
10     t12[add1(b[i],a1)]=cmp(t,b[i-1],b[i])? d-1:d++;
11   return d;
12 }
```

在非对称分割算法 divide 中，第 4 行构造 $C=B_1\cup B_2$。第 5～7 行对 R 中 3 元组做基数排序。第 8～10 行将 R 转换成相应的数字字符串 R'。返回的数字 d 是 R 中 3 元组的最大秩。在转换时当两个 3 元组的 3 个字符都相等时，这两个 3 元组的秩相同。下面的比较函数 cmp 用于此目的。

```
private static boolean cmp(int []t,int u,int v)
{//比较函数
  return t[u]==t[v] && t[u+1]==t[v+1] && t[u+2]==t[v+2];
}
```

转换后的数字字符串 R'存储于数组 $t12$ 中。R 中 3 元组 $t_it_{i+1}t_{i+2}$ 对应于$\{S_i\mid i\in C\}=B_1\cup B_2$。对任一 $i\in B_1$，有 $i=3k+1,0\leqslant k\leqslant\alpha1-1$。

对于任一 $i \in B_2$，有 $i=3k+2, 0 \leqslant k \leqslant \alpha 2-1$。因此，在数组 $t12$ 中将 3 元组 $\{t_i t_{i+1} t_{i+2} \mid i \in B_1\}$ 的秩存储于 $t12[i/3]$ 中，3 元组 $\{t_i t_{i+1} t_{i+2} \mid i \in B_2\}$ 的秩存储于 $t12[\alpha 1+i/3]$ 中。地址函数 add1 用于计算 3 元组 $t_i t_{i+1} t_{i+2}$ 在数组 $t12$ 中的存储位置。

```
private static int add1(int p,int a1)
{//地址函数
  return (p)/3+((p)%3==1? 0:a1);
}
```

非对称分割算法对 3 元组做基数排序时，分别对每个关键词用单轮基数排序算法 radix 进行排序。算法 conquer 对分割后的字符串递归地进行后缀排序。

```
1  private void conquer(int []t,int []sa12,int []t12,int n,int m,int p,int a1,int a12)
2  {//递归后缀排序
3    int i,a0=0;
4    if(p<a12) dc3(t12,sa12,a12,p);
5    else for(i=0;i<a12;i++) sa12[t12[i]]=i;
6    for(i=0;i<a12;i++) if(sa12[i]<a1) b[a0++]=sa12[i] * 3;
7    if(n%3==1) b[a0++]=n-1;
8    radix(t,b,a,a0,m,0);
9  }
```

在算法 conquer 的第 4 行，当 $p<a12$ 时，字符串 R' 中还有相同的秩，此时用算法 dc3 对字符串 R' 递归计算其后缀数组。当 $p=a12$ 时，表明字符串 R' 中没有相同的秩，此时可以直接输出其后缀数组。算法接着在第 6～8 行对 B_0 中 2 元组 $(t_i, \text{rank}(i+1)), i \in B_0$ 做后缀排序。2 元组的第 2 关键词已经排好序，由数组 sa12 给出。在第 7 行中，设 $k=\text{sa12}[i]$，则相应的 $i=3k \in B_0$。在第 8 行对第 1 关键词 t_i 排序。在 $S_i, i \in B_0$ 和 $S_i, i \in B_1 \cup B_2$ 排好序后，算法 merge 将它们合并成所有后缀的排序。

```
1  private void merge(int []t,int []sa,int []sa12,int n,int m,int a0,int a1,int a12)
2  {//后缀合并
3    int i,j,p;
4    for(i=0;i<a12;i++) b[i]=add2(sa12[i],a1);
5    for(i=0;i<a12;i++) c[b[i]]=i;
6    for(i=0,j=0,p=0;i<a0 && j<a12;p++)
7      sa[p]=cmp2(b[j]%3,t,a[i],b[j])? a[i++]:b[j++];
8    for(;i<a0;p++) sa[p]=a[i++];
9    for(;j<a12;p++) sa[p]=b[j++];
10 }
```

在算法 merge 的第 4 行，add2 根据后缀数组 sa12 中的秩返回它在原字符串中地址。例如，当 $\text{sa12}[i]=k$，则根据地址 add1 存放规则，有

$$\begin{cases} i = 3k+1 \in B_1 & k < \alpha 1 \\ i = 3k+2 \in B_2 & k \geqslant \alpha 1 \end{cases}$$

```
private static int add2(int p,int a1)
{//秩在原字符串中地址
  return (p)<a1? (p)*3+1:((p)-a1)*3+2;
}
```

算法 merge 的第 5 行在数组 c 中保存后缀数组 sa[i](其中 $i \in B_1 \cup B_2$)的值。

然后在第 6~7 行,cmp2 按照式(9.10)比较两个队列中队首元素,合并排序。

```
private boolean cmp2(int k,int []t,int u,int v)
{//比较两个队列中队首元素
  if(k==2) return t[u]<t[v]||t[u]==t[v] && cmp2(1,t,u+1,v+1);
  else return t[u]<t[v]||t[u]==t[v] && c[u+1]<c[v+1];
}
```

如果在最坏情况下算法 dc3 所需计算时间是 $f(n)$,则容易看出 $f(n)=O(n)$。

事实上,算法 dc3 中除了算法 conquer 需要的计算时间外,算法 divide 和算法 merge 需要的计算时间均为 $O(n)$。

字符串 R 的长度为 $2n/3$,因此算法 conquer 需要的计算时间为 $f(2n/3)+O(n)$。

由此可知,$f(n)$满足如下递归方程

$$f(n)=\begin{cases} O(1) & n \leqslant 3 \\ f(2n/3)+O(n) & n > 3 \end{cases}$$

递归方程的解是 $f(n)=O(n)$。

9.2.4 最长公共前缀数组与最长公共扩展算法

1. 最长公共前缀数组

与后缀数组关系十分密切的最长公共前缀数组(longest common prefix,lcp)定义如下:

对于给定的字符串 $t[0..n-1]$及其后缀数组 sa$[0..n-1]$,t 的最长公共前缀数组 lcp$[1..n-1]$的值 lcp$[i]$,$0 \leqslant i \leqslant n-2$,定义为 t 的后缀 $S_{\mathrm{sa}[i]}$ 和 $S_{\mathrm{sa}[i+1]}$ 的最长公共前缀的长度。

例如,当 $t[0..n-1]$=AACAAAAC,且 sa=[3,4,5,0,6,1,7,2]时,sa[0]=3,sa[1]=4,S_3=AAAAC,S_4=AAAC,S_3 和 S_4 的最长公共前缀的长度为 3,因此,lcp[0]=3。

如果依次计算 lcp$[i]$,$0 \leqslant i \leqslant n-2$,最坏情况下需要 $O(n^2)$计算时间。如果改变计算次序,按照 $\mathrm{sa}^{-1}[i]$,$0 \leqslant i \leqslant n-1$ 的次序来计算 $h[i]=\mathrm{lcp}[\mathrm{sa}^{-1}[i]]$,$0 \leqslant i \leqslant n-2$,就可以大大节省需要的计算时间。

对于上面的例子,容易看到 sa^{-1}=[3,5,7,0,1,2,4,6]。按照此次序来计算得到 $h[i]=\mathrm{lcp}[\mathrm{sa}^{-1}[i]]$=[1,0,0,3,2,3,2,1]。

由此注意到,$h[i]$具有如下重要性质:

$$h[i+1] \geqslant h[i]-1 \tag{9.11}$$

换句话说,如果已知 $h[i]=k$,则接着计算 $h[i+1]$时,就已知相应的最长公共前缀的长度至少是 $k-1$。因此,无须比较前 $k-1$ 个字符,因而大大节省了比较字符的时间。

按照此思想可以设计构造最长公共前缀数组 lcp 的高效算法如下:

```
private void kasai(int []t,int n)
```

```
2  {//构造最长公共前缀数组 lcp
3    int k=0; sa[n]=n;
4    for(int i=0;i<n;i++) rank[sa[i]]=i;
5    for(int i=0;i<n;i++){
6      int j=sa[rank[i]+1];
7      while(i+k<n && j+k<n && t[i+k]==t[j+k]) k++;
8      lcp[rank[i]]=k;
9      if(k>0)k--;
10   }
11 }
```

在算法 kasai 中用数组 rank 存储 sa^{-1}。在算法第 7 行跳过了已知相等字符的比较。算法 kasai 第 9 行置 $k=h[i]-1$。

考查算法中 k 值的变化。开始时 $k=0$。在算法的第 7 行 k 值增加，第 8 行 k 值减 1。在第 i 次循环 k 值最多增加 $h[i]-h[i-1]+1$。因此，算法的第 7 行 k 值增加量不超过 $\sum_{i=1}^{n-1}(h[i]-h[i-1]+1)=h[n-1]-h[0]+n-1\leqslant 2n$。第 8 行 k 最多值减少 $n-1$ 次。由此可见，算法的主循环需要的计算时间为 $O(n)$。算法的其他计算时间显然为 $O(n)$。

2. 最长公共扩展问题

对于一个给定字符串 $t[0..n-1]$，最长公共扩展问题是对于非负整数 $0\leqslant l\leqslant r$，计算 t 的后缀 S_l 和 S_r 的最长前缀的长度 $\mathrm{lce}(l,r)$。

例如，$t[0..n-1]=\mathrm{AACAAAAC}$，$l=1$，$r=6$ 时，$S_1=\mathrm{ACAAAAC}$，$S_6=\mathrm{AC}$。S_1 和 S_6 的最长前缀是 AC。因此，$\mathrm{lce}(1,6)=2$。

借助于输入字符串 t 的后缀数组 sa，以及最长公共前缀数组 lcp，可以设计出计算 t 的最长公共扩展 $\mathrm{lce}(l,r)$ 的高效算法。

对于非负整数 $0\leqslant l\leqslant r$，设 $x=\mathrm{sa}^{-1}[l]$，$z=\mathrm{sa}^{-1}[r]$，则 $\mathrm{sa}[x]=l$，$\mathrm{sa}[z]=r$。不失一般性可设 $x<z$。$\mathrm{lce}(l,r)$ 具有如下性质：

$$\mathrm{lce}(l,r)=\min_{x\leqslant y<z}\{\mathrm{lce}(\mathrm{sa}[y],\mathrm{sa}[y+1])\}=\min_{x\leqslant y<z}\{\mathrm{lcp}[y]\} \tag{9.12}$$

由此可知，最长公共扩展问题转换为对于最长公共前缀数组 lcp 的区间最小查询问题(range minimum query，RMQ)。借助于最长公共前缀数组 lcp 及其区间最小查询问题算法 RMQ，设计最长公共扩展算法如下：

```
public int lce(int l,int r,int n)
{//最长公共扩展
  if(l==r) return(n-l);
  return rmq(Math.min(rank[l],rank[r]),Math.max(rank[l],rank[r]));
}
```

其中，rmq(low，high)用于查询最长公共前缀数组 lcp 在区间[low，high)中的最小值。

```
private int rmq(int low,int high)
{//区间最小查询
  int v=lcp[low];
  for(int i=low+1;i<high;i++) if(lcp[i]<v) v=lcp[i];
```

```
    return v;
}
```

简单 rmq 算法需要 O(high-low)时间。因而,最长公共扩展查询在最坏情况下需要 $O(n)$ 时间。如果对最长公共前缀数组 lcp 做适当预处理,rmq 算法的响应时间可以降低到 $O(1)$。

9.2.5 最长公共子串算法

对于给定的两个长度分别为 m 和 n 的字符串 s_1 和 s_2,最长公共子串问题就是要找出 s_1 和 s_2 的长度最长的公共子串。注意到字符串 s_1 的任一子串都是它的某个后缀的前缀。因此,要找出 s_1 和 s_2 的长度最长的公共子串,等价于计算 s_1 的后缀和 s_2 的后缀的公共前缀的最大值。通过比较 s_1 和 s_2 的所有后缀就可以找出它们的最长的公共子串。但这样做的效率不够高。利用后缀数组这一有效工具,可以设计出高效算法。

算法的基本思想是用一个新的字符串 $s=s_1\$s_2$ 来表示两个输入字符串。其中,\$ 是不在 s_1 和 s_2 中出现的字符。

计算 s 的后缀数组 sa 和最长公共前缀数组 lcp。注意到,最长公共前缀数组 lcp 中的最大值就是 s 的所有后缀中的公共前缀的最大值。当然,这两个后缀有可能同属于 s_1 或 s_2。排除两个后缀同属于 s_1 或 s_2 的情形,就找到了 s 中分别属于 s_1 和 s_2 后缀中的公共前缀的最大值。这就是要找的 s_1 和 s_2 最长的公共子串的长度。按照这个思路,可以设计出最长公共子串算法如下:

```
1   public int longest(String s1,String s2)
2   {//最长公共子串算法
3     int ans=0;
4     int m=s1.length();
5     int n=s1.length()+s2.length();
6     String t=change(s1,s2);
7     int []sa=new int[t.length()];
8     int []lcp=new int[t.length()];
9     SuffixDC3 suf=new SuffixDC3(t);
10    sa=suf.sa;lcp=suf.lcp;
11    for(int i=0;i<n-1;i++)
12      if(lcp[i]>ans && diff(sa,m,i)) ans=lcp[i];
13    return ans;
14  }
```

在算法 longest 的第 6 行的 change 将两个输入字符串 s_1 和 s_2 变换成一个新的字符串 $t=s_1 0 s_2 0$。

```
private static String change(String s1,String s2)
{//字符串变换
  int m=s1.length(), n=s2.length();
  String t=s1+"0"+s2+"0";
  return t;
}
```

在算法 longest 的第 7～10 行计算字符串 t 的后缀数组 sa 和最长公共前缀数组 lcp。接着在算法的第 11～12 行计算所有后缀中的公共前缀的最大值。其中，用到 diff 来判断相邻的两个后缀是否属于同一输入字符串。

```
private static boolean diff(int []sa,int m,int i)
{//相邻两个后缀判断
  return (m<sa[i] && m>sa[i+1])||(m>sa[i] && m<sa[i+1]);
}
```

上述算法的主要计算量在于构造字符串 t 的后缀数组 sa 和最长公共前缀数组 lcp。这需要 $O(m+n)$ 计算时间。由此可见，用字符串的后缀数组这一工具，可以在 $O(m+n)$ 时间找出 s_1 和 s_2 的最长的公共子串。

9.3 序列比较算法

本节所用的术语序列，实际上就是串。它们的主要不同在于子串和子序列的定义。

对于两个串 x 和 y，如果存在 $|x|+1$ 个串 $w_0, w_1, \cdots, w_{|x|}$，使得

$$y = w_0 x[0] w_1 x[1] \cdots x[|x|-1] w_{|x|}$$

则称 x 是 y 的一个子序列。也就是说，x 是从串 y 中删去 $|y|-|x|$ 个字符得到的串。当 $x \neq y$ 时，则称 x 是 y 的一个真子序列。特别地，在子序列的定义中，当 $w_1 = \cdots = w_{|x|-1} = \varepsilon$ 时，x 就是 y 的一个子串。

9.3.1 编辑距离算法

两个给定序列 $x[0..n-1]$ 和 $y[0..m-1]$ 之间的编辑距离，是指将一个序列转换成另一个序列所需的最少编辑操作次数。编辑操作包括将序列中一个字符替换成另一个字符、插入一个字符以及删除一个字符。一般来说，两个字符串之间的编辑距离越小，它们的相似度就越大。

用记号 $(u \rightarrow v)$ 表示将序列中一个字符 u 替换成另一个字符 v；$(u \rightarrow \varepsilon)$ 表示将序列中一个字符 u 删除；$(\varepsilon \rightarrow v)$ 表示在序列中插入一个字符 v。这些编辑操作的开销可以用 γ 来度量。函数 γ 通常满足如下三角不等式

$$\gamma(u \rightarrow v) + \gamma(v \rightarrow w) \geqslant \gamma(u \rightarrow w)$$

最常用的是 Levenshtein 度量：

$$\gamma(u \rightarrow v) = \delta(u,v) = \begin{cases} 0 & u = v \\ 1 & u \neq v \end{cases} \tag{9.13}$$

对于任何 (i,j)，$0 \leqslant i \leqslant n-1$，$0 \leqslant j \leqslant m-1$，将 $x[0..i]$ 与 $y[0..j]$ 之间的编辑距离记为 $d(i,j)$，则 $d(i,j)$ 满足如下动态规划递归式

$$d(i,j) = \begin{cases} 0 & i = j = -1 \\ d(i-1,-1)+1 & i \geqslant 0 \wedge j = -1 \\ d(-1,j-1)+1 & i = -1 \wedge j \geqslant 0 \\ \min\begin{Bmatrix} d(i-1,j)+1 \\ d(i,j-1)+1 \\ d(i-1,j-1)+\delta(x[i],y[j]) \end{Bmatrix} & \text{其他} \end{cases} \tag{9.14}$$

其中，当 $i=-1$ 时，$x[0..i]$为空串；$j=-1$ 时，$y[0..j]$为空串。

当 $x[0..i]$为空串时，将 $x[0..i]$变换为 $y[0..j]$的唯一方式是插入相应字符，而当 $y[0..j]$为空串时，将 $x[0..i]$变换为 $y[0..j]$的唯一方式是删除相应字符。因此，式(9.14)在 $i=-1$ 和 $j=-1$ 时显然是正确的。当 $i,j\geqslant 0$ 时，首先注意到，

$$d(i,j) \geqslant \min\begin{cases} d(i-1,j)+1 \\ d(i,j-1)+1 \\ d(i-1,j-1)+\delta(x[i],y[j]) \end{cases} \tag{9.15}$$

考查 $x[0..i]$是如何变换为 $y[0..j]$的。

(1) 当 $x[i]=y[j]$时，$x[0..i-1]$已经用 $d(i-1,j-1)$个操作变换为 $y[0..j-1]$。因此，$x[0..i]$可以用 $d(i-1,j-1)+\delta(x[i],y[j])$个操作变换为 $y[0..j]$。

(2) 当 $x[i]\neq y[j]$时，考查最小编辑距离的最后一次的操作。

① 如果最后一次的操作是插入操作($\varepsilon\rightarrow y[j]$)，即插入 $y[j]$，则可以确定 $x[0..i]$已经用 $d(i,j-1)$个操作变换为 $y[0..j-1]$。由此可知，在这种情况下用了 $d(i,j-1)+1$ 个操作。

② 如果最后一次的操作是删除操作($x[i]\rightarrow\varepsilon$)，即删除 $x[i]$，则可以确定 $x[0..i-1]$已经用 $d(i-1,j)$个操作变换为 $y[0..j]$。由此可知，在这种情况下用了 $d(i-1,j)+1$ 个操作。

③ 如果最后一次的操作是替换操作($x[i]\rightarrow y[j]$)，即将 $x[i]$替换为 $y[j]$，则可以确定 $x[0..i-1]$已经用 $d(i-1,j-1)$个操作变换为 $y[0..j-1]$。由此可知，在这种情况下用了 $d(i-1,j-1)+\delta(x[i],y[j])$个操作。

综合以上情形即知式(9.15)成立。

另一方面，总可以用 $d(i,j-1)$个操作将 $x[0..i]$变换为 $y[0..j-1]$，然后用插入操作($\varepsilon\rightarrow y[j]$)插入 $y[j]$后将 $x[0..i]$变换为 $y[0..j]$。因此，有

$$d(i,j)\leqslant d(i,j-1)+1 \tag{9.16}$$

类似地，总可以用 $d(i-1,j)$个操作将 $x[0..i-1]$变换为 $y[0..j]$，然后用删除操作($x[i]\rightarrow\varepsilon$)删除 $x[i]$后将 $x[0..i]$变换为 $y[0..j]$。因此，有

$$d(i,j)\leqslant d(i-1,j)+1 \tag{9.17}$$

同理，可用 $d(i-1,j-1)$个操作将 $x[0..i-1]$变换为 $y[0..j-1]$，然后用替换操作($x[i]\rightarrow y[j]$)将 $x[i]$替换为 $y[j]$后将 $x[0..i]$变换为 $y[0..j]$。因此，有

$$d(i,j)\leqslant d(i-1,j-1)+\delta(x[i],y[j]) \tag{9.18}$$

综合式(9.16)、式(9.17)和式(9.18)，可知

$$d(i,j) \leqslant \min\begin{cases} d(i-1,j)+1 \\ d(i,j-1)+1 \\ d(i-1,j-1)+\delta(x[i],y[j]) \end{cases} \tag{9.19}$$

结合式(9.15)和式(9.19)即知式(9.14)正确。

据此可以设计计算给定序列 $x[0..n-1]$和 $y[0..m-1]$之间的编辑距离的动态规划算法，如下所示：

```
public int ed()
{//编辑距离的动态规划算法
```

```
3     for(int i=0;i<=n;i++) d[i][0]=i;
4     for(int i=0;i<=m;i++) d[0][i]=i;
5     for(int i=0;i<n;i++)
6       for(int j=0;j<m;j++)
7         if (x.charAt(i)==y.charAt(j)) d[i+1][j+1]=d[i][j];
8         else d[i+1][j+1]=Math.min(d[i][j]+dt,Math.min(d[i][j+1],d[i+1][j])+1);
9     return d[n][m];
10  }
```

在上面的算法描述中，为了便于表示 i 和 j 均为 -1 的情形，用数组单元 $d[i+1][j+1]$ 来存储式(9.14)中的 $d(i,j)$。从算法的双重 for 循环容易看出，算法需要的计算时间和空间均为 $O(nm)$。根据数组 d 存储的信息，采用下面的算法 back，可以用 $O(\max\{n,m\})$ 时间构造出最优编辑操作序列。

```
public void back(int i,int j)
{//构造最优编辑序列
  if(i==0 || j==0) return;
  if(x.charAt(i-1)==y.charAt(j-1)) back(i-1,j-1);
  else if(d[i-1][j-1]+dt<Math.min(d[i-1][j],d[i][j-1])+1){
    back(i-1,j-1);
    System.out.println("r(" + (i-1) + "," +(j-1) + ")");
  }
  else if(d[i-1][j]<d[i][j-1]){
    back(i-1,j);
    System.out.println("d(" + (i-1) + ")");
  }
  else{
    back(i,j-1);
    System.out.println("i(" + (j-1) + ")");
  }
}
```

算法输出最优编辑序列时，用 $r(i,j)$ 表示替换操作($x[i]\rightarrow y[j]$)；用 $d(i)$ 表示删除操作($x[i]\rightarrow\varepsilon$)；用 $i(j)$ 表示插入操作($\varepsilon\rightarrow y[j]$)。注意到在用动态规划算法计算编辑距离时，算法 edn 在第 5 行的 for 循环中对每个确定的 i 值，循环体内只用到数组 d 的第 i 和 $i+1$ 行的值。利用这一点可以将算法所需的空间进一步减少到 $O(\min\{n,m\})$。

```
1   public int edn()
2   {//O(n)空间算法
3     int oldd=0,newd;
4     for(int i=0;i<=n;i++)
5       for(int j=0;j<=m;j++)
6         if(i==0){oldd=d1[j];d1[j]=j;}
7         else if(j==0){oldd=d1[j];d1[j]=i;}
8         else{
9           if(x.charAt(i-1)==y.charAt(j-1)) newd=oldd;
```

```
10            else newd=Math.min(oldd+dt,Math.min(d1[j-1],d1[j])+1);
11            oldd=d1[j];d1[j]=newd;
12        }
13    return d1[m];
14 }
```

算法 edn 中用一个一维数组 $d1$ 来存储原数组 d 的第 i 和 $i+1$ 行的值。在第5～6行的for循环中对每个确定的 i 和 j 的值，$d1[0..j-1]$ 存储 $d[i-1][0..j-1]$ 的值，而 $d1[j..m]$ 存储 $d[i][j..m]$ 的值。oldd，newd 用于存储新老交替时 $d[i][j]$ 的值。

9.3.2 最长公共单调子序列

最长公共单调子序列问题源于两个经典的序列比较问题，即最长公共子序列(LCS)问题和最长递增子序列(LIS)问题。

对于给定的两个序列 $x[0..n-1]$ 和 $y[0..m-1]$，最长公共单调子序列问题就是要找到 x 和 y 的公共子序列 z，使得 z 是一个单调子序列且长度最长。这里所说的单调，是指序列单调递增或单调递减。为了明确起见，后续讨论均指序列严格递增。其他情形的讨论是类似的。

例如，设 $x=(3,5,1,2,7,5,7)$ 和 $y=(3,5,2,1,5,7)$，则 $n=7$ 且 $m=6$。$z=(3,1,2,5)$ 是 x 的一个子序列，它在 x 中相应的下标序列是(1,3,4,6)。序列(3,5,1)和(3,5,7)都是 x 和 y 的公共子序列，且(3,5,7)是 x 和 y 的最长递增子序列。

对任何 (i,j)，$0\leqslant i<n$，$0\leqslant j<m$，$x[0..i]$ 与 $y[0..j]$ 的以 $y[j]$ 结尾的最长公共递增子序列组成的集合记为 $\text{LCIS}(i,j)$。集合 $\text{LCIS}(i,j)$ 中的最长公共递增子序列的长度记为 $f(i,j)$。

当 $x[i]=y[j]$，$0\leqslant i<n$，$0\leqslant j<m$ 时，称 x 和 y 在 (i,j) 处匹配。

对任何 (i,j)，$0\leqslant i<n$，$0\leqslant j<m$，如果 x 和 y 在 (i,j) 处匹配，则其特殊的下标集 $\beta(i,j)$ 定义为

$$\beta(i,j)=\{t \mid 1\leqslant t<j, y_t<x_i\} \tag{9.20}$$

与最长公共子序列问题类似，可以用动态规划算法求解最长公共递增子序列问题。

定理 9.2 设 $x[0..n-1]$ 和 $y[0..m-1]$ 是两个给定的长度分别为 n 和 m 的序列。对任何 (i,j)，$0\leqslant i<n$，$0\leqslant j<m$，$x[0..i]$ 与 $y[0..j]$ 的以 $y[j]$ 结尾的最长公共递增子序列的长度 $f(i,j)$ 满足如下动态规划递归式

$$f(i,j)=\begin{cases}0 & i<0 \vee j<0 \\ f(i-1,j) & i,j\geqslant 0 \wedge x[i]\neq y[j] \\ 1+\max\limits_{t\in\beta(i,j)} f(i-1,t) & i,j\geqslant 0 \wedge x_i=y_j\end{cases} \tag{9.21}$$

证明：(1) $x[i]\neq y[j]$ 的情形。

此时有 $z\in \text{LCIS}(i,j)$ 当且仅当 $z\in \text{LCIS}(i-1,j)$，即 $\text{LCIS}(i,j)=\text{LCIS}(i-1,j)$。因此，$f(i,j)=f(i-1,j)$。

(2) $x[i]=y[j]$ 的情形。

设 $z[0..k]\in \text{LCIS}(i,j)$ 是 $x[0..i]$ 与 $y[0..j]$ 的以 $y[j]$ 结尾的最长公共递增子序列。此时有 $f(i,j)=k+1$ 且 $z[0..k-1]$ 是 $x[0..i-1]$ 与 $y[0..t]$ 的公共递增子序列，其中，$0\leqslant$

$t<j$ 且 $z[k-1]=y[t]<y[j]$。因此，$k-1\leqslant f(i-1,t)$。由此可知

$$f(i,j)\leqslant 1+\max_{t\in\beta(i,j)} f(i-1,t) \tag{9.22}$$

另一方面，对于 $0\leqslant t<j$，设 $z[0..k]\in \mathrm{LCIS}(i-1,t)$ 且 $z[k]=y[t]<y[j]$，则 $zy[j]$ 是 $x[0..i]$ 与 $y[0..j]$ 的一个以 $y[j]$ 结尾的公共递增子序列。

因此，$k+2\leqslant f(i,j)$。也就是说，$f(i-1,t)+1\leqslant f(i,j)$。由此可知

$$f(i,j)\geqslant 1+\max_{t\in\beta(i,j)} f(i-1,t) \tag{9.23}$$

结合式(9.22)与式(9.23)即知 $f(i,j)=1+\max\limits_{t\in\beta(i,j)} f(i-1,t)$。

最后，要求的 $x[0..n-1]$ 和 $y[0..m-1]$ 的最长公共递增子序列的长度就是 $\max\limits_{0\leqslant j<m}\{f(n-1,j)\}$。

根据式(9.21)，可以设计求解最长公共递增子序列问题的动态规划算法如下：

```
public int lcis(int n,int m,int []x,int []y)
{//最长公共递增子序列
  int [][]f=new int[n+1][m+1];
  for(int i=1;i<=n;i++){
    int max=0;
    for(int j=1;j<=m;j++){
      f[i][j]=f[i-1][j];
      if(x[i-1]>y[j-1]&& max<f[i-1][j]) max=f[i-1][j];
      if(x[i-1]==y[j-1]) f[i][j]=max+1;
    }
  }
  int ret=0;
  for(int i=1;i<=m;i++) if(ret<f[n][i]) ret=f[n][i];
  return ret;
}
```

算法需要的时间显然是 $O(nm)$。

9.3.3 有约束最长公共子序列

最长公共子序列问题是生物信息学中序列比对问题的一个特例。这类问题在数学、分子生物学、语音识别、气相色谱和模式识别等众多领域有着广泛应用。其中，最主要的应用是测量基因序列的相似性。近年来有约束最长公共子序列问题成为分子生物学中的研究热点。在演化分子生物学的研究中发现，某个重要的 *DNA* 序列片段常出现在不同的物种中。在测量基因序列的相似性时，如果需要特别关注一个具体的 *DNA* 序列片段，就要考查带有子串包含约束的最长公共子序列问题。这个问题可以具体表述为：给定两个长度分别为 n 和 m 的序列 $x[0..n-1]$ 和 $y[0..m-1]$，以及一个长度为 p 的约束字符串 $s[0..p-1]$。带有子串包含约束的最长公共子序列问题就是要找出 x 和 y 的包含 s 为其子串的最长公共子序列。

例如，如果给定的序列 x 和 y 分别为 x=AATGCCTAGGC，y=CGATCTGGAC，字符串 s=GTA 时，子序列 ATCTGGC 是 x 和 y 的一个无约束的最长公共子序列，而包含 s 为

其子串的最长公共子序列是GTAC。

首先考查一个特殊的带有子串包含约束的最长公共子序列问题,即约束字符串是和的最长公共子序列的后缀的情形。对于任何(i,j,k),$0\leqslant i\leqslant n-1,0\leqslant j\leqslant m-1,0\leqslant k\leqslant p-1$,将$x[0..i]$与$y[0..j]$的包含$y[0..k]$为其后缀的最长公共子序列的长度记为$f(i,j,k)$,则$f(i,j,k)$满足如下动态规划递归式

$$f(i,j,k)=\begin{cases}f(i-1,j-1,k-1)+1 & x[i]=y[j]=s[k]\\ f(i-1,j-1,k)+1 & x[i]=y[j]\wedge k=-1\\ \max\{f(i-1,j,k),f(i,j-1,k)\} & x[i]\neq y[j]\end{cases}\tag{9.24}$$

其中,当$i=-1$时,$x[0..i]$为空串;$j=-1$时,$y[0..j]$为空串;$k=-1$时,$s[0..k]$为空串。

式(9.24)的边界条件是对任何(i,j,k),$-1\leqslant i\leqslant n-1,-1\leqslant j\leqslant m-1,0\leqslant k\leqslant p-1$,有

$$\begin{cases}f(i,-1,-1)=f(-1,j,-1)=0\\ f(-1,j,k)=f(i,-1,k)=-\infty\end{cases}\tag{9.25}$$

事实上,设$f(i,j,k)=l$,且$z[0..l-1]$是$x[0..i]$与$y[0..j]$的包含$s[0..k]$为其后缀的一个最长公共子序列,则有

(1) 当$x[i]=y[j]=s[k]$时,由于$s[0..k]$是$z[0..l-1]$的后缀,故$s[k]=z[l-1]$。由此可知,$z[0..l-2]$是$x[0..i-1]$与$y[0..j-1]$的包含$s[0..k-1]$为其后缀的一个最长公共子序列,即$f(i,j,k)=f(i-1,j-1,k-1)+1$。

(2) 当$x[i]=y[j]$且$x[i]\neq s[k]$时,若$x[i]=z[l-1]$,则$s[0..k]$不是$z[0..l-1]$的后缀。由此可知,$x[i]\neq z[l-1]$,且$z[0..l-2]$是$x[0..i-1]$与$y[0..j-1]$的包含$s[0..k]$为其后缀的一个最长公共子序列,即$f(i,j,k)=f(i-1,j-1,k)$。

(3) 当$x[i]=y[j]$且$k=-1$时,问题等价于无约束的最长公共子序列问题,因此有$f(i,j,k)=f(i-1,j-1,k)+1$。

(4) 当$x[i]\neq y[j]$时,若$x[i]\neq z[l-1]$,则$z[0..l-1]$是$x[0..i-1]$与$y[0..j]$的包含$s[0..k]$为其后缀的一个最长公共子序列,即$f(i,j,k)=f(i-1,j,k)$。

类似地,若$y[j]\neq z[l-1]$,则$z[0..l-1]$是$x[0..i]$与$y[0..j-1]$的包含$s[0..k]$为其后缀的一个最长公共子序列,即$f(i,j,k)=f(i,j-1,k)$。综合这两种情形,有$f(i,j,k)=\max\{f(i-1,j,k),f(i,j-1,k)\}$。

在一般情况下,若将$x[0..n-1]$与$y[0..m-1]$的包含$s[0..p-1]$为其子串的最长公共子序列的长度记为l,且$z[0..l-1]$是$x[0..n-1]$与$y[0..m-1]$的包含$s[0..p-1]$为其子串的一个最长公共子序列,且$z[l'-p+1..l']=s[0..p-1]$,则$z[0..l-1]$可以分成两段$z[0..l']$和$z[l'+1..l-1]$。相应地,x和y分别也可以分成两段$x[0..i]$和$x[i+1..n-1]$,$y[0..j]$和$y[j+1..m-1]$,使得$z[0..l']$是$x[0..i]$与$y[0..j]$的包含$s[0..p-1]$为其后缀的一个最长公共子序列,且$z[l'+1..l-1]$是$x[i+1..n-1]$与$y[j+1..m-1]$的一个无约束最长公共子序列。因此,如果将$x[i..n-1]$与$y[j..m-1]$的无约束最长公共子序列长度记为$g(i,j)$,则显然有

$$l=\max_{0\leqslant i<n,0\leqslant j<m}\{f(i,j,p)+g(i+1,j+1)\}\tag{9.26}$$

按照式(9.24)、式(9.25)和式(9.26)可以计算出$x[0..n-1]$与$y[0..m-1]$的包含$s[0..p-1]$为其子串的最长公共子序列的长度。

从递归式(9.24)可以看出，计算 $f(i,j,k)$，$0\leqslant i\leqslant n-1$，$0\leqslant j\leqslant m-1$，$0\leqslant k\leqslant p-1$，需要 $O(nmp)$ 时间。计算 $x[i..n-1]$ 与 $y[j..m-1]$ 的无约束最长公共子序列长度 $g(i,j)$ 需要 $O(nm)$ 时间。根据已经计算出的 $f(i,j,k)$ 和 $g(i,j)$ 的值，按照式(9.26)来计算最优值 l 需要 $O(nm)$ 时间。因此，整个算法所需的计算时间是 $O(nmp)$。

与带有子串包含约束的最长公共子序列问题的对偶问题是带有子串排斥约束的最长公共子序列问题。给定两个长度分别为 n 和 m 的序列 $x[0..n-1]$ 和 $y[0..m-1]$，以及一个长度为 p 的约束字符串 $s[0..p-1]$。带有子串排斥约束的最长公共子序列问题就是要找出 x 和 y 的不含 s 为其子串的最长公共子序列。

例如，如果给定的序列 x 和 y 分别为 x=AATGCCTAGGC，y=CGATCTGGAC，字符串 s=TG 时，子序列 ATCTGGC 是 x 和 y 的一个无约束的最长公共子序列，而不含 s 为其子串的最长公共子序列是 ATCGGC。

在下面的讨论中用到一个关于两个字符串的有用的函数 σ，定义如下：对于如何字符串 z 和约束字符串 s，将 z 的既是其后缀又是 s 的前缀的最长字符串的长度记为 $\sigma(z,s)$。由于约束串 s 是不变的，因此在不会引起混淆的情况下，将 $\sigma(z,s)$ 简记为 $\sigma(z)$。

对于任何 (i,j,k)，$0\leqslant i\leqslant n-1$，$0\leqslant j\leqslant m-1$，$0\leqslant k\leqslant p-1$，用 $Z(i,j,k)$ 来表示 $x[0..i]$ 与 $y[0..j]$ 的不含 s 为其子串的，且对任何 $z\in Z(i,j,k)$ 有 $\sigma(z)=k$ 的最长公共子序列组成的集合。$Z(i,j,k)$ 中最长公共子序列的长度记为 $f(i,j,k)$。$x[0..n-1]$ 和 $y[0..m-1]$ 的不含 s 为其子串的最长公共子序列的长度记为 l。显而易见，如果已经计算出 $f(i,j,k)$，则有

$$l=\max_{0\leqslant k<p} f(n-1,m-1,k) \tag{9.27}$$

设

$$\alpha(i,j,k)=\max_{0\leqslant t<p}\{f(i-1,j-1,t)\mid\sigma(s[0..t]x[i])=k\} \tag{9.28}$$

则 $f(i,j,k)$ 满足如下动态规划递归式

$$f(i,j,k)=\begin{cases}\max\{f(i-1,j,k),f(i,j-1,k)\} & x_i\neq y_j\\ \max\{f(i-1,j-1,k),1+\alpha(i,j,k)\} & x_i=y_j\end{cases} \tag{9.29}$$

式(9.29)的边界条件是，对任何 (i,j,k)，$-1\leqslant i\leqslant n-1$，$-1\leqslant j\leqslant m-1$，$0\leqslant k\leqslant p$，有

$$f(i,-1,k)=f(-1,j,k)=0 \tag{9.30}$$

事实上，设 $f(i,j,k)=t$ 且 $z[0..t-1]\in Z(i,j,k)$，则对任何 $0\leqslant i'\leqslant i$，$0\leqslant j'\leqslant j$，均有 $f(i',j',k)\leqslant f(i,j,k)$。这是因为，如果 z' 是 $x[0..i']$ 与 $y[0..j']$ 的不含 s 为其子串，且 $\sigma(z')=k$ 的公共子序列，则 z' 也是 $x[0..i]$ 与 $y[0..j]$ 的不含 s 为其子串，且 $\sigma(z')=k$ 的公共子序列。

(1) 当 $x[i]\neq y[j]$ 时，有 $x[i]\neq z[t-1]$ 或 $y[j]\neq z[t-1]$。

如果 $x[i]\neq z[t-1]$，则 $z[0..t-1]$ 是 $x[0..i-1]$ 与 $y[0..j]$ 的不含 s 为其子串，且 $\sigma(z)=k$ 的公共子序列。因此，有 $f(i-1,j,k)\geqslant t$。另一方面，$f(i-1,j,k)\leqslant f(i,j,k)=t$。由此可知，$f(i,j,k)=f(i-1,j,k)$。

如果 $y[j]\neq z[t-1]$，则类似地可以得到 $f(i,j,k)=f(i,j-1,k)$。

(2) 当 $x[i]=y[j]$ 时，要考查 $x[i]=y[j]=z[t-1]$ 和 $x[i]=y[j]\neq z[t-1]$ 这两种不同情况。

如果 $x[i]=y[j]\neq z[t-1]$，则 $z[0..t-1]$ 也是 $x[0..i-1]$ 与 $y[0..j-1]$ 的不含 s 为其子串且 $\sigma(z)=k$ 的公共子序列。因此有 $f(i-1,j-1,k)\geqslant t$。

另一方面，$f(i-1,j-1,k)\leqslant f(i,j,k)=t$。由此可知，$f(i,j,k)=f(i-1,j-1,k)$。

如果 $x[i]=y[j]=z[t-1]$，则 $f(i,j,k)=t>0$，且 $z[0..t-1]$ 是 $x[0..i]$ 与 $y[0..j]$ 的不含 s 为其子串，且 $\sigma(z)=k$ 的最长公共子序列。因而，$z[0..t-1]$ 也是 $x[0..i-1]$ 与 $y[0..j-1]$ 的不含 s 为其子串的公共子序列。

设 $\sigma(z[0..t-2])=q$ 且 $f(i-1,j-1,q)=r$，则 $z[0..t-2]$ 是 $x[0..i-1]$ 与 $y[0..j-1]$ 的不含 s 为其子串，且 $\sigma(z[0..t-2])=q$ 的公共子序列。因此，有

$$f(i-1,j-1,q)=r\geqslant t-1 \tag{9.31}$$

设 $v[0..r-1]\in Z(i-1,j-1,q)$ 是 $x[0..i-1]$ 与 $y[0..j-1]$ 的不含 s 为其子串，且 $\sigma(v[0..r-1])=q$ 的一个最长公共子序列，则 $\sigma((v[0..r-1])x[i])=\sigma(s[0..q-1]x[i])=k$。因此，$v[0..r-1]x[i]$ 是 $x[0..i]$ 与 $y[0..j]$ 的不含 s 为其子串，且 $\sigma(v[0..r-1]x[i])=k$ 的一个公共子序列。所以有

$$f(i,j,k)=t\geqslant r+1 \tag{9.32}$$

结合式(9.31)和式(9.32)可知，$r=t-1$。

因此，$z[0..t-2]$ 是 $x[0..i-1]$ 与 $y[0..j-1]$ 的不含 s 为其子串，且 $\sigma(z[0..t-2])=q$ 的最长公共子序列。也就是说，

$$f(i,j,k)\leqslant 1+\max_{0\leqslant t<p}\{f(i-1,j-1,t)\mid \sigma(s[0..t]x[i])=k\} \tag{9.33}$$

另一方面，对任意 $0\leqslant t<p$，若 $f(i-1,j-1,t)=r$ 且 $\sigma(s[0..t]x[i])=k$，则对任意 $v[0..r-1]\in Z(i-1,j-1,t)$，$v[0..r-1]x[i]$ 是 $x[0..i]$ 与 $y[0..j]$ 的公共子序列，且 $\sigma(v[0..r-1]x[i])=k$。由于 $v[0..r-1]$ 不含 s 为其子串，且 $\sigma(v[0..r-1]x[i])=k<p$，所以 $v[0..r-1]x[i]$ 是 $x[0..i]$ 与 $y[0..j]$ 的不含 s 为其子串，且 $\sigma(v[0..r-1]x[i])=k$ 的最长公共子序列。因此，$f(i,j,k)\geqslant 1+r=1+f(i-1,j-1,t)$，即

$$f(i,j,k)\geqslant 1+\max_{0\leqslant t<p}\{f(i-1,j-1,t)\mid \sigma(s[0..t]x[i])=k\} \tag{9.34}$$

由式(9.33)和式(9.34)可知

$$f(i,j,k)=1+\alpha(i,j,k) \tag{9.35}$$

综合当 $x[i]=y[j]$ 时的两种情形，可知

$$f(i,j,k)=\max\{f(i-1,j-1,k),1+\alpha(i,j,k)\} \tag{9.36}$$

按照式(9.29)可以计算出 $x[0..n-1]$ 与 $y[0..m-1]$ 的不含 $s[0..p-1]$ 为其子串的最长公共子序列的长度，算法所需的计算时间是 $O(nmp)$。

小　结

本章重点介绍了串和序列的基本概念，在此基础上讨论了子串搜索问题的经典 KMP 算法、基于串散列函数的指纹搜索算法、Rabin-Karp 算法等的常用算法。对于较一般的多子串搜索问题，介绍了 AC 自动机，即 Aho-Corasick 多子串搜索算法。后缀数组是在串与序列的算法中的一个重要的数据结构工具。高效构造后缀数组的算法也是本章的主要内容。用 $O(n\log n)$ 时间构造后缀数组的倍前缀算法和用 $O(n)$ 时间构造后缀数组的 DC3 分治

法是后续应用的重要基础。本章还讨论了编辑距离问题、最长公共单调子序列问题、有约束最长公共子序列问题等与串和序列有关的问题和算法工具，这些工具可以用于设计比较序列的高效算法。

习 题

9-1 试说明简单子串搜索算法在最坏情况下的计算时间复杂性为$\Theta(m(n-m+1))$。

9-2 设x,y和z是3个串，且满足$x \sqsupset z$和$y \sqsupset z$。试证明：

(1) 若$|x| \leqslant |y|$，则$x \sqsupset y$。

(2) 若$|x| \geqslant |y|$，则$y \sqsupset x$。

(3) 若$|x| = |y|$，则$x = y$。

9-3 KMP算法通过模式串的前缀函数，较好地利用了搜索过程中的部分匹配信息，从而提高了效率。然而，在某些情况下，还可以更好地利用部分匹配信息。例如，考查图9-10中，KMP算法对主串aaabaaaab和模式串aaaab的搜索过程。

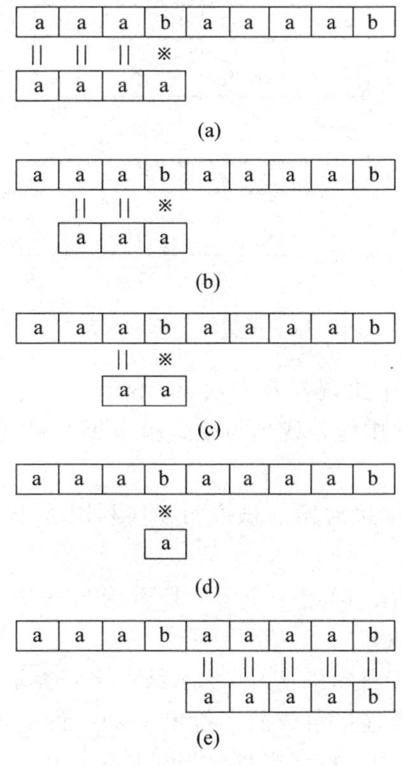

图9-10 改进前缀函数

在图9-10(a)中匹配失败后，按前缀函数指示继续做了图9-10(b)～(d)的比较后，最后在图9-10(e)找到一个匹配。事实上图9-10(b)～(d)的比较都是多余的。因为模式串在位置0,1,2处的字符和位置3处的字符都相等，因此不需要再和主串中位置3处的字符比较，而可以将模式一次向右滑动4个字符，直接进入图9-10(e)的比较。这就是说,在KMP算法中遇到 $p[j+1]\neq t[i]$ 且 $p[j+1]=p[\text{next}[j]+1]$ 时,可一次向右滑动 $j-\text{next}[\text{next}[j]]$ 个字符,而不是 $j-\text{next}[j]$ 个字符。根据此观察,设计一个改进的前缀函数,使得遇到上述特殊情况时效率更高。

9-4 修改算法KMP-Matcher,使其能找到模式串 p 在主串 t 中的所有匹配位置。

9-5 假设模式串 p 中所有的字符均不相同。说明如何修改简单子串搜索算法,使其计算时间为 $O(n)$,其中 n 为主串 t 的长度。

9-6 设主串 t 和模式串 p 分别是从 $d(d\geqslant 2)$ 元字符集 $\sum_d=\{0,1,\cdots,d-1\}$ 中随机字符组成的长度为 n 和 m 的字符串。试证明简单子串搜索算法所做比较次数的期望值为:

$$(n-m+1)\frac{1-d^{-m}}{1-d^{-1}}\leqslant 2(n-m+1)$$

由此可见,对于随机选取的字符串,简单子串搜索算法还是十分有效的。

9-7 假设允许模式串 p 中可以出现能与任意字符串(包括长度为0的空串)匹配的间隙字符◇。例如,模式串是ab◇ba◇c,可在主串cabccbacbacab产生如图9-11所示的匹配。

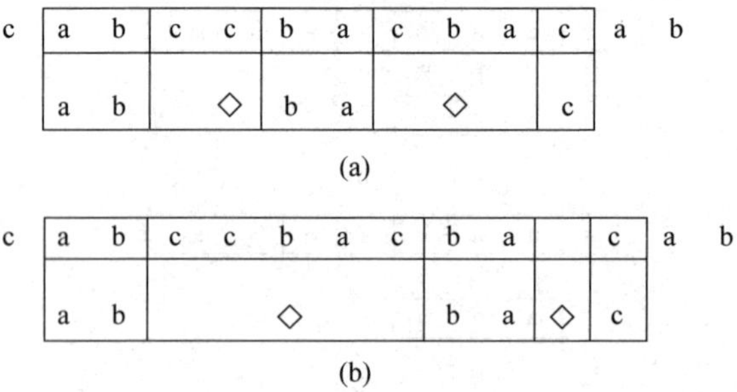

图9-11 带间隙字符的模式串

间隙字符◇可在模式串中出现任意多次,但不允许在主串中出现。试设计一个多项式时间算法,确定在主串中能否找到与模式串 p 匹配的子串,并分析算法的计算时间复杂性。

9-8 设模式串 p 和主串 t 的串接为 pt。试说明如何利用 pt 的前缀函数来计算模式串 p 在主串 t 中出现的位置。

9-9 试设计一个线性时间算法,确定一个串 t 是否为另一串 t' 的循环旋转。例如,arc与car互为循环旋转。

9-10 在字符串集合 P 的AC自动机 T 中,状态结点 s 所表示的字符串是从根结点到 s 的路径上各边的字符依次连接组成的字符串 $\alpha(s)$。设 s 和 t 是 T 中两个结点,且 $u=\alpha(s)$,$v=\alpha(t)$。试证明,$f(s)=t$ 当且仅当 v 是字符串 p_i,$0\leqslant i<k$ 的所有前缀中 u 的最长真后缀。

9-11 设 s 是字符串集合 P 的AC自动机中的状态结点,且 $u=\alpha(s)$。试证明,$v\in \text{output}(s)$ 当且仅当 $v\in P$ 且 v 是 u 的后缀。

9-12 试设计一个后缀数组类。用倍前缀算法构造后缀数组,并支持以下运算:

(1) length(); //返回后缀数组长度

(2) select(int i); //返回sa[i]

(3) index(int i)；　　//返回 rank[i]

(4) llcp(int i)；　　//返回 lcp[i]

9-13　试说明如何对最长公共前缀数组 lcp 做适当预处理，使得最长公共扩展查询在最坏情况下需要 $O(1)$时间。

9-14　设字符串 t 的后缀数组和最长公共前缀数组分别为 sa 和 lcp。对于非负整数 $0 \leqslant l \leqslant r$，$t$ 的后缀 S_l 和 S_r 的最长前缀的长度为 lce(l,r)。设 $x = \mathrm{sa}^{-1}[l]$，$z = \mathrm{sa}^{-1}[r]$，则 $\mathrm{sa}[x]=l$，$\mathrm{sa}[z]=r$。不失一般性，可设 $x<z$。试证明 lce(l,r)具有如下性质。

$$\mathrm{lce}(l,r) = \min_{x \leqslant y < z}\{\mathrm{lce}(\mathrm{sa}[y],\mathrm{sa}[y+1])\} = \min_{x \leqslant y < z}\{\mathrm{lcp}[y]\} \tag{9.37}$$

9-15　设字符串 t 的后缀数组和最长公共前缀数组分别为 sa 和 lcp。数组 h 定义为 $h[i] = \mathrm{lcp}[\mathrm{sa}^{-1}[i]]$，$0 \leqslant i \leqslant n-2$。试证明，如果 $h[i]>1$，则

$$h[i+1] \geqslant h[i]-1 \tag{9.38}$$

9-16　设字符串 t 和 p 的长度分别为 m 和 n。t 的后缀数组为 sa。试说明如何利用 t 的后缀数组，搜索给定字符串 p 在 t 中出现的所有位置。要求算法在最坏情况下的时间复杂性为 $O(m\log n)$。

9-17　设字符串 t 和 p 的长度分别为 m 和 n。t 的后缀数组和最长公共前缀数组分别为 sa 和 lcp。试说明如何利用 t 的后缀数组和最长公共前缀数组，搜索给定字符串 p 在 t 中出现的所有位置。要求算法在最坏情况下的时间复杂性为 $O(m+\log n)$。

第10章 算法优化策略

本章通过具体实例介绍算法设计中常用的算法优化策略。

10.1 算法设计策略的比较与选择

考虑最大子段和问题如下。

给定由 n 个整数(可能为负整数)组成的序列 $a_1,a_2,\cdots,a_n$,求该序列形如 $\sum_{k=i}^{j} a_k$ 的子段和的最大值。当所有整数均为负整数时定义其最大子段和为 0。依此定义,所求的最优值为

$$\max\left\{0, \max_{1\leqslant i\leqslant j\leqslant n} \sum_{k=i}^{j} a_k\right\}$$

例如,当 $(a_1,a_2,a_3,a_4,a_5,a_6)=(-2,11,-4,13,-5,-2)$ 时,最大子段和为 $\sum_{k=2}^{4} a_k = 20$。

10.1.1 最大子段和问题的简单算法

对于最大子段和问题,有多种求解算法。先讨论一个简单算法如下,其中用数组 a[]存储给定的 n 个整数 $a_1,a_2,\cdots,a_n$。

```
public static int maxSum()
{
  int n=a.length-1;
  int sum=0;
  for (int i=1;i<=n;i++)
    for (int j=i;j<=n;j++)
    {
      int thissum=0;
      for (int k=i;k<=j;k++) thissum+=a[k];
      if (thissum>sum)
      {
        sum=thissum;
        besti=i;
```

```
                bestj=j;
            }
        }
    return sum;
}
```

从这个算法的 3 个 for 循环可以看出它所需的计算时间是 $O(n^3)$。事实上，如果注意到 $\sum_{k=i}^{j} a_k = a_j + \sum_{k=i}^{j-1} a_k$，则可将算法中的最后一个 for 循环省去，避免重复计算，从而使算法得以改进。改进后的算法可描述为：

```
public static int maxSum()
{
    int n=a.length-1;
    int sum=0;
    for (int i=1;i<=n;i++)
    {
      int thissum=0;
      for (int j=i;j<=n;j++)
      {
          thissum+=a[j];
          if (thissum>sum)
          {
             sum=thissum;
             besti=i;
             bestj=j;
          }
      }
    }
    return sum;
}
```

改进后的算法显然只需 $O(n^2)$ 的计算时间。上述改进是在算法设计技巧上的一个改进，能充分利用已经得到的结果，避免重复计算，从而节省了计算时间。

10.1.2 最大子段和问题的分治算法

事实上，针对最大子段和这个具体问题本身的结构，还可以从算法设计的策略上对上述 $O(n^2)$ 计算时间算法加以更深刻的改进。从这个问题的解的结构可以看出，它适合于用分治法进行求解。

如果将所给的序列 $a[1:n]$ 分为长度相等的 2 段 $a[1:n/2]$ 和 $a[n/2+1:n]$，分别求出这 2 段的最大子段和，则 $a[1:n]$ 的最大子段和有以下 3 种情形：

(1) $a[1:n]$ 的最大子段和与 $a[1:n/2]$ 的最大子段和相同。

(2) $a[1:n]$ 的最大子段和与 $a[n/2+1:n]$ 的最大子段和相同。

(3) $a[1:n]$ 的最大子段和为 $\sum_{k=i}^{j} a_k$，且 $1 \leqslant i \leqslant n/2$，$n/2+1 \leqslant j \leqslant n$。

上述(1)和(2)这两种情形可递归求得。对于情形(3),容易看出,$a[n/2]$与$a[n/2+1]$在最优子序列中。因此,可以在$a[1:n/2]$中计算出$s_1=\max\limits_{1\leqslant i\leqslant n/2}\sum\limits_{k=i}^{n/2}a[k]$,并在$a[n/2+1:n]$中计算出$s_2=\max\limits_{n/2+1\leqslant i\leqslant n}\sum\limits_{k=n/2+1}^{i}a[k]$,则$s_1+s_2$即为出现情形(3)时的最优值。据此可设计出求最大子段和的分治算法如下:

```
private static int maxSubSum(int left, int right)
{
   int sum=0;
   if (left==right)sum=a[left]>0? a[left]:0;
   else {
     int center=(left+right)/2;
     int leftsum=maxSubSum(left,center);
     int rightsum=maxSubSum(center+1,right);
     int s1=0;
     int lefts=0;
     for (int i=center;i>=left;i--)
     {
         lefts+=a[i];
         if (lefts>s1)s1=lefts;
     }
     int s2=0;
     int rights=0;
     for (int i=center+1;i<=right;i++)
     {
          rights+=a[i];
          if (rights>s2)s2=rights;
     }
     sum=s1+s2;
         if (sum<leftsum)sum=leftsum;
         if (sum<rightsum)sum=rightsum;
   }
   return sum;
}

public static int maxSum()
{
   return maxSubSum(1,a.length-1);
}
```

该算法所需的计算时间$T(n)$满足典型的分治算法递归式

$$T(n)=\begin{cases}O(1) & n\leqslant c\\ 2T(n/2)+O(n) & n>c\end{cases}$$

解此递归方程可知,$T(n)=O(n\log n)$。

10.1.3 最大子段和问题的动态规划算法

在对上述分治算法的分析中注意到，若记 $b[j]=\max\limits_{1\leqslant i\leqslant j}\left\{\sum\limits_{k=i}^{j}a[k]\right\}, 1\leqslant j\leqslant n$，则所求的最大子段和为

$$\max_{1\leqslant i\leqslant j\leqslant n}\sum_{k=i}^{j}a[k]=\max_{1\leqslant j\leqslant n}\ \max_{1\leqslant i\leqslant j}\sum_{k=i}^{j}a[k]=\max_{1\leqslant j\leqslant n}b[j]$$

由 $b[j]$的定义易知，当 $b[j-1]>0$ 时 $b[j]=b[j-1]+a[j]$，否则 $b[j]=a[j]$。由此可得计算 $b[j]$的动态规划递归式

$$b[j]=\max\{b[j-1]+a[j],a[j]\},\qquad 1\leqslant j\leqslant n$$

据此，可设计出求最大子段和的动态规划算法如下：

```
public static int maxSum()
{
    int n=a.length-1;
    int sum=0,
        b=0;
    for (int i=1;i<=n;i++)
    {
      if (b>0) b+=a[i];
      else b=a[i];
      if (b>sum)sum=b;
    }
    return sum;
}
```

上述算法显然需要 $O(n)$计算时间和 $O(n)$空间。

10.1.4 最大子段和问题与动态规划算法的推广

最大子段和问题可以很自然地推广到高维的情形。

1. 最大子矩阵和问题

最大子矩阵和问题：给定一个 m 行 n 列的整数矩阵 $\boldsymbol{a}$，试求矩阵 $\boldsymbol{a}$ 的一个子矩阵，使其各元素之和为最大。

最大子矩阵和问题是最大子段和问题向二维的推广。用二维数组 $a[1:m][1:n]$表示给定的 m 行 n 列的整数矩阵。子数组 $a[i1:i2][j1:j2]$表示左上角和右下角行列坐标分别为 $(i1,j1)$和 $(i2,j2)$的子矩阵，其各元素之和记为

$$s(i1,i2,j1,j2)=\sum_{i=i1}^{i2}\sum_{j=j1}^{j2}a[i][j]$$

最大子矩阵和问题的最优值为 $\max\limits_{\substack{1\leqslant i1\leqslant i2\leqslant m\\1\leqslant j1\leqslant j2\leqslant n}} s(i1,i2,j1,j2)$。

如果用直接枚举的方法解最大子矩阵和问题，需要 $O(m^2n^2)$时间。注意到，

$$\max_{\substack{1\leqslant i1\leqslant i2\leqslant m\\1\leqslant j1\leqslant j2\leqslant n}} s(i1,i2,j1,j2)=\max_{1\leqslant i1\leqslant i2\leqslant m}\left\{\max_{1\leqslant j1\leqslant j2\leqslant n} s(i1,i2,j1,j2)\right\}=\max_{1\leqslant i1\leqslant i2\leqslant m} t(i1,i2)$$

其中

$$t(i1,i2)=\max_{1\leqslant j1\leqslant j2\leqslant n} s(i1,i2,j1,j2)=\max_{1\leqslant j1\leqslant j2\leqslant n}\sum_{j=j1}^{j2}\sum_{i=i1}^{i2}a[i][j]$$

设 $b[j]=\sum_{i=i1}^{i2}a[i][j]$，则

$$t(i1,i2)=\max_{1\leqslant j1\leqslant j2\leqslant n}\sum_{j=j1}^{j2}b[j]$$

容易看出，这正是一维情形的最大子段和问题。由此，借助于最大子段和问题的动态规划算法 maxSum，可设计出解最大子矩阵和问题的动态规划算法 maxSum2 如下：

```
public static int maxSum2(int m, int n)
{
  int sum=0;
  int [] b = new int [n+1];
  for (int i=1;i<=m;i++)
  {
    for (int k=1;k<=n;k++) b[k]=0;
    for (int j=i;j<=m;j++)
    {
      for (int k=1;k<=n;k++) b[k]+=a[j][k];
      int max=maxSum(b);
      if (max>sum)sum=max;
    }
  }
  return sum;
}
```

由于解最大子段和问题的动态规划算法 maxSum 需要 $O(n)$时间，故算法 maxSum2 的双重 for 循环需要 $O(m^2n)$计算时间。从而算法 maxSum2 需要 $O(m^2n)$计算时间。特别地，当 $m=O(n)$时，算法 maxSum2 需要 $O(n^3)$计算时间。

2. 最大 *m* 子段和问题

最大 m 子段和问题：给定由 n 个整数(可能为负整数)组成的序列 $a_1,a_2,\cdots,a_n$，以及一个正整数 m，要求确定序列 $a_1,a_2,\cdots,a_n$ 的 m 个不相交子段，使这 m 个子段的总和达到最大。

最大 m 子段和问题是最大子段和问题在子段个数上的推广。或者换句话说，最大子段和问题是最大 m 子段和问题当 $m=1$ 时的特殊情形。

设 $b(i,j)$表示数组 a 的前 j 项中 i 个子段和的最大值，且第 i 个子段含 $a[j]$($1\leqslant i\leqslant m$，$i\leqslant j\leqslant n$)。则所求的最优值显然为 $\max\limits_{m\leqslant j\leqslant n} b(m,j)$。与最大子段和问题类似地，计算 $b(i,j)$的递归式为

$$b(i,j)=\max\{b(i,j-1)+a[j],\max_{i-1\leqslant t<j} b(i-1,t)+a[j]\}\quad (1\leqslant i\leqslant m,i\leqslant j\leqslant n)$$

其中，$b(i,j-1)+a[j]$项表示第 i 个子段含 $a[j-1]$，而 $\max\limits_{i-1\leqslant t<j} b(i-1,t)+a[j]$项表示第 i 个子段仅含 $a[j]$。初始时，$b(0,j)=0$，($1\leqslant j\leqslant n$)；$b(i,0)=0$，($1\leqslant i\leqslant m$)。

根据上述计算 $b(i,j)$ 的动态规划递归式，可设计解最大 m 子段和问题的动态规划算法如下：

```
public static int maxSum(int m)
{
    int n=a.length-1;
    if (n<m || m<1) return 0;
    int [][] b=new int [m+1][n+1];
    for (int i=0; i<=m; i++) b[i][0]=0;
    for (int j=1; j<=n; j++) b[0][j]=0;
    for (int i=1;i<=m;i++)
        for (int j=i;j<=n-m+i;j++)
          if (j>i)
          {
             b[i][j]=b[i][j-1]+a[j];
             for (int k=i-1;k<j;k++)
               if (b[i][j]<b[i-1][k]+a[j])
               b[i][j]=b[i-1][k]+a[j];
          }
          else b[i][j]=b[i-1][j-1]+a[j];
    int sum=0;
    for (int j=m;j<=n;j++)
       if (sum<b[m][j]) sum=b[m][j];
    return sum;
}
```

上述算法显然需要 $O(mn^2)$ 计算时间和 $O(mn)$ 空间。

注意到在上述算法中，计算 $b[i][j]$ 时只用到数组 b 的第 $i-1$ 行和第 i 行的值。因而算法中只要存储数组 b 的当前行，不必存储整个数组。另一方面，$\max\limits_{i-1\leqslant t<j} b(i-1,t)$ 的值可以在计算第 $i-1$ 行时预先计算并保存起来。计算第 i 行的值时不必重新计算，节省了计算时间和空间。按此思想可对上述算法做进一步改进如下：

```
public static int maxSum(int m)
{
    int n=a.length-1;
    if (n<m || m<1) return 0;
    int [] b=new int [n+1];
    int [] c=new int [n+1];
    b[0]=0;
    c[1]=0;
    for (int i=1;i<=m;i++)
    {
       b[i]=b[i-1]+a[i];
       c[i-1]=b[i];
       int max=b[i];
       for (int j=i+1;j<=i+n-m;j++)
```

```
        {
            b[j]=b[j-1]>c[j-1]? b[j-1]+a[j]:c[j-1]+a[j];
            c[j-1]=max;
            if (max<b[j]) max=b[j];
        }
        c[i+n-m]=max;
    }
    int sum=0;
    for (int j=m;j<=n;j++)
        if (sum<b[j])sum=b[j];
    return sum;
}
```

上述算法需要$O(m(n-m))$计算时间和$O(n)$空间。当m或$n-m$为常数时，上述算法需要$O(n)$计算时间和$O(n)$空间。

10.2 动态规划加速原理

本节以货物储运问题为例讨论动态规划加速原理。对一类常见的动态规划问题，利用其四边形不等式性质，将计算时间从$O(n^3)$降至$O(n^2)$。

10.2.1 货物储运问题

在一个铁路沿线顺序存放着n堆装满货物的集装箱。货物储运公司要将集装箱有次序地集中成一堆。规定每次只能选相邻的2堆集装箱合并成新的一堆，所需的运输费用与新的一堆中集装箱数成正比。给定各堆的集装箱数，试制定一个运输方案，使总运输费用最少。

设n堆货物从左到右编号为$1,2,\cdots,n$。各堆货物集装箱数为$a[1:n]$。

1. 最优子结构性质

对于$a[1:n]$的一个最优合并方式，设其在$a[k]$和$a[k+1]$之间断开，则其合并方式为$((a[1:k])(a[k+1:n]))$。

容易看出，此时$a[1:k]$和$a[k+1:n]$的合并方式也是最优的，即该问题具有最优子结构性质。

2. 递归关系

设合并$a[i:j]$，$1\leqslant i\leqslant j\leqslant n$，所需的最少费用为$m[i,j]$，则原问题的最优值为$m[1,n]$。由最优子结构性质可知，

$$m[i,j]=\begin{cases}0 & i=j\\ \min\limits_{i<k\leqslant j}\{m[i,k-1]+m[k,j]+\sum\limits_{t=i}^{j}a[t]\} & i<j\end{cases}$$

上式给出了计算$m[i,j]$的递归式，同时还确定了合并的断开位置k，可将k记录在$s[i,j]$中，便于在计算出最优值后，根据$s[i,j]$中记录的断开位置构造出最优解。

上述递归式中的$\sum\limits_{t=i}^{j}a[t]$也可递归地计算。设$b[i]=\sum\limits_{t=1}^{i}a[t]$，$i=1\cdots n$；$b[0]=0$，则

$$\sum_{t=i}^{j} a[t] = b[j] - b[i-1], \qquad 1 \leqslant i \leqslant j \leqslant n$$

10.2.2 算法及其优化

货物储运问题的动态规划递归式是下面更一般的递归计算式的特殊情形。

设 $w(i,j) \in R, 1 \leqslant i < j \leqslant n$。且 $m(i,j)$ 的递归计算式为

$$m[i,j] = \begin{cases} 0 & i = j \\ w(i,j) + \min\limits_{i<k\leqslant j}\{m[i,k-1] + m[k,j]\} & i < j \end{cases}$$

1. $O(n^3)$ 时间算法

根据递归式，按通常方法可设计计算 $m(i,j)$ 的动态规划算法如下：

```
public static void dynamicProgramming(int n, float [][]m, int [][]s, float [][]w)
{
   for (int i=1; i<=n; i++)
   {
     m[i][i]=0;
     s[i][i]=0;
   }
   for (int r=1; r<=n; r++)
     for (int i=1; i<=n-r; i++)
     {
       int j=i+r;
       w[i][j]=weight(i,j);
       m[i][j]=m[i+1][j];
       s[i][j]=i;
       for (int k=i+1; k<j; k++)
       {
         float t=m[i][k]+m[k+1][j];
         if (t<=m[i][j]) {
             m[i][j]=t;
             s[i][j]=k;}
       }
       m[i][j]+=w[i][j];
     }
}
```

算法 dynamicProgramming 需要 $O(n^3)$ 计算时间和 $O(n^2)$ 空间。

2. 四边形不等式

在上述计算 $m(i,j)$ 的递归式中，当函数 $w(i,j)$ 满足

$$w(i,j) + w(i',j') \leqslant w(i',j) + w(i,j'), \qquad i \leqslant i' < j \leqslant j'$$

时，称 w 满足四边形不等式。

当函数 $w(i,j)$ 满足 $w(i',j) \leqslant w(i,j'), i \leqslant i' < j \leqslant j'$ 时，称 W 关于区间包含关系单调。

对于满足四边形不等式的单调函数 w，可推知由递归式定义的函数 $m(i,j)$ 也满足四边

形不等式,即

$$m(i,j)+m(i',j')\leqslant m(i',j)+m(i,j'),\qquad i\leqslant i'<j\leqslant j'$$

这一性质可用数学归纳法证明如下。

对四边形不等式中的“长度”$l=j'-i$用数学归纳法。

当$i=i'$或$j=j'$时,不等式显然成立。由此可知,当$l\leqslant 1$时,函数m满足四边形不等式。

下面分两种情形进行归纳证明。

1) 情形1:$i<i'=j<j'$

在这种情形下,四边形不等式简化为下面的(反)三角不等式

$$m(i,j)+m(j,j')\leqslant m(i,j')$$

设$k=\max\{t|m(i,j')=m(i,t-1)+m(t,j')+w(i,j')\}$,再分$k\leqslant j$或$k\geqslant j$两种对称情形。

(1) 情形1.1:$k\leqslant j$。

此时有$m(i,j')=w(i,j')+m(i,k-1)+m(k,j')$。因此有

$$\begin{aligned}m(i,j)+m(j,j')&\leqslant w(i,j)+m(i,k-1)+m(k,j)+m(j,j')\\&\leqslant w(i,j')+m(i,k-1)+m(k,j)+m(j,j')\\&\leqslant w(i,j')+m(i,k-1)+m(k,j')\\&=m(i,j')\end{aligned}$$

(2) 情形1.2:$k>j$。

证明与①情形1.1类似。

2) 情形2:$i<i'<j<j'$

设

$$y=\max\{t\mid m(i',j)=m(i',t-1)+m(t,j)+w(i',j)\}$$
$$z=\max\{t\mid m(i,j')=m(i,t-1)+m(t,j')+w(i,j')\}$$

仍需再分两种情形讨论,即$z\leqslant y$或$z>y$。只讨论$z\leqslant y$的情形,$z>y$的情形是对称的。

首先注意到由y和z的定义有$z\leqslant y\leqslant j$且$i<z$。由此有

$$\begin{aligned}&m(i,j)+m(i',j')\\&\leqslant w(i,j)+m(i,z-1)+m(z,j)+w(i',j')+m(i',y-1)+m(y,j')\\&\leqslant w(i,j')+w(i',j)+m(i',y-1)+m(i,z-1)+m(z,j)+m(y,j')\\&\leqslant w(i,j')+w(i',j)+m(i',y-1)+m(i,z-1)+m(y,j)+m(z,j')\\&=m(i,j')+m(i',j)\end{aligned}$$

综上所述,由数学归纳法即知,$m(i,j)$满足四边形不等式。

定义$s(i,j)=\max\{k|m(i,j)=m(i,k-1)+m(k,j)+w(i,j)\}$,由函数$m(i,j)$的四边形不等式性质可推出函数$s(i,j)$的单调性,即

$$s(i,j)\leqslant s(i,j+1)\leqslant s(i+1,j+1),\qquad i\leqslant j$$

事实上,当$i=j$时,单调性不等式显然成立。因此,只要讨论$i<j$的情形。由于对称性,只要证明$s(i,j)\leqslant s(i,j+1)$。

为了便于讨论,记$m_k(i,j)=m(i,k-1)+m(k,j)+w(i,j)$。

由 $s(i,j)$ 的定义可知，为证明 $s(i,j)\leqslant s(i,j+1)$，只要证明对所有 $i<k\leqslant k'\leqslant j$，有

$$m_{k'}(i,j)\leqslant m_k(i,j) \text{ 蕴涵 } m_{k'}(i,j+1)\leqslant m_k(i,j+1)$$

事实上，可以证明一个更强的不等式

$$m_k(i,j)-m_{k'}(i,j)\leqslant m_k(i,j+1)-m_{k'}(i,j+1)$$

或等价地

$$m_k(i,j)+m_{k'}(i,j+1)\leqslant m_k(i,j+1)+m_{k'}(i,j)$$

将这 4 项用它们的定义展开可得

$$m(k,j)+m(k',j+1)\leqslant m(k',j)+m(k,j+1)$$

这正是在 $k\leqslant k'\leqslant j<j+1$ 时的四边形不等式。

综上所述，可得到如下重要结论：

当 w 是满足四边形不等式的单调函数时，函数 $s(i,j)$ 单调。

3. 加速算法

根据前面的讨论，当 w 是满足四边形不等式的单调函数时，函数 $s(i,j)$ 单调，从而

$$\min_{i<k\leqslant j}\{m(i,k-1)+m(k,j)\}=\min_{s(i,j-1)\leqslant k\leqslant s(i+1,j)}\{m(i,k-1)+m(k,j)\}$$

由此可对算法 dynamicProgramming 做如下改进：

```
public static void speedDynamicProgramming(int n, float [][]m, int [][]s, float [][]w)
{
  for (int i=1; i<=n; i++)
  {
     m[i][i]=0;
     s[i][i]=0;
  }
  for (int r=1; r<n; r++)
   for (int i=1; i<=n- r; i++)
   {
      int j=i+r,
          i1=s[i][j-1],
          j1=s[i+1][j];
      w[i][j]=weight(i,j);
      m[i][j]=m[i][i1]+m[i1+1][j];
      s[i][j]=i1;
      for (int k=i1+1; k<=j1; k++)
      {
         float t=m[i][k]+m[k+1][j];
         if (t<=m[i][j])
         {
            m[i][j]=t;
            s[i][j]=k;
         }
      }
      m[i][j]+=w[i][j];
   }
}
```

改进后算法 speedDynamicProgramming 所需的计算时间为

$$O\Big(\sum_{r=0}^{n-1}\sum_{i=1}^{n-r}(1+s(i+1,i+r)-s(i,i+r-1))\Big)$$
$$=O\Big(\sum_{r=0}^{n-1}(n-r+s(n-r+1,n)-s(1,r))\Big)$$
$$=O\Big(\sum_{r=0}^{n-1}n\Big)$$
$$=O(n^2)$$

对于货物储运问题,有 $w(i,j)=\sum_{t=i}^{j}a[t]$。

$w(i,j)$显然满足 $w(i,j)+w(i',j')=w(i',j)+w(i,j')$,$i\leqslant i'<j\leqslant j'$ 以及 $w(i',j)\leqslant w(i,j')$,$i\leqslant i'<j\leqslant j'$。因而 $w(i,j)$是满足四边形不等式的单调函数。根据前面的讨论,可用算法 speedDynamicProgramming 解货物储运问题,所需的计算时间为 $O(n^2)$。

10.3 问题的算法特征

进一步考查货物储运问题可以发现该问题具有特殊性质有助于设计有效算法。本节通过对货物储运问题的更深入分析,挖掘问题的算法特征,设计出更有效的算法,将计算时间从上一节中算法的 $O(n^2)$降至 $O(n\log n)$,成为一个最优算法。通过该实例的分析,展示利用问题的算法特征,优化算法计算时间和空间的一般策略。

10.3.1 贪心策略

设货物储运问题各堆集装箱数依序分别为 5,3,4,1,3,2,3,4。采用每次合并集装箱数最少的相邻 2 堆货物的贪心策略,其合并过程如图 10-1 所示。

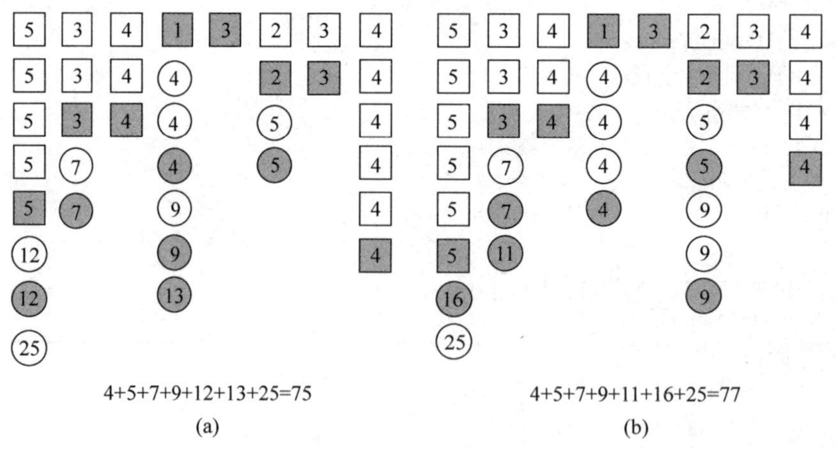

图 10-1 货物储运问题的贪心算法

该问题的最优值为 74。可见采用上述贪心策略得不到最优解。

10.3.2 对贪心策略的改进

从图 10-1 可以看出,采用贪心策略每次合并最小相邻结点对。适当放松相邻性约束,引入相容结点对概念。如图 10-1 所示,原始结点用方形结点表示,合并生成的结点用圆形结点表示。在合并过程中,相容结点对之间没有方形结点。图 10-2 的结点合并过程是对图 10-1 贪心算法的修正。该算法采取的合并策略是合并当前最小相容结点对。

最小相容结点对 $a[i]$和 $a[j]$ 是满足下面条件的结点对:

(1) 结点 $a[i]$和 $a[j]$ 之间没有方形结点。

(2) 在所有满足条件(1)的结点中 $a[i]+a[j]$的值最小。

(3) 在所有满足条件(1)和(2)的结点中下标 i 最小。

(4) 在所有满足条件(1)、(2)和(3)的结点中下标 j 最小。

从图 10-2 的合并算法得到相应的最小相容合并树,如图 10-3 所示。

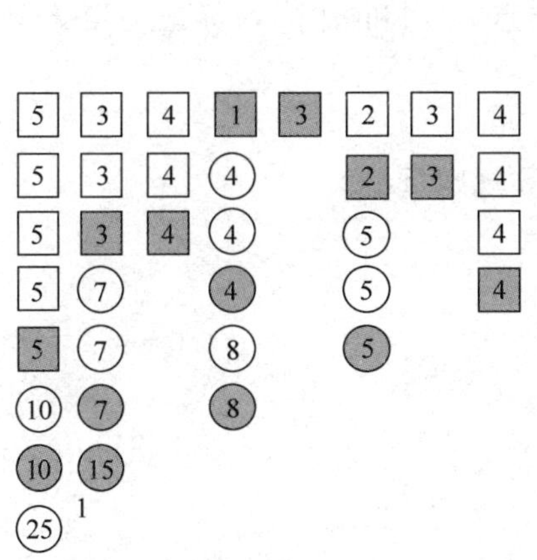

图 10-2 最小相容合并算法

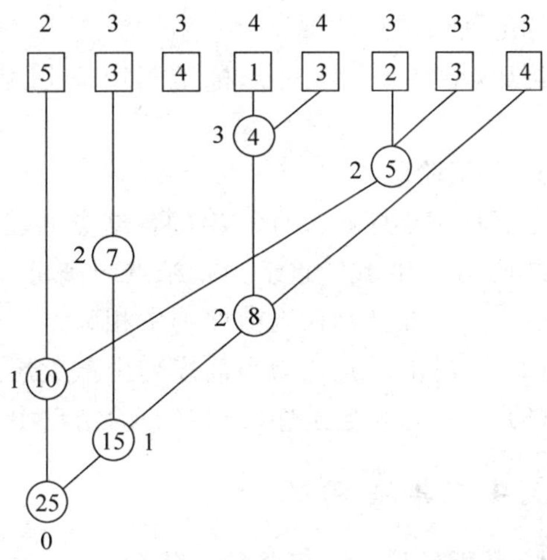

图 10-3 最小相容合并树

图 10-3 中原始结点上方的数字表示相应的原始结点在相容合并树中所处的层序。虽然最小相容合并算法不满足货物储运问题的相邻性约束,但对货物储运问题做更深入的分析后可得到其重要的算法特征如下。

定理(相同层序定理) 存在货物储运问题的最优合并树,其各原始结点在最优合并树中所处的层序与相应的原始结点在相容合并树中所处的层序相同。

根据上述定理,容易从图 10-3 中各原始结点在相容合并树中所处的层序构造出相应的最优合并树,如图 10-4 所示。

10.3.3 算法三部曲

1. 组合阶段

将给定的 n 个数作为方形结点依序从左到右排列:$a[1],a[2],\cdots,a[n]$。

反复删除序列中最小相容结点对 $a[i]$和 $a[j]$,且 $i<j$,并在位置 i 处插入值为 $a[i]+a[j]$的圆形结点,直至序列中只剩下 1 个结点。

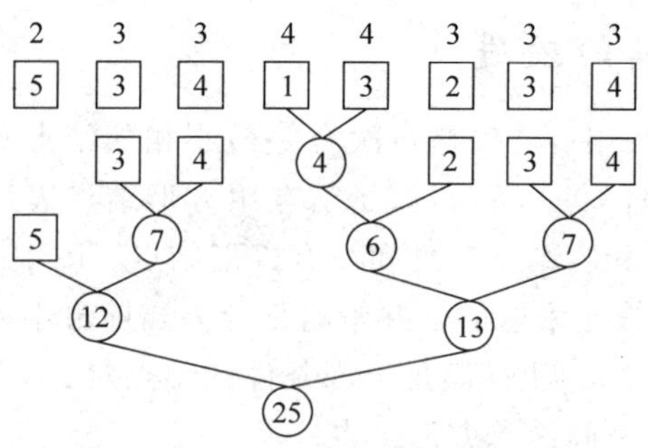

图 10-4　最优合并树

2. 标记层序阶段

将第一阶段结束后留下的唯一结点标记为第 0 层结点。然后以与第一阶段相反的组合顺序标记其余结点的层序。

例如，结点 $a[i]+a[j]$ 标记为第 k 层结点，则结点 $a[i]$ 和 $a[j]$ 均标记为第 $k+1$ 层结点。

3. 重组阶段

根据标记层序阶段计算出的各结点的层序，按下述规则重组。

结点 $a[i]$ 和 $a[j]$ 重组为新结点应满足以下条件：

(1) $a[i]$ 和 $a[j]$ 在当前序列中相邻。

(2) $a[i]$ 和 $a[j]$ 均为当前序列中最大层序结点。

(3) 在所有满足条件(1)和(2)的结点中，下标 i 最小。

10.3.4　算法实现

1. 数据结构——可并优先队列

2 相继方形结点及其间圆形结点存储于可并优先队列 hpq(j)中；各可并优先队列 hpq(j)中最小元 min(j)存处于优先队列 mpq 中，如图 10-5 所示。

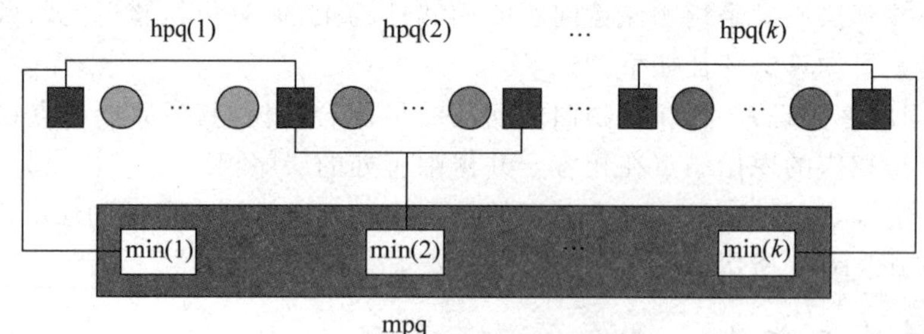

图 10-5　可并优先队列

2. 组合算法

算法三部曲的关键是如下组合阶段：

(1) 从优先队列 mpq 中依次取出最小元 mn。

(2) 将与 mn 相应的最小相容结点对合并。

(3) 对合并最小相容结点对后的最小相容森林、可并优先队列 hpq(j)以及优先队列 mpq 进行相应修改。具体算法 combination 表述如下：

```
private static void combination()
{
    Init();
    for (int k=1; k<n; k++)
    {
        mn=mpq.removeMin();
        modifyHpq(mn.hpq);
        merge(mn.i,mn.j);
        modifyMpq(mn.hpq);
        modifyTree(mn.i,mn.j);
    }
}
```

合并可并优先队列 hpq(j)中的最小相容结点对 min(1)和 min(2)后，应将其从hpq(j)中删去，并将合并生成的圆形结点插入 hpq(j)中，如图 10-6 所示。

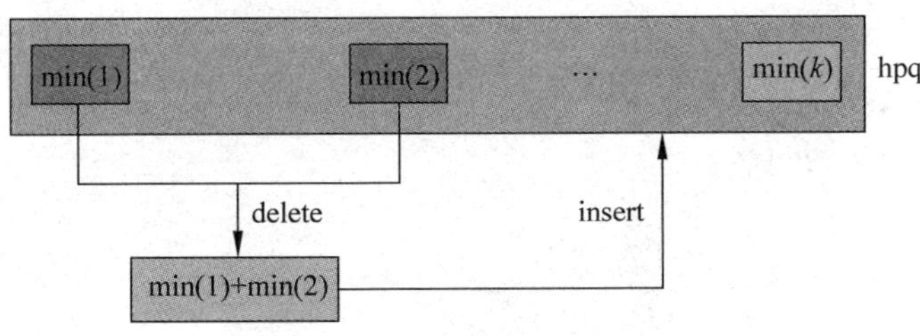

图 10-6　修改可并优先队列

```
private static void modifyQ(int key,int index)
{
    hNode newhp=new hNode(key,index);
    tt[left].hp.put(newhp);
    mNode newmp=min2(left);
    HbltNode mpqn=mpq.putAndReturnNode(newmp);
    tt[left].mp=mpqn;
}
```

待合并的最小相容结点对中的方形结点从所在的两个可并优先队列 hpq(j)和 hpq(j+1)中删去后，这两个可并优先队列合并为一个新的可并优先队列，如图 10-7 所示。

```
    private static void merge(int i1,int i2)
{
    if ((i1>left)&&(i1<right)) tt[left].hp.removeMin();
    if ((i2>left)&&(i2<right)) tt[left].hp.removeMin();

    if (i1==left)
```

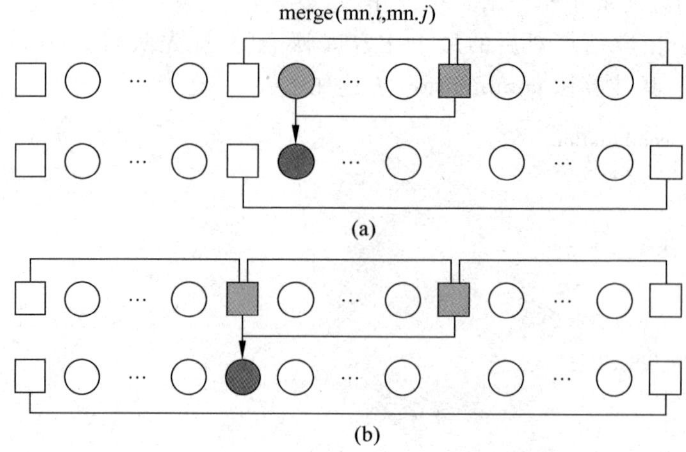

图 10-7　可并优先队列的合并

```
    {
        int ileft=tt[left].prev;
        HbltNode mpqn=tt[ileft].mp;
        if (mpqn!=null) mpq.removeElementInNode(mpqn);
        tt[ileft].hp.meld(tt[left].hp);
        tt[left].hp=null;
        left=ileft;
        tt[left].next=right;
        tt[right].prev=left;
    }

    if (i2==right)
    {
        int iright=tt[right].next;
        HbltNode mpqn=tt[right].mp;
        if (mpqn!=null) mpq.removeElementInNode(mpqn);
        tt[left].hp.meld(tt[right].hp);
        tt[right].hp=null;
        right=iright;
        tt[right].prev=left;
        tt[left].next=right;
    }
}
```

两个可并优先队列 hpq(j)和 hpq($j+1$)合并后，应将其最小元从优先队列 mpq 中删去，并将新生成的可并优先队列的最小元插入优先队列 mpq，如图 10-8 所示。

具体算法在 min2 中实现。

```
private static mNode min2(int index)
{
    MinHbltWithRemoveNode hpq=tt[index].hp;
```

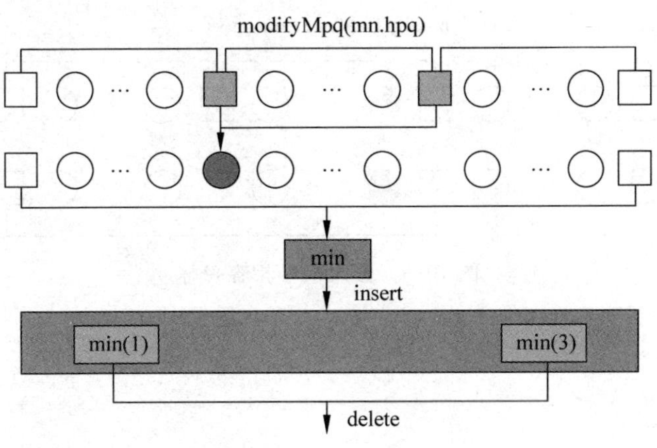

图 10-8　修改优先队列

```
    int right=tt[index]. next;
    hNode [] m=new hNode[4];
    m[0]=new hNode(tt[index]. key,index);
    m[1]=new hNode(tt[right]. key,right);
    m[2]=(hNode) hpq. getMin();
    m[3]=(hNode) hpq. getMin2();
    hNode hn=new hNode(Integer. MAX_VALUE,index);
    if (m[2]==null) m[2]=hn;
    if (m[3]==null) m[3]=hn;
    Sort(m);
    if ((m[0]!=null)&&(m[1]!=null))
    {
      int i=m[0]. index,
          j=m[1]. index;
      if (i>j)
      {
        int temp=i;
        i=j;
        j=temp;
      }
      mNode mn=new mNode(m[0]. key+m[1]. key,index,i,j);
      return mn;
    }
    else return null;
}
```

合并最小相容结点对 min(1)和 min(2)后，在当前最小相容森林中，新生成的圆形结点成为 min(1)和 min(2)的父结点，如图 10-9 所示。

```
private static void modifyTree(int i1,int i2)
{
    aNode newap=new aNode(0,tt[i1]. ap,tt[i2]. ap);
```

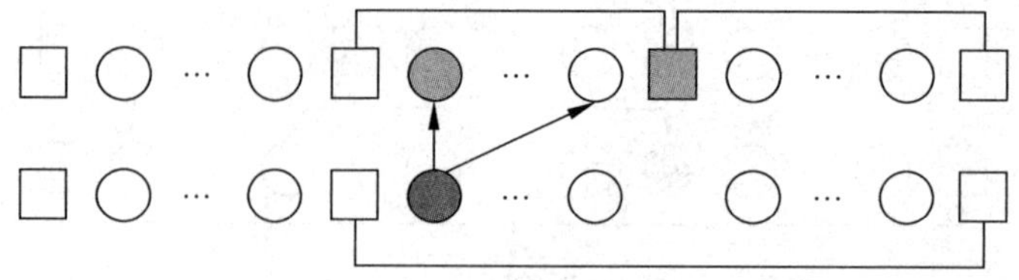

图 10-9 修改最小相容森林

```
        tt[i1].ap=newap;
        tt[i2].ap=null;
    }
```

3. 标记层序算法

组合阶段完成后，得到最小相容树。从最小相容树的根结点出发，递归地标记各结点的层序如下：

```
private static void assign()
{
    assign(tt[1].ap,0);
}

private static void assign(aNode node, int lev)
{
    if (node.index>0) level[node.index]=lev;
    if (node.left!=null) assign(node.left, lev+1);
    if (node.right!=null) assign(node.right, lev+1);
}
```

4. 重组算法

根据标记层序阶段计算出的各结点的层序，按相邻性规则重组。

结点 $a[i]$和 $a[j]$重组为新结点应满足以下条件：

(1) $a[i]$和 $a[j]$在当前序列中相邻。

(2) $a[i]$和 $a[j]$均为当前序列中最大层序结点。

(3) 在所有满足条件(1)和(2)的结点中，下标 i 最小。

具体实现时用一个栈 s 和一个队列 q 以及一个中间单元 p 来完成。开始时，将最左结点放入中间单元 p 中，其余结点依序放入队列 q 中。将 p 中结点反复与 s 的栈顶结点或 q 的队首结点比较，层序相同者合并，p 中结点层序减 1；否则，p 中结点进栈，q 队首结点进入 p。上述过程进行到 p 中结点层序为 0，如图 10-10所示。

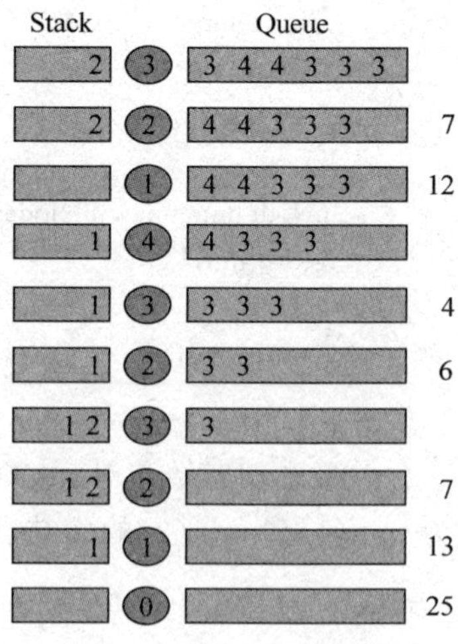

图 10-10 重组最优合并树

```
private static int recombination (int n)
{
    int bridge,k=1,sum=0;
```

```
    LinkedStack s = new LinkedStack();
    LinkedQueue q = new LinkedQueue();
    if (n==1) return tt[1].key;
    if (n==2) return tt[1].key+tt[2].key;
    bridge=1;
    for (int i=2;i<=n;i++)
      q.put(new Integer(i));

    while (k<n)
    {
      s.push(new Integer(bridge));
      bridge=((Integer)q.remove()).intValue();
      while (sames(s,bridge)||sameq(q,bridge))
      {
          while (sames(s,bridge))
          {
            int si=((Integer)s.pop()).intValue();
            tt[bridge].key+=tt[si].key;
            sum+=tt[bridge].key;
            k++;
            level[bridge]--;
          }
          if (sameq(q,bridge))
          {
            int qi=((Integer)q.remove()).intValue();
            tt[bridge].key+=tt[qi].key;
            sum+=tt[bridge].key;
            k++;
            level[bridge]--;
          }
      }
    }
    return sum;
}
```

10.3.5 算法复杂性

改进的算法由组合、标记层序和重组 3 个阶段构成。

```
Public static int compute()          //O(n logn)
{
    input();
    combination();                   //O(n logn)
    assign();                        //O(n)
    return recombination();          //O(n)
}
```

算法的主要计算量在组合阶段。用左偏树实现可并优先队列,可在 $O(\log n)$ 时间内完成可并优先队列的各运算。因此,组合阶段算法 combination 所需的计算时间为 $O(n\log n)$。标记层序算法 assign 和重组阶段算法 recombination 显然只需要 $O(n)$ 时间。因此,新算法所需的总计算时间为 $O(n\log n)$。

10.4 优化数据结构

本节讨论的带权区间最短路问题容易变换为一般图的最短路问题。因此,用关于一般图最短路问题的 Dijkstra 算法,可以在 $O(n^2)$ 时间内解直线上 n 个带权区间的最短路问题。通过对问题的分析并选用合适的数据结构,可将算法的计算时间减至 $O(n\alpha(n))$。本节以此实例展示数据结构在算法设计中的地位和作用。数据结构的优化直接导致算法的优化。

10.4.1 带权区间最短路问题

S 是直线上 n 个带权区间的集合。从区间 $I\in S$ 到区间 $J\in S$ 的一条路是 S 的一个区间序列 $J(1),J(2),\cdots,J(k)$。其中,$J(1)=I,J(k)=J$,且对所有 $1\leqslant i\leqslant k-1$, $J(i)$ 与 $J(i+1)$ 相交。这条路的长度定义为路上各区间权之和。在所有从 I 到 J 的路中,路长最短的路称为从 I 到 J 的最短路。带权区间图的单源最短路问题要求计算从 S 中一个特定的源区间到 S 中所有其他区间之间的最短路。

一个区间 I 包含另一个区间 J 当且仅当 $I\cap J=J$。区间 I 交区间 J 当且仅当 $I\cap J\neq\varnothing$。

设集合 S 由区间 $I(1),I(2),\cdots,I(n)$ 构成。

$I(i)=[a(i),b(i)]$, $1\leqslant i\leqslant n$, $b(1)\leqslant b(2)\leqslant\cdots\leqslant b(n)$。区间 $I(i)$ 带权 $w(i)>0$, $1\leqslant i\leqslant n$。

由区间 $I(1),I(2),\cdots,I(i)$ 构成的集合记为 $S(i)$, $1\leqslant i\leqslant n$。

不失一般性,设区间 $I(1),I(2),\cdots,I(n)$ 的并覆盖了从 $a(1)$ 到 $b(n)$ 的线段。源区间是 $I(1)$。

对于任一区间集 S,其并集可能有多个连通分量。若区间 I 和 J 分别属于 S 的并集的两个不同的连通分量,则区间 I 和 J 在 S 中没有路。

10.4.2 算法设计思想

区间集 $S(i)$ 的扩展定义为:$S(i)\cup T$,其中 T 是满足下面条件的另一区间集。T 中任意区间 $I=[a,b]$ 均有 $b>b(i)$。

设区间 $I(k)(k\leqslant i)$ 是区间集 $S(i)$ 中的一个区间,$1\leqslant i\leqslant n$。如果对于 $S(i)$ 的任意扩展 $S(i)\cup T$,当区间 $J\in T$ 且在 $S(i)\cup T$ 中有从 $I(1)$ 到 J 的路时,在 $S(i)\cup T$ 中从 $I(1)$ 到 J 的任一最短路都不含区间 $I(k)$,则称区间 $I(k)$ 是 $S(i)$ 中的无效区间。若 $S(i)$ 中的区间 $I(k)$ 不是无效区间则称其为 $S(i)$ 中的有效区间。

在图 10-11 中,区间 $I(2)$ 是 $S(4)$ 中的无效区间;区间 $I(3)$ 是 $S(4)$ 中的有效区间;区间 $I(5)$ 是 $S(5)$ 中的无效区间;区间 $I(9)$ 是 $S(10)$ 中的无效区间;区间 $I(10)$ 是 $S(10)$ 中的有效区间。

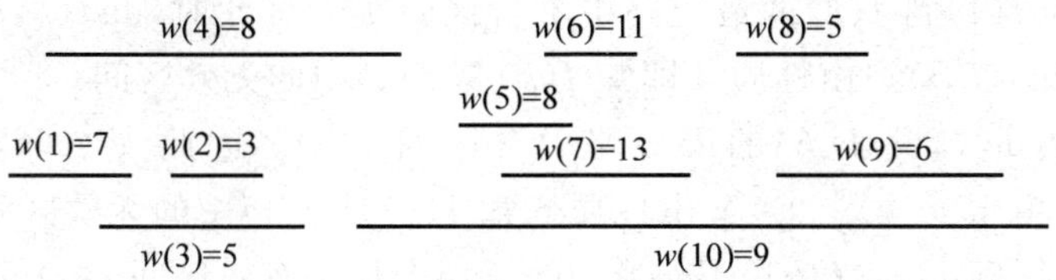

w(4)=8　w(6)=11　w(8)=5
w(5)=8
w(1)=7　w(2)=3　w(7)=13　w(9)=6
w(3)=5　w(10)=9

图 10-11　区间集

性质 1：区间 $I(k)$是 $S(i)$中的有效区间，则对任意 $k \leqslant j \leqslant i$，区间 $I(k)$是 $S(j)$中的有效区间。另一方面，若区间 $I(k)$是 $S(i)$中的无效区间，则对任意 $j>i$，区间 $I(k)$是$S(j)$中的无效区间。

性质 2：集合 $S(i)$中所有有效区间的并覆盖从 $a(1)$到 $b(j)$的线段，其中 $b(j)$是$S(i)$的最右有效区间的右端点。

事实上，对 $S(i)$中任一有效区间 $I(k)$，$k \leqslant i$，由定义可知，在 $S(i)$中有一条从 $I(1)$到 $I(k)$的最短路。这意味着这条最短路上所有区间均为 $S(i)$中有效区间。由此可见，若 $b(j)$是 $S(i)$的最右有效区间的右端点，则集合 $S(i)$中所有有效区间的并覆盖从$a(1)$到 $b(j)$的线段。

性质 3：区间 $I(i)$是集合 $S(i)$中的有效区间当且仅当在 $S(i)$中有一条从 $I(1)$到$I(i)$的路。

$S(j)$中从 $I(1)$到 $I(i)$的最短路长记为 $\text{dist}(i,j)$，$i \leqslant j$。当 $i>j$ 时，$\text{dist}(i,j)=+\infty$。

由上面的定义可知，对所有 i 均有，$\text{dist}(i,1) \geqslant \text{dist}(i,2) \geqslant \cdots \geqslant \text{dist}(i,n)$。

若在 $S(i)$中不存在从 $I(1)$到 $I(k)$的路，则对 $k \leqslant j \leqslant i$ 有 $\text{dist}(j,i)=+\infty$。

在图 10-11 中，$\text{dist}(8,9)=+\infty$，$\text{dist}(8,10)=29$。

性质 4：当 $i>k$ 且 $\text{dist}(i,i)<\text{dist}(k,i)$时，$I(k)$是 $S(i)$中的无效区间。

由 $\text{dist}(i,i)<\text{dist}(k,i)$知，$\text{dist}(i,i)<+\infty$。从而在 $S(i)$中有一条从 $I(1)$到 $I(i)$的路和一条从 $I(1)$到 $I(k)$的路。由 $\text{dist}(i,i)<\text{dist}(k,i)$可推知，$S(i)$中从 $I(1)$到 $I(i)$的最短路中不含区间 $I(k)$。由此可见，$I(k)$是 $S(i)$中的无效区间。

性质 5：设 $I(j(1)),I(j(2)),\cdots,I(j(k))$是 $S(i)$中的有效区间(图 10-12)，且 $j(1)<j(2)<\cdots<j(k) \leqslant i$，则 $\text{dist}(j(1),i) \leqslant \text{dist}(j(2),i) \leqslant \cdots \leqslant \text{dist}(j(k),i)$。

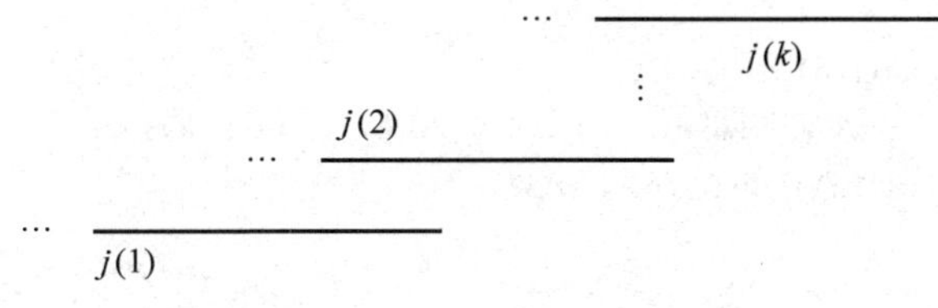

图 10-12　有效区间的单调性

性质 6：如果区间 $I(i)$包含区间 $I(k)$(因此 $i>k$)，且 $\text{dist}(i,i)<\text{dist}(k,i)$，则 $I(k)$是 $S(i)$中的无效区间。

性质 7：当 $i>k$ 且 $\text{dist}(i,i)<\text{dist}(k,i-1)$时，$I(k)$是 $S(i)$中的无效区间。

事实上，由 $\text{dist}(i,i)<\text{dist}(k,i-1)$知，$\text{dist}(i,i)<+\infty$。从而在 $S(i)$中有一条从$I(1)$到 $I(i)$的路和一条从$I(1)$到 $I(k)$的路。下面分两种情况讨论。

(1) $S(i)$中从$I(1)$到$I(k)$的最短路中不含区间$I(i)$。此时,$\text{dist}(k,i)=\text{dist}(k,i-1)$,因此$\text{dist}(i,i)<\text{dist}(k,i)$。由性质6即知$I(k)$是$S(i)$中的无效区间。

(2) $S(i)$中从$I(1)$到$I(k)$的最短路中含区间$I(i)$。因此,$\text{dist}(k,i)\geqslant\text{dist}(i,i)+w(k)>\text{dist}(i,i)$(由于$w(k)>0$),又由性质6知$I(k)$是$S(i)$中的无效区间。

性质8:如果区间$I(k)(k>1)$不包含$S(k-1)$中任一有效区间$I(j)$的右端点$b(j)$,则对任意$i\geqslant k$,$I(k)$是$S(i)$中的无效区间。

假设$I(k)$是$S(k)$中的有效区间。由性质2知,$S(k)$中所有有效区间的并覆盖从$a(1)$到$b(k)$的线段。因此,区间$I(k)$包含了$S(k)$中不同于$I(k)$的另一有效区间$I(j)$的右端点$b(j)(j<k)$。由于$I(j)\in S(k-1)=S(k)-\{I(k)\}$,由假设即知,$I(j)$是$S(k-1)$中的无效区间,从而$I(j)$也是$S(k)$中的无效区间。此为矛盾。因此,$I(k)$是$S(k)$中的无效区间。

根据上面的讨论可设计带权区间图的最短路算法如下:

```
算法 shortestIntervalPaths
{
    步骤 1: dist(1,1)←w(1);
    步骤 2:
            for (i=2;i<=n;i++)
            {
                (2.1):
                    j=min{ k | a(i)<b(k);1≤k<i  };
                    if (j 不存在) dist(i,i)←+∞;
                    else dist(i,i)←dist(j,i-1)+w(i);
                (2.2):
                    for (k<i)
                    {
                        if (dist(i,i)<dist(k,i-1)) dist(k,i)←+∞;
                        else dist(k,i)←dist(k,i-1);
                    }
            }
    步骤 3:
            for (i=2;i<=n;i++)
            {
                if (dist(i,n)=+∞) {
                  j=min{ k | (dist(k,n)<+∞)&&(a(i)<b(k)) };
                  dist(i,n)=dist(j,n)+w(i);
                }
}
```

上述算法的关键是有效地实现步骤2中的(2.1)和(2.2)。

10.4.3 算法实现方案

1. 实现方案1

用一棵平衡搜索树(2-3树)存储当前区间集$S(i)$中的有效区间。以区间的右端点的值为序,如图10-13所示。

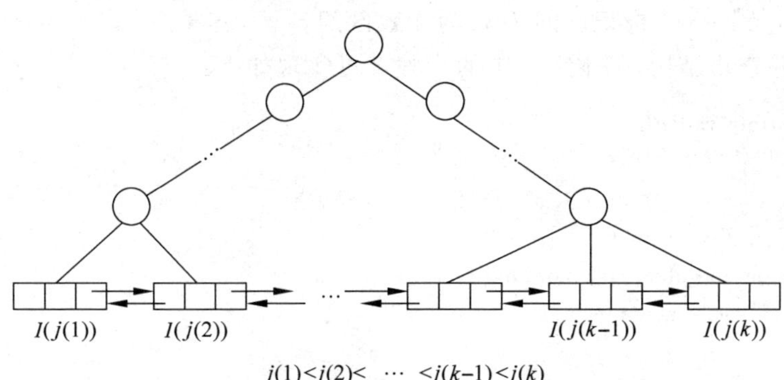

图 10-13 存储有效区间的平衡搜索树

算法 shortestIntervalPaths 步骤 2 中的(2.1)的实现对应于平衡搜索树从根到叶的一条路径上的搜索，在最坏情况下需要 $O(\log n)$时间。

算法 shortestIntervalPaths 步骤 2 中的(2.2)的实现对应于反复检查并删除平衡搜索树中最右叶结点的前驱结点。在最坏情况下，每删除一个结点需要 $O(\log n)$时间。

综上所述，算法 shortestIntervalPaths 用平衡搜索树的实现方案，在最坏情况下的计算时间复杂性为 $O(n\log n)$。

2. 实现方案 2

采用并查集结构。用整数 k 表示区间 $I(k)$，$1\leqslant k\leqslant n$。初始时每个元素 k 构成一个单元素集，即集合 k 是$\{k\}$，$1\leqslant k\leqslant n$。

(1) 每个当前有效区间 $I(k)$在集合 k 中。设 $I(i(1)),I(i(2)),\cdots,I(i(k))$是 $S(i)$中的有效区间，且 $i(1)<i(2)<\cdots<i(k)$。对任意 $1\leqslant j\leqslant k-1$，集合$\{h\mid i(j)<h<i(j+1)\}$包含在集合 $i(j+1)$中。依此定义，集合 $i(j+1)$中包含介于有效区间 $I(i(j))$和$I(i(j+1))$之间的所有无效区间和有效区间 $I(I(j+1))$的区间序号。

(2) 对每个集合 $S(i)$，设

$L(S(i))=\{I(k)\mid I(k)$是 $S(i)$的无效区间，且 $I(k)$与 $S(i)$的任一有效区间均不相交$\}$

例如，在图 10-11 中，$S(9)$的有效区间是 $I(1),I(3),I(4)$；$L(S(9))=\{I(5),I(6),I(7),I(8),I(9)\}$。

由性质 2 可知，$L(S(i))$中所有区间均位于 $S(i)$的所有有效区间并的右侧。$L(S(i))$非空当且仅当 $I(i)\in L(S(i))$。当 $L(S(i))$非空时，$L(S(i))$中所有无效区间的序号存放在集合 i 中。

(3) 用一个栈 AS 存放当前有效区间 $I(i(1)),I(i(2)),\cdots,I(i(k))$。$I(i(k))$是栈顶元素。该栈称为当前有效区间栈。

(4) 对于 $1\leqslant k\leqslant n$，记 $\text{prev}(I(k))=\min\{j\mid a(k)<b(j)\}$。

例如，在图 10-11 中，$\text{prev}(I(5))=5$，$\text{prev}(I(9))=8$，$\text{prev}(I(10))=4$。

$\text{prev}(I(k))\leqslant k$；仅当区间 $I(k)$不含其他区间的右端点时 $\text{prev}(I(k))=k$。

由于 $\text{prev}(I(k))$的定义是静态的，可以对给定的区间序列做一次线性扫描确定 $\text{prev}(I(k))$的值。

(5) 对于当前区间集 $S(i)$，用一维数组 dist 记录 $\text{dist}(j,i)$的值。

(6) 用 dist[k]=−1 标记区间 $I(k)$ 为无效区间。

基于上述并查集结构,基本算法中的步骤 2 可实现如下:

```
算法 shortestIntervalPaths
{
    步骤 1:
        int [] dist=new int [n];
        UnionFind uf=newUnionFind(n);
        int[] succ=new int [n];

        for (int i=1;i<n;i++)
        {
          succ[i]=i;
          for (int j=0;j<i;j++)
            if (a[i]<=b[j])
            {
              succ[i]=j;
              break;
            }
        }

        for (int i=1;i<n;i++) System.out.println(succ[i]);

        LinkedStack as=new LinkedStack();

        dist[0]=w[0];
        as.push(new Integer(0));

    步骤 2:
        for (int i=1;i<n;i++)
        {
          int j=uf.find(succ[i]);
        //(2.1):
          if ((j==i)||(j==i-1)&&(dist[i-1]<0))
          {
            dist[i]=-1;
            if (dist[i-1]<0) uf.union(i-1,i);
          }
       //(2.2):
          if ((j<i)&&(dist[j]>0))
          {
             dist[i]=dist[j]+w[i];
             if (dist[i-1]<0) uf.union(i-1,i);
             //对栈 AS 进行如下调整:
             while (!as.empty())
             {
```

```
                int k=((Integer) as.peek()).intValue();
                if (dist[i]<dist[k])
                {
                    as.pop();
                    dist[k]=-1;
                    uf.union(k,i);
                }
                else break;
            }
            as.push(new Integer(i));
        }
    }
    //步骤3:
    for (int i=1;i<n;i++)
    {
      succ[i]=0;
      for (int j=0;j<n;j++)
        if ((dist[j]>0)&&(a[i]<=b[j]))
        {
          succ[i]=j;
          break;
        }
    }
    for (int i=1;i<n;i++)
      if (dist[i]<0) dist[i]=dist[succ[i]]+w[i];

    long sum=0;

    System.out.println("dist[i]");
    for (int i=0; i<n; i++)
    {
        sum+=dist[i];
        System.out.println(dist[i]);
    }
    System.out.println(sum);
}
```

容易看到,上述算法总共执行 $O(n)$次 union 和 find 运算。由此可见,在最坏情况下,算法需要 $O(n\alpha(n))$计算时间,其中,$\alpha(n)$是单变量 Ackerman 函数的逆函数,对于通常所见到的 n,$\alpha(n)\leqslant 4$。

10.4.4 并查集

在一些应用问题中,需将 n 个不同的元素划分成一组不相交的集合。开始时,每个元素自成一个单元素集合,然后按一定顺序将属于同一组元素的集合合并。其间要反复用到查询某个元素属于哪个集合的运算。适合于描述这类问题的抽象数据类型称为并查集。它的数学模型是一组不相交的动态集合的集合 $S=\{A,B,C,\cdots\}$，它支持以下运算。

(1) union(A,B)：将集合 A 和 B 合并，其结果取名为 A 或 B。

(2) find(x)：找出包含元素 x 的集合，并返回该集合的名字。

在并查集中需要两种类型的参数：集合名字的类型和元素的类型。在许多情况下，可以用整数作为集合的名字。如果集合中共有 n 个元素，可以用范围$[1:n]$以内的整数表示元素。实现并查集的一个简单方法是使用数组表示元素及其所属子集的关系。其中，用数组下标表示元素，用数组单元记录该元素所属的子集名字。如果元素类型不是整型，则可以先构造一个映射，将每个元素映射成子一个整数。这种映射可以用散列表或其他方式实现。

采用树结构实现并查集的基本思想是，每个集合用一棵树表示。树的结点用于存储集合中的元素名。每个树结点还存放一个指向其父结点的指针。树根结点处的元素代表该树所表示的集合。利用映射可以找到集合中元素所对应的树结点。

父亲数组是实现上述树结构的有效方法。

```
public class UnionFind
{
  private static class Node
  {
    int parent;
    boolean root;
    private Node()
    {
      parent=1;
      root=true;
    }
  }
  Node [] node;

  public UnionFind(int n)
  {
    node=new Node [n+1];
    for (int e=0; e<=n; e++) node[e]=new Node();
  }
}
```

其中，Node 是表示树结构的父亲数组。构造方法将每个元素初始化为一棵单结点树。

在并查集的父亲数组表示下，find(e)运算就是从元素 e 相应的结点走到树根处，找出所在集合的名字。

```
public int find(int e)
{
   while (! node[e]. root) e=node[e]. parent;
   return e;
}
```

合并 2 个集合，只要将表示其中一个集合的树的树根改为表示另一个集合的树的树根的儿子结点。

```
public void union(int A, int B)
{
    node[A].parent+=node[B].parent;
    node[B].root=false;
    node[B].parent=A;
}
```

容易看出,在最坏情况下,合并可能使 n 个结点的树退化成一条链。在这种情况下对所有元素各执行一次 find 将耗时 $O(n^2)$。所以,尽管 union 只需要 $O(1)$时间,但 find 可能使总的时间耗费很大。为了克服这个缺点,可以做下述改进,使得每次 find 不超过 $O(\log n)$时间。在树根中保存该树的结点数,每次合并时总是将小树合并到大树上去。当一个结点从一棵树移到另一棵树上去时,这个结点到树根的距离就增加 1,而这个结点所在的树的大小至少增加一倍。于是并查集中每个结点至多被移动 $O(\log n)$次,从而每个结点到树根的距离不会超过 $O(\log n)$。所以,每次 find 运算只需 $O(\log n)$ 时间。

改进后的 union 运算将小树合并到大树上去。

```
public void union(int i, int j)
{
    if (node[i].parent<node[j].parent)
    {
        node[j].parent+=node[i].parent;
        node[i].root=false;
        node[i].parent=j;
    }
    else
    {
        node[i].parent+=node[j].parent;
        node[j].root=false;
        node[j].parent=i;
    }
}
```

加速并查集运算的另一个办法是采用路径压缩技术。在执行 find 时,实际上找到了从一个结点到树根的一条路径。路径压缩就是把这条路上的所有结点都提升 1 层。

```
public int find(int e)
{
    int current=e, p, gp;
    if (node[current].root) return current;
    p=node[current].parent;
    if (node[p].root) return p;
    gp=node[p].parent;
    while(true)
    {
```

```
            node[current].parent=gp;
            if (node[gp].root) return gp;
            current=p;
            p=gp;
            gp=node[p].parent;
        }
    }
```

路径压缩并不影响 union 运算的时间,它仍然只要 $O(1)$时间。但是路径压缩大大地加速了 find 运算。如果在执行 union 时总是将小树并到大树上,而且在执行 find 时,实行路径压缩,则可以证明,n 次 find 至多需要 $O(n\alpha(n))$时间。

10.4.5 可并优先队列

可并优先队列是一个以集合为基础的抽象数据类型。除了必须支持优先队列的插入和删除最小元运算外,可并优先队列还支持两个不同优先队列的合并运算。

用堆实现优先队列,可在 $O(\log n)$时间内支持同一优先队列中的基本运算。但合并两个不同优先队列的效率不高。下面讨论的左偏树结构不但能在 $O(\log n)$时间内支持同一优先队列中的基本运算,而且还能有效地支持两个不同优先队列的合并运算。

左偏树是一类特殊的优先级树。常用的左偏树有左偏高树和左偏重树两种不同类型。顾名思义,左偏高树的左子树偏高,而左偏重树的左子树偏重。下面给出其严格定义。

若将二叉树结点中的空指针看作是指向一个空结点,则称这类空结点为二叉树的前端结点,并规定所有前端结点的高度(重量)为 0。

对于二叉树中任意一个结点 x,递归地定义其高度 $s(x)$为

$$s(x) = \min\{s(L), s(R)\} + 1$$

其中,L 和 R 分别是结点 x 的左儿子结点和右儿子结点。

一棵优先级树是一棵左偏高树,当且仅当在该树的每个内结点处,其左儿子结点的高(s 值)大于或等于其右儿子结点的高(s 值)。

对于二叉树中任意一个结点 x,其重量 $w(x)$递归地定义为

$$w(x) = w(L) + w(R) + 1$$

其中,L 和 R 分别是结点 x 的左儿子结点和右儿子结点。

一棵优先级树是一棵左偏重树,当且仅当在该树的每个内结点处,其左儿子结点的重(w 值)大于或等于其右儿子结点的重(w 值)。

左偏高树具有下面性质:

设 x 是一棵左偏高树的任意一个内结点,则

(1) 以 x 为根的子树中至少有 $2^{s(x)}-1$ 个结点。

(2) 如果以 x 为根的子树中有 m 个结点,则 $s(x)$的值不超过 $\log(m+1)$。

(3) 从 x 出发的最右路经的长度恰为 $s(x)$。

证明:(1) 设结点 x 位于树的第 k 层。由 $s(x)$的定义知,以 x 为根的子树在第 $k+j$ 层的每个结点恰有 2 个儿子结点,$0\leqslant j\leqslant s(x)-1$。因此,以 x 为根的子树在第 $k+j$ 层恰有 2^j 个结点,$0\leqslant j\leqslant s(x)-1$。从而,以 x 为根的子树中至少有 $\sum_{j=0}^{s(x)-1} 2^j = 2^{s(x)}-1$ 个结点。

(2) 由(1)可立即推出。

(3) 由 $s(x)$ 的定义,以及在左偏高树中每个内结点处,其左儿子结点的 s 值大于或等于其右儿子结点的 s 值,即可推出。

左偏树类型 MinHblt 如下:

```
public class MinHblt
{
  //左偏树结点类型
  static class HbltNode
   {
       Comparable element;
       int s;                          //s 值
       HbltNode leftChild;             //左儿子结点指针
       HbltNode rightChild;            //右儿子结点指针
       //构造方法
       private HbltNode(Comparable theElement, int theS)
       {
           element=theElement;
           s=theS;
       }
   }

  HbltNode root;                       //根结点指针
  int size;                            //树中元素个数

  public boolean isEmpty()
   {return size == 0;}

  public int size()
   {return size;}
```

左偏树结点中 element 存放优先队列中的元素;s 保存当前结点的 s 值;leftChild 和 rightChild 分别是指向左、右儿子结点的指针。

在左偏树中最关键的运算是左偏树的合并运算 meld(x,y)。它将 2 棵分别以 x 和 y 为根的左偏树合并为 1 棵新的以 x 为根的左偏树。

```
public void meld(MinHblt x)
 {
    root=meld(root, x.root);
    size+=x.size;
 }

private static HbltNode meld(HbltNode x, HbltNode y)
{
   if (y==null) return x;       //y 是 1 棵空树
   if (x==null) return y;       //x 是 1 棵空树
```

```
        //x 和 y 均非空
        if (x.element.compareTo(y.element)>0)
        {
            HbltNode t=x;
            x=y;
            y=t;
            //x.element<=y.element
            x.rightChild=meld(x.rightChild, y);
            if (x.leftChild==null)   //x 的左子树为空树
            {//交换其左、右子树
                x.leftChild=x.rightChild;
                x.rightChild=null;
                x.s=1;
            }
            else
            { //若 x 的右子树高则交换其左、右子树
                if (x.leftChild.s<x.rightChild.s)
                {
                    HbltNode t=x.leftChild;
                    x.leftChild=x.rightChild;
                    x.rightChild=t;
                }
                x.s=x.rightChild.s+1;
            }
            return x;
        }
    }
```

上述算法的基本思想是沿左偏高树 x 的右链,递归地进行子树合并。将左偏树 y 与 x 的右子树合并后,若 x 的右子树高则交换其左、右子树,以维持树的左偏高性质。

由左偏高树的性质(3)可知,有 n 个元素的左偏高树的右链长为 $O(\log n)$。合并算法在右链的每个结点处耗费 $O(1)$时间,因此算法 meld 所需的计算时间为 $O(\log n)$。

要在左偏高树中插入一个元素 x,可先创建存储元素 x 的单结点左偏高树,然后将新创建的单结点左偏高树与待插入的左偏高树合并即可。

```
public void put(Comparable theElement)
{
    HbltNode q=new HbltNode (theElement, 1);
    root=meld(root, q);
    size++;
}
```

由于算法 meld 的计算时间为 $O(\log n)$,所以,算法 put(x)所需的计算时间为 $O(\log n)$。

getMin 运算只要返回根结点中元素即可。

removeMin 运算删除根结点后,将根结点的左、右子树合并。

```
public Comparable getMin()
{
    if (size==0) return null;
    else return root.element;
}

public Comparable removeMin()
{
    if (size==0) return null;
    Comparable x=root.element;
    root=meld(root.leftChild, root.rightChild);
    size--;
    return x;
}
```

removeMin 所需的计算时间显然也是 $O(\log n)$。

左偏高树的初始化运算用给定数组中的 n 个元素创建 1 棵存储这 n 个元素的左偏高树。如果用逐次将元素插入左偏高树的方法，则需 $O(n\log n)$时间。下面的初始化方法只需 $O(n)$时间。

```
public void initialize(Comparable [] theElements, int theSize)
{
    size=theSize;
    ArrayQueue q=new ArrayQueue(size);
    //队列初始化
    for (int i=1; i<=size; i++)
        //创建单结点树
        q.put(new HbltNode(theElements[i], 1));
    //依队列顺序合并左偏高树
    for (int i=1; i<=size-1; i++)
    {   //从队列中删除 2 棵左高树并合并之
        HbltNode b=(HbltNode) q.remove();
        HbltNode c=(HbltNode) q.remove();
        b=meld(b, c);
        //合并后的新左高树入队
        q.put(b);
    }
    if (size>0) root = (HbltNode) q.remove();
}
```

上述算法先创建存储所给 n 个元素的 n 棵单结点左偏高树，并将这 n 棵树存入一个队列 Q 中。然后依队列顺序逐次合并队首的 2 棵左高树，直至队列 Q 中只剩下 1 棵树时为止。

上述算法合并了 $n/2$ 棵单结点树，$n/4$ 棵 2 结点树，$n/8$ 棵 4 结点树……合并2 棵 2^j 结点的左偏高树需要 $O(j+1)$时间。因此，上述初始化算法所需的计算时间为

$$O(n/2+2(n/4)+3(n/8)+\cdots)=O\left(n\sum\frac{i}{2^i}\right)=O(n)$$

10.5 优化搜索策略

迄今为止,还没有解NP完全问题的多项式时间算法。然而在实际应用中遇到的许多问题是NP完全问题,解决这类问题的基本方法是对问题的解空间的搜索。常用的有回溯法、分支限界等。提高这类算法效率的常用方法是优化其搜索策略。本节以最短加法链问题为例,讨论常见的算法优化搜索策略。

1. 最短加法链问题

首先考虑最优求幂问题如下:给定一个正整数 n 和一个实数 x,如何用最少的乘法次数计算出 x^n。例如,可以用6次乘法逐步计算 x^{23} 如下:$x,x^2,x^3,x^5,x^{10},x^{20},x^{23}$。可以证明计算 x^{23} 最少需要6次乘法。计算 x^{23} 的幂序列中各幂次1,2,3,5,10,20,23组成了一个关于整数23的加法链。在一般情况下,计算 x^n 的幂序列中各幂次组成正整数 n 的一个加法链

$$1=a_0<a_1<a_2<\cdots<a_r=n$$
$$a_i=a_j+a_k,\quad k\leqslant j<i,\quad i=1,2,\cdots,r$$

上述最优求幂问题相应于正整数 n 的最短加法链问题,即求 n 的一个加法链使其长度 r 达到最小。正整数 n 的最短加法链长度记为 $l(n)$。

2. 回溯法

构造最短加法链的最直观的算法是回溯法。此时,问题的状态空间树如图10-14所示。其中,第 i 层结点 a_i 的 n 子结点 $a_{i+1}>a_i$ 由 $a_j+a_k,k\leqslant j\leqslant i$ 所构成。

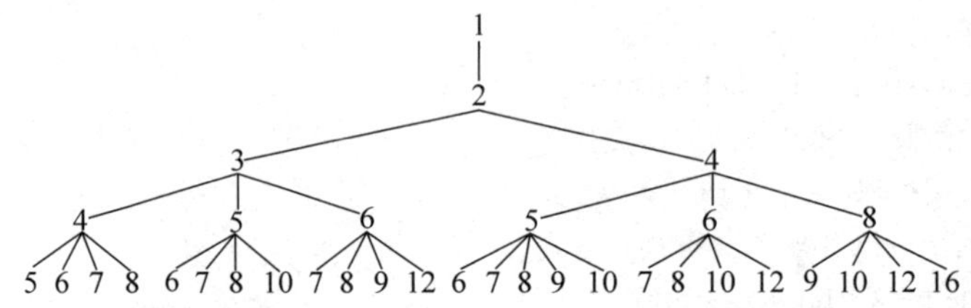

图10-14 最短加法链问题的状态空间树

对最短加法链问题的状态空间树进行深度优先搜索的回溯法可描述如下:

```
private static void backtrack(int step)
{//解最短加法链问题的标准回溯法
    int i,j,k;
    if (a[step]==n)    //找到一条加法链
    {
        if (step<best)
        {
            best=step;
            for (int r=1;r<=best;r++)
                chain[r]=a[r];
```

```
        }
        return;
    }
    //对当前结点 a[step]的每一个儿子结点递归搜索
    for (i=step;i>=1;i--)
      if (2 * a[i]>a[step])
        for (j=i;j>=1;j--)
        {
          k=a[i]+a[j];
          a[step+1]=k;
          if ((k>a[step])&&(k<=n))   backtrack(step+1);
        }
}
```

由于加法链问题的状态空间树的每一个第 k 层结点至少有 $k+1$ 个儿子结点,所以从根结点到第 k 层的任一结点的路径数至少是 $k!$。因此,状态空间树是以指数方式增长的。用标准的回溯法只能对较小的 n 构造出最短加法链。

3. 迭代搜索法

用回溯法搜索加法链问题的状态空间树时,由于采用了深度优先的搜索方法,算法所搜索到的第一个加法链不一定是最短加法链。如果利用广度优先的方式搜索加法链问题的状态空间树,则算法找到的第一个加法链就是最短加法链,但这种方法的空间开销太大。逐步深化的迭代搜索算法既能保证算法找到的第一个加法链就是最短加法链,又不需要太大的空间开销。其基本思想是控制回溯法的搜索深度 d,从 $d=1$ 开始搜索,每次搜索后使 d 增1,加深搜索深度,直到找到一条加法链为止。

```
private static void backtrack(int step)
{//最短加法链问题的控制回溯搜索深度回溯法
    int i,j,k;
    if (! found){
      if (a[step]==n)
      { //找到一条加法链
        best=step;
        for (int r=1;r<=best;r++)
          chain[r]=a[r];
        found=true;
        return;
      }
      else if (step<lb)   //控制回溯搜索深度
        //对当前结点 a[step]的每一个儿子结点递归搜索
        for (i=step;i>=1;i--)
          if (2 * a[i]>a[step])
            for (j=i;j>=1;j--)
            {
              k=a[i]+a[j];
              a[step+1]=k;
```

```
                if ((k>a[step])&&(k<=n))   backtrack(step+1);
            }
        }
    }

    private static void iterativeDeepening()
    {//逐步深化的迭代搜索算法
        best=n+1;
        found=false;
        lb=2;  //初始迭代搜索深度
        while (!found)
        {
            a[1]=1;
            backtrack(1);
            lb++;  //加深搜索深度
        }
    }
```

4. 最短加法链长的下界

对于正整数 n,记 $\lambda(n)=\lfloor \log n \rfloor$,$v(n)=n$ 的二进制表示中 1 的个数。迄今为止所知道的 $l(n)$的最好下界是 $l(n)\geqslant lb(n)=\lambda(n)+\lceil \log v(n)\rceil$。利用这个下界,在使用逐步深化的迭代搜索算法时,可以从深度为 $d=lb(n)$开始搜索,大大加快了算法的搜索进程。

5. 剪枝函数

设 a_i 和 a_j 是加法链中的两个元素,且 $a_i>2^m a_j$。由于加倍是加法链中元素增大的最快的方式,即 $a_i\leqslant 2a_{i-1}$,$1\leqslant i\leqslant r$,所以从 a_j 到 a_i 至少需要 $m+1$ 步。如果预期在状态空间树 T 的第 d 层找到关于 n 的一条加法链,则以状态空间树第 i 层结点 a_i 为根的子树中,可在第 d 层找到一条加法链的必要条件是 $2^{d-i}a_i\geqslant n$。由此可知,当 $2^{d-i}a_i<n$ 时,不可能在以 a_i 为根的子树中第 d 层找到加法链,因此可以将以 a_i 为根的子树剪去。

当 n 是奇数时,这个剪枝条件还可以加强。事实上,当 n 是奇数时,可以断言其最短加法链的最后一个元素 $a_r=a_j+a_k$,$k\leqslant j$,是奇数。由此可推知 $k<j$,否则 a_r 为偶数。由 r 最小又可推知 $j=r-1$。因此 $a_r=a_{r-1}+a_k$, $k<r-1$。因此,如果在第 d 层找到最短加法链,即 $r=d$,则 $a_{d-1}+a_{d-2}\geqslant n$。又由于 $a_{d-1}\leqslant 2a_{d-2}$,故 $3a_{d-2}\geqslant n$,从而由 $2a_{d-3}\geqslant a_{d-2}$ 知此时 $6a_{d-3}\geqslant n$。一般地,对于 $i=0,1,\cdots,d-2$ 有 $3\times 2^{d-(i+2)}a_i\geqslant n$。换句话说,当 $3\times 2^{d-(i+2)}a_i<n$ 时,状态空间树中以结点 a_i 为根的子树中不可能在第 d 层之前找到最短加法链。因此,可将以结点 a_i 为根的子树剪去。

设在求正整数 n 的最短加法链的逐步深化迭代搜索算法中,当前搜索深度为 d,则在状态空间树的第 i 层结点 a_i 处的一个剪枝条件是

$$\begin{cases}\log(n/3a_i)+i+2>d & 0\leqslant i\leqslant d-2\\ \log(n/a_i)+i>d & d-1\leqslant i\leqslant d\end{cases}$$

易知,当 n 是 2 的幂,即 $n=2^m$ 时,唯一的最短加法链是 $1,2,4,8,\cdots,2^m$。当 n 不是 2 的幂时,可将 n 表示为 $n=2^t(2k+1)$,$k\geqslant 1$。上述结论还可推广到更一般的情形。

设在求正整数 n 的最短加法链的逐步深化迭代搜索算法中,当前搜索深度为 d。且正

整数 n 可表示为 $n=2^t(2k+1)$，$k\geqslant1$，则在状态空间树的第 i 层结点 a_i 处的一个剪枝条件是

$$\begin{cases}\log(n/3a_i)+i+2>d & 0\leqslant i\leqslant d-t-2\\ \log(n/a_i)+i>d & d-t-1\leqslant i\leqslant d\end{cases}$$

这个结论可以证明如下。

(1) 设 $0\leqslant i\leqslant d-t-2$ 且 $\log(n/3a_i)+i+2>d$，即 $3\times2^{d-(i+2)}a_i<n$，由于 $i\leqslant d-t-2$ 且 $t\geqslant1$，则 $i\leqslant d-3$。因此要在以结点 a_i 为根的子树中第 d 层找到加法链至少还要 3 步。考虑 $a_m=a_j+a_s$，$s\leqslant j<m$ 且 $m>i+1$。如果 a_m 不是一个加倍结点，即 $a_m\neq2a_{m-1}$，则 $k<j$。由此可知，$j\leqslant m-1$，$s\leqslant j-1\leqslant m-2$。从而有

$$\begin{aligned}a_m&\leqslant a_{m-1}+a_{m-2}\\&\leqslant 2^{(m-1)-i}a_i+2^{(m-2)-i}a_i\\&=2^{(m-2)-i}(2a_i+a_i)\\&=2^{(m-2)-i}(3a_i)\end{aligned}$$

在以 a_m 为根的子树中第 d 层找到最短加法链的必要条件是 $2^{d-m}a_m\geqslant n$。由此可得

$$n\leqslant 2^{d-m}a_m\leqslant 2^{d-m}2^{m-2-i}(3a_i)<2^{d-2-i}(3)(n/(3\cdot2^{d-i-2}))=n$$

此为矛盾。

如果对于 $m>i+1$，a_m 均为加倍结点，且在 a_i 为根的子树中第 d 层找到最短加法链，则有 $n=a_d=2^{d-(i+1)}a_{i+1}$。这说明 $2^{d-(i+1)}$ 可以整除 n。又由于 $i\leqslant d-t-2$，可知 $d-i-1\geqslant t+1$。由此推得，$2^t(2k+1)\bmod 2^{t+1}=0$，即 $2k+1$ 可以被 2 整除。此为矛盾。

因此，当 $0\leqslant i\leqslant d-t-2$ 且 $\log(n/3a_i)+i+2>d$ 时，可以将以 a_i 为根的子树剪去。

(2) 当 $d-t-1\leqslant i\leqslant d$ 时，与前面论述的理由相同。

6. 最短加法链长的上界

最短加法链长度的一个上界是 $l(n)\leqslant\lambda(n)+v(n)-1$。关于最短加法链的著名不等式 $l(2^n-1)\leqslant n-1+l(n)$ 至今还是一个猜想。

事实上与加法链问题密切相关的幂树给出了 $l(n)$ 的更精确的上界，如图 10-15 所示。

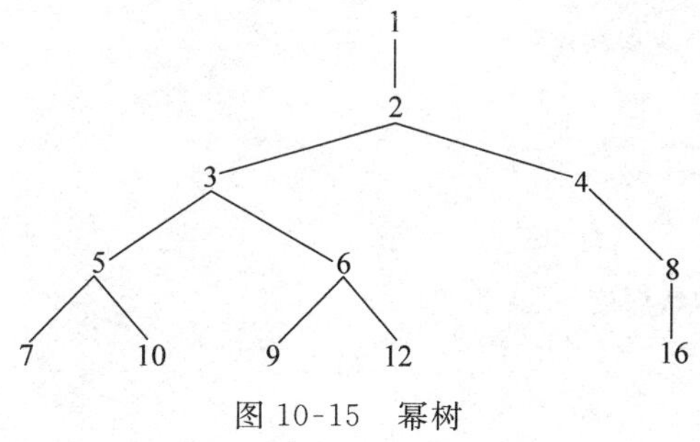

图 10-15 幂树

假设已定义了幂树 T 的第 k 层结点，则 T 的第 $k+1$ 层结点可定义如下。依从左到右顺序取第 k 层结点 a_k，定义其按从左到右顺序排列的儿子结点为 a_k+a_j，$0\leqslant j\leqslant k$。其中，$a_0,a_1,\cdots,a_k$ 是从 T 的根到结点 a_k 的路径，且 a_k+a_j 在 T 中未出现过。

含正整数 n 的部分幂树 T 容易在线性时间内构造如下：

```
private static void find(int step)
{//递归构造幂树
```

```
    int i,k;
    if (! found)
      if (a[step]==n)
      { //找到一条加法链
        best=step;
        for (int r=1;r<=best;r++)
          chain[r]=a[r];
        found=true;
        return;
      }
      else if (step<=ub)  //递归深度为ub
          //对当前结点a[step]的每一个儿子结点递归搜索
          for (i=1;i<=step;i++)
          {
            k=a[step]+a[i];
            if (k<=n)
            {
              a[step+1]=k;
              if (parent[k]==0 )   parent[k]=a[step];
              if (parent[k]==a[step])   find(step+1);
            }
          }
  }

private static int powerTree()
{//以逐步深化的迭代搜索方式构造幂树
    int i;
    parent = new int[maxn];
    found=false;
    ub=1;  //初始迭代搜索深度
    while (! found)
    {
      a[1]=1;
      find(1);
      ub++; //加深搜索深度
    }
   return best;
}
```

从根结点1到结点n的路径就是一条关于正整数n的加法链。该加法链的长度，即结点n在树T中的深度就是$l(n)$的一个很好的上界。

7. 优化算法

综合前面的讨论，对构造最短加法链的标准回溯法进行如下改进：

(1) 采用逐步深化迭代搜索策略。

(2) 利用$l(n)$的下界$lb(n)$对迭代深度做精确估计。

(3) 采用剪枝函数对问题的状态空间树进行剪枝搜索，加速搜索进程。

(4) 用幂树构造 $l(n)$的精确上界 $ub(n)$。

当 $lb(n)=ub(n)$时，幂树给出的加法链已是最短加法链。

当 $lb(n)<ub(n)$时，用改进后的逐步深化迭代搜索算法，从深度 $d=lb(n)$开始搜索。改进后的逐步深化迭代搜索算法描述如下：

```
private static void backtrack(int step)
{//最短加法链问题控制回溯搜索深度的剪枝回溯法
   int i,j,k;
   if (!found)
     if (a[step]==n)
     {//找到一条加法链
       best=step;
       for (int r=1;r<=best;r++)
         chain[r]=a[r];
       found=true;
       return;
     }
     else if (step<lb) //控制回溯搜索深度
       //对当前结点 a[step]的每一个儿子结点递归搜索
       for (i=step;i>=1;i--)
         if (2*a[i]>a[step])
           for (j=i;j>=1;j--)
           {
             k=a[i]+a[j];
             a[step+1]=k;
             if ((k>a[step])&&(k<=n))
             //剪枝回溯,pruned 为剪枝函数
             if (!pruned(step+1)) backtrack(step+1);
           }
}

private static void search()
{//逐步深化的迭代剪枝回溯算法
   lb=lowerB(n);              //lb =λ(n)+⌈logv(n)⌉为 l(n)的下界
   ub=powerTree();            //ub 是用幂树构造的 l(n)的上界
   System.out.println("ub="+ub);
   t=gett(n);                 //n=2^t(2k+1),k≥1
   if (lb<ub){                //lb 是初始迭代搜索深度
     found=false;
     while (!found)
     {
       System.out.println("lb="+lb);
       a[1]=1;
```

```
        backtrack(1);
        lb++;              //加深搜索深度
        if (lb==ub) found=true;
      }
    }
  }
```

小　结

本章通过实例介绍算法设计中常用的算法优化策略。

最大子段和问题是阐述正确选择算法设计策略的重要性的典型范例。最大子段和问题的简单算法需要$O(n^3)$计算时间。用分治策略可将计算时间减至$O(n\log n)$。通过深入分析,采用动态规划算法将计算时间进一步减至$O(n)$,从而得到解该问题的最优算法。

满足四边形不等式性质的问题是用动态规划算法有效求解的常见问题。本章以货物储运问题为例,讨论动态规划加速原理。利用四边形不等式性质,将计算时间从$O(n^3)$降至$O(n^2)$。

考查问题的特殊性质有助于设计有效算法。本章通过实例分析,展示利用问题的算法特征,优化算法计算时间和空间的一般策略。对货物储运问题深入分析,挖掘问题的算法特征,设计出有效的算法,将计算时间从$O(n^2)$降至$O(n\log n)$,成为一个最优算法。

本章还以带权区间最短路问题为例,讨论了数据结构的优化对算法效率的影响。

对于回溯法、分支限界法等搜索算法,其搜索策略极大地影响着算法效率。以最短加法链问题为例,本章讨论了常见的算法优化搜索策略。

习　题

10-1　证明第3章中解最优二叉搜索树问题的$O(n^2)$时间算法obst的正确性。

10-2　试设计解矩阵连乘问题的$O(n^2)$时间算法。

10-3　货物储运问题中,当合并$a[i]$和$a[j]$所需费用不是$a[i]+a[j]$,而是别的简单函数,如$a[i]\times a[j]$或$|a[i]-a[j]|$时,如何设计有效算法?

10-4　设计实现货物储运问题的另一个稍不同的最优算法如图10-16所示。该算法与本章第3节所述算法的区别在于组合阶段的策略稍有不同。标记层序阶段和重组阶段完全相同。试设计实现上述思想的$O(n\log n)$时间算法。

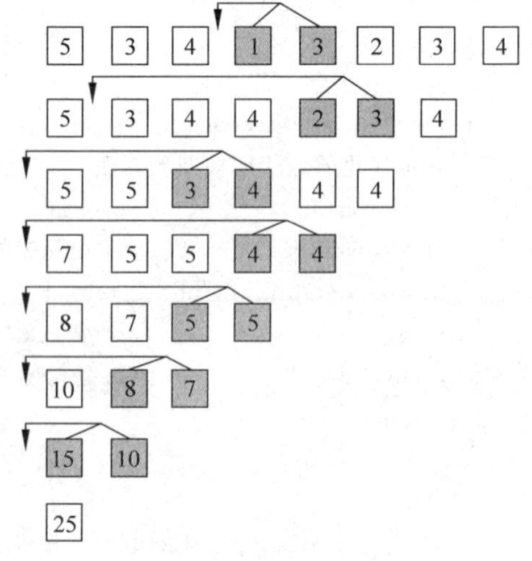

图10-16　货物储运问题的最优算法

第11章 在线算法设计

前面各章讨论的算法设计策略都是基于在执行算法前输入数据已知的基本假设。也就是说，算法在求解问题时已具有与该问题相关的完全信息。通常将这类具有问题完全信息前提下设计出的算法称为离线算法(off line algorithms)。对于实际问题来说，情况往往不同。许多问题以在线(on line)的方式给出算法所需的数据。算法在执行前对这些数据一无所知。例如，在磁盘存储调度问题中，用户对磁盘的访问请求是无法预知的，它是随着时间的推移一个接着一个地给出的。对于这类在线问题设计的算法就称为在线算法。由于不具备完全信息，在线算法找到的解只是局部最优解而无法保证整体最优。因此，从这个意义上说，所有在线算法都是近似算法。本章通过实例讨论在线算法设计的基本方法。

11.1 在线算法设计的基本概念

在线算法设计问题中的一个经典问题是 k 服务问题。给定一个有 n 个顶点的图 G，其 n 个顶点均为服务对象，随时会提出服务要求。现有 k 辆服务车按提出服务要求的先后次序来往服务于 n 个顶点之间。假设 k 辆车的初始位置是确定的，服务要求是在服务过程中一个接着一个地给出的。也就是说，每一时刻只知道在此之前的服务要求序列。问如何调度 k 辆服务车比较节省，即 k 辆车在服务过程中移动的总距离较短。

容易想到下面的采用就近服务贪心策略的在线算法。

```
public static void kserver(int j)
{
    int i = mindist(j);
    move(i, j);
}
```

在算法 greedy 中，当顶点 j 提出服务要求时，mindist(j)找出距顶点 j 最近的服务车 i，并由 move(i,j)派车 i 前往顶点 j 服务。

考查当 $k=2$ 时 k 服务问题的一个简单实例如下。

设图 G 是有 3 个顶点的一条路，如图 11-1 所示。其中，顶点 A 到顶点 B 的边长为 1，顶点 B 到顶点 C 的边长为 2。初始时 2 辆服务车分别停在顶点 B 和顶点 C 处。

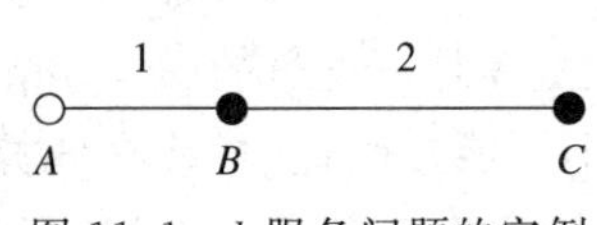

图 11-1　k 服务问题的实例

如果提出服务要求的 m 个顶点的序列为 $ABAB\cdots AB$,用上述贪心算法将使初始时停在顶点 B 处的服务车在顶点 A 和 B 之间移动 m 次。因此,移动的总距离为 m。而对于此服务需求序列,当 $m>2$ 时,最优调度方案应当是,首先将顶点 B 处的服务车移动到 A 处,然后将另一辆车从顶点 C 移动到顶点 B,这样就可以一劳永逸了,而移动的总距离仅为 3。可见采用贪心算法得到的移动距离与最优值的比可达到 $m/3$。这个比值随 m 可增大至无穷。

上述贪心策略不合理的原因是它可能使一辆车很忙,而另一辆车很闲。一种比较公平的办法是让每辆车移动的距离相差不多。如果第 i 辆车已移动的距离为 $d[i]$,当顶点 j 提出服务要求时选择第 t 辆车使 $d[t]+\text{dist}(t,j)=\min\limits_{1\leqslant i\leqslant k}\{d[i]+\text{dist}(i,j)\}$,将第 t 辆车派往顶点 j,其中 $\text{dist}(i,j)$ 是当前状态下第 i 辆车到顶点 j 的距离。按此算法修改 mindist(j)如下:

```
public static int mindist(int j)
{
    int s = d[1] + dist(1, j);
    int min=1;
    for (int i = 2; i <= k; i++)
    {
        int tmp = d[i] + dist(i, j);
        if (tmp < s) { s = tmp; min = i; }
    }
    d[min] = s;
    return min;
}
```

对图 11-1 的实例采用改进后的算法得到的移动距离不超过 5。事实上可以证明,对任何服务需求序列,上述算法的移动距离不超过最优值的 2 倍。

在一般情况下,在线算法 A 要回答一系列的在线请求 $\sigma=\sigma(1),\sigma(2),\cdots,\sigma(m)$。当算法 A 回答请求 $\sigma(i)$ 时并不知道后续请求 $\sigma(j),j>i$ 的任何信息。算法回答每个请求都需一定的耗费。在线算法的设计目标是使回答所有请求的耗费尽可能小。

在线算法设计问题中的另一个容易理解的问题是设备租赁问题。假设有一个企业根据市场需求生产商品 A。该企业可以花费 T 元购买生产该商品的设备,也可以每天花费 1 元租用生产该商品的设备。商品 A 的市场需求期是有限的。如果能预先知道商品 A 的市场需求期 L,则显然当 $L<T$ 时选择租用设备,而当 $L\geqslant T$ 时购买设备。但在通常情况下很难预先知道商品 A 的市场需求期,因此,需要一个在线算法确定租赁设备的策略。选取一个整数 k,在前 k 天租用设备,而在第 $k+1$ 天购买设备。如何评价这个在线算法?通常将在线算法与最优离线算法进行比较。这种比较方法称为竞争分析(competitive analysis)。

设在线算法 A 的输入序列为 σ,算法 A 的耗费为 $C_A(\sigma)$,最优离线算法 OPT 的耗费为 $C_{OPT}(\sigma)$。如果存在非负常数 α 和 c,使 $C_A(\sigma)\leqslant\alpha C_{OPT}(\sigma)+c$ 对任何输入序列 σ 都成立,则称算法 A 是 α 竞争的(α-competitive),常数 α 称为算法 A 的竞争比。当在线算法 A 的竞争比 α 不可能再改进时,称在线算法 A 为最优在线算法。

按此定义考查上述设备租赁问题的在线算法。当 $k=0$ 时,在第 1 天就购买设备,此

时在线算法是 T 竞争的，在 $L=1$ 时达到最坏情况。当 $k=T-1$ 时，在前 $T-1$ 天租用设备，而在第 T 天购买设备。如果 $L<T$，则在线算法的耗费与最优离线算法的耗费相同。如果 $L\geqslant T$，则在线算法的耗费为 $2T-1$，而最优离线算法的耗费为 T。此时在线算法是 $(2-1/T)$ 竞争的。容易证明，对于设备租赁问题，$(2-1/T)$ 竞争的在线算法是最优在线算法。

11.2 页调度问题

页调度问题是系统软件设计中提出的一个基本问题。系统软件在进行内存管理时，将内存按其存取速度分成 2 级，即高速缓存和低速内存。内存被分成固定大小的页面进行管理。高速缓存可容纳 k 个页面，其他页面在低速内存中。页调度问题的输入是内存访问请求序列 $\sigma=\sigma(1),\sigma(2),\cdots,\sigma(m)$。当内存访问请求要访问的页面 $\sigma(i)$ 在高速缓存中时，则不需页面调度；而当页面 $\sigma(i)$ 不在高速缓存中时，发生页面缺失，调度算法要确定高速缓存中与 $\sigma(i)$ 交换的页面。页调度算法对于内存访问请求序列 $\sigma=\sigma(1),\sigma(2),\cdots,\sigma(m)$ 的耗费是算法在执行过程中产生的页面缺失次数。在线页调度算法回答内存访问请求 $\sigma(i)$ 时，并不知道后续内存访问请求 $\sigma(j),j>i$ 的任何信息。下面讨论几种常见的在线页调度策略。

(1) LIFO(last in first out)算法：内存访问请求 $\sigma(i)$ 发生页面缺失时，将最近调入高速缓存的页面与 $\sigma(i)$ 交换。

(2) FIFO(first in first out)算法：内存访问请求 $\sigma(i)$ 发生页面缺失时，将最早调入高速缓存的页面与 $\sigma(i)$ 交换。

(3) LRU(least recently used)算法：内存访问请求 $\sigma(i)$ 发生页面缺失时，将高速缓存中最近访问时间最早的页面与 $\sigma(i)$ 交换。

(4) LFU(least frequently used)算法：内存访问请求 $\sigma(i)$ 发生页面缺失时，将高速缓存中访问次数最少的页面与 $\sigma(i)$ 交换。

首先，考查在线算法 LIFO 和 LFU。

设 $\sigma=p,q,p,q,\cdots$，其中 p 和 q 是内存中 2 个不同的页面。对于内存访问请求序列 σ，算法 LIFO 的耗费为 $|\sigma|$，而最优离线算法的耗费为 2。由此可见，对任何非负常数 α，在线算法 LIFO 都不是 α 竞争的。类似分析可知，对任何非负常数 α，在线算法 LFU 也都不是 α 竞争的。

其次，考查在线算法 LRU 和 FIFO。

设高速缓存可容纳 k 个页面。对于内存访问请求序列 σ，在线算法 LRU 的耗费为 $C_{\mathrm{LRU}}(\sigma)$，最优离线算法 OPT 的耗费为 $C_{\mathrm{OPT}}(\sigma)$。

通过下面的分析可以证明**在线算法 LRU 的竞争比为 k**。

要证明这个结论的正确性就是要证明对于任何内存访问请求序列 $\sigma=\sigma(1),\sigma(2),\cdots,\sigma(m)$ 有 $C_{\mathrm{LRU}}(\sigma)\leqslant kC_{\mathrm{OPT}}(\sigma)$。

不失一般性可设在初始状态下算法 LRU 与算法 OPT 有相同的高速缓存。根据算法 LRU 的输出结果可以将内存访问请求序列 $\sigma=\sigma(1),\sigma(2),\cdots,\sigma(m)$ 划分为若干阶段 $P(0)$，$P(1),P(2),\cdots$，使得在阶段 $P(0)$ 最多有 k 个页面缺失，而对所有 $i\geqslant 1$，在阶段 $P(i)$ 恰有 k

个页面缺失。这个阶段划分容易得到。事实上,只要从尾部开始扫描内存访问请求序列 $\sigma=\sigma(1),\sigma(2),\cdots,\sigma(m)$,每遇到 k 个页面缺失就截取到一个新的阶段。

下面要证明**最优离线算法 OPT 在每个阶段 $P(i)$ 至少产生 1 个页面缺失**。

由于在初始状态下算法 LRU 与算法 OPT 有相同的高速缓存,故当算法 LRU 在阶段 $P(0)$ 产生第 1 个页面缺失时,算法 OPT 也产生了 1 个页面缺失。

对于阶段 $P(i)$,$i\geqslant1$,设 $\sigma(t_i)$ 是阶段 $P(i)$ 的第 1 个页面访问请求,$\sigma(t_{i+1}-1)$ 是阶段 $P(i)$ 的最后 1 个页面访问请求,且 p 是阶段 $P(i-1)$ 的最后 1 个页面访问请求。可以证明阶段 $P(i)$ 中有 k 个不同于 p 的互不相同的页面访问请求。

事实上,当算法 LRU 在阶段 $P(i)$ 产生 k 个页面缺失的页面访问请求互不相同且不同于 p 时,结论显然成立。否则,可分两种情况讨论如下。

(1) 算法 LRU 在阶段 $P(i)$ 对页面访问请求 q 产生两次页面缺失。

设算法 LRU 在阶段 $P(i)$ 对页面访问请求 $\sigma(s_1)=q$ 和 $\sigma(s_2)=q$ 产生页面缺失,且 $t_i\leqslant s_1<s_2\leqslant t_{i+1}-1$。在算法 LRU 对页面访问请求 $\sigma(s_1)=q$ 产生页面缺失后,被调入高速缓存。此后在页面访问请求 $\sigma(s_2)=q$ 又产生页面缺失,这说明页面 q 在 $\sigma(s_1)$ 后的某次页面访问请求 $\sigma(t)$ 被调出高速缓存,且 $s_1<t<s_2$。当页面 q 被调出高速缓存时,它是当前高速缓存中最近访问时间最早的页面。因此,内存访问请求子序列 $\sigma(s_1),\cdots,\sigma(t)$ 包含了 $k+1$ 个不同的页面访问请求,即有 k 个不同于 p 的互不相同的页面访问请求。

(2) 算法 LRU 在阶段 $P(i)$ 产生页面缺失的页面访问请求互不相同,但有 1 次在页面访问请求 p 产生页面缺失。

设在页面访问请求 $\sigma(t)=p$ 且 $t\geqslant t_i$ 时页面 p 被调出高速缓存。与前面类似的论证可知,内存访问请求子序列 $\sigma(t_i-1),\sigma(t_i),\cdots,\sigma(t)$ 包含了 $k+1$ 个不同的页面访问请求,即有 k 个不同于 p 的互不相同的页面访问请求。

通过上面的讨论可知,p 是阶段 $P(i-1)$ 的最后 1 个页面访问请求,因此,在阶段 $P(i)$ 开始时,页面 p 在高速缓存中。而在阶段 $P(i)$ 中又有 k 个不同于 p 的互不相同的页面访问请求。由此可见任何一个算法在阶段 $P(i)$ 都至少产生 1 个页面缺失,最优离线算法 OPT 也不例外。这就证明了 $C_{\text{LRU}}(\sigma)\leqslant kC_{\text{OPT}}(\sigma)$,即在线算法 LRU 的竞争比为 k。

通过类似的分析可以证明**在线算法 FIFO 的竞争比为 k**。

进一步分析表明,在线算法 LRU 和 FIFO 是最优在线算法。换句话说,如果算法 A 是页调度问题的在线算法,且算法 A 的竞争比为 α,则 $\alpha\geqslant k$。

设 $S=\{p_1,p_2,\cdots,p_{k+1}\}$ 是任意 $k+1$ 个页面组成的集合。不失一般性可设在初始状态下算法 A 与最优离线算法 OPT 有相同的高速缓存。对于内存访问请求序列 σ,在线算法 A 的耗费为 $C_A(\sigma)$,最优离线算法 OPT 的耗费为 $C_{\text{OPT}}(\sigma)$。考查下面的内存访问请求序列 σ。σ 的每个页面访问请求都使该页面不在 A 的高速缓存中。所以算法 A 在 σ 的每次页面访问请求时都产生 1 个页面缺失。而对于最优离线算法 OPT 来说,对 σ 的每次页面访问请求 $\sigma(t)$,算法 OPT 总可以选择调出当前高速缓存中的页面 p,使得 p 不在后续的 $k-1$ 次页面访问请求 $\sigma(t+1),\cdots,\sigma(t+k-1)$ 中。因此,对任何连续 k 次页面访问请求,算法 OPT 最多产生 1 个页面缺失。也就是说,$C_A(\sigma)\geqslant kC_{\text{OPT}}(\sigma)$。

11.3 势函数分析

势函数分析法是在线算法竞争分析中的一个重要方法。在分析在线算法 A 的竞争比时，通常需要证明存在非负常数 α，使得

$$C_A(\sigma) \leqslant \alpha C_{\mathrm{OPT}}(\sigma) \tag{11.1}$$

对任何在线请求序列 $\sigma=\sigma(1),\sigma(2),\cdots,\sigma(m)$ 都成立。其中，$C_A(\sigma)$ 是算法 A 的耗费，$C_{\mathrm{OPT}}(\sigma)$ 是最优离线算法 OPT 的耗费。

设对每个具体的在线请求 $\sigma(t)$，$1\leqslant t\leqslant m$，算法 A 的耗费为 $C_A(t)$，最优离线算法 OPT 的耗费为 $C_{\mathrm{OPT}}(t)$。式(11.1)蕴含在平均情况下有 $C_A(t)\leqslant \alpha C_{\mathrm{OPT}}(t)$，$1\leqslant t\leqslant m$。因此，可以用势函数方法对算法 A 的耗费进行分摊分析(amortized analysis)。

给定在线请求序列 $\sigma=\sigma(1),\sigma(2),\cdots,\sigma(m)$ 和势函数 Φ，算法 A 对每个具体的在线请求 $\sigma(t)$ 的分摊在线耗费定义为 $C_A(t)+\Phi(t)-\Phi(t-1)$，$1\leqslant t\leqslant m$。其中，$\Phi(t)$ 是回答在线请求 $\sigma(t)$ 后势函数的值，$\Phi(t)-\Phi(t-1)$ 是回答在线请求 $\sigma(t)$ 过程中势函数值的变化。

在分摊分析中通常要证明对任何 $\sigma(t)$ 有

$$C_A(t)+\Phi(t)-\Phi(t-1) \leqslant \alpha C_{\mathrm{OPT}}(t) \tag{11.2}$$

证明了式(11.2)就容易得出算法 A 的竞争比是 α。事实上，将式(11.2)的左右两端对所有 $1\leqslant t\leqslant m$ 相加得到

$$\sum_{t=1}^{m} C_A(t)+\Phi(m)-\Phi(0) \leqslant \alpha \sum_{t=1}^{m} C_{\mathrm{OPT}}(t) \tag{11.3}$$

通常选取的势函数是非负函数，且 $\Phi(0)=0$。由此可从式(11.3)得到，对任何在线请求序列 $\sigma=\sigma(1),\sigma(2),\cdots,\sigma(m)$ 有 $\sum\limits_{t=1}^{m} C_A(t) \leqslant \alpha \sum\limits_{t=1}^{m} C_{\mathrm{OPT}}(t)$，即 $C_A(\sigma)\leqslant \alpha C_{\mathrm{OPT}}(\sigma)$。

势函数分析法的难点是构造恰当的势函数并证明式(11.2)。下面以在线页调度算法 LRU 为例说明势函数分析法在在线算法竞争分析中的具体应用。

页调度问题的输入是内存访问请求序列 $\sigma=\sigma(1),\sigma(2),\cdots,\sigma(m)$。在任何时刻，设算法 LRU 的高速缓存中的页面集合为 S_{LRU}，最优离线算法 OPT 的高速缓存中的页面集合为 S_{OPT}，且 $S=S_{\mathrm{LRU}}-S_{\mathrm{OPT}}$。

对 S_{LRU} 中页面按其最近访问时间从小到大排序为 $p_1,p_2,\cdots,p_k$。定义每个 p_i 的权为 $w(p_i)=i$，$1\leqslant i\leqslant k$。由此定义势函数为 $\Phi=\sum\limits_{p\in S} w(p)$。

考查任意内存访问请求 $\sigma(t)=p$。不失一般性，设算法 OPT 先回答访问请求。如果算法 OPT 没有产生页面缺失，则其耗费为 0，且势函数没有变化。如果算法 OPT 产生页面缺失，则其耗费为 1。此时算法 OPT 将高速缓存中的一个页面调出从而使势函数值增加。一次调出最多使势函数值增加 k。

算法 LRU 在回答访问请求 $\sigma(t)=p$ 时，如果没有产生页面缺失，则其耗费为 0，且势函数没有变化。如果算法 LRU 产生页面缺失，则其耗费为 1。此时算法 LRU 将高速缓存中的一个页面调出从而使势函数值减少。在算法 LRU 回答访问请求 $\sigma(t)=p$ 之前，页面 p 在 OPT 的高速缓存中，而不在 LRU 的高速缓存中。由对称性可知，此时必有一页面 q 在 LRU 的高速缓存中，而不在 OPT 的高速缓存中。如果算法 LRU 将页面 q 调出高速缓存，

则势函数值减少 $w(q)\geqslant 1$；否则，由于页面 p 调入高速缓存将使 $w(q)$ 的值减少 1，从而使势函数的值至少减少 1。

综上所述，算法 OPT 每产生 1 次页面缺失使势函数值最多增加 k；算法 LRU 每产生 1 次页面缺失使势函数值最多减少 1。由此可得，$C_{\mathrm{LRU}}(t)+\Phi(t)-\Phi(t-1)\leqslant kC_{\mathrm{OPT}}(t)$。也就是说，算法 LRU 的竞争比为 k。

11.4　k 服务问题

在 11.1 节中提到的 k 服务问题是在线算法设计的一个经典问题。在一般情况下，k 服务问题的输入是位于距离空间 V 中 k 个位置的 k 个服务，以及距离空间 V 中的服务请求序列 $\sigma=\sigma(1),\sigma(2),\cdots,\sigma(m)$。当前 k 个服务要按服务请求序列提出请求的先后次序响应每个服务。对服务请求 $\sigma(i)$ 的响应就是从当前的 k 个服务中选取一个服务 j，从 j 的当前位置移动到服务请求 $\sigma(i)$ 的位置。对服务请求 $\sigma(i)$ 的响应的耗费是服务 j 移动的距离。服务请求是在服务过程中一个接着一个地给出的。也就是说，每一时刻只知道在此之前的服务请求序列。问如何调度比较节省，即使 k 个服务在服务过程中移动的总距离较短？

上述 k 服务问题描述中的距离空间 V 是一个点集以及定义在该点集上的一个距离函数 $d:(V\times V)\rightarrow R$，且满足如下性质：

(1) $d(u,v)\geqslant 0,\forall u,v\in V$。

(2) $d(u,v)=0\Leftrightarrow u=v$。

(3) $d(u,v)=d(v,u),\forall u,v\in V$。

(4) $d(u,v)+d(v,w)\geqslant d(u,w),\forall u,v,w\in V$。

在 11.1 节中提到的 k 服务问题是当距离空间 V 是一个有 n 个顶点的图 G，即 $|V|=n$ 的特殊情形。其中，G 的每条边的长度为正数，且满足三角不等式。

事实上，11.2 节讨论的页调度问题也是 k 服务问题的特殊情形。在页调度问题中将高速缓存中的 k 个页面看作 k 个服务。当产生页面缺失时，高速缓存中的页面与低速内存中页面的交换看作 1 次移动服务，其耗费为 1。因此，页调度问题是 k 服务问题中所有不同点对间距离均为 1 的特殊情形。

11.4.1　竞争比的下界

在 11.2 节中已证明页调度问题在线算法竞争比下界为 k。这个结论可以推广到 k 服务问题在线算法。

设 k 服务问题的在线算法 A 的竞争比为 α，则 $\alpha\geqslant k$。

下面针对在线算法 A 构造一个特殊的服务请求序列 $\sigma=\sigma(1),\sigma(2),\cdots,\sigma(m)$，以及 k 个在线算法 $A_1,A_2,\cdots,A_k$，使得 $C_A(\sigma)\geqslant\sum_{i=1}^{k}C_{A_i}(\sigma)$。由此推出存在算法 A_i，$1\leqslant i\leqslant k$，使 $C_A(\sigma)\geqslant kC_{A_i}(\sigma)\geqslant kC_{\mathrm{OPT}}(\sigma)$。从而 $\alpha\geqslant k$。

设距离空间 V 中有 $k+1$ 个点，即 $|V|=k+1$。初始时 k 个服务位于不同位置，另外还有一个空位置。根据算法 A 构造服务请求序列 $\sigma=\sigma(1),\sigma(2),\cdots,\sigma(m)$ 如下。服务请求 $\sigma(i)$ 发生在 V 中未被 k 个服务占据的空位置 h 处。

对于 $1 \leqslant t \leqslant m$，设 $\sigma(t)=x_t$，x_{m+1} 是最终未被算法 A 的 k 个服务占据的空位置。由此可得，$C_A(\sigma)=\sum_{t=1}^{m} d(x_{t+1},x_t)=\sum_{t=1}^{m} d(x_t,x_{t+1})$。

设 $y_1,y_2,\cdots,y_k$ 是初始时算法 A 的 k 个服务占据的位置。构造算法 A_i 如下，其中 $1\leqslant i\leqslant k$。初始时算法 A_i 的 k 个服务占据 V 中除了 y_i 外的 k 个位置。对于服务请求 $\sigma(t)=x_t$，如果算法 A_i 的空位置为 x_t，算法就将位于 x_{t-1} 处的服务移动到 x_t 处，否则不做任何事情。

设 V_i 是算法 A_i 的 k 个服务占据的点的集合，$1\leqslant i\leqslant k$。可以证明在响应服务请求 $\sigma=\sigma(1),\sigma(2),\cdots,\sigma(m)$ 的整个过程中，V_i 互不相同。由此可知，对任何服务请求 $\sigma(t)=x_t$ 只有一个算法 A_i 需要响应服务请求。因此有

$$\sum_{i=1}^{k} C_{A_i}(\sigma)=\sum_{t=2}^{m} d(x_{t-1},x_t)=\sum_{t=1}^{m-1} d(x_t,x_{t+1})$$

$$C_A(\sigma)=\sum_{i=1}^{k} C_{A_i}(\sigma)+d(x_m,x_{m+1})\geqslant \sum_{i=1}^{k} C_{A_i}(\sigma)$$

下面对服务请求顺序用数学归纳法证明，在响应服务请求 $\sigma=\sigma(1),\sigma(2),\cdots,\sigma(m)$ 的整个过程中 V_i 互不相同。初始时结论显然成立。设在服务请求 $\sigma(t-1)$ 时结论成立。考查服务请求 $\sigma(t)=x_t$。此时 $x_{t-1}\in V_j$，$1\leqslant j\leqslant k$。对任意两个不同集合 V_j 和 V_l，$1\leqslant j,l\leqslant k$。由于 V_j 和 V_l 不同，x_t 不可能同时不属于 V_j 和 V_l。如果 $x_t\in V_j$ 且 $x_t\in V_l$，则响应服务请求 $\sigma(t)=x_t$ 后 V_j 和 V_l 都没有改变，从而仍然不同。如果 $x_t\notin V_j$ 且 $x_t\in V_l$，则响应服务请求 $\sigma(t)=x_t$ 后有 $x_{t-1}\notin V_j$ 且 $x_{t-1}\in V_l$，即 $V_j\neq V_l$。由数学归纳法即知所述结论成立。

目前对 k 服务问题的一些特殊情形找到了竞争比为 k 的在线算法，但在一般情况下还没有找到竞争比为 k 的在线算法。计算机界普遍猜测距离空间中的 k 服务问题存在竞争比为 k 的在线算法。这个猜测称为 k 服务猜测。

11.4.2 平衡算法

k 服务问题的平衡算法的基本思想是让每个服务移动的总距离尽可能平衡。

用 y_i 表示服务 i 所处的位置，D_i 表示服务 i 已经移动的距离。在响应服务请求 $\sigma(t)=x_t$ 时，平衡算法选取服务 j，使 $D_j+d(y_j,x_t)=\min\limits_{1\leqslant i\leqslant k}\{D_i+d(y_i,x_t)\}$，并将服务 j 移动到 x_t。

可以证明，当 $|V|=k+1$ 时，平衡算法是 k 竞争的。

事实上，设 V 中 $k+1$ 个点为 $x_1,x_2,\cdots,x_{k+1}$。对于服务请求序列 $\sigma=\sigma(1),\sigma(2),\cdots,\sigma(m)$ 平衡算法 B 的耗费是 $C_B(\sigma)$，最优离线算法 OPT 的耗费是 $C_{\mathrm{OPT}}(\sigma)$，则有

$$C_B(\sigma)\leqslant kC_{\mathrm{OPT}}(\sigma)+k\max_{1\leqslant i,j\leqslant k+1}\{d(x_i,x_j)\}$$

由此可知，平衡算法 B 的竞争比为 k。

如果条件 $|V|=k+1$ 不成立，则不能保证平衡算法 B 是竞争在线算法。

例如，考查当 $k=2$ 且 $|V|=4$ 时 k 服务问题的一个简单实例如下。

设图 G 是有 4 个顶点 a,b,c,d 的一个矩形，如图 11-2 所示。其中，$d(a,b)=d(c,d)=\alpha$，$d(b,c)=d(a,d)=\beta$，且 $\alpha\ll\beta$。如果服务请求序列是 $abcdabcd\cdots$，则平衡算法 B 响应每次服务请求需要移动距离 β，而最优离线算法 OPT 响应每次服务请求只需要移动距离 α。由此可见，$C_B(\sigma)/kC_{\mathrm{OPT}}(\sigma)\rightarrow$

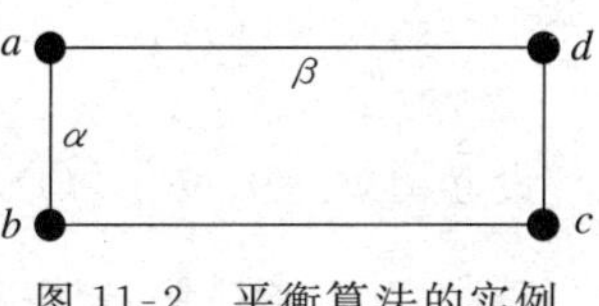

图 11-2 平衡算法的实例

∞,即平衡算法 B 不是竞争在线算法。

对平衡算法 B 做适当修改如下。用 y_i 表示服务 i 所处的位置,D_i 表示服务 i 已经移动的距离。在响应服务请求 $\sigma(t)=x_t$ 时,选取服务 j,使得

$$D_j + d(y_j, x_t) = \min_{1\leqslant i\leqslant k}\{D_i + 2d(y_i, x_t)\}$$

并将服务 j 移动到 x_t。

可以证明按此修改后的平衡策略的在线算法,当 $k=2$ 时的竞争比为10。

11.4.3 对称移动算法

k 服务问题的对称移动算法的基本思想也是希望每个服务移动的总距离尽可能平衡,所采用的策略是对称移动策略。

首先考查直线上的 k 服务问题。此时,距离空间 V 中的点都是同一条直线 L 上的点。初始时 k 个服务位于直线 L 上的 k 个不同的点。在任何时刻用 $s_1, s_2, \cdots, s_k$ 表示 k 个服务在直线 L 上的位置。服务请求序列 $\sigma=\sigma(1), \sigma(2), \cdots, \sigma(m)$ 是直线 L 上的 m 个点。

在响应服务请求 $\sigma(t)=x_t$ 时,对称移动算法 A 采用如下对称移动策略:

(1) 当 x_t 位于2个服务 s_i 和 s_j 之间时,服务 s_i 和 s_j 同时向 x_t 移动距离 $d=\min\{|s_i-x_t|, |s_j-x_t|\}$。

(2) 当所有 k 个服务位于 x_t 的同一侧时,选取距 x_t 最近的服务 s_i,将服务 s_i 向 x_t 移动距离 $d=|s_i-x_t|$。

例如,对图11-1中的例子,用对称移动算法的移动总距离为7。

下面用势函数分析法证明上述对称移动算法 A 的竞争比为 k。

设对称移动算法 A 的 k 个服务在直线 L 上的位置为 $s_1, s_2, \cdots, s_k$,最优离线算法的 k 个服务在直线 L 上的位置为 $t_1, t_2, \cdots, t_k$。进一步还可设 $s_1\leqslant s_2\leqslant\cdots\leqslant s_k$ 且 $t_1\leqslant t_2\leqslant\cdots\leqslant t_k$,否则可对服务重新编号。

对服务请求序列 $\sigma=\sigma(1), \sigma(2), \cdots, \sigma(m)$,对称移动算法 A 的耗费为 $C_A(\sigma)$,最优离线算法OPT的耗费是 $C_{\mathrm{OPT}}(\sigma)$。设对每个具体的服务请求 $\sigma(i)$,$1\leqslant i\leqslant m$,算法 A 的耗费为 $C_A(i)$,最优离线算法OPT的耗费为 $C_{\mathrm{OPT}}(i)$。

定义势函数 $\Phi = k\sum_{i=1}^{k} |t_i - s_i| + \sum_{i<j}(s_j - s_i)$。

不失一般性,设对任意服务请求 $\sigma(i)$。算法OPT先响应服务请求,接着由算法 A 响应服务请求。算法OPT响应服务请求之前势函数的值为 Φ_{i-1},OPT响应服务请求之后势函数的值为 $\tilde{\Phi}_i$,算法 A 响应服务请求之后势函数的值为 Φ_i,$1\leqslant i\leqslant m$。算法OPT响应服务请求后势函数值的增量为 $\alpha_i=\tilde{\Phi}_i-\Phi_{i-1}$,算法 A 响应服务请求后势函数值的减量为 $\beta_i=\tilde{\Phi}_i-\Phi_i$。下面证明对于 $1\leqslant i\leqslant m$,有

$$\alpha_i \leqslant kC_{\mathrm{OPT}}(i) \tag{11.4}$$

$$\beta_i \geqslant C_A(i) \tag{11.5}$$

设 $\Phi=\Psi+\Theta$, $\Psi = k\sum_{i=1}^{k} |t_i - s_i|$, $\Theta = \sum_{i<j}(s_j - s_i)$。

算法OPT响应服务请求 $\sigma(i)=y_i$ 时,服务 t_j 移动到 y_i,其耗费为 $C_{\mathrm{OPT}}(i)=|t_j-y_i|$。$\Psi=$

$k\sum_{i=1}^{k} | t_i - s_i |$ 的值最多增加 $kC_{\mathrm{OPT}}(i)$，而 $\Theta = \sum_{i<j}(s_j - s_i)$ 的值不变，从而，$\alpha_i \leqslant kC_{\mathrm{OPT}}(i)$。

设算法 OPT 响应服务请求 $\sigma(i)=y_i$ 后服务 t_j 移动到 y_i，然后由算法 A 响应服务请求 $\sigma(i)=y_i$。下面分两种情况。

情况 1：算法 A 的所有服务在 y_i 的同一侧。

不妨设算法 A 的所有服务在 y_i 的右侧。此时距 y_i 最近的服务是 s_1。显然有 $s_1 \geqslant t_j \geqslant t_1$。按照算法 A 的对称移动策略，将服务 s_1 移动到 y_i，其耗费为 $C_A(i)=|s_1-y_i|$。$\Psi = k\sum_{i=1}^{k} | t_i - s_i |$ 的值减少了 $kC_A(i)$，而 $\Theta = \sum_{i<j}(s_j - s_i)$ 的值增加了 $(k-1)C_A(i)$，从而 $\beta_i = C_A(i)$。

情况 2：y_i 位于服务 s_r 和 s_{r+1} 之间，即 $s_r < y_i < s_{r+1}$。

不妨设 s_r 距 y_i 较近。按照算法 A 的对称移动策略，将服务 s_r 移动到 y_i，同时服务 s_{r+1} 向 y_i 移动相同距离，其耗费为 $C_A(i)=2|s_r-y_i|$。此时，$\Psi = k\sum_{i=1}^{k} | t_i - s_i |$ 中只有第 r 项和第 $r+1$ 项发生变化。如果此时算法 OPT 的服务 t_j 满足 $j \leqslant r$，则 Ψ 的第 r 项减少 $k|s_r - y_i|$，而第 $r+1$ 项最多增加 $k|s_r-y_i|$。当 $j \geqslant r+1$ 时，Ψ 的第 $r+1$ 项减少 $k|s_r-y_i|$，而第 r 项最多增加 $k|s_r-y_i|$。可见在这两种情况下，Ψ 的值不增。

再考查 $\Theta = \sum_{i<j}(s_j - s_i)$ 值的变化。由于服务 s_r 和 s_{r+1} 的移动，使 Θ 值增加

$$| s_r - y_i | [-(k-r)+(r-1)-(r)+(k-(r+1))] = -2 | s_r - y_i | = -C_A(i)$$

由此可见，$\beta_i \geqslant C_A(i)$。

根据已证明的式(11.4)和式(11.5)可得

$$
\begin{aligned}
\alpha_1 &= \tilde{\Phi}_1 - \Phi_0 \leqslant kC_{\mathrm{OPT}}(1) \\
-\beta_1 &= \Phi_1 - \tilde{\Phi}_1 \leqslant -C_A(1) \\
\alpha_2 &= \tilde{\Phi}_2 - \Phi_1 \leqslant kC_{\mathrm{OPT}}(2) \\
-\beta_2 &= \Phi_2 - \tilde{\Phi}_2 \leqslant -C_A(2) \\
&\vdots \\
\alpha_m &= \tilde{\Phi}_m - \Phi_{m-1} \leqslant kC_{\mathrm{OPT}}(m) \\
-\beta_m &= \Phi_m - \tilde{\Phi}_m \leqslant -C_A(m)
\end{aligned}
$$

将上述不等式相加得

$$\Phi_m - \Phi_0 = k\sum_{i=1}^{m} C_{\mathrm{OPT}}(i) - \sum_{i=1}^{m} C_A(i)$$

由于 $\Phi_m \geqslant 0$，故 $\sum_{i=1}^{m} C_A(i) \leqslant k\sum_{i=1}^{m} C_{\mathrm{OPT}}(i) + \Phi_0$，即 $C_A(\sigma) \leqslant kC_{\mathrm{OPT}}(\sigma) + \Phi_0$。

由服务请求序列 $\sigma=\sigma(1),\sigma(2),\cdots,\sigma(m)$ 的任意性即知，算法 A 的竞争比为 k。

对称移动算法还可推广到距离空间是树的情形。在这种情形，树中任意两点 x 和 y 之间的距离是树中连接 x 和 y 的简单路的长度，记为 $d(x,y)$。

初始时 k 个服务位于树 T 上的 k 个不同的点。在任何时刻用 $s_1,s_2,\cdots,s_k$ 表示 k 个服务在树 T 上的位置。服务请求序列 $\sigma=\sigma(1),\sigma(2),\cdots,\sigma(m)$ 是树 T 上的 m 个点。在响应服务请求 $\sigma(t)=x_t$ 时，如果连接服务 s_i 和 x_t 的简单路上没有别的服务，则称服务 s_i 为有效服

务;否则,称服务 s_i 为无效服务。

在响应服务请求 $\sigma(t)=x_t$ 时,对称移动算法 A 采用如下对称移动策略:让所有有效服务 s_i 以相同的速度向 x_t 移动,直至

(1) 服务 s_i 到达 x_t。

(2) 由于其他有效服务的移动,使 s_i 成为无效服务。

具体算法可描述如下:

```
public static void A(int j)
{
    while (!covered(j))
    {
        double d = mind(j);
        activemove(j, d);
    }
}
```

在算法 A 中,在响应服务请求 $\sigma(j)=x_j$ 时,由 mind(j)计算出

$$d = \min\{d(s_i, y_i) \mid s_i \in \text{act}(j), \quad y_i \in \text{vert}(s_i, x_j)\}$$

其中,act(j)是响应服务请求 $\sigma(j)=x_j$ 时,所有有效服务组成的集合;vert(s_i,x_j)是树 T 中连接服务 s_i 和 x_t 的简单路上 T 的顶点和 x_t 组成的集合。

然后由 activemove(j, d)让所有有效服务 s_i 向 x_t 移动距离 d。此时有些有效服务变成无效服务。重复上述过程直至 covered(j),即已有服务移动到 x_j。

容易看出,算法 A 是直线上的 k 服务问题的对称移动算法的直接推广。用与前面讨论类似的方法可以证明算法 A 的竞争比为 k。

设对称移动算法 A 的 k 个服务在树 T 中的位置为 $s_1,s_2,\cdots,s_k$,最优离线算法 OPT 的 k 个服务在树 T 中的位置为 $t_1,t_2,\cdots,t_k$。由此可以定义一个带权二分图 G 如下。$s_1,s_2,\cdots,s_k$ 对应于图 G 中的顶点 $v_1,v_2,\cdots,v_k$;$t_1,t_2,\cdots,t_k$ 对应于图 G 中的顶点 $u_1,u_2,\cdots,u_k$。G 中边 (v_i,u_j)的权为 $d(s_i,t_j)$,$1\leqslant i,j\leqslant k$。设 $M_{\min}$ 是图 G 的一个最小权匹配,$|M_{\min}|$为其权值。定义势函数 $\Phi = k\mid M_{\min}\mid + \sum\limits_{i<j} d(s_i,s_j)$。

不失一般性,设对任意服务请求 $\sigma(i)$。算法 OPT 先响应服务请求,接着由算法 A 响应服务请求。算法 OPT 响应服务请求之前势函数的值为 Φ_{i-1},OPT 响应服务请求之后势函数的值为 $\widetilde{\Phi}_i$,算法 A 响应服务请求之后势函数的值为 Φ_i,$1\leqslant i\leqslant m$。算法 OPT 响应服务请求后势函数值的增量为 $\alpha_i=\widetilde{\Phi}_i-\Phi_{i-1}$,算法 A 响应服务请求后势函数值的减量为 $\beta_i=\widetilde{\Phi}_i-\Phi_i$。与直线情形类似,可以证明,对于 $1\leqslant i\leqslant m$,式(11.4)和式(11.5)成立。

从而 $C_A(\sigma)\leqslant kC_{\text{OPT}}(\sigma)+\Phi_0$。由服务请求序列 $\sigma=\sigma(1),\sigma(2),\cdots,\sigma(m)$的任意性即知,算法 A 的竞争比为 k。

11.5 Steiner 树问题

假设有一个石油开发公司在一片荒漠中勘探地下石油。荒漠中原来没有任何道路,开发公司必须在勘探过程中逐步建立连接所有已探明油井的道路系统。建设道路的费用与道

路的长度成正比。每探明一处油井就要用最少费用建一条连接当前道路系统的新路。开发公司应如何修建满足要求的道路系统？这个问题的模型就是本节要讨论的在线 Steiner 树问题。

依次给出欧几里得平面（简称欧氏平面）上 n 个点的序列 $v_1, v_2, \cdots, v_n$。在线 Steiner 树问题要求按照 n 个点的顺序依次建立连接已知点的平面连通图，使总长度尽可能短。

在线 Steiner 树问题的一个简单的贪心算法描述如下：

```
public static void greedy(point v[j])
{
    point u = closest(v[j]);
    add(u,v[j]);
}
```

设算法 greedy 在给出第 i 个点 v_i 时构造的树为 T_i，$1 \leqslant i \leqslant n$。当给出第 j 个点 v_j 时，算法 greedy 先由 closest($v[j]$)计算出 T_{j-1} 中距 v_j 最近的点 u，然后将边(u, v_j)加入 T_{j-1} 构成新树 T_j。

当 closest($v[j]$)计算出的是 T_{j-1} 的顶点 $v_1, v_2, \cdots, v_{j-1}$ 中距 v_j 最近的点 u 时，算法 greedy 构造的是一棵支撑树，此时也称算法 greedy 为顶点贪心算法。

下面讨论算法 greedy 的竞争比。

设对于给定的输入序列 $v_1, v_2, \cdots, v_n$，最优 Steiner 树的长度为 l，则算法 greedy 产生的边中长度大于 $2l/k$ 的边数小于 k。

事实上，设使算法 greedy 产生长度大于 $2l/k$ 的边的点的集合为 S，则 S 中任何两点之间的距离大于 $2l/k$。由此可知，S 中点组成的平面完全图 G 的最短 Hamilton 回路的长度大于 $|S| 2l/k$。因此，G 的最优 Steiner 树的长度 s 大于 $|S| l/k$。另一方面，由 $S \subseteq \{v_1, v_2, \cdots, v_n\}$ 可知 G 的最优 Steiner 树的长度 s 最多为 l，即 $|S| l/k < s \leqslant l$。由此可得 $|S| < k$。

通过上面的讨论即知，算法 greedy 构造的树中第 k 大的树边的边长最多为 $2l/k$。因此 T_n 的总长为 $|T_n| \leqslant \sum_{k=1}^{n} 2l/k = O(l\log n)$。可见算法 greedy 的竞争比为 $O(\log n)$。

目前已知的在线 Steiner 树算法竞争比的下界是 $\Omega(\log n/\log\log n)$。这个下界可以通过构造一个特殊的输入序列 $\sigma = v_1, v_2, \cdots, v_n$ 来证明。

σ 的所有点分布在一个网格上。设 $x \geqslant 2$ 是一个正整数，且 $n = x^{2x}$。当 $n \geqslant 16$ 时，$x \geqslant \frac{1}{2}(\log n/\log\log n)$。输入 σ 的所有点分成 $x+1$ 层。每一层的点都在一条长度为 n 的水平线段上等距分布。第 i 层上分布的点的坐标为 (ja_i, b_i)，$0 \leqslant i \leqslant x$，$0 \leqslant j \leqslant n/a_i$。其中，$a_i = x^{2x-2i}$；当 $i=0$ 时 $b_i = 0$；当 $i \neq 0$ 时 $b_i = \sum_{k=1}^{i} a_k$。特别地，$a_0 = n$，$a_x = 1$。对所有 i，第 i 层与第 $i+1$ 层间的距离是 $c_i = b_{i+1} - b_i = a_{i+1}$。第 i 层上分布的点数为 $1 + n/a_i$，因此，所有点数为

$$\sum_{i=0}^{x}\left(\frac{n}{a_i}+1\right) = \sum_{i=0}^{x}\left(\frac{x^{2x}}{x^{2x-2i}}+1\right) = n + \frac{n-1}{x^2-1} + x + 1 = O(n)$$

输入 σ 所有点的分布如图 11-3 所示。

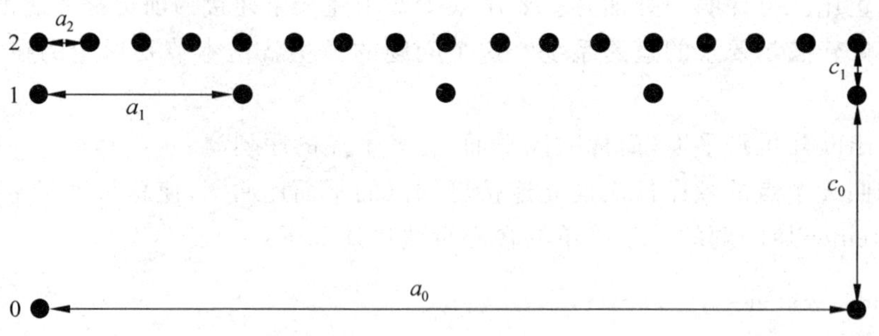

图 11-3　特殊的输入序列

对于上面构造的输入序列,可以构造一棵支撑树如图 11-4 所示。第 x 层的点与其水平邻点相连,其他层的点与其垂直邻点相连。这棵树的总长度是 $n+\sum_{i=0}^{x-1} c_i\left(\frac{n}{a_i}+1\right)=n+2n/x\leqslant 3n$ 。因此,关于此序列的最优 Steiner 树的长度 $l\leqslant 3n$。

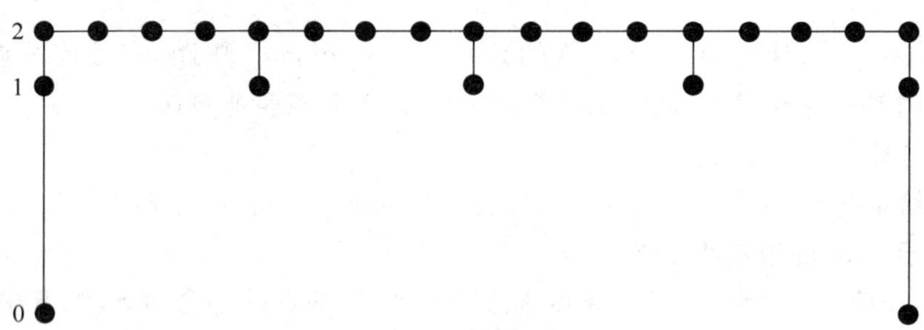

图 11-4　特殊输入序列的支撑树

如果按照 $i=0,1,\cdots,x,j=0,1,\cdots,n/a_i$ 的次序给出 σ 的所有点,则可以证明任何在线算法构造出的树的总长度至少为 $nx/8$。由此可见,对于输入序列 σ 任何在线算法的耗费与最优离线算法耗费的比值至少是 $\frac{nx/8}{3n}=\frac{x}{24}\geqslant\frac{1}{48}(\log n/\log\log n)$。也就是说,在线 Steiner 树算法竞争比的下界是 $\Omega(\log n/\log\log n)$。

11.6　在线任务调度

假设要用 m 台完全相同的机器来完成加工任务序列 $\sigma=J_1,J_2,\cdots,J_n$。加工任务是一个接着一个到来的。当任务 J_k 到来时已经知道它需要的加工时间 p_k,$1\leqslant k\leqslant n$。在线任务调度问题要求在 m 台机器上安排这 n 个加工任务,使总完成时间最短,即从第 1 个任务开始加工到所有任务都完成所经历的时间最短。

可以设计解在线任务调度问题的贪心算法 Greedy 如下。

设在任何时刻第 j 台机器上最近已经安排的任务的完成时间为 t_j。当任务 J_k 到来时,选取机器 i,使得 $t_i=\min\limits_{1\leqslant j\leqslant m}\{t_j\}$。将任务 J_k 安排在机器 i 上进行加工。

下面分析算法 Greedy 的竞争比。

设对于任意加工任务序列 $\sigma=J_1,J_2,\cdots,J_n$，算法 Greedy 的总完成时间为 $T_G(\sigma)$，最优离线算法 OPT 的总完成时间为 $T_{\text{OPT}}(\sigma)$。进一步设算法 Greedy 安排了全部任务后 $r=\max\{t|t_j\leqslant t,1\leqslant j\leqslant m\}$，即在时刻 r 所有 m 台机器上都有加工任务，此后就至少有 1 台机器空闲。如果按照算法 Greedy 的安排，最后完成的任务是 J_k，则按照算法的贪心策略任务 J_k 在时刻 $t\leqslant r$ 开始。因此，任务 J_k 的加工时间至少是 $T_G(\sigma)-r$。由此可知，$\max\limits_{1\leqslant i\leqslant n}\{p_i\}\geqslant p_k\geqslant T_G(\sigma)-r$。

另一方面，显然有

$$\frac{1}{m}\sum_{i=1}^{n}p_i\geqslant r,\quad T_{\text{OPT}}(\sigma)\geqslant\max\left\{\frac{1}{m}\sum_{i=1}^{n}p_i,\max_{1\leqslant i\leqslant n}\{p_i\}\right\}$$

因此，

$$\begin{aligned}T_G(\sigma)&\leqslant r+\max_{1\leqslant i\leqslant n}\{p_i\}\leqslant\frac{1}{m}\sum_{i=1}^{n}p_i+\max_{1\leqslant i\leqslant n}\{p_i\}\\&\leqslant 2\max\left\{\frac{1}{m}\sum_{i=1}^{n}p_i,\max_{1\leqslant i\leqslant n}\{p_i\}\right\}\leqslant 2T_{\text{OPT}}(\sigma)\end{aligned}$$

由此可见，算法 Greedy 的竞争比为 2。实际上更精细的分析表明算法 Greedy 的竞争比为 $2-\frac{1}{m}$。

11.7 负载平衡

负载平衡问题与在线任务调度问题有些相似。给定的是 m 台完全相同的机器和加工任务序列 $\sigma=J_1,J_2,\cdots,J_n$。加工任务是一个接着一个到来的。当任务 J_k 到来时不知道它需要的加工时间，但知道它的权重 w_k，$1\leqslant k\leqslant n$。设在任何时刻 t，第 i 台机器的负载，即已经安排在第 i 台机器上的所有加工任务的权之和为 $l_i(t)$，$1\leqslant i\leqslant m$。在线负载平衡问题要求在 m 台机器上安排这 n 个加工任务，使各机器的负载尽可能平衡，即在安排加工任务过程中的机器最大负载达到最小。

设对于任意加工任务序列 $\sigma=J_1,J_2,\cdots,J_n$，最优离线算法 OPT 的最大负载为 $T_{\text{OPT}}(\sigma)$。在下面讨论的在线负载平衡算法 A 中，变量 $L\leqslant T_{\text{OPT}}(\sigma)$。在任何时刻 t，当 $l_i(t)\geqslant\sqrt{m}L$ 时，称机器 i 的负载较重；否则，称机器 i 的负载较轻。

当任务 J_k 到来时，在线负载平衡算法 A 修改变量 L 的值为

$$L=\max\left\{L,w_k,\frac{1}{m}\left(w_k+\sum_{i=1}^{m}l_i(t)\right)\right\}$$

如果此时还有负载较轻的机器，就选择一台负载较轻的机器 i，将加工任务 J_k 安排给机器 i。如果此时所有机器都负载较重，就选择最近变成负载较重的机器 i，将加工任务 J_k 安排给机器 i。

首先注意到，按照算法 A 的选择策略，在任何时刻最多有 $\lfloor\sqrt{m}\rfloor$ 台负载较重的机器。

事实上，如果有多于 $\lfloor\sqrt{m}\rfloor$ 台负载较重的机器，则所有机器的负载总和将超过 $\lfloor\sqrt{m}\rfloor\sqrt{m}L\geqslant mL$。而由变量 L 的定义有 $mL\leqslant w_k+\sum\limits_{i=1}^{m}l_i(t)$，即 mL 是所有机器的负载总和的下界。由此发生矛盾。

另一方面,在算法 A 的执行过程中变量 L 保持性质 $L \leqslant T_{\mathrm{OPT}}(\sigma)$。事实上,由 $w_k \leqslant T_{\mathrm{OPT}}(\sigma)$ 和 $\frac{1}{m}\left(w_k + \sum_{i=1}^{m} l_i(t)\right) \leqslant T_{\mathrm{OPT}}(\sigma)$,容易用数学归纳法证明 $L \leqslant T_{\mathrm{OPT}}(\sigma)$。

下面讨论算法 A 的竞争比。设算法 A 的最大负载为 $T_A(\sigma)$。

首先证明在任何时刻 t 有 $l_i(t) \leqslant \lfloor\sqrt{m}\rfloor(L + T_{\mathrm{OPT}}(\sigma)), 1 \leqslant i \leqslant m$。

如果机器 i 负载较轻,则不等式显然成立。设机器 i 负载较重,且 t_0 是机器 i 变成负载较重机器的最近时刻。进一步设 $M(t_0)$ 是在时刻 t 时负载较重,且变成负载较重机器的最近时刻不晚于 t_0 的所有机器的集合。显然,$i \in M(t_0)$。设 S 是在时刻 t_0 以后分配给机器 i 的所有加工任务的集合。所有 S 中的任务显然只能分配给 $M(t_0)$ 中的机器。设 $j = |M(t_0)|$,则显然有 $T_{\mathrm{OPT}}(\sigma) \geqslant \frac{1}{j}\sum_{J_k \in S} w_k$ 。下面分两种情况讨论。

情况 1:$j \leqslant \lfloor\sqrt{m}\rfloor - 1$。

设加工任务 J_q 使机器 i 从负载较轻变成负载较重,则由 $w_q \leqslant T_{\mathrm{OPT}}(\sigma)$ 知 $l_i(t) \leqslant \lfloor\sqrt{m}\rfloor L + w_q + \sum_{J_k \in S} w_k \leqslant \lfloor\sqrt{m}\rfloor(L + T_{\mathrm{OPT}}(\sigma))$。

情况 2:$j = \lfloor\sqrt{m}\rfloor$。

此时应有 $l_i(t_0) = \lfloor\sqrt{m}\rfloor L$,因若不然,全部机器的总负载将超过 mL。由此可知,$l_i(t) \leqslant \lfloor\sqrt{m}\rfloor L + \sum_{J_k \in S} w_k \leqslant \lfloor\sqrt{m}\rfloor(L + T_{\mathrm{OPT}}(\sigma))$ 。

综上所述可得

$$T_A(\sigma) = \max_{\substack{1 \leqslant i \leqslant m \\ 0 \leqslant t \leqslant r}} \{l_i(t)\} \leqslant \lfloor\sqrt{m}\rfloor(L + T_{\mathrm{OPT}}(\sigma)) \leqslant 2\lfloor\sqrt{m}\rfloor T_{\mathrm{OPT}}(\sigma)$$

其中,r 是算法 A 完成所有任务的时间。换句话说,算法 A 的竞争比是 $2\lfloor\sqrt{m}\rfloor$。

小　　结

本章通过实例讨论在线算法设计的基本方法。

页调度问题是系统软件设计中提出的一个基本问题,其输入是内存访问请求序列。在线页调度算法回答内存访问请求时并不知道后续内存访问请求的任何信息。本章讨论了几种常见的在线页调度策略:LIFO 算法、FIFO 算法、LRU 算法和 LFU 算法,以及这些在线算法的竞争性。

k 服务问题是在线算法设计的一个经典问题。本章阐述了 k 服务问题的在线算法的竞争比下界。同时,还讨论了 k 服务问题的平衡算法和对称移动算法。

对于在线 Steiner 树问题,在线任务调度问题和负载平衡问题,用本章介绍的基本算法设计出具有较高竞争性的在线算法。

习　　题

11-1　证明对任何非负常数 α,在线算法 LFU 都不是 α 竞争的。

11-2　多读写头磁盘问题的在线算法。磁盘上的磁道是按照同心圆划分的。在一个多读

写头磁盘系统中有 k 个磁头读取磁盘上存储的数据。当系统接收到一个数据访问请求时,系统要在线确定由哪一个磁头来读取数据。试设计一个完成上述任务的在线算法,并分析算法的竞争比。

11-3 在带权页调度问题中,高速缓存中的 k 个页面编号为 $1,2,\cdots,k$,将低速内存中的一个页面调入高速缓存 i 的费用为 w_i。试设计带权页调度问题的在线算法,并分析算法的竞争比。

词 汇 索 引

符　　号

二　　画

三　　画

四　　画

五　　画

六　画

七　画

八 画

九 画

十　画

十 一 画

十 二 画

十三画以上

参 考 文 献

[1] Alfred V Aho, John E Hopcroft, Jeffrey D Ullman. The Design and Analysis of Computer Algorithms. Reading, MA: Addison-Wesley, 1974.

[2] Alfred V Aho, John E Hopcroft, Jeffrey D Ullman. Data Structures and Algorithms. Reading, MA: Addison-Wesley, 1983.

[3] Sara Baase. Computer Algorithms: Introduction to Design and Analysis. 3rd ed. Reading, MA: Addison-Wesley, 2001.

[4] Michael Ben-Or. Lower bounds for algebraic computation trees. In Proceedings of the Fifteenth Annual ACM Symposium on Theory of Computing, 1983: 80-86.

[5] J L Bently. Writing Efficient Programs. Englewood, Cliffs, NJ: Prentice-Hall, 1982.

[6] J L Bently. Programming Pearls. Reading, MA: Addison-Wesley, 1982.

[7] T H Cormen, C E Leisersen, R L Rivest, C Stein. Introduction to Algorithms. 3rd ed. New York: McGraw-Hill, 2009.

[8] Michael R Garey, David S Johnson. Computers and Intractability: A Guide to the Theory of NP-Completeness. New York, NY: W. H. Freeman, 1979.

[9] Michael T Goodrich, Roberto Tamassia. Algorithm Design: Foundations, Analysis, and Internet Examples. New York: John Wiley and Sons, 2001.

[10] E Horowitz, S Sahni, S Rajasekeran. Computer Algorithms/C++. Rockville, MD: Computer Science Press, 1996.

[11] Jon Kleinberg, Va Tardos. Algorithm Design. Edinburgh: Pearson Education, 2013.

[12] Donald E Knuth. Sorting and Searching. volume 3 of The Art of Computer Programming. Reading, MA: Addison-Wesley, 1973.

[13] K Mehlhorn,St Naher. LEDA A Platform of Combinatorial and Geometric Computing. Cambridge, UK: Cambridge University Press, 1999.

[14] Tim Roughgarden. Algorithms Illuminated: Part 1: The Basics. SanFrancisco: Soundlikeyourself Publishing, 2017.

[15] Robert Sedgewick. Algorithms in C, Parts 1-5 (Bundle): Fundamentals, Data Structures, Sorting, Searching, and Graph Algorithms. 3rd ed. Reading, MA: Addison-Wesley Professional, 2001.

[16] Steven S Skiena. The Algorithm Design Manual. 2nd ed. London: Springer, 2011.

[17] Robert E Tarjan. Data Structures and Network Algorithms. Philadephia: Society for Industrial and Applied Mathematics, 1983.

平台功能介绍

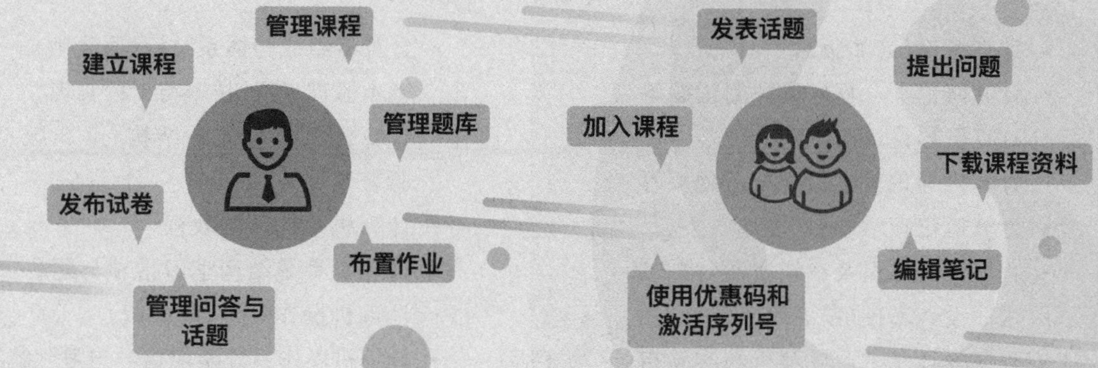

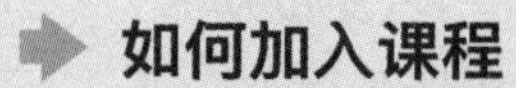

如何加入课程

1 找到教材封底“数字课程入口”

2 刮开涂层获取二维码，扫码进入课程

获取更多详尽平台使用指导可输入网址

http://www.wqketang.com/course/550

如有疑问，可联系微信客服：DESTUP

清華大学出版社

出品的在线学习平台

普通高等教育"十一五"国家级规划教材
21世纪大学本科计算机专业系列教材

近期出版书目

- 计算概论(第2版)
- 计算概论——程序设计阅读题解
- 计算机导论(第3版)
- 计算机导论教学指导与习题解答
- 计算机伦理学
- 程序设计导引及在线实践(第2版)
- 程序设计基础(第2版)
- 程序设计基础习题解析与实验指导(第2版)
- 程序设计基础(C语言)(第2版)
- 程序设计基础(C语言)实验指导(第2版)
- C++程序设计(第3版)
- Java程序设计(第2版)
- 离散数学(第3版)
- 离散数学习题解答与学习指导(第3版)
- 数据结构与算法
- 算法设计与分析(第4版)
- 算法设计与分析习题解答(第4版)
- 形式语言与自动机理论(第3版)
- 形式语言与自动机理论教学参考书(第3版)
- 数字逻辑
- 计算机组成原理(第3版)
- 计算机组成原理教师用书(第3版)
- 计算机组成原理学习指导与习题解析(第3版)
- 微型计算机系统与接口(第2版)
- 计算机组成与系统结构(第2版)
- 计算机组成与系统结构习题解答与教学指导(第2版)
- 计算机组成与体系结构(第3版)——基本原理、设计技术与工程实现
- 计算机组成与体系结构(第3版)实验教程
- 计算机系统结构教程
- 计算机系统结构学习指导与题解
- 计算机操作系统(第2版)
- 计算机操作系统学习指导与习题解答
- 数据库系统原理
- 编译原理
- 软件工程(第3版)
- 计算机图形学
- 计算机网络(第4版)
- 计算机网络教师用书(第4版)
- 计算机网络实验指导书(第3版)
- 计算机网络习题解析与同步练习(第2版)
- 计算机网络软件编程指导书
- 人工智能
- 多媒体技术原理及应用(第2版)
- 面向对象程序设计(第3版)
- 计算机网络工程(第2版)
- 计算机网络工程实验教程
- 信息安全原理及应用